대기오염 방지기술

전영남 지음

교문사

청문각이 교문사로 새롭게 태어납니다.

머리말

세계는 지속적인 산업 과학기술 발전에 따라 인간의 생활이 편리해지고 풍요로운 삶을 영위하는 등 많은 혜택을 누리며 살아왔다. 그로 인해 1960년대 이후부터 지속적인 산업의 고도성장으로 거대 도시화와 공업화로 인하여 고도산업의 부산물, 그리고 한정된 토지로 인한 환경오염은 날로 심화되어 사연환경이 파괴되고, 생태계에 막대한 영향을 미치는 환경오염 문제가 크게 대두되고 있다.

1952년에 발생한 런던 스모그 사건은 그동안 환경문제를 등한시하고 경제성장에만 힘써온 우리가 겪은 가장 큰 사건 중 하나이다. 이 후 발생된 대기오염 사건들의 원인은 대부분 가정 난방용, 공장, 발전소, 그리고 자동차 등에서 사용된 화석연료의 연소에 의해서 발생한 CO, 매연, SOx, NOx 등의 대기오염 물질에 의한 사건들이다. 특히, 근래에 들어 지구온난화, 오존층 파괴, 미세입자, HAPs(Hazardous Air Pollutants) 등의 환경문제는 우리에게 많은 인명피해와 재산피해를 주고 있다. 따라서 이러한 문제들로 인하여 대기오염 물질를 제어하고 처리하는 기술은 인류에게 꼭 필요한 요소가 되었다.

본 교재는 저자가 환경공학과에서 대기오염제어에 대하여 강의를 해오면서 상기에 언급된 내용에 대하여 선진화된 방지기술에 대한 포괄적이고 집약된 교재의 필요성을 느끼게 되어 집필하게 되었다.

본 교재는 각종 열설비에서 배출되는 입자상 오염물질과 가스상 오염물질 제어를 위한 각종 집진장치와 유해가스 처리설비 제어이론 및 설계기술을 다룬다. 특히, 대기오염 주 발생원인인 열설비의 이해를 위해 연소이론과 설비에 대한 내용이 포함되어 있고, 대기오염의 주된 물질인 SOx, NOx, VOCs, 악취 등은 각 장별로 이론과 처리기술을 구체적으로 기술하였다. 그리고 작업장에서 발생되는 함진가스의 제어를 위해 국소환기에 대한 포집이론, 후드와 덕트, 각종 공기기계에 대한 작동원리와 설계기술 등을 포함하고 있다. 또한, 도심지 대기오염의 주원인인 자동차로부터 배출되는 대기오염 물질의 발생원리와 제어기술에 대해 기술하였다.

끝으로 미비한 점이 많이 있을 것으로 생각되지만, 점차 보완할 것을 약속드리며 본서의 편집작업을 위해 애써준 조선대학교 환경공학과 대기오염제어 연구실 대학원생들에게 감사를 드린다.

2014년 8월

지은이 전영남

차 례

Chapter 01 대기오염 물질

Chapter 02 연소공학

Chapter 07 자동차 배기가스 처리

Index

01
Chapter

대기오염 물질

1 대기오염 물질의 분류

대기오염 물질은 대기환경보전법 제2조에서 "대기오염의 원인이 되는 가스, 압자상 물질"이라고 정의하고 있다. 이러한 대기오염 물질은 나라마다 다르게 정하여 규제하고 있으며, 우리나라의 경우 대기환경보전법 시행규칙에 61종의 대기오염 물질(표 1.1)을 규정하고, 이중 유해성이 커서 특별한 관리가 필요한 35종의 대기오염 물질을 특정대기 유해물질(표 1.2)로 지정하여 별도로 관리하고 있다. 우리나라 대기환경보전법에서 지정된 대기오염 물질은 크게 가스상 및 입자상 물질로 나누고 있다.

표 1.1 **대기오염 물질(61종)**

1	입자상물질	25	인 및 그 화합물
2	브롬 및 그 화합물	26	붕소화합물
3	알루미늄 및 그 화합물	27	아닐린
4	바나듐 및 그 화합물	28	벤젠
5	망간화합물	29	스틸렌
6	철 및 그 화합물	30	아크롤레인
7	아연 및 그 화합물	31	카드뮴 및 그 화합물
8	셀렌 및 그 화합물	32	시안화물
9	안티몬 및 그 화합물	33	납 및 그 화합물
10	주석 및 그 화합물	34	크롬 및 그 화합물
11	텔루륨 및 그 화합물	35	비소 및 그 화합물
12	바륨 및 그 화합물	36	수은 및 그 화합물
13	일산화탄소	37	구리 및 그 화합물
14	암모니아	38	염소 및 그 화합물
15	질소산화물	39	불소화물
16	황산화물	40	석면
17	황화수소	41	니켈 및 그 화합물
18	황화메틸	42	염화비닐
19	이황화메틸	43	다이옥신
20	메르갑탄류	44	페놀 및 그 화합물
21	아민류	45	베릴륨 및 그 화합물
22	사염화탄소	46	프로필렌옥사이드
23	이황화탄소	47	폴리염화비페닐
24	탄화수소	48	클로로포름

(계속)

49	포름알데히드	56	테트라클로로에틸렌
50	아세트알데히드	57	1,2-디클로로에탄
51	벤지딘	58	에틸벤젠
52	1,3-부타디엔	59	트리클로로에틸렌
53	다환 방향족 탄화수소류	60	아크릴로니트릴
54	에틸렌옥사이드	61	히드라진
55	디클로로메탄		

표 1.2 **특정대기 유해물질(35종)**

1	카드뮴 및 그 화합물	19	이황화메틸
2	시안화수소	20	아닐린
3	납 및 그 화합물	21	클로로포름
4	폴리염화비페닐	22	포름알데히드
5	크롬 및 그 화합물	23	아세트알데히드
6	비소 및 그 화합물	24	벤지딘
7	수은 및 그 화합물	25	1,3-부타디엔
8	프로필렌옥사이드	26	다환 방향족 탄화소수류
9	염소 및 염화수소	27	에틸렌옥사이드
10	불소화물	28	디클로로메탄
11	석면	29	스틸렌
12	니켈 및 그 화합물	30	테트라클로로에틸렌
13	염화비닐	31	1,2-디클로로에탄
14	다이옥신	32	에틸벤젠
15	페놀 및 그 화합물	33	트리클로로에틸렌
16	베릴륨 및 그 화합물	34	아크릴로니트릴
17	벤젠	35	히드라진
18	사염화탄소		

표 1.3 **주요 오염물질 배출관련 업종**

물질명	화학식	관련업종
암모니아	NH_3	비료공장, 냉동공장, 표백, 색소 제조공장, 나일론 및 암모니아 제조공장
일산화탄소	CO	코크스 연소로, 제철, 자동차배기, 주물공장, 석유화학, 암모니아 제조공장, 보일러 등
염화수소	HCl	염산제조, 소다공업, 플라스틱공장, 활성탄제조, 금속제련, 쓰레기소각
염소	Cl_2	소다공업, 화학공업, 농약제조

(계속)

물질명	화학식	관련업종
아산화황	SO_2	황산공장, 제련소, 펄프제조, 용광로, 염료 제조공장, 석탄화력발전소 등
질소산화물	NOx	내연기관, 폭약, 비료, 필름제조, 금속의 부식, 아크 등
불화수소	HF	알루미늄공업, 요업, 인산비료 공업, 유리공업
황화수소	H_2S	석유정제, 석탄건류, 가스공업, 형광물질 원료제조
이황화탄소	CS_2	이황화탄소 제조공장
시안화수소	HCN	화학공업, 가스공업, 제철공업, 청산제조업
포름알데히드	$HCHO$	피혁공장, 합성수지 공장, 포르말린 제조업
취소(브롬)	Br_2	염료제조, 의약 및 농약제조
벤젠	C_6H_6	석유정제, 포르말린의 제조, 도장공업
페놀	C_6H_5OH	타르공업, 화학공업, 도장공업
비소	As	화학공업, 유리공업, As_2O_5 분리작업, 피혁상, 과수원의 농약 분무작업
카드뮴	Cd	카드뮴의 제련, 카드뮴전지 제조, 도금
아연	Zn	산화아연의 제조, 금속아연의 용융, 아연도금, 청동의 주조가공
크롬	Cr	크롬산과 중크롬산 제조업, 화학비료 공업, 염색공업, 시멘트제조업, 크롬도금업, 피혁제조업, 석판인쇄업
니켈	Ni	석유화학, 석탄화력 발전소, 디젤엔진 배기, 석면제조, 니켈광산·제련·정련
구리	Cu	구리광산, 제련소, 도금공장, 구리식기, 농약제조
납	Pb	건전지 및 축전지, 인쇄, 크레용, 에나멜, 페인트, 고무가공, 도가니공업

2 대기오염 물질의 발생

2.1 기체상 오염물질

대표적인 가스 오염물로 이산화황(sulfur dioxide, SO_2), 질소산화물(oxides of nitrogen, NO & NO_2), 일산화탄소(carbon monoxide, CO), 탄소수소(hydrocarbons, HCs), 오존 그리고 그 외 광화학산화물(ozone and other photochemical oxidants), 이산화탄소(carbon dioxide, CO_2), 염화불화탄소(chlorofluorocarbons, CFCs)이 있다.

(1) 이산화황

황은 지구상에 존재하는 원소 중 6번째로 풍부한 원소이며, 농도로 환산하면 대략 260 ppm 정도이다. 이산화황(sulfur dioxide, SO_2)은 대기오염 사건인 '런던스모그 사건'의 원인물질로서 가장 대표적인 대기오염 물질 중 하나이다.

황산화물은 황 함유 광석이나 화석연료의 연소에 의한 인위적 발생원과 화산활동과 같은 자연적 발생원으로부터 배출된다. 석탄이나 석유와 같은 화석연료 중에는 평균 수 %의 황이 함유되어 있다. 원유 중의 황은 모두 유기황으로 존재한다. 석탄 중 유기황의 함량은 약 50%이고, 나머지는 무기황으로 FeS_2, $Fe(SO_4)_3$, $MgSO_4$, $CaSO_4$ 등으로 존재하며 황함량은 0.5~2.5% 정도이다.

인위적 발생원인 화석연료 중의 황화합물이 연소되면 대부분이 이산화황(SO_2)이 된다. SO_2는 공기에 대한 비중은 2.22이며, 불연성으로 폭발성도 없다.

$$S + O_2 \rightarrow SO_2 \qquad (1.1)$$

SO_2의 일부는 화염에서 다음과 같이 산화되어 SO_3를 생성한다.

$$SO_2 + \frac{1}{2}O_2 \rightarrow SO_3 \qquad (1.2)$$

이러한 연소과정에 의하여 생성되는 황산화물 중 SO_2는 95% 정도이고, 약 5%가 SO_3이다. 연소과정 이외에도 펄프와 종이 제조 시 목재를 펄프로 만들기 위한 황산염공정(sulfite process)에 H_2SO_3가 사용됨으로써 대기 중에 SO_2를 방출하게 된다.

대기 중의 SO_2는 광화학반응이나 촉매반응에 의하여 SO_3로 산화되거나 2차오염물을 형성하고, 건성침착(dry decomposition) 또는 습성침착(wet decomposition)에 의하여 제거된다. SO_2는 물에 대한 용해도가 높아 구름 액적(cloud drop)이나 빗방울, 지표수 등에 쉽게 녹아 아황산(H_2SO_3)을 생성한다. 구름의 액적에 용해되어 제거되는 과정을 레인-아웃(rain-out), 빗방울에 흡수되어 제거되는 과정을 세정(washout)이라고 하여 구분한다. 이어서 H_2SO_3는 물에 녹아 있는 산소와 결합하여 황산(H_2SO_4)이 된다.

대기 중의 SO_2는 약 30%가 황산염으로 전환되며, 평균 체류시간은 1~4일 정도로 짧아 온실가스와 같이 지구규모의 환경오염 문제보다는 산성비(pH 5.6 이하)와 같은 국지적 오염에 의한 영향이 크다.

(2) 질소산화물

대기 중에 존재하는 기체상 질소산화물(oxidies of nitrogen)에는 NO, NO_2, N_2O, NO_3, N_2O_3, N_2O_5 등이 있다. 이중에서 NO와 NO_2는 NOx라 하며, 대류권에서 중요한 오염물질로서 로스앤젤레스에서 광하학스모그가 발생한 이후 대기오염 물질로 주목을 받게 되었다.

질소산화물의 발생원은 토양이나 미생물의 작용이나 번개 등에 의하여 배출되는 자연적 발생원과 자동차나 연소로, 소각로와 같이 연료를 연소시키는 시설에서 배출되는 인위적 발생원으로 나누어진다. 연료의 연소과정에서 배출되는 NOx는 고온 NOx(thermal NOx)와 연료 NOx(fuel NOx)로 구분된다. 고온 NOx는 연소 시 고온(1,500K)에서 공기 중의 질소성분에 의해 생성되며, 연료 NOx는 화석연료 중에 포함되어 있는 질소성분에 의해 연소 시 생성된다. 원유 중의 질소함량은 0.1~0.2% 정도이고, 석탄 중의 질소함량은 1.2~1.6% 정도이다.

두 경우 모두 연소과정 중 식 (1.3)과 같은 반응에 의해 공기 중 질소와 연료 중 질소가 산화에 의해 NO로 전환된다.

$$N + O \rightarrow NO \tag{1.3}$$

NO_2는 이미 생성된 NO의 산화에 의하여 생성되며, 불용성으로 폭발성은 없지만 다른 물질에 대한 산화성이 강하다.

$$NO + O \rightarrow NO_2 \tag{1.4}$$

(3) 일산화탄소

일산화탄소(carbon monoxide)는 가연성분인 탄소의 불완전연소에 의하여 발생된다. 발생원 중 인위적 발생원으로는 자동차나 폐기물소각, 제철소 등 연소시설이 있고, 특히 대도시의 경우에는 자동차에 의하여 대부분 배출되고 있다. 자연적 발생원으로는 화산폭발, 테르펜류의 산화, 클로로필의 분해, 산불, 그리고 해수 중 미생물의 작용 등이 있다. 그러나 자연적 발생원으로는 이들 외에도 메탄의 광산화 및 이산화탄소의 광분해(photolysis)에 의한 것도 상당량이 될 것으로 추정된다.

연료의 불완전연소에 의한 CO 반응은 식 (1.5)와 같다.

$$C + \frac{1}{2}O_2 \rightarrow CO + 29{,}400\ \text{kcal/kmol} \tag{1.5}$$

그러나 일산화탄소는 물리·화학적 특징에 의해 다른 오염물질과는 대기 중에서의 거동이 다르게 나타난다. 일산화탄소는 무색·무취이며, 공기보다 약간 가볍다. 또한, 물에 대해 난용성이므로 수용성가스와는 달리 비에 의한 영향을 거의 받지 않으며, 대기 중에서 이산화탄소로 산화되기도 어려워 제거하기 쉽지 않다. 그리고 대기 중에서 다른 오염물질과 유해한 화학반응을 일으키지도 않는다. 또한 다른 물질에 흡착특성도 나타내지 않는다. 이러한 특성에 의해 일산화탄소는 대기 중에서 체류시간을 길게 하는 요인이 되는 것으로 보인다. 비중은 0.98이며, 공기와의 혼합물은 대단히 폭발성으로 하한 12.5%, 상한 74%, 발화점은 651℃이다. 폭발한계는 포름알데히드 다음으로 넓다. 물에 대한 용해도는 대단히 작다.

(4) 탄화수소

탄화수소(hydrocarbons)는 수소와 탄소로 된 유기화합물로 사슬, 가지연쇄, 고리모양의 화합물이 있으며, 포화탄화수소와 불포화탄화수소로 나뉜다. 포화탄화수소는 모든 탄소가 단일결합으로 이루어져 있으며, 반응성이 낮고, 치환반응만 가능하다. 불포화탄화수소는 탄소가 결합할 수 있는 최대한의 수만큼 수소와 결합하고 있지 않은 것이다. 이중결합 또는 3중결합 형태를 띠며, 이 탄화수소는 반응성이 매우 높아 대기 중에서 오존이나 다른 광화학 오염물을 생성하는 광화학반응을 일으키는 물질이다.

탄화수소는 탄소원자수에 의해 다른 형태를 나타낸다. 탄소원자가 1~4개는 상온·상압에서 기체로 존재하며, 5개 이상인 것은 액체나 고체로 존재하며, 산소, 질소, 염소, 황 등과 반응하여 여러 가지 탄화수소 유도체를 생성한다. 산소결합 탄화수소 유도체는 광화학반응을 하는 1차 오염물질(primary pollutant)로, 대기 중에서 매우 중요한 것은 탄소수 12개 이하인 기체 또는 휘발성 액체이다.

발생원 중 자연적으로는 논, 습지, 광산 및 식물들을 미생물의 유기물 분해작용에 의한 메탄(CH_4)과 식물에 의한 테르펜((terpene); $(C_5H_8)_n$, $n \geq 2$)이 주로 배출된다. 인위적 발생원에는 연료의 연소, 석유정제, 유기용매의 증발, 쓰레기소각 및 산불 등이 있다.

오염된 대기 중에는 탄화수소, 산화된 탄화수소 및 탄화수소의 유도체(derivatives)가 많아 특정화합물에 대한 소멸과정은 명확하지 않다. 일반적으로 중요한 소멸과정은 광화학반응(photochemical reaction)에 의한 수용성 및 응축성물질로 전환되어 이산화탄소와 수분으로 바뀌게 된다.

(5) 오존(광화학산화물)

대기 중에 있는 어떤 종류의 분자는 태양빛을 흡수하여 여기상태(exited state)가 되거나 분해된다. 이와 같은 반응을 광화학반응(photochemical reaction)이라고 한다. 이 반응으로 새롭게 생성된 분자 또는 여기분자는 대부분 복잡한 후속반응을 일으키며, 대부분 분자끼리의 충돌에 의해서 일어나는 열반응이다.

대류권의 오존(ozone(photochemical oxidants))은 국지적인 광화학스모그로 생성된 옥시단트(oxidants)의 지표물질이며, 그 자신은 온실가스로도 작용하고 동시에 광분해반응으로 생성된 OH 라디칼이 메탄, 수소불화탄소(HFCs) 등의 다른 온실가스의 대류권수명을 조절하는 의미에서 지구온난화에도 간접적으로 관련이 있다.

오염된 대기 중의 오존은 로스앤젤레스 스모그 사건에서 처음 확인되었다. 오존은 태양빛, 자동차 배출물인 질소산화물과 휘발성 유기화합물(탄화수소)에 의해서 일어나는 복잡한 광화학반응으로 생성된다. 자동차 배출가스는 대기 중 오존생성반응에 특히 중요한 발생원이 된다.

그림 1.1은 대기 중의 NOx의 광화학 사이클이다. 대기 중 이산화질소(NO_2)는 태양빛에너지를 받아 일산화질소(NO)와 산소원자(O)로 분해되고, 산소원자는 대기 중 산소와 결합되어 오존(O_3)이 형성된다. 이 오존은 이미 생성된 일산화질소와 반응하여 이산화질소로 재생된다. 따라서 대기 중에 오존 증가 없이 완전한 사이클을 이룬다. 식 (1.6)~(1.7)은 NOx 광화학 사이클의 반

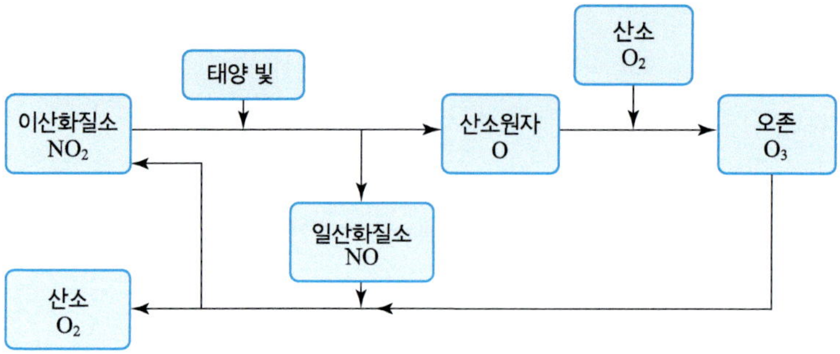

그림 1.1 대기 중 NOx 광화학 사이클

응과정을 간략히 나타낸 것이다. 이 외에도 다양한 복합반응이 존재한다.

$$NO_2 + h\nu \rightarrow NO + O \quad (1.6)$$

$$O + O_2 \rightarrow O_3 \quad (1.7)$$

$$O_3 + NO \rightarrow NO_2 + O_2 \quad (1.8)$$

그러나 그림 1.2와 같이 대기 중의 이산화질소가 휘발성 유기화합물(VOCs; volatile organic compounds)인 탄화수소와 공존할 경우 대기 중에 오존이 증가하게 된다.

그림의 윗부분을 보면 NO_2가 태양빛을 받아 NO와 O로 분리된 후, O는 올레핀과 같은 반응성이 좋은 탄화수소인 RH와 반응하여 유기 라디칼(R*)이 생성된다. 이 라디칼은 공기 중 산소와 반응하여 페록시 라디칼(peroxy radial)인 RO_2*이 형성되고, 이미 생성된 NO와 반응하여 NO_2로 전환된다. 이때 페록시 라디칼은 오존(O_3)에 비해 반응성이 상대적으로 상당히 커서 오존은 NO 산화반응(식 1.8 참조)에 관여하지 못하고 대기 중에 증가하게 된다. 앞에 설명된 대표반응은 식 (1.9)~(1.11)과 같다.

$$RH + O \rightarrow R^* + RO^* \quad (1.9)$$

$$R^* + O_2 \rightarrow RO_2^* \quad (1.10)$$

$$RO_2^* + NO \rightarrow NO_2 + RO^* \quad (1.11)$$

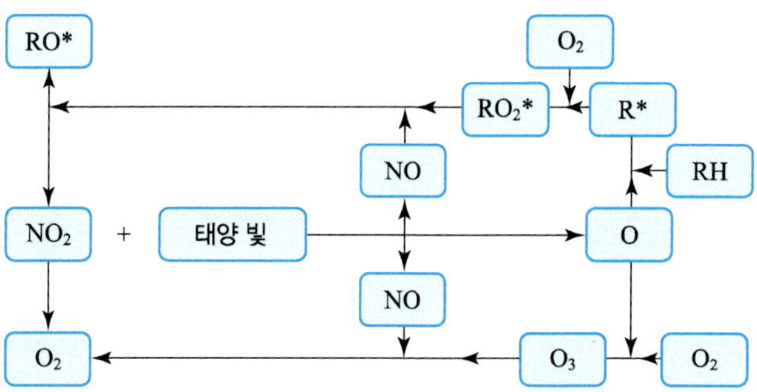

그림 1.2 대기 중 탄화수소 반응에 의한 NOx 광화학 사이클

(6) 이산화탄소 및 지구온난화가스

이산화탄소(carbon dioxide)는 주요 대기오염문제 중 하나인 지구온난화의 주범으로, 자연적으로는 미생물의 분해작용에 의하여 발생되고, 인위적으로는 화석연료의 연소 및 산림파괴에 의해 발생된다. 이산화탄소의 농도는 빙하기시대(18,000년 전)에는 200 ppm, 산업혁명 이전에는 260~290 ppm으로 추정된다. 현재 대기 중의 농도는 385 ppm으로 매년 증가하는 추세에 있다.

지구온난화가스는 그림 1.3에 나타낸 바와 같이 이산화탄소와 메탄 그리고 그 외 동일한 구조를 가진 가스로, 장파인 적외선을 흡수하는 특성을 가진다. 산소나 질소보다 무거워 지구표면에 모이게 되어 가스의 천개(canopy of gas)가 형성하여, 결과적으로 열이 축적되고 온도가 상승하게 된다.

대기 중에 배출된 이산화탄소는 해수와 산림생태계에 흡수되어 대기 중에서 제거된다. 대기 중에 배출된 이산화탄소의 약 50%는 대기 중에 축적되고, 나머지 중 약 29%가 해수에 흡수되며, 그 외는 지상생물에 의하여 흡수되는 것으로 추정되고 있다.

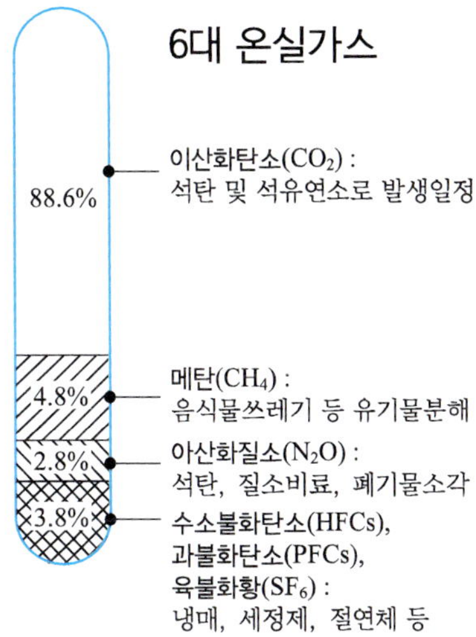

그림 1.3 온실가스 및 발생원

(7) 염화불화탄소

염화불화탄소(chlorofluorocarbon(CFC))는 소량으로 지구의 환경에 커다란 영향을 미치는 가스로 오존층 파괴물질이다. 또한, 같은 양의 이산화탄소에 비해 15,000배의 온실효과를 나타낸다. 염화불화탄소는 염소, 불소, 탄소를 포함하고 있는 분자로 다른 온실효과 가스와는 반대로 자연적으로 발생하는 것이 아니고 모두 인간활동에 의해 발생한다. 염화불화탄소는 내화학성과 내열성이 뛰어나 주로 화학공업, 정밀기기, 광학, 전자산업, 유통, 식품공업 및 의약품산업 등에서 냉매, 세정제, 용매, 발포제, 에어로졸 추진제(예: 방취제, 헤어스프레이, 스프레이 페인트 등)로 사용된다. CFC는 대기창에서 강한 흡수를 하며 대기 중 체류시간이 매우 길고, 불활성이며 비수용성이어서 화학반응에 의해 파괴되지 않으며, 강우에 의해 제거되지도 않는다.

2.2 입자상 오염물질

대기 중의 입자상물질은 고체 혹은 액체와 같은 어떤 분산된 물질로 구성되어 있다. 개개의 덩어리는 지름이 0.005 μm인 분자 클러스터들에서부터 100 μm 정도의 입자들에 이르기까지 다양한 크기를 가진다. 또한 화학적 조성, 생성 메커니즘, 입자형상들도 복잡하고 다양한 형태를 나타낸다. 미세입자들은 주로 연소나 그 밖의 다른 산업공정 시에 직접 배출되며, 때로는 유해 가스들이 공기 중에서 화학반응을 일으켜 생성되기도 한다. 이들 미세입자들의 성분이나 분포도는 매우 다양하지만, 질량으로 따진다면 자연적으로 발생되는 입자들(소금, 화산, 사막 등)이 대부분(약 88%)을 차지한다고 알려져 있다. 하지만, 산업공정을 통하여 인위적으로 발생되는 입자들이 대체적으로 1 μm 정도의 작은 것들이며, 유해한 성분 또한 많이 포함하고 있으므로, 주로 대기오염 방지기술에서 다루어지고 있다.

입자상물질은 우리 주변 어디에서나 발생한다. 연무(haze)와 같은 입자는 식물의 표면에서 형성되기도 하고, 먼지는 바람에 의해 비산되며, 화산폭발은 대기 중으로 순식간에 짙은 연기를 배출하기도 한다. 물론 이러한 자연적인 발생 외에 인간의 많은 활동에 의해서도 발생된다.

(1) 입자상물질의 분류 및 발생원

1) 먼지

먼지(dust)는 입경 0.1 μm~10 mm의 고체입자로, 분쇄, 폭파, 톱질, 연마 등에 의해서 생성된다. 정전기력, 응집력, 확산력에 영향이 없으며, 주로 중력에 의해 침전되어 제거된다. 종종 입자크기는 체의 간격 크기에 의해 구분되기도 한다. 예를 들면 특정 체(sieve)를 통과하거나 또는 남아 있는 비율에 의해 크기를 표시하는 경우도 있다. 주변에서 먼지의 예를 들면, 시멘트먼지, 톱밥, 모래, 탄재 등이 있다.

2) 훈연

훈연(fume)은 입경이 0.03~0.3 μm의 고체입자로, 승화(sublimation), 증류(distillation), 소성(calcinations), 연소 또는 화학반응에 의한 증기의 응축으로 생성된 입자를 말한다. 브라운운동을 하며, 상호응집하기 쉬운 성질을 가지고 있다. 예를 들면, 고온공정에서 휘발하는 금속의 산화와 응축으로부터 생성된 산화납(lead oxides)과 아연(zinc)입자 등이 전형적인 훈연이다.

3) 연무

연무(mist)는 입경이 0.5~3.0 μm의 액체입자로, 증기의 응축 또는 화학반응에 의해 형성된 액체입자를 말한다. 액체방울이기 때문에 표면장력에 의해 구형이 된다. 보통 기류를 따라 부유할 정도로 매우 작다. 이 물방울이 약 100 μm 또는 그 이상의 크기로 응축되면 빗방울 형태로 나타난다. 대표적인 화학반응의 예를 들면 다음과 같다.

$$SO_3(\text{기체})\ @22℃ \rightarrow SO_3(\text{액체}) \tag{1.12}$$

$$SO_3(\text{액체}) + H_2O \rightarrow H_2SO_4 \tag{1.13}$$

4) 매연

매연(smoke)은 입경이 0.05~1.0 μm 정도의 고체입자로, 탄소함유 물질의 고온연소 시 산소 부족의 불완전연소로 생성된다. 도로와 공장주변 지대의 대표적 오염물질이다. 연소와 같은 일종의 산화과정에서 생긴 입자로 광학적인 밀도가 전제된다. 일반적으로 연기는 석탄, 석유, 목재 또는 다른 화석연료의 연소로부터 발생된다.

5) 연무

연무(haze)는 대기 중에서 약간의 수증기를 가진 입자가 주변의 입자와 합쳐진 것이다. 습도가 비교적 낮을 때 대기 중에 연기나 먼지와 같은 미세한 입자가 떠 있어 공기가 뿌옇게 보이는 현상을 말한다. 연무가 많이 끼면 시정이 나빠지고 호흡기질환을 유발할 수 있다.

6) 액적

액적(spray)은 액체 무화(automization) 시 물리적으로 생성되는 액체입자로 미스트보다 상대적으로 큰 입자이며, 오염물질의 종류에 따라 위해성이 다르다.

3 대기오염 물질의 영향

3.1 인간에 미치는 영향

(1) 호흡기계통

인간의 호흡기계통은 산소를 혈액으로 끌어들이고 이산화탄소를 체외로 버리는 작용을 하며, 이는 숨을 쉴 때마다 반복된다. 산소를 포함한 공기가 코와 입을 통하여 폐포까지 들어가면 산소는 폐를 통하여 혈액으로 확산된다. 반면에 CO_2는 혈액으로부터 폐포로 전달되어 밖으로 배출된다. 이와 같이 호흡기계통의 작용으로 공기 중의 산소 그리고 미량의 오염물질이 호흡기로 들어간다.

이 계통은 코, 기관지, 폐의 세 부분으로 나누어서 설명할 수 있다. 코부분은 비장, 구강 및 목을 포함하고, 기관지부분은 기관과 기관지가 통하는 폐포(alveolar)까지이며, 폐부분은 종말(세부)기관지(terminal bronchi)와 순환계통에서 가스교환이 일어나는 허파꽈리(alveolar sacs)를 포함한다.

1) 폐 속에서 입자와 가스

폐 속에서 입자의 움직임은 입자의 운동역학적 특성에 따르며, 가스는 호흡기계통의 여러 조직을 통과하면서 내부에서 용해된다. 입자의 운동역학적 특성은 입자의 크기와 모양, 밀도 등과 관계가 있으며 사슬모양이나 섬유 등 입자의 움직임은 유체흐름의 방향에 따른다. 호흡기계통의 각 부분에서 입자의 침착은 입자의 크기에 따라 다르며, 대기 중의 입자는 대체로 0.01 μm에서 50 μm의 범위에 있다.

가장 큰 입자들은 코털이나 비강의 구부러진 곳에서 충돌하고, 보다 작은 입자는 코를 통과하여 기관지나 폐부분에 침착한다. 입자가 기체의 유선(stream line)을 따르지 않을 때는 기관지 내벽에 충돌한다. 공기의 흐름이 종말 기관지 가까이에서 느려질 때, 가장 작은 입자들은 브라운 운동에 의하여 허파꽈리 밖으로 확산되어 처리된다.

2) 호흡기 내의 침착입자 제거

호흡기 계통에서 침착된 입자들을 처리하는 데는 몇 가지 메커니즘(mechanisms)이 있다. 코와 기관지의 내벽은 언제나 점액질로 덮여 있어 코를 푼다든지, 기침, 재채기 또는 목구멍으로 삼킴으로써 입자의 제거를 도와준다. 기관지 벽에는 작은 섬모가 있어 점액을 위로 밀어올리고 기관지 위로 입자를 운송시킨다. 호흡기 계통의 폐 깊숙이 침착한 입자는 폐포의 상피질을 통하여 혈청 또는 혈액계통으로 이동할 수 있으며, 또한 폐포의 거식세포(alveolar macrophages)에 의해 포식(scavenger)되어 삼켜질 수도 있다. SO_2와 같은 수용성가스는 코, 인두, 후두, 기관 등 주로 상기도벽에 흡수되고, NO_2, O_3, CO와 같이 물에 대해 난용성가스는 기도의 심부에 도달하여 세부 기관지나 허파꽈리까지 흡입되어 재채기나 기관지수축 등의 반응이 나타난다. 수용성가스는 생화학작용에 의해 제거되거나 순환계통으로 확산된다.

(2) 인체의 영향

일반적으로 사람이 오염된 대기에서 생활하면 우선 눈, 비강 및 상기도점막에 대하여 먼저 감각적인 영향을 받으며, 생리적으로 가역적인 반응이 일어난다. 계속해서 노출되면 그 증상은 악화되어 급성질환으로 변하고, 이 질환이 여러 번 반복해서 일어날 때 만성적인 피해가 나타난다.

인간의 건강에 영향을 미치는 인자는 오염물의 종류, 농도, 기상조건 등 많은 요인이 관계되기 때문에 원인과 결과의 관계를 뚜렷하게 밝히기는 매우 어려운 현실이다. 대기오염물질은 폐질환, 심장질환, 순환계질환 등을 갖고 있는 사람 등과 호흡기와 순환기계통의 작용이 활발하지 못한 노약자들이 피해를 쉽게 받는다. 또한 대기오염의 원인이 되는 오염물질은 대단히 종류가 많아서 물리화학적인 성질도 다양하다.

1) 일산화탄소

사람이 고농도의 일산화탄소(CO)에 노출될 경우 죽는다는 것은 잘 알려져 있는 사실이나, 100 ppm 이하의 저농도에서의 영향은 최근에서야 알려지기 시작하였다.

대기 중의 CO에 노출되거나 실내에서 난방 또는 요리 중 연료의 불완전연소가 있으면 인체 내의 CO농도가 높아질 것이다. 그리고 비흡연자보다는 흡연자가 CO의 체내농도는 높다. CO는 사람의 호흡기관을 통해서 들어와 혈액에 흡수된다. CO가 유독한 원인은 헤모글로빈(Hb)의 CO에 대한 친화력이 산소(O_2)의 경우보다 더 크기 때문이다. 헤모글로빈은 산소와 결합하여 O_2Hb(oxy hemoglobin)의 형태로 산소를 폐에서 인체세포로 운반하고, 세포에서 폐로 CO_2Hb의 형태로 CO_2를 운반하는 역할을 한다. 그런데 헤모글로빈은 CO와 결합하여 카르복시헤모글로빈(COHb)을 형성하여, 혈액의 산소운반 능력을 떨어뜨리게 된다. 즉 CO의 헤모글로빈에 대한 친화력은 산소보다 210배나 크기 때문에, 그 결과 O_2Hb보다 COHb가 먼저 형성되어 인체의 산소부족현상을 일으킨다.

혈액 중에 COHb가 10%라는 것은 고도 1 km에 서 있는 것과 같은 효과로 CO에 대한 저항력을 약화시킨다. COHb의 농도가 정상인보다 2% 높아질 때 시간감각의 장애가 나타나며, COHb의 농도가 5%일 때 계산능력의 장애가 나타나게 된다. 표 1.4에 CO와 COHb가 건강에 미치는 영향을 나타내었다.

표 1.4 CO와 COHb가 건강에 미치는 영향

CO	
환경적 조건	영 향
9 ppm(8시간 노출)	대기질 기준
50 ppm(6주 노출)	동물의 심장 및 뇌의 구조적 변화
50 ppm(50분 노출)	한계 상대광도, 시각적 예민성의 변화
50 ppm(8~12시간 노출, 비흡연자)	정신운동의 평가에 있어 손상된 행위를 함
COHb	
COHb level(%)	영 향
< 1	중요한 영향 없음
1~2	행동에 영향을 주는 몇 가지 증거가 있음
≥ 2.3	건강한 개체에 있어 운동수행능력의 감소
3~6	국소빈혈성 심장질환을 가진 사람에게 있어 폐통증의 증가로 인한 운동 지속시간 감소
≥ 5	시각, 청각, 근육활동, 불면증, 다른 신경정신적 행동의 측정에 영향을 줌
≥ 10	신경학적 현상(두통, 빈혈증, 허약, 멀미, 의식불명, 어지러움)과 사망

2) 황산화물

이산화황(SO_2)과 삼산화황(SO_3)은 대기에 존재하는 가장 흔한 가스상의 황산화물이다. 이산화황은 대기에 0.3~1 ppm의 농도일 때 미각에 영향을 미친다. 3 ppm을 넘는 농도에는 자극성의 냄새를 가진다. 삼산화황과 물은 황산을 형성한다. 황산화물이 입자상물질 및 습기와 결합하면, 황산화물에 의한 영향 중 가장 위험한 영향을 끼치게 된다.

표 1.5 다양한 이산화황의 농도에서의 영향

농도	영향
0.03 ppm(연간 평균)	식물에 만성적 해를 끼침, 미연방 대기환경 기준
0.037~0.092 ppm(연간 평균)	호흡기계 질병유발, 폐에 영향
0.11~0.19 ppm(하루 평균)	노인들의 호흡계질병의 증가, 금속부식증가, 입자상물질 농도 낮음
0.19 ppm(하루 평균)	사망률증가
0.25 ppm(하루 평균)	하루 사망률의 증가, 유병률 증가
0.3 ppm(8시간)	몇몇 나무에 피해가 나타남
0.52 ppm(하루 평균)	사망률증가, 입자상물질 동반

인간을 포함한 다양한 동물 종은 이산화황으로 인해 기도의 저항을 증가시키는 현상이 발생한다. 대부분의 개체는 5 ppm 이상의 농도에서 이산화황에 대한 반응을 보이고, 어떤 민감한 개체는 1~2 ppm에서 약한 영향을 보인다. 전형적인 농도자료와 이와 연관된 건강에 대한 영향은 표 1.5에 나타내었다.

3) 질소산화물

대기에 존재하는 질소산화물로는 NO, NO_2, N_2O, NO_3, N_2O_3, N_2O_4, N_2O_5의 7종류가 있다. 여기서, NO와 NO_2는 광화학스모그 반응에서 서로 간의 상호전환성 때문에 NOx로 나타낸다. NO_2는 심한 자극물로 작용하고 같은 농도에서 NO보다 더 많은 해를 끼친다. 그러나 대기 중의 일반적인 농도수준에서는 단지 잠재적으로 자극성을 띠며, 잠재적으로 만성폐쇄성 폐질환(폐기종 또는 만성기관지염)과 관련이 있을 뿐이다. 동물을 사용한 연구결과에 의하면 NO_2는 주로 폐에 독성을 일으킨다고 한다. NO_2의 농도가 약 225 $\mu g/m^3$(0.12 ppm)이면 냄새를 맡을 수 있다.

NO_2의 농도가 높을 때에는 단시간 접촉해도 호흡이 빨라지는데, 이는 폐에 이상이 생겨서 다량의 공기를 흡수할 수 없기 때문이다. 낮은 농도에서도 장시간 접촉하면 만성의 폐질환을 일으키며, 쥐의 경우 만성폐질환은 940 $\mu g/m^3$의 농도에서 시작되었다고 한다.

4) 광화학산화제

오존(O_3), PAN(peroxyacetyl nitrate), PBN(peroxybenzoyl nitrate), 과산화수소(H_2O_2), 포름알데하이드(HCHO)와 같이 요오드화칼륨을 산화시키는 산화제들을 광화학산화제라고 부른다. 산화제의 악영향은 대부분 산화제의 산화작용에 의한 것이다. PAN이나 PBN과 같은 산화제는 눈에 심한 자극을 일으키며, 오존과 함께 코와 목에도 자극을 일으키게 되어 흉부압박을 일으킨다. 고농도(3,900 $\mu g/m^3$)에 노출될 경우는 심한 기침과 집중력의 저하를 초래한다. 표 1.6에는 오존과 광화학산화제의 각종 영향에 대한 개요를 나타내었다.

표 1.6 오존과 광화학산화제의 영향

농도		오존	
ppm	㎍/m³	노출시간(hr)	영향
0.02	40	1	고무가 갈라지고 늘어남
0.03	60	8	식물의 손상
0.07	140	8	3%의 어린이들에게서 FEV[1)]가 15% 이상 감소함
0.08	160	8	5.1%의 어린이들에게서 FEV가 15% 이상 감소함
≥0.08	160	8	폐기능 저하(운동하는 어른들에게서), 호흡기 감염이 쉬워짐
0.09	180	8	7.7%의 어린이들에게서 FEV가 15% 이상 감소함
0.10	200	1	기도저항 증가
0.12	200	1	8.3%의 어린이들에게서 FEV가 15% 이상 감소함
≥0.12	240	1～3	폐기능 저하(매우 격심한 운동을 할 때)
≥0.24	480	1～3	폐기능 저하(격심한 운동 시)
≥0.30	600	1～3	폐기능 저하(보통의 운동 시)
≥0.37	740	1～3	폐기능 저하(가벼운 운동 시)
0.30	590	연속적인 작업시간	코와 목이 아프고 기관지에 압박감이 느껴짐
2.00	3,900	2	심한 기침
농도		**광화학산화제**	
ppm	**㎍/m³**	**노출시간(hr)**	**영향**
0.05	100	4	식물의 손상
0.10	200		눈에 통증
0.13	250	최대 하루	호흡기질병을 더욱 악화시킴
0.03		1	운동선수의 운동능력 저하

1) FEV(Forced expiratory volume in 1s) : 1초율, 즉 1초 동안에 불 수 있는 호흡량으로 나눈 비율.

5) 납

납(Pb) 광석으로부터 납을 제조할 때의 배소로, 소결로, 용광로의 배기가스 중에 납이 배출된다. 그리고 유연가솔린의 연소, 고체폐기물의 소각, 폐유, 납축전지 및 기타 제조공정 등에서 발생한다. 납에 노출되었을 때 가장 민감한 사람들은 유아와 태아이다. 납은 신체기능을 떨어뜨리고 헤모글루빈이 합성을 방해하며, 신경계통을 변질시킨다.

대기의 납은 인체에 두 가지 경로를 통해서 유입된다. 사람이 직접 호흡함으로써 대기 중의 납이 흡입되는 1차노출(20%)과 사람이 음식물을 섭취함으로써 간접적으로 들어오는 2차노출(80%)이다. 납은 혈액의 헤모글로빈(Hb) 형성을 억제하여 만성빈혈을 유발시킨다. 인체 골조직에서 칼슘은 수산화인회석(hydroxyapatite: $3Ca_3(PO_4)_2Ca(OH)_2$)의 형태로 존재하는데, 납의 작용은 칼슘과 유사하여 Pb가 Ca로 대치되어 골조직에 축적되며, 삼염기성인산납(Tribasic lead phosphate)을 형성하게 된다. 오염원을 제거함으로써 혈액 중의 납농도가 감소하게 되면 납은 뼈에서부터 서서히 혈액으로 용출되어 소변 및 대변으로 배출된다.

납중독의 증세는 다양하다. 간과 신장의 기능장애, 혈액의 헤모글로빈(Hb) 감소, 정신장애, 생식기능장애 등 여러 가지 다양한 증세가 나타난다. 만성납중독은 세 단계로 진행된다(U.S. EPA, 1977). 첫 단계는 산업근로자들의 소화기관 장애로 복통과 연관되는 여러 가지 증세가 직접, 간접으로 나타난다. 두 번째는 "납중독마비(lead palsy)"라는 신경 및 근육장애이다. 이로 인해 허약감, 피로감, 손목근육 이상, 근육대사 이상 등을 일으켜 근육발육 부진과 경련증세가 나타난다. 세 번째 단계는 가장 중요한 것으로 중추신경 장애이다. 이로 인하여 정신착란, 경련, 의식상실, 사망에까지 이르며 사망에 이르지 않더라도 신장 및 혈관계통에 이상이 생기고 백치가 된다. 환경기준에서 대기 중의 납은 1.5 $\mu g/m^3$/월 이하로 정하고 있다.

6) 탄화수소

대기 중 탄화수소와 질소산화물이 존재할 때, 햇빛에 노출되면 서로 반응하여 오존과 같은 광화학산화제를 형성하여 인체건강과 식물에 악영향을 미친다. 많은 종류의 가스상 탄화수소가 포함된 대기의 영향에 대한 연구에서 인체에 대한 악영향은 정확히 규명되어 있지 못하다. 다만, 특정 부류의 탄화수소에 대한 발암성연구에 따르면 검댕과 타르에서 나오는 방향족 탄화수소에 노출될 경우 암에 걸릴 수 있다.

3.2 식물에 미치는 영향

대기오염물은 식물의 표피층 사이에 열려 있는 곳인 기공(stomates)을 통해 잎의 내부로의 가스출입을 조절한다. 또한 잎 내부에는 유관속으로 물관과 체관이 있어 수분이나 영양분을 수반한다. 잎은 광합성(photosynthesis), 증산(transpiration), 호흡(respiration) 등의 3가지 중요한 작용을 한다. 광합성은 잎 속의 엽록체에 의하여, 물과 CO_2를 이용하여 햇빛 존재 하에 반응하여 탄수화물을 합성하면서 산소를 방출한다. 이 반응을 화학식으로 나타내면 다음과 같다.

$$6CO_2 + 6H_2O \rightarrow C_6H_2O_6 + 6O_2 \quad (1.14)$$

증산작용은 뿌리에서 잎까지 물을 운반하고 식물의 열을 기공으로 발산하여 온도를 조절하며 동화작용을 촉진시킨다. 호흡(respiration)작용은 산소에 의해 탄수화물을 산화시켜 CO_2와 H_2O로 변화시킨다.

$$C_6H_{12}O_6 + 6O_2 \rightarrow 6H_2O + 6CO_2 \quad (1.15)$$

이 세 가지 기능은 잎의 표피층을 통하여 O_2, CO_2, H_2O의 활동을 촉진시키며, 인간의 호흡작용과 비슷하다. 이와 같이 안과 밖을 확산하는 기체와 더불어 오염된 기체도 잎의 세포조직을 직접 통과한다. 물론 먼지는 잎의 표피에 침착된다.

그리고 식물과 대기오염물이 접촉하는 또 하나의 통로로는 기공뿐만 아니라, 식물의 뿌리가 있다. 식물 근처의 토양이나 물표면에 흡수 또는 침착된 대기오염물은 토양을 변질시킴으로써 직접 또는 간접으로 식물에 영향을 끼칠 수 있다.

대기오염이 식물에 미치는 영향은 작은 피해부터 큰 피해까지 나타난다. 가시적 증상은 건강한 잎이 정상으로 벗어난 것으로, 건강한 색깔과 세포조직이 어느 정도 퇴색되고 조직이 붕괴되었는지를 눈으로 확인하는 것이다. 광범위한 조직의 붕괴 또는 네크로시스(necrosis)는 잎 내부의 해면 또는 책상조직이 손상된 것이고, 심하게 탈색되거나 본래의 모습을 잃어버린 것이다.

표 1.7 대기오염 물질별 식물에 미치는 영향

오염물질	증상	피해성숙도	피해부분	피해한계		
				ppm (vol)	$\mu g/m^3$	노출시간
SO_2	회백색반점, 잎맥 사이의 표백, 백화현상	젊은 잎과 늙은 잎에 가장 민감	엽육세포	0.3	785	8시간
O_3	반점, 점채, 얼룩표백, 색소형성	늙은 잎에 가장 민감, 어린 잎에 가장 적음	잎의 가장자리 또는 해면조직	0.03	59	4시간
PAN	유리화, 은백색광택화	어린 잎에 가장 민감	해면연조직	0.01	50	6시간
NO_2	불규칙 흰색 또는 갈색으로 변화	젊은 잎에 가장 민감	엽육세포	2.5	4,700	4시간
HF	잎의 끝 또는 가장자리가 타거나 발육부진, 균에 의한 변이 발생	어린 잎에 민감	외피, 엽육세포	0.1 (ppb)	0.08	5주일
에틸렌	꽃받침의 마름, 잎의 기형, 꽃이 떨어짐	어린 잎은 회복되나, 늙은 잎은 회복불능	모든 부분	0.05	58	6시간
염소	잎맥 사이의 표백현상, 잎의 끝 또는 가장자리가 타거나 기관탈리	성숙한 잎에서 가장 민감	외피, 엽육세포	0.10	290	2시간
암모니아	갈색 또는 초록색으로 삶아진 형태로 나타나거나 어떤 것은 모든 흑색으로 변화	성숙한 잎에서 가장 민감	전조직	~20	~14,000	4시간
염화수소	회사성(懷死性)손상, 전나무잎 끝이 나서나, 광엽의 잎의 가장자리에 흑반증	늙은 나무에 민감	외피, 엽육세포	5~10	~11,200	2시간
수은	백화현상과 기관탈리, 갈색반점, 잎맥의 황색현상	늙은 잎에 민감	표피, 엽육세포	<1	<8,200	1~2일
H_2S	기부(基部)와 가장자리를 태움	어린 잎에 가장 영향을 끼침		20	28,000	5시간
황산	흑반점(회사성반점)	모든 잎	모든 부분	-	-	-

조직이 죽으면 잎이 떨어지거나 잎구조에 구멍이 뚫릴 것이다. 탈색은 엽록체수의 감소에 의하여 나타나는 것으로 백화현상(chlorosis)이라 한다. 잎표면에 나타나는 손상으로는 유리화(glazing) 또는 은백색 광택화(silvering)라는 것이 있으며, 반점에 의한 잎의 피해를 기술할 때 사용한다. 가시적인 피해는 생리학적 변화에 따라 여러 형태들이 있다. 대기오염의 식물에 대한 피해는 잎을 일찍 노후시키거나 낙엽을 만들고, 줄기와 잎의 구조를 가늘고 길게 또는 기형으로 할 수도 있으며, 과실나무의 꽃에 가시적인 피해가 나타나면 생산량이 줄어든다.

대기오염의 영향이 비가시적(nonvisual)으로 미미할 때는 식물의 성장이 감퇴되고 재순환의 변화뿐만 아니라 생리학적 및 생화학적 공정이 변질된다. 농작물의 수확량이 감소하는 것은 피해 증상 없이도 나타날 수 있는데, 이런 형태의 피해는 대기오염정도가 낮은 데서 오랫동안 노출되어 발생되는 만성적 피해이다. 재배식물을 깨끗한 공기에 노출시켰을 때와 오염된 공기에 노출시켰을 때의 비교 실험연구에서, 가시적인 증상 없이도 수확량은 다르게 나타난다.

표 1.7은 이러한 오염물에 노출되면서 손상된 식물의 여러 형태를 적은 것이다.

3.3 동물에 미치는 영향

동물들은 두 단계의 경로를 통하여 피해를 받는다. 하나는 식물에 오염물이 축적된 것을 동물들이 먹이로서 섭취하여 일어나는 것이고, 또 다른 경로는 살충제 · 제초제 · 살균제 · 항생제 등의 화학약품으로 오염된 식물을 작은 초식동물들이 먹고, 이를 보다 큰 육식동물이 소비하여 일어나는 것이다.

(1) 중금속에 의한 피해

금세기에 들어 가축들에 대한 문제 중의 하나는 비소(As)에 의한 중독현상이 광범위하게 퍼진 것이다. 동물이 삼산화비소를 약 10 mg/kg 체중을 섭취하면 극심한 복통, 설사, 혈변, 그리고 입에서 마늘냄새가 나는 증상이 나타난다.

그리고 가축이 25~50 mg/kg의 납을 함유하는 목초를 섭취하면 격렬한 근육경련과 입에서 거품을 내뿜고, 이를 갈거나 후두근육의 마비로 목구멍에서는 으르렁거리는 소리를 낸다.

동물에 대한 몰리브덴(Mo)의 중독현상은 빈혈증, 쇠약, 설사, 경련 등을 일으키며, 털의 색깔을 바래게 한다. 물속의 수은이 수생생물에 의하여 메틸수은(methylmercury)으로 전환된 것이다. 오염된 수생식물은 조그마한 물고기가 섭취하고, 그 물고기는 보다 큰 물고기에 의해 먹히면서 최종적으로는 인간에게까지 오게 된다. 미국에서는 수은이 0.5 mg/kg 이상 함유된 음식을 판매할 수가 없다.

(2) 가스와 먼지에 의한 피해

우연히 방출되는 위험한 화학약품도 동물에게 피해를 끼친다. 미국 유타(Utah) 주의 황폐한 지역에서 신경가스실험 중에 부주의로 고속비행기로부터 수백 갤런의 신경가스를 떨어뜨렸는데, 이때 신경가스의 방출로 6,200여 마리의 양이 죽은 일이 있었다. 이와 같이 수많은 신종 화학약품(exotic chemical)들이 세계 도처에서 제조되고 있다고 생각할 때, 불행한 사건은 언제든지 발생할 수 있다.

불소화합물은 원료물질인 인광석에 4%까지 함유되어 있어 인산비료 또는 인산유도체를 제조하는 과정에서 그 일부가 공기 중으로 방출된다. 미국 Florida주에서 1953년에서 1960년 사이에 불소화합물의 방출로 가축수가 30,000마리나 감소하였다고 한다. 1950년 이래 사람들은 가축들의 불소화합물에 대한 피해를 진단하고 평가하기 위한 기준과 지침을 만들었다.

만성 불화물독성(chronic fluoride toxicity)은 흔히 가축에서 찾아볼 수 있는데, 일차적인 영향은 가축의 치아와 뼈에서 관찰된다. 불소화합물의 과잉섭취는 치아의 법랑질을 약하게 하며 돌출된 이가 약해지면서 어금니가 닳아서 둔해진다. 동물의 골불화증(steofluorotic bone)장애 특성은 간헐적인 절름발이 현상과 활동에 경직성을 나타낸다. 불소화합물이 뼈에 잠복하고 있으면 소변이나 대변에 의해 배설됨에도 불구하고 투약량은 증가한다. 두 번째 증상은 가축의 수유량(授乳量)이 감소하고 가축은 유연하지 못하며 건조하다. 그리고 가죽털은 거칠어진다.

불소화합물에 대한 동물의 내약력(耐藥力)은 젖소가 가장 민감하며 닭이 가장 낮다. 오염된 지역에서 동물의 불소중독성은 불소화합물이 함유된 식물에 아주 깨끗한 식물먹이를 혼합하여 섭취하게 하면 피할 수 있다. 또한 알루미늄염과 칼슘염의 소비량이 증가하면 동물의 불소화합물 독성이 감소하는 것으로 보고된 바 있다.

3.4 재료와 구조물에 대한 영향

(1) 금속

산업화 지역에서의 금속부식 현상은 대기오염 물질의 영향 가운데 가장 보편적인 사례이다. 철성분을 기초로 한 금속이 부식될 때에는 외견상 특징적인 녹이 나타난다. 금속은 철과 비철로 나누어 설명하는데 철(Fe)금속은 철과 여러 형태의 강철을 포함하는 것이고, 비철금속은 철을 포함하지 않는 것으로 아연(Zn), 알루미늄(Al), 구리(Cu), 은(Ag) 등을 말한다. 산업화된 환경 속에서 부식이 가속되는 원인은 아황산가스와 입자상물질의 영향 때문이라는 사실은 다양한 연구결과에 의해 밝혀지고 있다.

아연은 철 표면의 보호막용 도금으로 아연철판을 만드는 데 사용한다. SO_2와 습기에 노출된 산업장치들에서, 표면에 형성되어 있는 탄소코팅 성분을 파괴하게 되고 이로 인해 아연도 부식을 일으키게 된다. 구리가 SO_2와 반응하게 되면 흔히 볼 수 있는 황산구리의 푸른 코팅을 형성하게 된다. 알루미늄은 도시 대기의 SO_2농도로부터 부식에 대한 저항성이 높다. 알루미늄합금은 금속 표면에 보호막을 형성하여 SO_2 노출에 의한 부식을 억제한다. 이러한 비철금속은 전기전도성이 우수하여 전자산업에 많이 쓰이는데, 부식피해가 발생하게 되면, 장비사용자 입장에서는 효율적인 조작이나 정비측면에서 심각한 문제를 일으키게 된다.

(2) 석재

대리석, 석회석, 그리고 백운석과 같은 건축용 석재들은 대기오염물질에 의해 표면이 더러워질 뿐만 아니라 산성성분의 가스물질들로 인해 화학적으로 부식되기도 한다. 이러한 부식현상은 수분이나 산성에어로졸 또는 산성비의 영향과 더불어 산성성분의 가스물질에 노출될 때 발생할 수 있다.

SO_2와 습기는 석회석($CaCO_3$)과 반응하여 황산칼슘($CaSO_4$)과 석고($CaSO_4 \cdot 2H_2O$)를 만들며, 이들 황산화물은 물에 잘 용해하므로 석재와 석재를 접착시키는 회반죽을 약화시킨다.

대기의 습기와 함께 존재하는 CO_2는 탄산(H_2CO_3)을 형성하여 석회석을 중탄산염(HCO_3^-)으로 변화시키며 물과 비에 용해된다. 이와 같은 원리에 의한 석조건축물의 질은 저하된다. 이러한 화학부식현상으로 인해 매우 귀중하고 대체 불가능한 서유럽의 역사적인 기념비와 예술작품들이 손상을 입고 있는 것이 대표적인 사례이다.

(3) 섬유와 염료

섬유에 끼치는 대기오염의 피해는 섬유를 더럽히거나 인장강도를 떨어뜨리는 것이다. 황산화물은 인장강도를 가장 크게 떨어뜨리는 것으로 알려져 있다. 대기오염 특히 SO_2 또는 SO_3에 의한 나일론 양말의 파손은 그 당시 큰 화젯거리였다. 황산분진의 미세한 액적이 매우 얇은 나일론 섬유에 침적함으로써 섬유의 강도를 약화시켰다. 셀룰로오스 섬유 또한 아황산가스에 약하며 면(cotton), 레이온 등도 SO_2에 노출되면 피해를 받는다.

염료는 새로운 섬유의 특성에 맞도록 하고 변색을 막기 위하여 그 성분이 꾸준히 개발되어 왔다. 1920년대 중반에 아세테이트 인견(cellulose acetate rayon)이 개발되었지만, 이 염색방법도 처음 얼마 사용하지 않아 섬유의 청색과 녹색, 보라색이 질소산화물에 의해 변색되는 것을 알게 되었다. 오존도 재료를 변색시킨다. 이러한 현상은 섬유에 첨가된 광택제와 안정제 또는 연화제 등의 여러 화학약품들을 포함하는 흰색섬유를 노랗게 변색시키는 과정에서 알게 되었다. 염료가 영구 인쇄잉크의 마무리물질(permanent-press-finish materials)인 연화제로 옮겨가면 대단히 복잡한 공정이 일어난다. 연화제는 좋은 가스흡수제이므로 흡수된 NO_2와 O_3가 염료와 결합하여 변색한다. 이런 결합은 높은 상대습도에서 재료와 화합한 염료의 색을 여러 형태로 퇴색시킨다.

(4) 가죽과 종이

아황산가스(SO_2)는 가죽과 종이의 성분에 영향을 끼쳐 품질을 떨어뜨린다. 특히 세계 각 도서관에 있는 가죽제본의 책을 파손시키고 있다. SO_2는 가죽에 흡수되어 황산으로 변하면서 가죽의 조직을 침식한다. 처음에는 책의 가장자리에 노출되면서 모서리에 균열이 가기 시작하고, 균열이 팽창하면서 가죽은 더욱 노화되며 드디어 책이 떨어지기 시작한다. 이것을 방지하기 위한 방법으로는 SO_2가 전혀 없는 공기에 보관하는 것이 좋다.

종이의 셀룰로오스 섬유도 SO_2에 의해 노화되어 약해진다. 종이에 포함되어 있는 불순물질에 의해 SO_2가 황산으로 전환되기 때문이다. 황산은 종이가 부서지기 쉽게 되도록 만들고 종이의 수명을 감소시키게 된다. 종이류의 이러한 훼손현상은 고농도의 SO_2 환경에 노출되어 있는 도서관이나 박물관에서 심각하게 나타나고 있으며, 역사적 가치가 있는 서적들과 서류의 보관을 어렵게 만들고 있다. 그러므로 역사적 가치를 가지는 영국의 대헌장(Magna Charta)이나 미국 독립선언서(Declaration of Independence) 등은 대기로부터 완전히 격리되어 보관되고 있다.

(5) 고무

대기오염 물질 중 오존은 압력을 받거나 늘어난 고무제품에 균열을 일으킨다. 특히, 부타디엔-스틸렌이나 부타디엔-아크로니트릴과 같은 불포화합성 또는 천연고무는 오존에 의한 균열피해를 일으키기 쉽다. 고무가 장력을 받을 때 오존은 탄소의 2중결합 사슬을 파괴한다. 파괴된 사슬은 C=C 결합근처에 남아 주변의 압력(stress)에 의하여 또 다시 사슬을 파괴하고 여전히 탄소결합 사슬주변에 남아 연쇄효과로 분열시킨다. 티오콜이나 부틸, 그리고 실리콘폴리머와 같은 포화 혼합물질들은 오존균열 현상에 대해 저항력을 가지고 있는 것으로 알려져 있다.

네오프렌(neoprene)은 불포화 합성고무이지만 오존의 피해저항을 가지고 있다. 이는 2중결합 가까운 곳에 염소원자가 있기 때문인 것으로 추정된다. 이런 저항현상은 자동차 타이어나 전기절연체와 같은 고무제품 생산에 있어 매우 효과적으로 이용되고 있다.

02
Chapter

연소공학

1 연료의 종류 및 특성

1.1 연료의 종류와 조성

(1) 연료의 종류

연료란 자신의 내부구조의 변화 또는 다른 물질과의 반응에 의해 화학적 에너지나 핵에너지를 지속적으로 열에너지로 변환시키는 물질을 말한다.

연료의 종류는 상태와 성질에 따라 크게 고체연료, 액체연료, 기체연료로 구분되고 다음과 같이 분류한다.

- 기체연료(gaseous fuels) 천연가스(NG), 액화석유가스(LPG), 석탄가스 등
- 액체연료(liquid fuels) 석유원유, 석탄타르, 알코올 등
- 고체연료(solid fuels) 석탄, 목탄, 목재, 연탄 등

표 2.1 **연료의 성분상태와 용도**

• **기체연료**

기체연료		성분(%)							고발열량 (kcal/Nm^3)	주요용도
		CO_2	C_nH_{2n}	O_2	CO	H_2	C_nH_{2n+2}	N_2		
천연가스	습성	0.8	–	0.2	–	–	99.0	–	11,750	도시가스
	건성	4.5	–	0.5	–	–	93.0	2.0	8,500	요업로용
액화석유가스		–	45.2	–	–	–	54.8	–	22,450	공업용 도시가스
오일가스		2.7	35.5	2.1	1.2	0.3	29.0	9.4	11,000	도시가스용
석탄가스		2.6	3.0	0.3	6.9	51.9	30.2	5.1	5,100	도시가스
발생로가스 (코크스 사용)		5.0	–	–	27.1	10.9	1.1	55.9	3,790	도시가스 요업로용
고로가스		17.7	–	–	23.9	2.9	–	55.5	900	요업로용 보일러용

• **액체연료**

액체연료	주성분	끓는점 범위(℃)	고발열량(kcal/kg)	주요용도
휘발유	C·H	30～200	11,000～11,500	가솔린엔진용
등 유	C·H	150～280	11,000～11,500	석유발동기용, 난방용, 주방용
경 유	C·H	200～350	11,000～11,500	소형 디젤엔진 가열용
중 유	C·H(O.S.N)	300～	10,000～11,000	각종 디젤용, 보일러용, 공업로용

• 고체연료

고체연료	주성분	고발열량(kcal/kg)	주요용도
석탄	C · H · O(N.S)	4,500~8,000	보일러용, 요업로용, 가스 및 코크스 제조용, 가정용
코크스	C(H.O.S)	6,000~7,500	제철용, 용선용, 가스 제조용
반성 코크스	C(H.O.S)	5,000~7,000	가정용, 가스 제조용
연탄(구멍탄, 조개탄)	C(H.O.S)	3,500~5,000	가정용

(2) 연료의 조성

연료의 가연성분은 주로 탄소(C), 수소(H), 황(S)이며 각 연료별 조성은 표 2.2와 같다. 이들이 연소할 때 식 (2.1)~(2.3)과 같은 화학반응을 일으키며, 빛과 열을 발생하게 된다. 다음 식의 발열량은 저위 발열량 기준이다.

$$C + O_2 \rightarrow CO_2 + 8,100\ \text{kcal/kg} \qquad (2.1)$$

$$H_2 + \frac{1}{2}O_2 \rightarrow H_2O + 28,600\ \text{kcal/kg} \qquad (2.2)$$

$$S + O_2 \rightarrow SO_2 + 2,500\ \text{kcal/kg} \qquad (2.3)$$

연료의 비가연성분은 질소(N_2), 산소(O_2), 수분(H_2O), 재(ash) 등이 있는데, 산소와 질소는 연료의 가치를 저하시키고, 재도 열손실이 커서 연료의 가치를 저하시킨다. 수분은 증발잠열을 가지고 있어 열손실과 연소온도를 저하시킨다.

표 2.2 각종 연료의 원소조성

연료의 종류	탄소(C) (%)	수소(H) (%)	산소 기타(O,N 등) (%)	C/H
고체연료	95~50	6~3	44~2	15~20
액체연료	87~85	15~13	2~0	5~10
기체연료	75~0	100~0	57~0	1~3

1.2 연료별 종류 및 특성

(1) 기체연료

1) 기체연료의 특징

기체연료는 액체 또는 고체연료에 비해 청정연료로 알려져 있으며, 다음과 같은 특징이 있다. 장점으로는 첫째, 연소효율이 높고 적은 과잉공기로서 완전연소가 가능하며 검댕이 발생하지 않는다. 둘째, 연료 중에 황이 포함되어 있지 않아 연소 배기가스 중에 SO_2가 생성되지 않는다.

셋째, 회분이 거의 없고 먼지 발생이 없다. 넷째, 부하의 변동범위(turn down ratio)가 넓고 연소의 조절이 용이하다. 즉, 자동조절, 집중가열, 균일가열, 분위기조절 등이 가능하고 점화 및 소화가 간단하다. 마지막으로 저발열량 연료로 고온을 얻을 수 있고, 전 열효율을 높일 수 있다.

단점으로는 저장탱크 등 배관공사비 등 시설비가 많이 들고, 저장이 곤란하며 다른 연료에 비해 가격이 비싸다. 또한 누설의 위험이 있고, 공기와 혼합해서 점화하면 폭발 등의 위험도 있다.

2) 기체연료의 종류와 성질

① 천연가스

천연가스(NG, Natural Gas)는 천연으로 산출되는 가스로, 탄화수소를 주성분으로 하여 발열량이 9,000～12,200 kcal/Nm^3 정도로 건성가스와 습성가스로 구분된다. 액화증기의 함유량이 40 mL/m^3(＝40 ppm)를 기준으로, 그 이하인 것은 건성가스 그리고 그 이상인 것은 습성가스이다.

건성가스는 석탄계가스와 수용성가스가 있는데, 석탄계가스는 메탄(CH_4)이 주성분으로 천연가스의 대부분을 점유한다. 또한 수용성가스는 지하수에 용해되어 있으며, 가연분은 거의 순수한 메탄이다.

습성가스는 석유계가스로서 유전지대에서 생성되고, 에탄(C_2H_6), 프로판(C_3H_8), 부탄(C_4H_{10}) 등 고급탄화수소를 큰 비율로 함유한다. 참고로 액화천연가스(LNG, Liquified Natural Gas)는 －162℃ 이하로 유지되어야 액화되므로, 초저온 봄베에 저장한다.

② 액화석유가스

프로판(propane)이 주성분으로 원유(crude oil)의 증류(distillation)과정에서 부산물로 얻어지는 부생가스이다. 발열량은 원유특성에 따라 다르지만 보통 20,000～30,000 kcal/Nm^3 정도이다.

액화석유가스(LPG, Liquified Petroleum Gas)의 장점은 첫째, 저장 및 수송 시 액체상태이며 연소 시에는 기체이므로 취급이 용이하다. 둘째, 발열량이 다른 가스에 비해 상당히 높다. 또한 황분이 적고 독성이 없다.

표 2.3 **가스성분의 물리적 특성**

가스성분	비 중	고발열량 (kcal/Nm^3)	최고화염 온도(℃)	가연한계(%)		연소속도 (cm/s)
				저	고	
CO	0.9663	3,036	2,182	12.5	74.2	43
H_2	0.0696	3,055	2,182	4.0	74.2	292
CH_4	0.6553	9,498	2,005	5.0	15.0	37.4
C_3H_8	1.621	23,560	2,120	2.1	9.35	43

단점은 첫째, 저장설비비가 많이 들고, 비중이 공기보다 무거워서(공기를 1로 할 때 공기의 1.5~2.0배 정도) 누출될 경우 인화·폭발의 위험성이 높다. 둘째, 유지 등을 잘 녹이기 때문에 고무패킹이나 유지를 도포제로 누출을 막는 것은 곤란하다. 셋째, 액체에서 기체로 될 때에 증발열(90~100 kcal/kg)이 있으므로 사용하는 데 유의할 필요가 있다.

③ 오일가스

주로 나프타, 등유, 경유 등을 열분해 또는 접촉분해하여 얻어지는 열량이 높은 연료가스이다. 석유계 기름을 550~600℃로 공기를 차단하고 분해·기화시키면 메탄·에틸렌 등을 주성분으로 하고 수소를 소량 함유하는 가스가 얻어진다. 이 열분해법과 부분산화법은 도시가스 제조에 응용되어 석탄가스·천연가스를 대신하는 것으로서, 원유·중유·나프타 등을 열분해하여 고열량 오일가스(8,000~10,000 kcal/m^3)를 발생시켜 열량이 낮은 수성가스 등에 혼합하여 쓸 수 있다. 원료유를 접촉분해해서 수소·일산화탄소를 많이 함유하는 가스(4,000~5,000 kcal/m^3)를 효율적으로 발생시키는 접촉분해법도 발달되었다. 오일가스는 석탄가스에 비해서 설비비가 적게 들고 목적에 따른 가스를 쉽게 얻을 수 있다.

④ 석탄가스화 연료

석탄을 건류할 때 생기는 가스를 석탄건류가스라고 한다. CH_4, H_2 등이 주성분이며 발열량이 높다. 증류가스(retrot gas)는 증류기에서 제조되는 가스이고, 코크스가스(coke gas)는 코크스로에서 코크스 제조 시 발생하는 부산물이다. 발생로가스는 부분산화(partial oxidation)에 의해 생성되는 가스로, 두꺼운 고온의 석탄층 또는 코크스층을 만들어 공기 또는 공기와 수증기의 혼합기를 연속공급하여 불완전연소에 의해 생성된 연료가스를 말한다.

가스 생성과정은 부분연소 반응(식 2.4), 발생로가스 반응(식 2.5), 수성가스 반응(식 2.6)의 복합반응에 의해 생성된다.

$$C + O_2 = CO_2 + 7{,}830\ \text{kcal/kg} \quad (2.4)$$

$$C + CO_2 = 2CO - 3{,}430\ \text{kcal/kg} \quad (2.5)$$

$$C + H_2O = CO + H_2 + 2{,}610\ \text{kcal/kg} \quad (2.6)$$

주성분은 일산화탄소, 수소, 질소, 이산화탄소이다. 장점으로는 설비가 간단하고 부분연소생신에 의한 에너지절감이 되는 반면, 회염온도가 낮고 분진제거가 필요하다는 단점이 있다.

⑤ 고로가스

제철용 고로에서 부생하는 가스로, 발열량은 70~900 kcal/Nm^3 정도이다. 여기서 고로란 주철을 만드는 설비로 용광로라고도 불린다. 철광석을 철원으로 하여 이것에 열원 및 환원제로서 코크스(coke), 불순물 제거용으로 석회석을 첨가·진입하고 열풍을 불어넣어 코크스를 연소시키고 철광석을 환원시켜 용융선철(pig iron)로 꺼낸다.

⑥ 도시가스

천연가스, LPG, 석탄건류가스와 발생로가스가 주원료이고, 연소속도가 빠른 수소(292 cm/s), 일산화탄소(43 cm/s), 메탄(7.4 cm/s)을 주성분으로 하고, 공정 중 불순물은 제거한다. 가스의 성상에 따라 다소 차이가 있으나 발열량을 약 3,600~10,000 kcal/Nm^{3}로 조절하여 생산된다.

(2) 액체연료

1) 액체연료의 특징

액체연료는 다음과 같은 특징을 가지고 있다. 장점으로는 첫째, 발열량이 높고 대체적으로 일정하며 효율이 높고 저장·운반이 용이하며 저장 중 변질이 적다. 둘째, 석탄의 연소와 비교해서 매연의 발생은 적지만 중질유의 연소에는 그 방법이 나쁘면 매연을 발생시킨다. 셋째, 회분은 거의 없지만 재 속의 금속산화물이 장해의 원인이 될 수 있다. 넷째, 균일한 품질의 것을 구매할 수 있고 점화, 소화 및 연소의 조절과 계량, 기록이 용이하다.

단점은 첫째, 화재와 역화 등의 위험이 크며 연소온도가 높기 때문에 국부가열을 일으키기 쉽다. 둘째, 사용 버너에 따라 연소 시 소음이 발생되고 국내자원이 극히 적어 거의 전부를 수입에 의존하고 있다. 셋째, 중질유는 황분을 함유하므로 연소 시 SO_2를 발생시킨다. 넷째, 연료에 미량 함유된 바나듐 등의 금속산화물로 인한 연소장치의 부식이 우려된다.

2) 액체연료의 종류

액체연료에는 가솔린(gasoline), 등유(kerosene), 경유(light oil), 중유(heavy oil), COM(=coal oil mixture), CWM(coal water mixture)가 있고 종류별 특징은 다음과 같다.

중질 연료일수록 C/H비가 높고, 중유 > 경유 > 등유 > 휘발유 순으로 감소한다.

C/H비가 높을수록 휘도는 낮고 방사율이 크며, 짧은 화염인 단염이 된다. 또한 C/H비가 높을수록 비교적 비점이 높은 연료이며, 매연발생이 쉽다.

가솔린은 스파크 점화기관, 헬기, 제트기용 연료로 사용되며, 비등점은 30~200℃이고, 비중은 0.72~0.76 정도이다.

등유는 파라핀유 또는 램프오일(lamp oil)이라고 불리고, 가정취사용, 스토브용, 석유발동기, 제트엔진용으로 사용되며, 인화점(flash point)이 가솔린보다 높다.

경유는 비등점은 200~250℃, 비중은 0.8~0.85 정도이다. 디젤버스 및 트럭 등의 고속디젤엔진에 사용되고, 화염이 유지되는 척도인 착화성이 좋다. 참고로 착화점(ignition point)이란 연소열에 의해 연소가 지속되는 최저온도를 말한다.

중유는 점도에 따라 A, B, C 중유로 구분되고, 용도 또한 다르다.

A 중유(1종)의 경우 소형 디젤기관과 소형 버너에 사용되고, B 중유(2종)는 일반 디젤기관,

보일러에 사용되며, C 중유(3종)는 대형 보일러와 대형 저속기관에 사용된다. 중유는 다음과 같은 성질을 가지고 있다.

- **비중** 비중은 4℃의 물에 대한 15℃의 유류중량비로 하여 0.92~0.97 정도이다.
- **점도** 점도가 낮으면 사용상 유리하지만 용적당 발열량이 적고 가격이 비싸다. C 중유, B 중유, A 중유의 순으로 점도는 감소한다. 수송 시 적정점도의 범위는 500~1,000 cSt이고, 버너 분무 시 필요한 점도는 20~30 cSt 정도이다.
- **유동점** 저온에서 취급 시 난이도를 나타내는 척도로서, 저점도중유는 유동점과 발열량이 낮고 사용이 유리하지만 가격이 높다. 고점도중유는 유동점이 높아 배관이나 기타 장치 내에서 유동성 상실로 펌프송유가 곤란하다.
- **인화점** 기름이 가열되어 발생된 증기가 공기와 혼합되어 가연성가스가 착화되는 최저온도를 말한다. 인화점이 낮으면 역화의 위험이 있고 인화점이 높으면 착화가 곤란하게 된다.
- **잔류탄소** 중유를 공기가 충분하지 않은 상태로 고온가열하면 건류(carbonization)되어 탄소성분이 응축하게 되는데 이것을 잔류탄소라고 한다. 잔류탄소가 높을수록 점도가 높아지며 중유의 잔류탄소 함량은 7~16% 정도이다.

표 2.4 중유의 성상 및 용도

종류 \ 성상		반응	인화점 (℃)	동점도 (50℃) (cSt)	레드우드 점도[1] (50℃)(초)	유동점 (℃)	잔류 탄소분 (%)	수분 (%)	회분 (%)	황 (%)	용도
1종	1호	중성	60 이상	50 이하	(85.8 이하)	5 이하[2]	4 이하	0.3 이하	0.05 이하	0.5 이하	요업, 금속정련용
1종	2호	중성	60 이상	50 이하	(85.8 이하)	5 이하[2]	4 이하	0.3 이하	0.05 이하	2.0 이하	소형, 내연기관용
2종		중성	60 이상	50 이하	(205 이하)	10 이하[2]	8 이하	0.4 이하	0.05 이하	3.0 이하	내연기관용
3종	1호	중성	70 이상	50~150	(205~612)	–[3]	–	0.5 이하	0.1 이하	1.5 이하	철강용 대형 보일러
3종	2호	중성	70 이상	50~150	(205~612)	–	–	0.5 이하	0.1 이하	3.5 이하	대형 보일러
3종	2호	중성	70 이상	50~150	(612~1,630)	–[3]	–	0.6 이하	0.1 이하	1.5 이하	대형 내연기관용
3종	3호	중성	70 이상	50~400	(1,650 이하)	–	–	2.0 이하	0.1 이하	1.5 이하	철강용
3종	4호	중성	70 이상	400 이하							일반용

주 1) 동점도에서 환산한 것.
2) 1종, 2종 겨울철용의 유동점은 0℃ 이하로 함.
3) 3종의 1호, 3호에 있어서는 유동점이 15℃를 초과할 경우에는, 용기 기타에 유동점을 명시하지 않으면 안됨.

- 회분 및 불순물 중유 중 불순물이 연소하여 금속산화물이 고체로 되는 것을 말하며 주로 철, 마그네슘, 칼슘, 바나듐 등의 화합물로 이루어져 있다.
- 수분 원유 속에 수분이 혼합되어 이것이 중유 속에 그대로 남아 있는 것이다.
- 황분 중유 중에 황화합물이 함유되어 있는 것으로 황분의 양과 존재상태는 연유의 성상이나 제조법에 따라 달라진다.
- 중유첨가제 중유의 연소성을 돕는 조연제로서 탈수제, 슬러지분산제(=슬러지 생성방지), 회분 개질제(고온부식 억제), 연소촉진제, 응고점강하제 등이 있다. 실제 첨가제는 이중 몇 가지의 기능을 합친 것이다.

(3) 고체연료

1) 고체연료의 특징

고체연료는 매장량이 풍부하고 가격이 저렴하며, 저장의 경우 단기간이면 야적이 가능하다. 또한 수송 시에는 화차에 그대로 실을 수 있다는 장점이 있다.

단점으로는 첫째, 건조와 분쇄 등의 전처리가 필요할 경우가 많다. 둘째, 액체연료나 기체연료와는 달리 파이프에 의한 수송이 곤란하다. 셋째, 연소 후에 재가 남으며 처리를 해야 한다. 넷째, 점화 및 소화가 곤란하여 연소관리가 어렵고, 부하변동에 바로 응하기가 어렵다.

2) 고체연료의 종류와 성질

① 목재

견목(참나무, 밤나무, 벚나무 등)과 연목(전나무, 소나무 등)으로 구분된다. 대기 건조상태 하에서 견목의 밀도는 450～500 kg/m^3이고, 연목은 250～300 kg/m^3이다. 연목이 견목에 비해 연소 시 장염이 발생된다. 발열량은 4,100～4,900 kg/kg, 착화온도(ignition point)는 240～270℃ 정도이다. 장염을 요하는 특수공업에 사용된다.

② 목탄

목재를 탄화시킨 2차연료이다. 즉, 목재를 탄소가마에 넣고 일부를 연소시키고 나머지를 건류한 연료이다. 연소 시 휘발분이 거의 없어 표면연소가 진행되어 파란색의 고온의 단염(short flame)이 형성된다.

③ 석탄

석탄은 탄화의 정도에 따라 갈탄(lignite), 역청탄(bituminous), 무연탄(anthracite)으로 분류된다.

표 2.5 **석탄의 종류 및 특성**

명칭	고정탄소(%)	휘발분(%)	착화온도(℃)
무연탄	87.5 이상	3~1.3	440~550
역청탄	87.5~50	13~52	250~400
갈탄	50 이하	52 이상	250~400

석탄의 성질을 살펴보면 다음과 같다.

- 비중 석탄화도가 진행됨에 따라서 증가되는 경향이 있고, 비중은 1.2~1.8 정도이다.
- 비열 석탄화도가 진행됨에 따라 감소하고, 물과 회분의 함유량과 직접 관계가 있다. 비열은 0.22~0.26 kcal/kg℃ 정도이다.
- 착화온도 석탄화도가 진행된 것일수록 높고, 수분함유량에 따라 많은 영향을 받으며, 수분함량이 많을수록 착화가 곤란하다.
- 점결성(코크스화성) 석탄이 가열될 경우 연화하여 용융되어 분해가 시작되고, 가스와 타르를 발산한 다음 코크스를 남기는 정도를 말한다.
- 열분해 공기를 차단한 상태에서 석탄을 가열하면 맨 먼저 수분이 증발하여 방출되고, 이어서 가스가 방출되어 분해가 완료되는 것이다. 열분해 개시온도는 230~450℃이며, 석탄화도가 진행한 것일수록 분해온도가 높아진다.
- 고정탄소 석탄의 분석 시 석탄 중에 함유된 수분과 회분 그리고 휘발분을 제외한 중량백분율을 말하고, 고정탄소(wt %) = 100 − (수분 + 회분 + 휘발분)로 나타낸다. 고정탄소는 많을수록 발열량이 높아지고 연소 시 단염이 된다.
- 수분 석탄에 함유된 수분으로 3가지 형태로 함유되어 있다. 부착수분은 석탄표면에 흡착되어 있는 수분으로, 일정온도 가열 시 증발하는 수분이다. 고유수분은 석탄건조 후 남아 있는 수분이고, 결합수분(화합수분)은 연료 중 수소와 결합된 수분을 말한다.
- 휘발분 열분해 시 생성되는 휘발성물질로, 휘발분이 많을수록 발열량이 낮고 불꽃이 긴 장염이 된다.
- 회분 금속산화물로 산화규소(SiO_2), 알루미나(Al_2O_3), 산화철(Fe_2O_3), 석회(CaO), 산화마그네슘(MgO), 산화알칼리(K_2O 및 Na_2O) 등으로 구성되어 있다.
- 연소성 연소성은 석탄함유 성분에 따라서 연소에 미치는 영향이 다양하게 나타난다. 먼저 수분이 많은 경우에는 점화가 어렵고, 흰 연기가 발생한다. 또한 수분의 기화로 인한 열흡수(증발잠열)가 일어나고, 불완전연소되어 온도가 떨어져 연소효율이 저하되기도 한다.

고정탄소는 석탄의 주성분을 이루고 있고, 탄화도(carbonization)가 많이 진행되면 고정탄소 역시 많아진다. 이러한 고정탄소가 많은 경우에는 발열량이 높고 매연발생이 적으며, 연소 시 파란색의 단염을 발생시키고 복사선 강도가 크지만, 점화가 늦은 문제가 나타나기도 한다.

반면, 휘발분이 많은 경우 연소 시 그을음 발생이 심하고, 점화는 쉬워지나 붉은 장염이 발생하고 발열량이 저하되어 연료의 가치가 낮아지게 된다. 회분이 많은 경우는 발열량이 감소하고 열손실이 커지며 통풍방해 및 대기오염을 유발시킨다.

④ 코크스

코크스(coke)는 원료탄을 1,000℃ 내외의 온도로 건류(dry distillation)하여 얻어지는 2차연료이다. 발열량은 8,000 kcal/kg 정도로 휘발분이 거의 없기 때문에 착화가 곤란하며, 검댕(soot)의 발생이 없다.

2 연소이론 및 장치

2.1 연소의 기초이론

(1) 연소의 기본개념

연소란 산화에 따른 발열에 의하여 온도가 상승하여 그 결과 발생되는 열복사선의 파장과 강도가 육안으로 감각하기에 이르는 것을 말한다.

1) 연소 시 단계별 온도구분

연소 시 단계별 온도는 인화온도(flash temperature), 착화온도(ignition temperature) 그리고 연소온도(combustion temperature)로 구분된다.

- 인화온도 충분한 공기를 공급한 상태에서 연료를 가열하여 어떤 온도에 도달하면 화염이 붙기 시작하는 최저온도를 인화온도 또는 인화점이라고 한다.
- 착화온도 혼합기가 인화점에 도달하여 혼합기가 지속적으로 가열되어 더 가열을 하지 않더라도 연소열에 의해 연소를 계속하게 되는 온도를 착화온도 또는 착화점, 발화온도, 발화점이라고 한다. 발열량이 낮아지면 착화온도는 높아진다.
- 연소온도 연소 시 착화온도에 도달한 후 각 연료의 성상별 발열량에 따라 최대온도가 유지되는데 이를 연소온도라고 한다. 즉, 연료의 발열량이 높을수록 연소온도가 높다.

표 2.6 **연료의 착화온도**

물질	착화온도(℃)	물질	착화온도(℃)
장작	280~300	가솔린	300~320
석탄	330~400	메탄	650~750

2) 연소의 형태

연소의 형태는 화염이 지속적으로 안정되게 유지되는 정상연소와 어떤 특정온도에서 순간적으로 폭발하는 비정상연소가 있다.

정상연소가 진행되기 위해서는 연료와 연소장치의 특성에 따라 차이가 있지만, 연료가 가열되어 상기에 언급된 온도단계를 거치면서 최종의 안정된 연소상태를 유지하게 된다.

비정상연소는 산화제인 공기가 충분한 상태에서 연료가 가열되어 특정온도인 기폭온도에 도달하게 되면 정상연소를 이루지 못하고 순간적으로 폭발이 일어나 연소가 되는 것을 말한다.

연소가 이루어지기 위해서는 연료가 가지고 있는 가연성분이 산화제인 산소와 만나서 화학반응하여 발생되는 열발생속도와 열설비의 열손실(연소로 벽면손실, 배기폐열 손실 등) 정도를 나타내는 열방출속도에 의해 좌우된다.

그림 2.1은 열발생속도를 도식화한 것이다. 연소실의 온도가 저온에서는 산소확산 속도($D'KD$)가 빠르고, 고온에서는 산화반응 속도($R'KR$)가 빠르다. 따라서 연소가 이루어져 열이 발생되는 열발생속도는 $R'KD$의 실선으로 표현된다.

① 정상연소

그림 2.2는 화염이 일정하게 유지되어 연소되는 정상연소를 나타낸 것이다.

상온인 $T_o{}'$ 이하이면 열발생속도는 0이 된다. 그리고 연소실 내의 온도 T가 $T_o{}' < T < T_1$이면 열원존재 하에 산화반응이 계속 진행함을 의미하며, 열발생곡선(A)이 열방출곡선(B)보다 작다. 이 온도범위 내의 임의의 지점에 화염이 생성되는 최저온도인 인화점(온도)이 존재한다. $T_1 < T < T_2$이면 열발생곡선(A)이 열방출곡선(B)보다 크게 되어 발화(점화) 후에 열이 축적됨으로써 열원제거 후에는 연소온도 T_2로 산화반응이 계속 진행된다. T_2 이상에서는 열원온도(T) 증가 시 T_2가 증가되고, 제거 시 T_2로 유지된다.

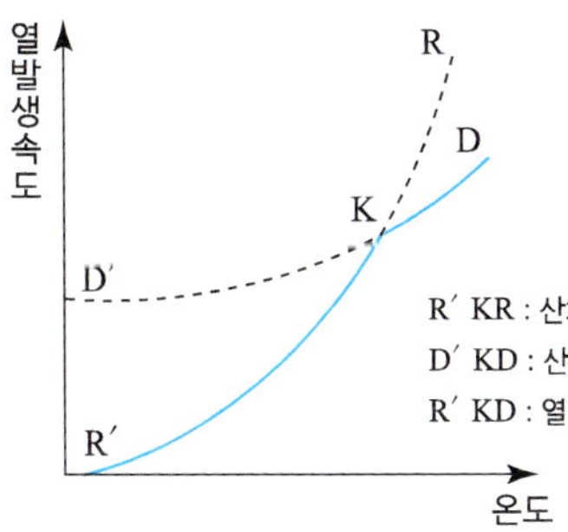

그림 2.1 열발생속도

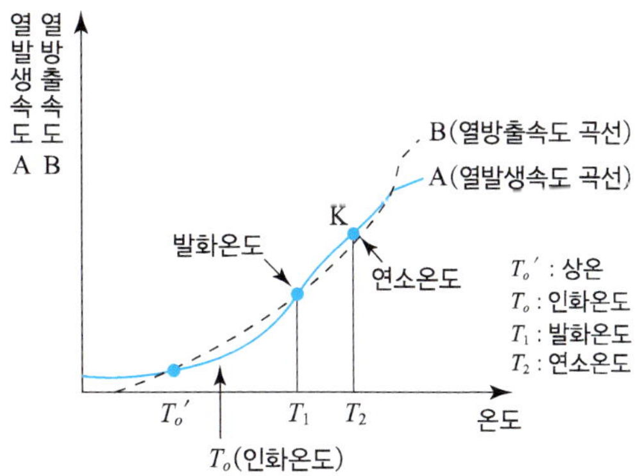

그림 2.2 정상연소

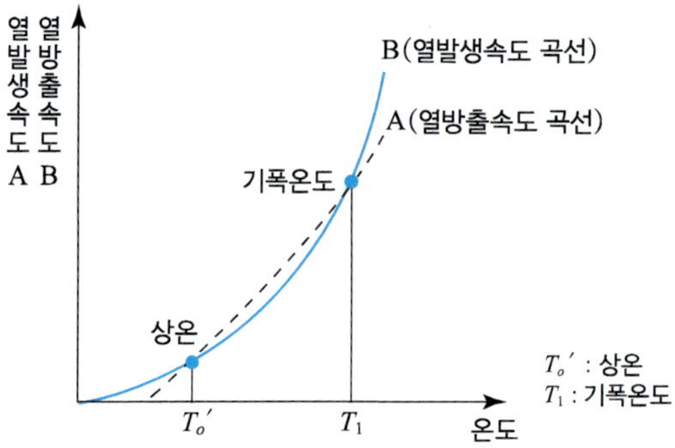

그림 2.3 **비정상연소**

② 비정상연소

그림 2.3은 순간적으로 기폭온도 T_1에서 연소개시 후, 연소속도가 급격히 증가하는 경우이다. 즉, 밀폐용기 중 화약의 연소 또는 엔진 내 연료의 연소 시 연료와 공기의 혼합기착화에 의해 일어나는데, 이를 폭발(detonation)이라고도 한다.

3) 가연한계

연소반응을 개시하여 연소가 지속되게 하는 현상을 착화(ignition)라고 한다. 여기에는 전기불꽃이나 성냥 등의 외부 점화원을 사용하는 강제착화가 있고, 예혼합기체의 온도상승에 의한 자발적 연소와 같은 자기착화(self ignition)가 있다. 한편 가연성기체와 산화제의 혼합기체에 전기불꽃 등의 에너지를 주어도 항상 착화하여 연소하는 것은 아니다. 화염이 전파하기 위해서는 농도, 온도, 압력 등에 대한 적절한 범위가 존재한다. 이것을 가연범위(burning limit) 혹은 폭발범위(explosion limit)라고 하며, 그 한계를 가연한계(combustion limit)라고 한다. 표 2.7은 공기 중 각종 연료의 가연한계를 나타낸 것이다.

표 2.7 **공기 중 각종 연료의 가연한계 농도범위**

물질명	희박가연 한계농도(%)	과농가연 한계농도(%)	물질명	희박가연 한계농도(%)	과농가연 한계농도(%)
수소	4.0	75	부텐	1.8~1.7	9.7~10
일산화탄소	12.5	74	1.3부타디엔	2.0	12
메탄	5.0	15.0	벤젠	1.3	7.9
에탄	3.0	12.4	톨루엔	1.2	7.1
프로판	2.1	9.5	크실렌	1.1	6.5
부탄	1.8	8.4	시클로헥산	1.3	7.8
헥산	1.2	7.4	아세톤	2.6	13
에틸렌	2.7	36	암모니아	15	28
아세틸렌	2.5	81(100)	가솔린	1.3	7.1

4) 연소속도

연소속도(burning velocity, S_u)는 연료가 착화하여 연소될 때, 화염이 미연가스와 산화반응을 일으키면서 차례로 퍼져나가는 속도를 말한다. 연소속도는 혼합가스를 만드는 연료나 산화제의 종류, 혼합비 등에 의해 영향을 받는다.

연소속도를 등면 일차원화염과 경사 평면화염의 형태에 따라 설명하면 다음과 같다.

- 등면 일차원화염(그림 2.4(a) 참조) 매트릭스 버너로부터 미연 혼합기체(연료+산화제)가 일정한 속도 U로 분출될 때 이와 반대방향으로 동일한 속도로 타들어가 화염면이 정지된 상태의 화염이다. 즉, 평면화염에서의 연소속도 S_u는 혼합기에의 속도와 같다.
- 경사 평면화염(그림 2.4(b) 참조) 원형노즐로부터 배출되는 혼합기에가 원추상화염을 형성할 때의 화염형태이다.

미연 혼합기체는 U_u인 속도로서 화염면에 α의 각도를 갖고 유출하지만, 이것은 화염면에 직각인 속도성분 S_u와 평행한 속도성분 S_p로 나누어진다. 이 가스는 열팽창에 의해 화염면과 직각방향으로 가속되고, 화염대에서는 S_b인 법선방향의 속도를 갖지만, 화염면에 평행하게는 가속요인이 없기 때문에 S_p인 초기의 속도성분을 유지한다. 따라서 연소가스는 S_b와 S_p의 속도합인 연소가스 속도 U_b를 갖는다.

경사 평면화염에서의 연소속도는 S_u는 화염면 법선방향의 혼합기속도로 다음과 같다.

$$S_u = U_u \sin\theta \tag{2.7}$$

연소속도는 화학반응 속도와 직접적으로 관계되며, 가연 혼합기체의 성분조성과 압력, 온도 등의 상태가 주어지면 곧바로 정해지는 연료의 기본적인 물성치의 하나이다. 그러나 실제의 측정

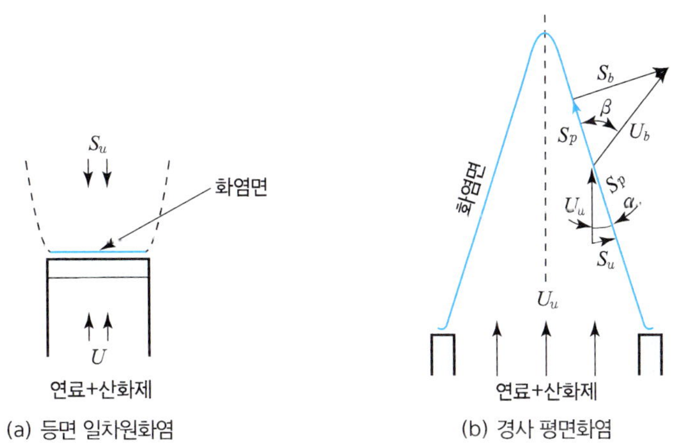

그림 2.4 층류 예혼합화염의 연소속도

표 2.8 주요 연료-공기 혼합기체의 최대 연소속도

가연기체	연소속도 (cm/s)	농도, % (공기비)	가연기체	연소속도 (cm/s)	농도, % (공기비)
수소	291	43 (1.8)	아세틸렌	154	9.8 (1.3)
일산화탄소	43	52 (2.6)	벤젠	41	3.3 (1.2)
메탄	37	10 (1.1)	톨루엔	38	2.4 (1.2)
에탄	40	6.3 (1.1)	에틸렌	75	7.4 (1.2)
프로판	43	4.6 (1.1)	등유	37	1.3 (1.1)

에 있어서는 여러 가지 요인의 영향을 받으므로 측정방법에 따라서 다른 값이 얻어지는 수가 많다. 표 2.8은 주요 기체연료와 공기의 혼합기체 연소속도를 나타낸다.

연소속도의 크기는 가연한계 내에서 혼합기체의 농도에 의해 크게 영향을 받는다. 또 혼합기체 중 불활성기체의 종류나 양에도 좌우된다. 산화제로서 순수한 산소를 사용했을 때 연소속도가 최대가 된다.

(2) 연료별 연소방법

1) 가스연료

기체연료의 연소형태를 분류하면 예혼합연소(premixed combustion), 확산연소(diffusion combustion), 부분 예혼합연소(partial premixed combustion)로 나뉘어진다.

예혼합연소는 연료와 공기를 미리 혼합시킨 후에 연소시키는 것으로서 화염이 전파하는 특징을 갖는다. 이에 대해 확산연소는 연료와 공기를 별개로 공급하여 연료와 공기의 경계에서 연소시키는 것으로서 이 화염에 전파성은 없다. 부분 예혼합연소는 확산연소를 가속화하기 위해 화염의 전파성이 높지 않을 정도의 공기를 연료에 미리 혼합시켜 두고 연소기에서 추가 공기를 주입하며 연소시키는 것이다.

예혼합연소는 연소부하율(단위면적당 발열률)이 높고, 노의 체적 및 길이가 짧으며, 역화(back fire)의 위험이 있다. 확산연소는 연소의 조절이 용이하고 역화의 위험이 없다.

① 예혼합연소

예혼합화염은 난류 · 교란이 거의 없는 분젠버너(bunsen burner)나 가정용 가스버너에서 많이 볼 수 있는 원추상화염이다. 분젠버너로 도시가스를 연소시키면 그림 2.5와 같이 안쪽에 진한 청록색을 한 원추상의 내염과 그 외측을 포함한 청백색의 외염이 형성된다.

내염부(그림 2.6의 화염대)에는 평면화염과 같은 예열대와 반응대가 존재하여 거의 대분분의 연소반응이 이루어지고 있다. 이 화염대에 해당하는 두께는 0.1～1 mm 정도로 얇다.

외염부에서는 반응대에서 생성된 비교적 반응속도가 느린 화학종이 조금 반응을 하지만, 곧이

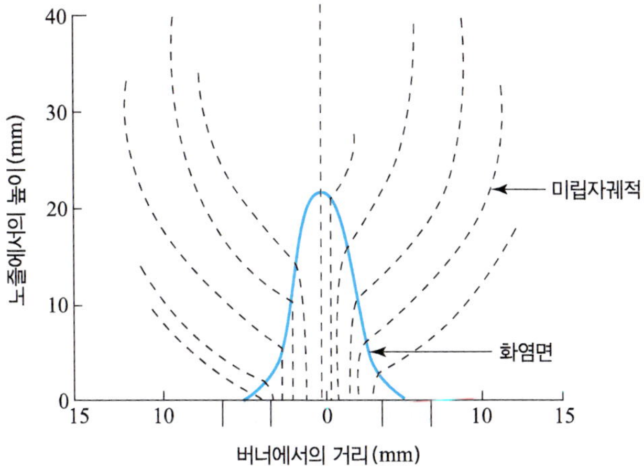

그림 2.5 분젠 예혼합화염의 구조

어 외부의 공기에 접촉하여 연소되므로 흐린 빛을 발한다. 미연혼합기 중의 산화제가 부족할 때는 내염부에서 열분해한 탄소미립자가 외염부에서 흑체복사를 하므로 황색휘염을 형성한다. 미연기체는 화염면에 대해 직각방향으로 들어가고, 그 이후 외염의 형상에 따라 흐른다.

그림 2.6은 매트릭스 버너와 같은 1차원 층류예혼합 평면화염의 구조를 나타낸 것이다. 연소 시 형성되는 화염대는 크게 예열대와 반응대로 나눌 수 있고, 대기압 하의 일반적인 연소에서는 0.1～1 mm 정도로 대단히 얇다. 또 화염대의 혼합기체에 대한 전면을 화염면이라 한다.

미연혼합기체는 예열대로 들어가면 반응대에서 발산하는 열을 공급받아 온도 T_u가 상승한다. 반응대에서는 연소의 화학반응에 의한 반응열이 발생하여 더욱 온도가 상승한다. 온도 T_1의 변곡점은 발열속도와 방열속도의 균형점으로, 여기에서 반응대가 시작된다고 보통 정의한다. T_1은

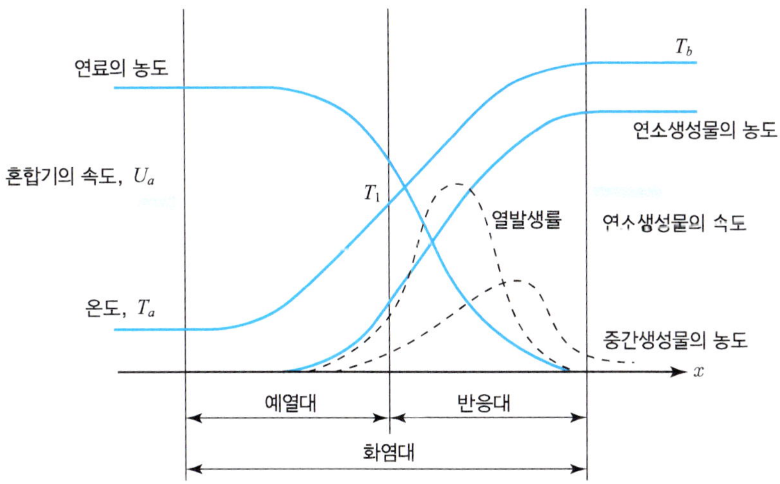

그림 2.6 층류예혼합 평면화염의 구조

일종의 착화온도(ignition temperature)라고 볼 수 있다.

예열대에서도 산화반응은 일어나므로 연료의 농도는 서서히 감소하고 반응영역에서 급격히 소비되어 연소생성물이 된다. 그 과정에서 연소의 반응에 따른 중간생성물이 발생하고, 반응대에서 나올 때는 최종연소생성물이 된다. 이 중간생성물은 예열대로 확산하여 중간생성물 속의 활성기가 연소반응을 촉진시킨다.

미연 혼합기체의 속도 S_u는 화염면에 들어가 온도상승에 의하여 서서히 속도를 상승시켜 연소가스의 속도 S_b가 되어 화염대를 나온다. 화염대에 대한 혼합기체의 속도 S_u는 정상상태의 경우 연소에 의한 연료혼합 기체의 소비속도 즉 화학반응 속도와 같다. 이 화학반응 속도가 연소속도라고 정의되고 있다(그림 2.4(a) 설명 참조).

② 확산연소

연료와 산화제인 공기 중의 산소가 예혼합화염처럼 미리 혼합되지 않고, 공기가 연료에 확산 혼합되어 연소되는 형태이다.

그림 2.7은 연료와 산화제의 흐름에 따라 연소기에서 형성될 수 있는 확산화염의 형태를 나타낸 것으로, 자유분류 화염과 평행류 화염이 있다.

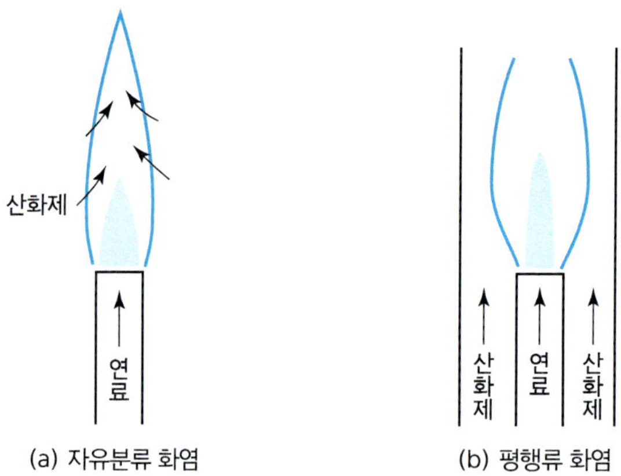

그림 2.7 **기체연료의 확산화염**

그림 2.8은 확산화염의 구조와 특징을 나타낸 것이다. 반응대는 산화제의 경계에 존재하고 이 반응대를 향해서 연료와 산화제가 확산을 통해 접근한다. 반응생성물과 중간생성물은 그 역방향으로 확산한다. 이와 같이 확산연소 과정은 연료와 산화제의 혼합속도에 의존한다. 즉, 연소의 빠르기는 반응대로 향하는 양자의 확산속도에 의해 지배되고, 확산속도는 화염부근의 화학종들의 농도분포에 의하여 변화한다.

반응대의 양쪽에서 생기는 확산영역이나 연료와 산화제의 상호확산에 의하여 생기는 혼합층(일반적으로 반응대와 일치함)은 당연히 화염부근의 흐름장에 의해 큰 영향을 받는다. 확산영역

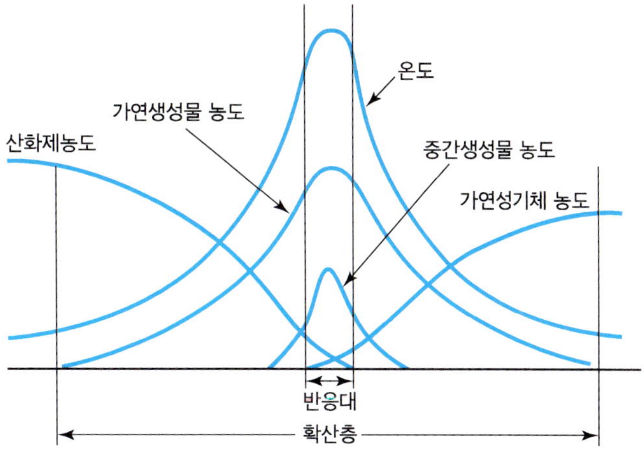

그림 2.8 **확산화염의 구조**

(확산층)의 폭은 꽤 두꺼운 반면 반응대는 대단히 얇다. 다만, 예혼합화염과 비교할 경우 확산화염의 반응대가 몇 배 이상 더 두꺼운 경우가 많다.

2) 액체연료

액체연료는 액상 그대로 반응하지 않고 일단 증발한 후 연료증기가 산화제와 반응하여 연소된다. 따라서 증발과정과 반응과정이 밀접하게 결부되어 있다. 액체연료의 표면적을 증대시켜 증발을 촉진하고 공기와의 접촉면적을 증가시키기 위해 여러 가지 미립화 방법이 고안되어 있다.

액체연료의 연소는 연료의 휘발특성에 따라 다르다. 가솔린과 같이 휘발성이 높은 연료는 증발부와 연소부를 분리하여 기체연료와 같이 연소시키며, 중유와 같은 중질유는 액상에서 열분해가 일어나 발생가스가 연소되고 부산물로 고정탄소(char)가 생성되며 고체연료와 유사한 형태를 갖는다.

액체연료의 연소형태는 액면연소, 등심연소, 증발연소, 분무연소가 있다. 액체연료의 연소기는 이들 중 하나의 연소형태를 채용하고 있다.

① 액면연소

액면연소는 화염으로부터 복사나 대류로서 연료표면에 열이 전달되어 증발이 일어나 증기가 액면 위에서 공기와 접촉해서 확산연소를 행하는 것을 말한다. 대표적인 것은 그림 2.9와 같은 포트연소가 있다. 포트연소는 고여 있는 액체연료 주위를 공기가 흐르면서 연소시키는데, 공기의 유속이 증가할수록 연소속도가 증가된다. 주로 석유스토브, 폐유 소각장치 등에 이용된다.

② 등심연소

그림 2.10은 가장 기본적인 등심연소의 형태이고, 석유램프 등에 이용된다. 대류나 복사에 따라 화염에서 등심에 열이 전해져, 그 열에 따라 발생한 연료증기가 등심의 상부나 측면에서 확산

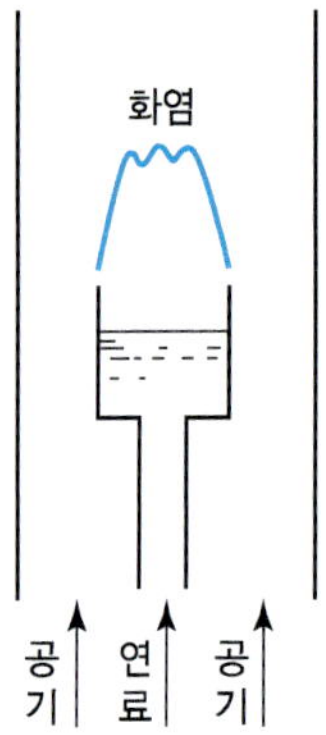

그림 2.9 **액면연소**

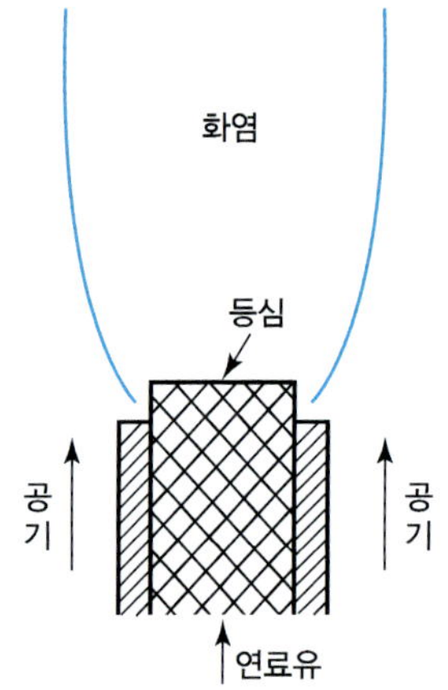

그림 2.10 **등심연소**

연소한다. 액체연료는 모세관현상에 의해 액에서 등심으로 빨려 위로 올라간다.

공기유속이 낮은 동안에는 분류 확산화염과 같은 모양의 화염이 되지만, 공기유속이 커지면 등심상부에 환류영역이 생겨서 화염은 들뜨고 형태가 복잡해진다. 또한, 등심의 노출이 커지면 공기유속에 비해 증발속도가 커지므로, 산소의 확산이 부족하여 불완전연소를 일으키고 그을음이 생긴다.

③ 증발연소

그림 2.11은 가스터빈(gas turbine)이나 제트엔진(jet engine)에 이용되는 증발형연소기(vaporizing combustor)이다.

등유와 같은 휘발성이 높은 액체연료가 공기와 같이 적열된 L자형의 증발관으로 보내져 내부에서 증발한다. 이와 같이 하여 발생하는 연료증기와 공기와의 농후한 혼합기(fuel-rich mixture)가 반대방향에서 유입되는 공기류와 대향류 확산화염(counter flow diffusion flame)을 형성한다. 이 화염에 의해 증발관이 가열되어 액체연료의 증발이 이루어진다.

이러한 증발형연소기는 보통 분무연소기와는 달리 유적의 증발거리에 대응하는 연소기의 길이가 필요하지 않게 되므로 연소기가 짧아지는 이점이 있다.

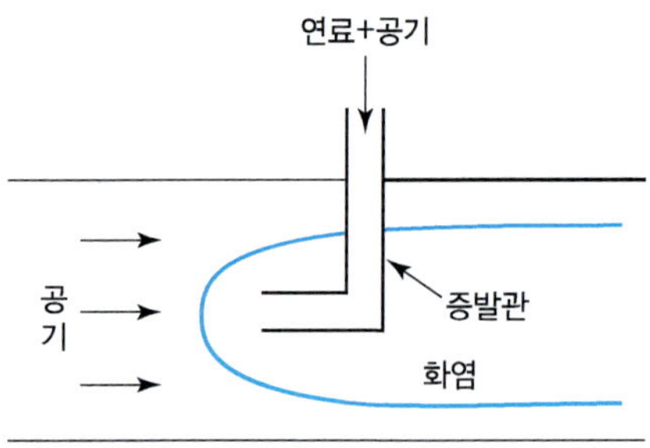

그림 2.11 **증발연소**

④ 분무연소

분무연소는 액체연료를 분무기로 무수한 미세유적으로 미립화시켜서 공기(또는 산소)와 혼합하여 연소시키는 것이다.

그림 2.12는 액체연료 노즐로부터 연료가 고압분사되어 미세액적이 되고, 그 주위에서 공기가 내부로 확산되어 연소가 진행된다. 이때 분무 내부의 유속, 온도, 유적밀도, 증기농도의 불균일이 생기는데, 그 현상은 무화액적의 외부로 갈수록 크다. 또한 그곳에서는 예상한 대로 온도나 농도의 현저한 맥동을 볼 수 있다. 화염의 발화(ignition)는 이 분무 외부에서 생겨 화염전파에 따라 전체적으로 확대된다.

연소과정은 유적의 증발에 따라 발생한 연료증기는 처음의 유적과는 독립하여 연소하는 일도 있으며, 연료증기가 유적을 둘러싼 전주염(envelope flame) 또는 유적의 뒤쪽 흐름에서 생기는 후류염(wake flame)으로 연소하는 일도 있다. 따라서, 분무연소를 구성하는 과정으로서 액체연료의 미립화, 분무와 공기 또는 산소와의 혼합, 유적의 증발과 연소가 있다.

분무의 착화과정은 대단히 복잡하므로, 미립화나 주위 가스의 유인, 혼합으로 인한 유체역학적 및 기체역학적 현상, 유적으로의 전열이나 유적의 증발로 인한 열·물질수송 현상, 증기층 속에서의 화학반응, 반응 중의 증기층과 주위 가스 사이에서 열이나 물질의 교환, 난류가 있는 점성 유체 속에서 유적의 비행으로 인한 역학적 현상 등 많은 현상이 복합하여 상호간섭을 일으키며 진행한다.

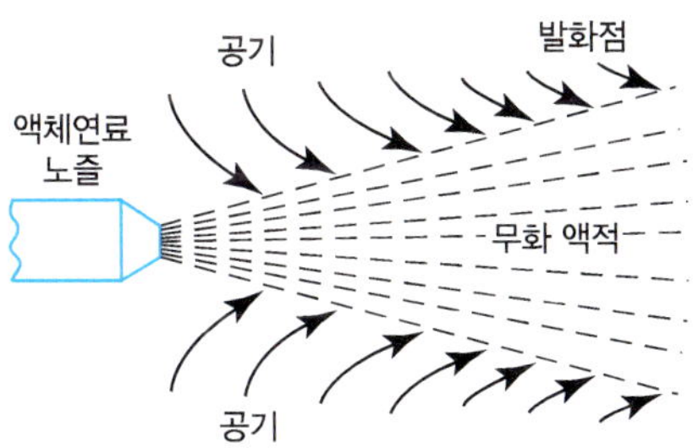

그림 2.12 **분무연소**

3) 고체연료

고체연료의 연소형태에는 증발연소, 분해연소, 표면연소가 있다.

① 증발연소

비교적 융점이 낮은 고체연료가 연소하기 전에 액상으로 융해한 후 증발하여 연소하는 것이다. 증발온도가 열분해온도보다 낮은 경우 일어나며, 촛불과 같은 파라핀계 고급 탄화수소 연소가 이에 속한다. 증발연소는 용융이 필요한 것 외에는 액체연료 연소와 거의 같으므로 고체연료에서는 중요하지 않고 아래 기술된 분해연소와 표면연소가 공업상 가장 중요시 되고 있다.

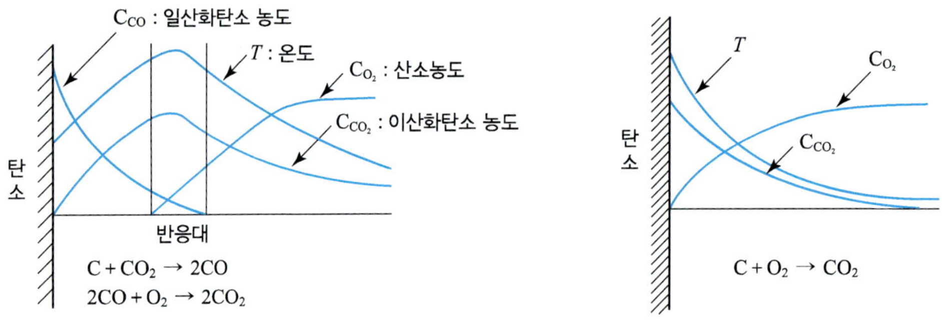

(a) 분해연소 (b) 표면연소

그림 2.13 **고체연료 탄소입자의 연소현상**

② 분해연소

증발온도보다도 분해온도가 낮은 고체연료의 경우로, 가열에 의해 열분해를 일으키고 휘발하기 쉬운 성분이 표면에서 떨어진 곳에서 연소하는 현상이다. 일반적으로 열분해연소 후 고체분이 남아 표면에서 연소되며, 종이, 목재, 석탄 등 대부분의 고체연료가 이에 속한다.

③ 표면연소

휘발분이 거의 포함되지 않은 목탄, 코크스(coke) 또는 이미 언급된 분해연소 후 고정탄소의 연소에서 볼 수 있다. 산화제인 산소 또는 산화성가스(CO_2, H_2O 등)가 고체표면 및 내부 기공표면으로 확산하여 표면반응을 한다.

그림 2.13은 목재, 석탄 등과 같은 고체연료(주성분 탄소로 가정)가 표면연소와 분해연소가 동시에 진행되는 경우 탄소입자의 주변의 기체성분과 온도를 나타낸 것이다.

2.2 연소장치

연소장치는 연료의 특성에 따라 달라질 수 있는데, 고체연료, 액체연료, 기체연료 연소장치로 구분된다.

(1) 고체연료 연소장치

고체연료 연소장치는 화격자방식, 미분탄 버너방식, 유동층방식으로 구분된다.

1) 화격자 연소장치

화격자(grate)는 고정식(fixed bed type)과 이동식(moving grate type)이 있으며, 특별히 이동식 화격자를 스토커(stoker)라고도 한다. 또한, 이동식의 경우 계단식 스토커와 체인 스토커(chain stoker)가 있으며, 이 외에도 다양한 조합으로 이루어진 여러 가지 스토커가 존재한다.

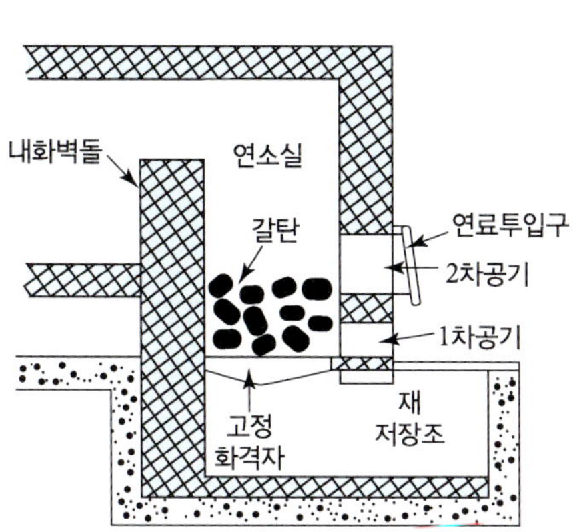

그림 2.14 **고정화격자 연소장치**

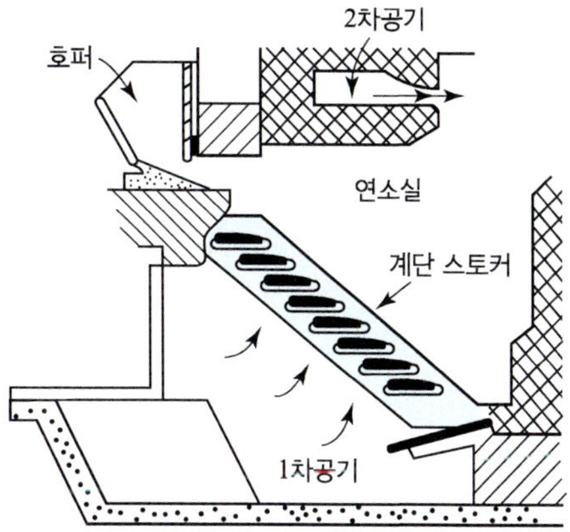

그림 2.15 **계단 스토커 연소장치**

고정식 화격자는 주로 중·소형에 사용되며 연료를 간헐적으로 주입하는 배치형태(batch type)의 주입방식이다. 그림 2.14와 같이 갈탄과 같이 덩어리 모양의 형태가 고정화격자 상부에 연료층을 이루어 연소로 벽면으로 연소용 공기가 공급되고 연소된 재는 하부로 낙하되어 처리된다.

이동식 화격자인 계단식 스토커는 유압등으로 구동되는 기계식 화격자셀이 계단모양으로 배치되어 고체연료가 순차적으로 혼합-교반을 하면서 이동과정을 거쳐 연소가 진행되는 구조이다. 그림 2.15와 같이 호퍼로 고체연료가 연소실 안으로 투입되어 건조-연소-후연소과정을 거치면서 재(ash)상태로 배출된다. 1차연소용 공기는 스토커 하부로부터 유입되어 건조와 연소에 이용되고, 1차연소에서 미연된 탄화수소와 검댕(soot)은 연소실 후단부에서 2차공기가 주입되어 완전연소를 이룬다. 주로 연소가 곤란한 저질탄 또는 고형폐기물 등에 적용된다.

이동식 화격자인 체인 스토커는 다수의 화격자 조각을 체인 링크(chain link)에 무한궤도형으로 설치하여 화격자면을 구성한 형태이다. 그림 2.16과 같이 고체연료인 석탄은 호퍼로 유입되어 이동하는 화격자 상부로 연속적으로 투여되면서 하부로 공급되는 공기에 의해 연소되어 재로 방출되는 것이다.

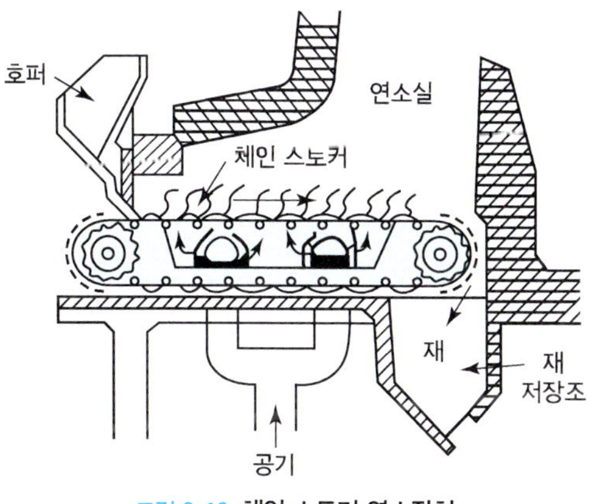

그림 2.16 **체인 스토커 연소장치**

체인 스토커는 연료층을 항상 균일하게 제어할 수 있으므로 이송이 균일하고 연소효율이 좋다. 그러나 교반이 충분하지 않아 연료의 품질변동에 적용성이 좋지 않으며, 설비비 및 운전비가 많이 든다.

2) 미분탄 버너 연소장치

분쇄기에서 분쇄된 석탄미립자 < 200 mesh(= 74 μm)인 체(sieve)로 걸러서 통과하는 비율이 80% 정도 > 를 1차공기와 혼합하여 버너로 분사하여 부유시켜 연소시키는 방법을 미분탄연소라고 한다.

화격자연소에서 로가 대형화하면 화염층의 온도가 상승하여 클링커(clinker)장해(재가 용융하여 큰 덩어리를 형성하는 것)를 일으키기 쉬우나, 미분탄연소에서는 그러한 염려가 없으므로 연소실의 공간을 유효하게 이용할 수 있다. 또 대형화했을 때의 설비비가 화격자연소에 비해 낮을 뿐만 아니라, 부하변동에 대한 응답성도 우수하기 때문에 대용량의 연소로 적합하다. 더욱이 화격자연소보다도 낮은 공기비로 높은 연소효율을 얻을 수 있는 이점도 있다. 그러나 석탄을 미분쇄하는 데 비용과 동력이 요구되며, 석탄의 종류에 따른 탄력성이 부족하고, 로벽 및 전열면에서 재의 퇴적이 많은 점 등으로 소형의 연소로로는 적합하지 않다.

미분탄을 연소시키는 장치인 미분탄 버너는 그림 2.17과 같이 미분탄은 운반용 공기인 1차공기와 번 노즐을 통해 유입되고, 나머지 연소용 공기는 댐퍼에 의해 조절되어 2차공기로 주입된다.

2차공기의 주입방식에 따라 선회를 주는 경우 선회류 버너, 그리고 주지 않는 경우 편평류 버너라 한다. 선회류 버너의 경우 1차공기와 주입되는 미분탄과 선회 2차연소용 공기의 혼합이 잘 이루어져 연소강도가 크고 화염이 짧다. 따라서 연소성이 좋고 미연성분인 탄화수소와 검댕 등이 적게 배출된다. 그러나 고온에서 생성되는 고온 NOx(thermal NOx)가 증가된다.

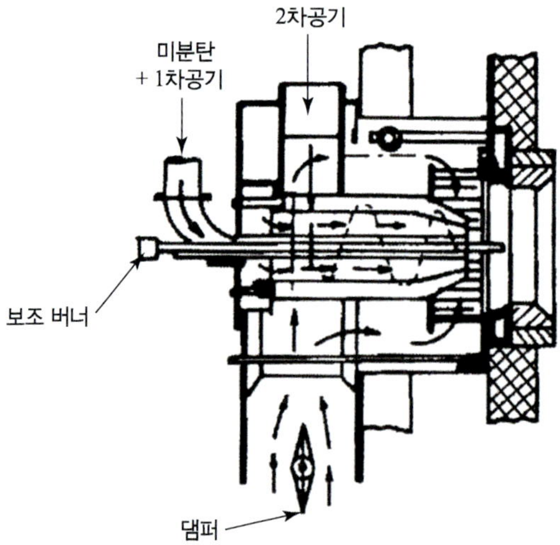

그림 2.17 **미분탄 버너**

3) 유동층 연소장치

유동층연소는 그림 2.18에 도시한 바와 같이 다공분산판 위에 석탄입자와 유동화 모래(또는 석탄석이나 백운석의 입자)가 혼재되어 분산판 하부에서 유입되는 공기에 의해 유동되면서 연소하는 방식이다.

하부 유동화 공기유속이 낮으면 공기는 입자 간의 틈새를 통해 흐를 뿐이지만, 유동개시 유속을 넘으면 공기가 모래(+고체연료)를 불어 날리면서 상하방향으로 격렬하게 교반된다. 모래의 열용량과 연료와의 격렬한 교반에 의한 열전달에 의해 유동층의 온도가 거의 균일하게 된다. 이러한 큰 열용량과 균일온도 조건이 연소의 프로세스를 변화시켜 700~950℃의 낮은 온도에서도 안정하게 연소한다. 유동층 안에서는 화염전파가 필요 없고, 층의 온도를 유지하는 만큼의 발열만 있으면 되는데 석탄은 700℃ 정도이면 충분하다.

유동층연소는 미분탄연소와 달리 석탄입자의 체류시간이 공기 및 연소가스의 체류시간과 무관하므로 미분쇄할 필요가 없어 분쇄처리 비용이 절감된다. 그리고 고체 유동매체의 연료로의 높은 열전달로 인해 저온에서 완전연소가 가능하여 미연 공해물질의 저감이 가능하고, 또한 저온연소와 난류혼합이 좋아 저과잉공기 연소가 가능하여 NOx를 저감시킬 수 있다. 고체연료에 많이 포함되어 있는 황(S)으로부터 배출되는 SOx를 저감하기 위해 유동층매체를 석회석($CaCO_3$) 입자로 이용하면 석고($CaSO_4$)로 전환하여 처리할 수 있다.

그러나 충동분쇄 미세입자가 유동층연소로 밖으로 배출되는 문제가 있어 사이클론 등 집진기 부하가 크고, 유동화속도 범위가 좁아 부하변동에 따른 적응력이 나쁜 점이 있다.

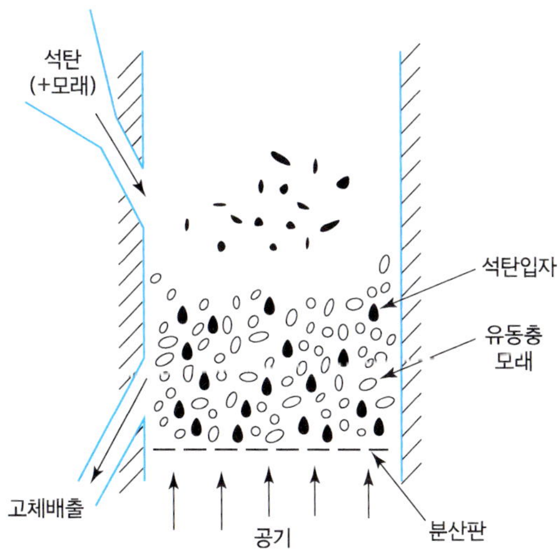

그림 2.18 유동층 연소장치

(2) 액체연료 연소장치

액체연료 연료유를 노즐에서 분사미립화하여 고온분위기에서 가열하여 증기상태로 연소용공기와 혼합시켜 단시간에 완전연소시키는 장치를 오일버너라 한다. 오일버너의 종류는 액체연료를 분무하는 방식에 따라 유압분무식, 회전식, 고압증기(또는 공기)식, 저압공기식 버너가 있다.

1) 유압분무식 버너

유압식 버너는 연료유를 가압하여 작은 구멍이 있는 노즐에서 분사해서 무화시키는 것이며, 그림 2.19(a)와 같은 구조를 하고 있다. 펌프로 압송된 연료유가 선회실에서 선회하면서 노즐로부터 분출되어 미립화된다. 연료유의 분사각도는 오일의 압력, 점도 등으로 약간 달라지지만 60~90° 정도의 넓은 각도이다. 유량조절 범위를 나타내는 턴다운비(turn down ratio)는 1 : 1.5이다. 유압분무식에서는 턴다운비를 넓히기 위해 주로 반송유압식 버너가 사용되는데, 그 구조는 그림 2.19(b)와 같다. 턴다운비(turn down ratio)는 1 : 3이다.

유압분무식은 다른 버너에 비해 유량조절 범위 즉 턴다운비가 작고, 노즐 오일공급 유압은 10~40 kg_f/cm^2 이다. 연료유를 미립화하기 위해서는 기름의 점도를 낮출 필요가 있으며, 이를 위해서 점도가 높은 기름을 사용할 때는 특히 공급 오일의 온도조절이 중요하다.

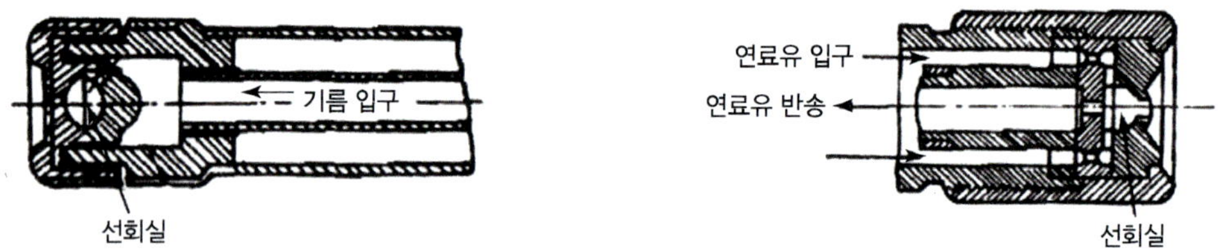

(a) 일반유압식 버너 (b) 반송유압식 버너

그림 2. 19 **유압분무식 버너의 구조**

2) 회전식 버너

회전식 버너는 그림 2.20에 나타낸 바와 같이 오일을 회전원심력에 의해 미립화하는 오일캡, 오일캡의 주위로부터 연소용 공기를 공급하는 블로워, 오일을 오일캡으로 보내기 위하여 중심에 설치한 파이프형 회전축과 그 축과 이에 연결된 오일캡을 회전시키는 구동 모터의 조합으로 이루어져 있다.

오일캡은 3,000~5,000 rpm으로 회전하고, 오일캡 내에 보내진 오일은 얇은 유막이 되며, 유막은 캡의 선단과 떨어지는 동시에 블로워로부터의 공기로 분무가 된다. 이 버너는 부속설비가 거의 없고, 불꽃은 짧지만 안정된 연소를 얻을 수 있기 때문에, 중소용량의 버너로서 독특한 구조를 지니며 폭넓게 사용된다. 유압분무식 버너에 비해서 분무의 입자는 비교적 크기 때문에 사

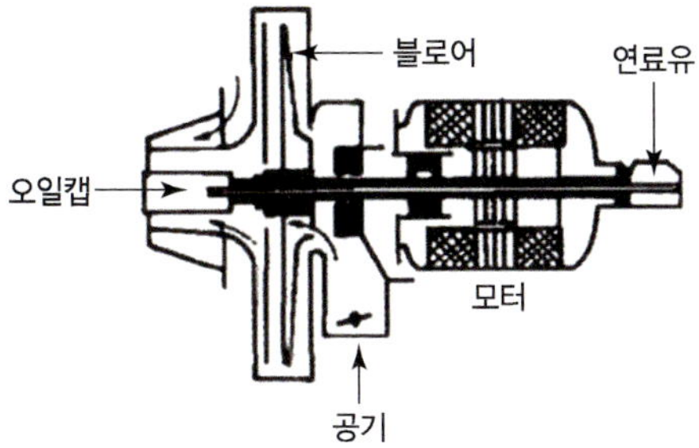

그림 2.20 회전식 버너의 구조

용하는 오일 점도가 작을수록 분무상태가 좋아진다. 유압은 0.5 kg_f/cm^2 전후이며, 턴다운비는 1 : 5로 상당히 넓어서 사용하기가 용이하다.

3) 고압증기(또는 공기)식 버너

연료유가 고압의 증기(고압증기식 그림 2.21(a)) 또는 고압공기(고압공기식 버너 그림 2.21(b))에 의해 무화를 하는 방식의 버너이다. 공급증기압 또는 공기압은 2~10 kg_f/cm^2이고, 무화에 사용하는 공기량은 전 이론공기량의 7~12%이다. 턴다운비는 1 : 10으로 대단히 넓다. 또 고압증기식은 무화가 양호하기 때문에 고점도유 사용에 적합하며, 대형가열로 등에 많이 사용된다. 노즐 분무각도가 20~30°로 작아 장염이 형성되며, 연소 시 소음이 발생된다.

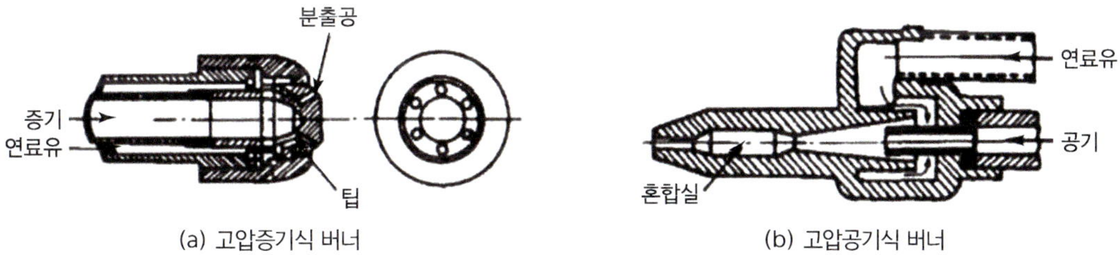

그림 2.21 고압증기(또는 공기)식 버너의 구조

4) 저압공기식 버너

저압공기식 버너는 그림 2.22와 같은 구조를 가지며, 저압공기를 사용해서 연료유를 분무한다. 공기압은 400~1,500 mmH_2O이며, 턴다운비는 1 : 7이고, 오일공급량은 2~200 L/h 범위이다. 저압공기를 사용하기 때문에 무화에 사용하는 공기량은 전 이론공기량의 30~50%에 이른다. 주로 소형가열로 등에 사용한다. 고압증기를 얻지 못하는 경우에 편리하며, 구조가 간단하고, 가격이 저렴하지만 무화상태는 그렇게 좋지 않아 연소성이 떨어진다.

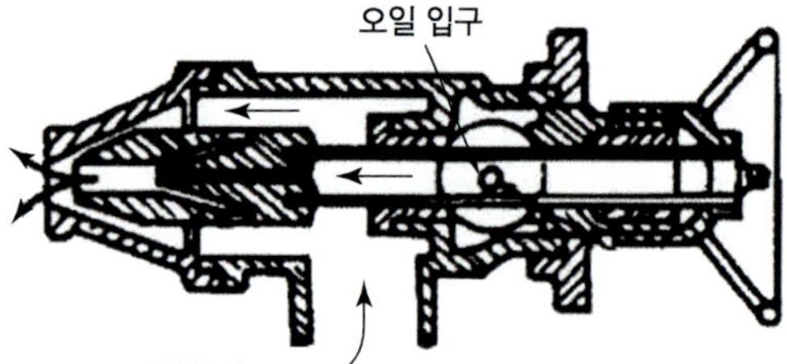

그림 2.22 저압공기 분무 버너

(3) 기체연료 연소장치

가스버너는 연료와 공기의 공급방식에 따라 확산형 가스버너와 예혼합형 가스버너로 구분된다.

1) 확산형 가스버너

확산 버너는 그림 2.23과 같이 가스연료와 공기가 각각 공급되어 확산에 의해 혼합되어 연소되는 형태이다.

역화의 염려가 없고 화염의 안정성이 좋아서 보일러와 같은 비교적 큰 연소실에서 대량의 가스를 사용할 때에 적합하다. 고로가스처럼 발열량이 작은 가스를 연소하는 버너는 연소용 공기보다도 연료가스의 양이 많으므로 가스유로에 안내를 설치하여 선회시킬 필요가 있다. 확산 버너는 가열로 등의 화염길이와 휘도를 조정할 때에도 많이 사용된다.

2) 예혼합형 가스버너

예혼합형 버너는 연료가스와 연소용 공기를 미리 혼합한 상태로 연소시키는 것이므로 연소효율은 거의 100%가 된다. 화염이 짧은 화염이 형성되어 장치가 컴팩트하지만, 역화가 일어나기 쉽다.

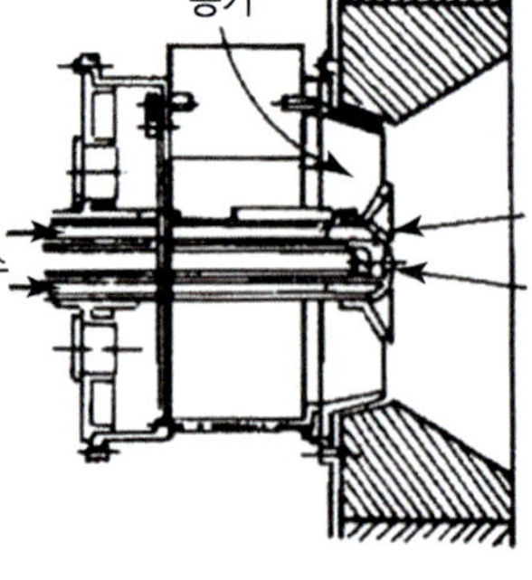

그림 2.23 확산형 가스버너의 형태

가스의 공급압력에 따라 저압가스 버너와 고압가스 버너로 구분된다.

① 저압 가스버너

가스연료의 공급압력이 70~160 mmH_2O 정도인 경우이다. 가스의 공급압력이 고압가스 버너에 비해 상대적으로 작지만 공기를 흡입해서 연소시킬 수 있으므로 특별히 송풍기를 사용하지 않으며, 주로 가정용과 소형공업용 버너에 많이 사용된다.

그림 2.24는 저압 버너의 하나의 예이다. 염공(flame hole)의 배열이 원형 슬리트(slit)의 형태이며 세로 슬리트 또는 가로 슬리트로 구분된다.

저압 버너에서는 압력이 낮기 때문에 버너 염공에서 혼합기체의 속도를 크게 할 수 없어 역화(backfire)의 위험이 있다. 따라서 역화방지를 위해 1차공기량으로 이론공기량의 약 60%를 흡입하도록 한다. 2차공기에서 불꽃이 확산되도록 하기 때문에 공기 중에서는 그대로 연소하고 로에 설치하는 경우에는 로 내를 부압으로 해서 2차공기를 흡인하는 방법을 취한다.

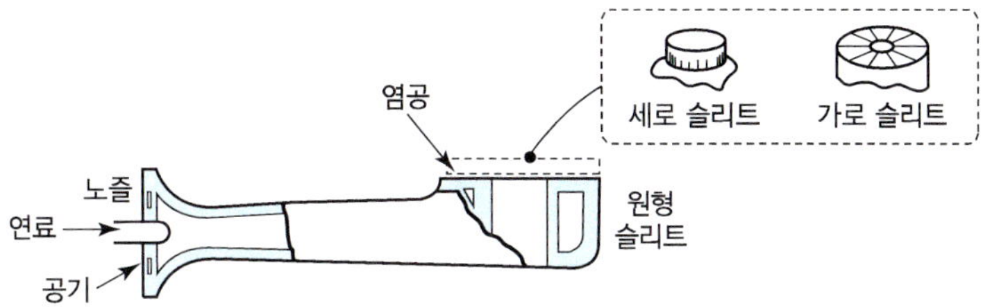

그림 2.24 저압 가스버너

② 고압 가스버너

고압 가스버너는 가스압력을 2 kg_f/cm^2 이상으로 한다.

그림 2.25는 고압 버너에 공기의 흡입부분을 설치한 하나의 예이다. 압축가스봄베에 충전된 상태에서 고압으로 공급된 가스연료와 공기가 연소로로 유입되기 전에 혼합하여 공급되는 경우에는 연소로 내가 다소 정압이라도 1차공기의 흡입량이 충분히 획득되기 때문에 안정된 연소가 가능하다. 주로 소형의 고온로 등에 사용할 수 있다.

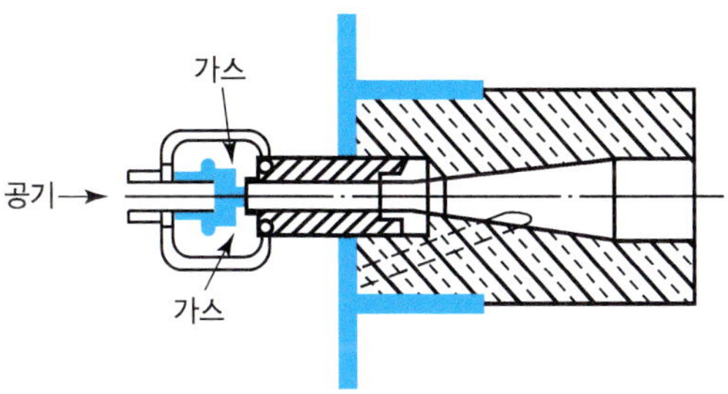

그림 2.25 고압 가스버너

3 연료별 연소계산

3.1 연료별 연소계산

연료 중 가연성분은 탄소(C), 수소(H), 황(S)으로 구성되어 있다. 연소계산의 경우 액체 및 고체연료는 각 성분별로 계산하고, 기체연료의 경우는 메탄(CH_4), 프로판(C_3H_8) 등과 같이 이들 성분이 결합된 형태로 이루어진다.

(1) 액체 및 고체연료

1) 부피기준 계산

① 탄소

C	+	O_2	+	(N_2)	=	CO_2	+	(N_2)	(2.8)
12 kg		22.4 Nm^3				22.4 Nm^3			
1 kg		1.87 Nm^3		7.03 Nm^3 (=1.87×79/21)		1.87 Nm^3		7.03 Nm^3	

- 이론산소량(O_o) = 1.87(Nm^3/kg)
- 이론공기량(A_o) = 1.87 + 7.03 = 8.9(Nm^3/kg)
- 이론 건배기가스량(G_{od}) = 1.87 + 7.03 = 8.9(Nm^3/kg)

② 수소

H_2	+	$\frac{1}{2}O_2$	+	(N_2)	=	H_2O	+	(N_2)	(2.9)
2 kg		11.2 Nm^3				22.4 Nm^3			
1 kg		5.6 Nm^3		21.1 Nm^3		11.2 Nm^3		21.1 Nm^3	

- 이론산소량(O_o) = 5.6(Nm^3/kg)
- 이론공기량(A_o) = 5.6 + 21.1 = 26.7(Nm^3/kg)
- 이론 건배기가스량(G_{od}) = 21.1(Nm^3/kg)
- 이론 습배기가스량(G_{ow}) = 21.1 + 11.2 = 32.3(Nm^3/kg)

③ 황

S	+	O_2	+	(N_2)	=	SO_2	+	(N_2)	(2.10)
32 kg		22.4 Nm^3				22.4 Nm^3			
1 kg		0.7 Nm^3		2.63 Nm^3		11.2 Nm^3		21.1 Nm^3	

• 이론 산소량(O_o) $=0.7(Nm^3/kg)$

• 이론 공기량(A_o) $=0.7+2.63=3.33(Nm^3/kg)$

• 이론 건배기가스량(G_{od}) $=0.7+2.63=3.33(Nm^3/kg)$

2) 중량기준 계산

① 탄소(C)

C	+	O_2	+	(N_2)	=	CO_2	+	(N_2)	(2.11)
12 kg		32 kg				44 kg			
1 kg		2.67 kg		8.94 kg		3.67 kg		8.94 kg	

• $O_{ow}=2.67(kg/kg)$

• $A_{ow}=2.67+8.94=11.61(kg/kg)$

• $G_{odw}=3.67+8.94=12.61(kg/kg)$

② 수소(H_2)

H_2	+	$\frac{1}{2}O_2$	+	(N_2)	=	H_2O	+	(N_2)	(2.12)
2 kg		16 kg				18 kg			
1 kg		8 kg		26.78 kg		9 kg		26.78 kg	

• $O_{ow}=8(kg/kg)$

• $A_{ow}=8+26.78=34.78(kg/kg)$

• $G_{odw}=26.78(kg/kg)$

• $G_{oww}=9+26.78=35.78(kg/kg)$

③ 황(S)

S	+	O_2	+	(N_2)	=	SO_2	+	(N_2)	(2.13)
32 kg		32 kg				64 kg			
1 kg		1 kg		3.35 kg		2 kg		3.35 kg	

• $O_{ow}=1(kg/kg)$

• $A_{ow}=1+3.35=4.35(kg/kg)$

• $G_{odw}=2+3.35=5.35(kg/kg)$

(2) 기체연료

① 수소

$$H_2 + \frac{1}{2}O_2 + (N_2) = H_2O + (N_2) \quad (2.14)$$

1 Nm³ 0.5 Nm³ 1.88 Nm³ 1 Nm³ 1.88 Nm³

- 이론산소량(O_o')=0.5(Nm^3/Nm^3)
- 이론산소량(A_o')=0.5+1.88=2.38(Nm^3/Nm^3)
- 이론 건배기가스량(G_{od}')=1.88(Nm^3/Nm^3)
- 이론 습배기가스량(G_{ow}')=1+1.88=2.88(Nm^3/Nm^3)

② 일산화탄소

$$CO + \frac{1}{2}O_2 + (N_2) = CO + (N_2) \quad (2.15)$$

1 Nm³ 0.5 Nm³ 1.88 Nm³ 1 Nm³ 1.88 Nm³

- 이론산소량(O_o')=0.5(Nm^3/Nm^3)
- 이론산소량(A_o')=0.5+1.88=2.38(Nm^3/Nm^3)
- 이론 습배기가스량(G_{ow}')=1+1.88=2.88(Nm^3/Nm^3)

③ 메탄

$$CH_4 + 2O_2 + (N_2) = CO_2 + 2H_2O \quad (N_2) \quad (2.16)$$

1 Nm³ 2 Nm³ 7.524 Nm³ 1 Nm³ 2 Nm³ 7.524 Nm³

- 이론산소량(O_o')=2(Nm^3/Nm^3)
- 이론산소량(A_o')=2+7.524=9.524(Nm^3/Nm^3)
- 이론 건배기가스량(G_{od}')=1+7.524=8.524(Nm^3/Nm^3)
- 이론 습배기가스량(G_{ow}')=1+2+7.524=10.524(Nm^3/Nm^3)

④ 에틸렌

$$C_2H_4 + 3O_2 + (N_2) = 2CO_2 + 2H_2O \quad (N_2) \quad (2.17)$$

1 Nm³ 3 Nm³ 11.29 Nm³ 2 Nm³ 2 Nm³ 11.29 Nm³

- 이론산소량(O_o')=3(Nm^3/Nm^3)
- 이론산소량(A_o')=3+11.29=14.29(Nm^3/Nm^3)
- 이론 건배기가스량(G_{od}')=2+11.29=13.29(Nm^3/Nm^3)
- 이론 습배기가스량(G_{ow}')=15.29(Nm^3/Nm^3)

⑤ 탄화수소

$$C_nH_m + \left(n + \frac{m}{4}\right)O_2 + (N_2) = nCO_2 + \frac{m}{2}H_2O + (N_2) \tag{2.18}$$

- 이론산소량(O_o') $= n + \frac{m}{4}(\mathrm{Nm^3/Nm^3})$
- 이론공기량(A_o') $= \frac{O_o}{0.21} = \frac{1}{0.21}\left(n + \frac{m}{4}\right) = 4.76 + 1.19m(\mathrm{Nm^3/Nm^3})$
- 이론 습배기가스량(G_{ow}') $= 0.79A_o' + n + \frac{m}{2}(\mathrm{Nm^3/Nm^3})$
- 이론 건배기가스량(G_{od}') $= 0.79A_o' + n(\mathrm{Nm^3/Nm^3})$

3.2 이론연소 계산

(1) 이론산소량

1) 액체 및 고체연료(O_o)

$$O_o = 1.87C + 5.6\left(H - \frac{O}{8}\right) + 0.7S(\mathrm{Nm^3/kg}) \tag{2.19}$$

$$O_{ow} = 2.67C + 8\left(H - \frac{O}{8}\right) + 1S(\mathrm{kg/kg}) \tag{2.20}$$

2) 기체연료(O_o')

$$O_o' = 0.5H_2 + 0.5CO + 2CH_4 + 3C_2H_4 + \cdots$$
$$+ \left(n + \frac{m}{4}\right)CnHm - O_2(\mathrm{Nm^3/Nm^3}) \tag{2.21}$$

(2) 이론공기량

1) 액체 및 고체연료(A_o)

$$A_o = \frac{O_o}{0.21} = \frac{1}{0.21}\left[1.87C + 5.6\left(H - \frac{O}{8}\right) + 0.7S\right] \tag{2.22}$$
$$= 8.89C + 26.67\left(H - \frac{O}{8}\right) + 3.33S(\mathrm{Nm^3/Nm^3})$$

$$A_{ow} = \frac{O_{ow}}{0.23} = \frac{1}{0.23}(2.67C + 8H + S - O) \tag{2.23}$$
$$= 34.38\left(\frac{C}{2.996} + H - \frac{O - S}{8}\right)(\mathrm{kg/kg})$$

2) 기체연료(A_o')

$$A_o' = \frac{O_o'}{0.21} = \frac{1}{0.21}\left[0.5H_2 + 0.5CO + 2CH_4 + 3C_2H_4 + \cdots + \left(n + \frac{m}{4}\right)C_nH_m - O_2\right] \tag{2.24}$$

$$= 2.38(H_2 + CO) - 4.36O_2 + 9.52CH_4 + 14.29C_2H_4 + \cdots + (4.76n + 1.19m)C_nH_m$$

(3) 이론 연소가스량(G_o)

1) 이론 습배기가스량

① 액체 및 고체연료(G_{ow})

$$G_{ow} = 8.89C + 32.3\left(H - \frac{O}{8}\right) + 3.33S + 0.8N + 1.4O + 1.25W\,(Nm^3/kg) \tag{2.25}$$

$$G_{oww} = 12.61C + 35.78\left(H - \frac{O}{8}\right) + 5.35S + N + 1.125O + W\,(kg/kg) \tag{2.26}$$

② 기체연료(G_{ow}')

$$G_{ow}' = 2.88H_2 + 2.88CO + 10.52CH_4 + 15.29C_2H_4 + CO_2 + N_2 - 3.36O_{2f} + \cdots + \left(0.79A_o' + n + \frac{m}{2}\right)C_nH_m\,(Nm^3/Nm^3) \tag{2.27}$$

2) 이론 건배기가스량

① 액체 및 고체연료(G_{od})

$$G_{od} = 8.89C + 21.07\left(H - \frac{O}{8}\right) + 3.33S + 0.8N \tag{2.28}$$

$$G_{odw} = 12.61C + 26.78\left(H - \frac{O}{8}\right) + 5.35 + N\,(kg/kg) \tag{2.29}$$

② 기체연료(G_{od}')

$$G_{od}' = 1.88H_2 + 2.88CO + 8.54CH_4 + 13.29C_2H_4 + CO_2 + N_2 - 3.76O_2 + (0.79A_o' + n)C_nH_m \tag{2.30}$$

3) 연소생성 수증기량

① 액체 및 고체연료(W_g)

$$W_g = G_{ow} - G_{od} = \text{식 (2.25)} - \text{식 (2.28)}$$

$$W_g = 11.2\text{H} + 1.25\,W\ (\text{Nm}^3/\text{kg}) \tag{2.31}$$

$$W_g = G_{oww} - G_{odw} = \text{식 (2.26)} - \text{식 (2.29)}$$

$$W_{gw} = 9\text{H} + W\ (\text{kg/kg}) \tag{2.32}$$

② 기체연료(W_g')

$$W_g' = G_{ow}' - G_{od}' = \text{식 (2.27)} - \text{식 (2.30)}$$

$$W_g' = \text{H}_2 + 2\text{CH}_4 + 2\text{C}_2\text{H}_4 + \cdots + \frac{m}{2}\text{C}_n\text{H}_m\ (\text{Nm}^3/\text{Nm}^3) \tag{2.33}$$

3.3 소요공기량

(1) 공기비의 정의

1) 공기비

공기비(air ratio, m)는 공기연료비(air/fuel ratio, AFR)의 비로 정의할 수 있다. 즉, 이론공연비$(A/F)_{stoi}$와 실제공연비$(A/F)_{act}$의 비이다.

$$m = \frac{(A/F)_{act}}{(A/F)_{stoi}} \tag{2.34}$$

또한, 공기비는 실제공기량(A)과 이론공기량(A_o)의 비로 나타낸다.

$$m = \frac{A}{A_o} \tag{2.35}$$

그림 2.26과 같이 연소 시 공기비변화에 대한 배기가스의 성분을 살펴보면 다음과 간다. 이론적으로는 연료와 산화제인 공기 중 산소가 완전히 혼합된 상태에서 연소반응이 이루어져 실선과 같은 결과를 보인다. 그러나 실제로는 완전한 혼합이 어려워 점선과 같은 관계를 보인다.

공기비가 1보다 작은 경우 공기량이 부족하여 CO가 많고 CO_2 적으며, 반대로 공기비가 충분하면 완전연소가 되고 그 양이 증가됨에 따라 희석되어 CO가 감소하게 된다. 이와 같이 이론공기량보다 많이 공급되는 것을 과잉공기라 하며, 과잉공기로 공급될 때 공기비는 1보다 커진다.

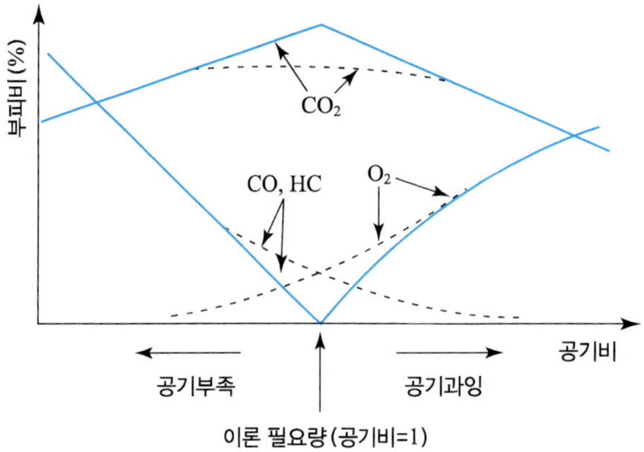

그림 2.26 **연소 시 공기비변화에 대한 배기가스 성분의 발생량**

2) 배기가스 조성으로부터의 공기비계산

공기비를 완전연소와 불완전연소 시 배기가스의 질소와 산소의 농도로 구할 수 있다.

• 완전연소

$$m = \frac{(N_2)/0.79}{(N_2)/0.79 - (O_2)/0.21} \tag{2.36}$$

• 불완전연소

$$m = \frac{21(N_2)}{21(N_2) - 79\{(O_2) - 0.5(CO)\}} \tag{2.37}$$

여기서, $(N_2)\% = 100 - \{(CO_2) + (O_2) + (CO)\}$이다.

공기비는 표 2.9와 같이 연료의 종류 또는 연소장치에 따라 다르게 운전되는데, 일반적으로 연료와 공기의 혼합이 상대적으로 쉬운 기체, 액체, 고체연료 순으로 공기비가 적게 공급된다. 연소설비에서 공기비가 필요 이상 크면 공기량의 과도한 공급으로 배기 폐열손실이 많아진다.

표 2.9 **연소방법과 공기비**

연소방법	가스 버너	유류 버너	미분탄 버너	이동화 격자	수동 수평화 격자
m의 값	1.1～1.2	1.2～1.4	1.2～1.4	1.3～1.6	1.5～2.0
CO_2(%)	8～20	11～14	11～15	10～14	8～10

예제 2.1 연료의 성분이 C : 86 wt %, H : 14 wt % 인 액체연료를 100 kg/h로 공급하여 연소시켜, CO_2 = 12.5%, O_2 = 3.5%, N_2 = 84%로 배기가스가 배출될 때, 필요공기량 Nm^3/h은 얼마인가?

해설

$$A_o = \frac{1}{0.21}(1.87C + 5.6H + 0.7S - 0.7O)\ Nm^3/kg$$

$$= \frac{1}{0.21}\{1.87(0.86) + 5.6(0.14)\} = 11.3\ Nm^3/kg$$

$$m = \frac{21(N_2)}{21(N_2) - 79(O_2)} = \frac{21(84)}{21(84) - 79(3.5)}$$

$$A = mA_o = 1.186 \times 11.39 = 13.51\ Nm^3/kg$$

∴ 연료 100 kg/h에 대한 실제공기량 : 13.51×100 = 1,351 Nm^3/h

(2) 당량비

당량비(equivalent ratio, ϕ)는 연료의 공급량을 기준으로 정의한 것으로, 공기비의 역수이다. 즉, 당량비가 1일 때는 연료와 산화제인 공기의 혼합이 이상적인 상태이다. 당량비가 1보다 작은 경우는 연료가 이상적인 경우보다 적어 공기가 과잉인 경우로서 완전연소가 이루어지며, 1보다 큰 경우는 연료가 과잉인 경우로서 공기가 적어 불완전연소가 발생된다.

$$\phi = \frac{(\text{연료}/\text{공기})_{act}}{(\text{연료}/\text{공기})_{stoi}} = \frac{1}{m} \tag{2.38}$$

3.4 실제 연소계산

(1) 실제 연소공기량

연소공기가 연소설비에 실제로 공급되는 공기량을 나타내며, 다음 식과 같이 표현된다.

$$A = mA_o \tag{2.39}$$

표 2.10은 이론공기량의 이론계산식과 연료별 저발열량(H_u)과 고발열량(H_h)에 의한 간이계산식을 나타내었다.

표 2.10 **연료당 사용공기량(A)**

구분		고체 및 액체연료	기체연료
이론공기량	중량단위	$A_{ow} = 11.6C + 34.5H - 4.31(O - S)(kg/kg)$	–
	부피단위	$A_{od} = 8.89C + 26.7H - 3.33(O - S)(Nm^3/kg)$	$A_o' = 2.38(H_2 + CO) - 4.76O_2 + 9.52CH_4 + 14.3C_2H_4 + 23.8C_3H_8 + 31.0C_4H_{10}(Nm^3/Nm^3)$

(계속)

<table>
<tr><th colspan="3">구 분</th><th>고체 및 액체연료</th><th>기체연료</th></tr>
<tr><td rowspan="4">이론공기량</td><td rowspan="4">간이 계산식</td><td>석탄</td><td>$A_o = 1.09 \times \frac{H_u}{1,000} - 0.09(\text{Nm}^3/\text{kg})$
$= 1.07 \times \frac{H_h}{1,000} - 0.20(\text{Nm}^3/\text{kg})$</td><td rowspan="4">$A_o' = 1.10 \times \frac{H_u}{1,000} - 0.32(\text{Nm}^3/\text{Nm}^3)$
$= 0.956 \times \frac{H_h}{1,000} - 0.19(\text{Nm}^3/\text{Nm}^3)$</td></tr>
<tr><td>목재</td><td>$A_o = 1.04 \times \frac{H_u}{1,000} + 0.27(\text{Nm}^3/\text{kg})$</td></tr>
<tr><td>액체연료</td><td>$A_o = 1.04 \times \frac{H_u}{1,000} + 0.02(\text{Nm}^3/\text{kg})$</td></tr>
<tr></tr>
<tr><td colspan="3">실제공기량</td><td colspan="2">$A = mA_0$</td></tr>
</table>

(2) 실제 연소가스량

1) 액체 및 고체연료(G)

① 실제 습배기가스량(G_w)

$$G_w = G_{ow} + A_o(m-1)$$
$$= mA_o + 5.6\text{H} + 0.7\text{O} + 0.8\text{N} + 1.25W(\text{Nm}^3/\text{kg}) \quad (2.40)$$

② 실제 건배기가스량(G_d)

$$G_d = G_w - W_g$$
$$= (mA_o + 5.6\text{H} + 0.7\text{O} + 0.8\text{N} + 1.25W) - (11.2\text{H} + 1.25W)$$
$$= mA_o - 5.6\text{H} + 0.7\text{O} + 0.8\text{N}(\text{Nm}^3/\text{kg}) \quad (2.41)$$

- 배기가스의 분석결과를 이용하여 실제건배기가스량을 구하는 식은 다음과 같다.

$$G_d \times [(\text{CO}_2) + (\text{CO})] = \frac{22.4}{12}\text{C} + \frac{22.4}{32}\text{S}$$

여기서, $[(\text{CO}_2) + (\text{CO})]$는 Orsat 분석 ($\text{SO}_2 + \text{CO}_2$), 배기가스 농도로부터 계산한 배기가스량이다. $\frac{22.4}{32}\text{S}$는 연료조성으로부터 계산한 배기가스량이다. 식을 정리하면 실제 건배기가스량은 식 (2.42)로 나타낸다.

$$\therefore G_d = \frac{1.87\text{C} + 0.7\text{S}}{[(\text{CO}_2) + (\text{CO})]}(\text{Nm}^3/\text{kg}) \quad (2.42)$$

2) 기체연료(G')

① 실제 습배기가스량(G_w')

$$G'_w = G_{ow}' + A_o'(m-1) = G_{ow}' + mA_o' - A_o'$$
$$= mA_o' + 1 - 0.5(H_2 + CO)(Nm^3/Nm^3) \quad (2.43)$$

② 실제 건배기가스량(G_d')

$$G_d' = G_w' - W_g' \quad (2.44)$$
$$= mA_o' + 1 - 1.5H_2 - 0.5CO - 2CH_4 - 2C_2H_4$$

• 배기가스 분석결과로 실제 건배기가스량을 구하는 식은 다음과 같다.

$$G_d'[(CO_2) + (CO)] = CO + CO_2 + CH_4 + 2C_2H_4 + \cdots$$

위 식을 정리하면 식 (2.45)와 같이 나타낼 수 있다.

$$\therefore G_d' = \frac{CO + CO_2 + CH_4 + 2C_2H_4 + \cdots}{(CO_2) + (CO)}(Nm^3/Nm^3) \quad (2.45)$$

표 2.11은 위에 언급된 이론 배기가스량과 실제 배기가스량과 저발열량(H_u)과 고발열량(H_h)에 의한 간이계산식을 나타내었다.

표 2.11 **연료당 연소생성 가스량**

구분			고체 및 액체연료 (Nm³/kg)	기체연료 (Nm³/Nm³)
이론 습배 가스량	일반식		$G_{oww} = 12.6C + 35.5H - 3.35O + 5.31S + N + W$(kg/kg)	$G_{ow}' = CO_2 + N_2 + 2.88(H_2 + CO) + 10.5CH_4 + 15.3C_2H_4 + 25.8C_3H_8 + 33.5C_4H_{10} - 3.76O_2 + W$
			$G_{ow} = 8.89C + 32.3H - 2.63O + 3.33S + 0.8N + 1.25W$	
	간이 계산식	석탄	$G_{ow} = 1.17 \times \frac{H_u}{1{,}000} + 0.05 = 0.907 \times \frac{H_h}{1{,}000} + 1.25$	$G_{ow}' = 1.06 \times \frac{H_u}{1{,}000} + 0.61 = 0.918 \times \frac{H_h}{1{,}000} + 0.73$
		목재	$G_{ow} = 1.11 \times \frac{H_u}{1{,}000} + 0.65$	
		액연	$G_{ow} = 1.11 \times \frac{H_u}{1{,}000} + 0.04$	
이론 건배 가스	일반식		$G_{od} = 8.89C + 21.1H - 2.63O + 3.33S + 0.8N$	$G_{od}' = CO_2 + N_2 + 1.88H_2 + 2.38CO + 8.52CH_4 + 13.3C_2H_4 + 21.8C_3H_8 + 28.5C_4H_{10} - 3.76O_2$

(계속)

구분			고체 및 액체연료 (Nm^3/kg)	기체연료 (Nm^3/Nm^3)
이론 건배 가스	간이식	석탄	$G_{od} = 1.07 \times \frac{H_u}{1,000} + 0.09$ $= 1.03 \times \frac{H_h}{1,000} + 0.07$	$G_{od}' = 0.740 \times \frac{H_u}{1,000} + 0.88$ $= 0.642 \times \frac{H_h}{1,000} + 0.96$
연소 생성 수증기	일반식		$W_g = G_w - G_d = G_{ow} - G_{od}$ $= 11.2H + 1.25W$	$W_g' = G_w' - G_d'$ $= H_2 + 2CH_4 + 2C_2H_4$
생성배 가스	$m \geq 1$	습배 가스	$G_w = A_o(m-1) + G_{ow}$ $= mA_o + 5.6H + 0.7S + 0.8N + 1.25W$ $= (m-0.21)A_o + 1.87C + 11.2H$ $+ 0.7S + 0.8N + 1.25W$	$G_w' = A_o'(m-1) + G_{ow}'$ $= mA_o' + 1 - 0.5(H_2 + CO)$
		건배 가스	$G_d = G_w - W_g$ $= mA_o - 5.6H + 0.7S + 0.8N$ $= (m-0.21)mA_o + 1.87C + 0.7S + 0.8N$ $G_d = \frac{1.87C + 0.7S}{(CO_2) + (CO)}$	$G_d' = G_w' - W_g'$ $= mA_o' + 1 - 1.5H_2 - 0.5CO$ $- 2CH_4 - 2C_2H_4$ $G_d = \frac{CO + CO_2 + CH_4 + 2C_2H_4}{(CO_2) + (CO)}$
	$m < 1$		$G_d = mG_{od}$	$G_d' = mG_{od}' + (1-m)$
	G_w : 건배가스량에 수분(생성수증기)을 더함			

예제 2.2 중유(heavy oil)의 성분은 C : 86%, H : 13%, S : 1%이다. 배기가스의 농도가 CO_2(SO_2 포함) : 13%, O_2 : 2%, CO : 1% 일 때, 건배기가스량(G_d)과 습배기가스량(G_w)을 구하시오.

해설

• 방법 1 : 배기가스 조성으로부터 계산

$$G_d = \frac{1.863C + 0.7S}{[(CO_2) + (CO)]} = \frac{1.863(0.86) + 0.3(0.01)}{0.13 + 0.01} = 11.5\ Nm^3/kg$$

$$G_w = G_d + 1.25(9H + W) = 11.5 + 1.25(9 \times 0.13) = 12.96\ Nm^3/kg$$

• 방법 2 : 연료조성으로부터 계산

$$G_d = mA_o - 5.6H + 0.7O + 0.8N$$

$$= (1.072)(11.1458) - 5.6(0.13) = 11.2\ Nm^3/kg$$

여기서, $m = \frac{21(N_2)}{21(N_2) - 79[(O_2) - 0.5(CO)]} = \frac{21(84)}{21(84) - 79[2 - 0.5(1)]} = 1.072$

$$N_2 = 100 - [(CO_2) + (O_2) + (CO)] = 100 - [13 + 2 + 1] = 84\%$$

$$A_o = 8.89C + 26.67\left(H - \frac{O}{8}\right) + 3.33S$$

$$= 8.89(0.86) + 26.67\left(0.13 - \frac{O}{8}\right) + 3.33(0.01) = 11.1458\ Nm^3/kg$$

$$G_w = G_d + 1.25(9H + W) = 11.5 + 1.25(9 \times 0.13) = 12.66\ Nm^3/kg$$

예제 2.3 기체연료 중 탄화수소가스 일반연소 계산식을 구하시오.

해설 탄화수소 이론반응식

$$C_xH_y + \left(x + \frac{y}{4}\right)O_2 \rightarrow xCO_2 + \frac{y}{2}H_2O$$

- 이론공기량

$$A_o = \frac{1}{0.21}\left(x + \frac{y}{4}\right) = 4.76x + 1.19y \text{ Nm}^3$$

- 이론 연소가스량

이론 습윤연소 가스량 $G_{ow} = 0.79A_o + x + \frac{y}{2} \text{ Nm}^3$

이론 건조연소 가스량 $G_{od} = 0.79A_o + x \text{ Nm}^3$

- 실제 연소가스량

실제 습윤연소 가스량 $G_w = (m-1)A_o + G_{ow} = (m-0.21)A_o + x + \frac{y}{2} \text{ Nm}^3$

실제 건조연소 가스량 $G_d = (m-1)A_o + G_{od} = (m-0.21)A_o + x \text{ Nm}^3$

(3) 배기가스의 조성계산

1) 액체 및 고체연료

① 배기가스 중 생성량

- O_2 농도 과잉공기 $A_o(m-1)$ 중 산소농도임

$$(O_2) = (mA_o - A_o) \times 0.21 = 0.21A_o(m-1)(\text{Nm}^3/\text{kg}) \quad (2.46)$$

- CO_2 농도 연료 중 탄소산화 시 발생됨

$$(CO_2) = 1.87C(\text{Nm}^3/\text{kg}) \quad (2.47)$$

- SO_2 농도 연료 중 황산화 시 생성됨

$$(SO_2) = 0.7S(\text{Nm}^3/\text{kg}) \quad (2.48)$$

- N_2 농노 과잉공기 중 질소($0.79A_o(m-1)$), 연료 중 질소(0.8N), 가연분(C, H, S)의 연소에 사용되는 공기 중의 질소$\left[7.03C + 21.1\left(H - \frac{O}{8}\right) + 2.63S\right]$의 합임

$$(N_2) = 0.79A_o(m-1) + 0.8N + 7.03C + 21.1\left(H - \frac{O}{8}\right) + 2.63S(\text{Nm}^3/\text{kg}) \quad (2.49)$$

- H_2O 농도 연료 중 수소연소(11.2H)와 고유수분($1.25W$)의 합임

$$(H_2O) = 11.2H + 1.25W(\text{Nm}^3/\text{kg}) \quad (2.50)$$

② 습배기가스 중 각 성분의 농도

$$O_2 = \frac{21A_o(m-1)}{G_w} \times 100(\%) \tag{2.51}$$

$$CO_2 = \frac{187C}{G_w} \times 100(\%) \tag{2.52}$$

$$SO_2 = \frac{70S}{G_w} \times 100(\%) \tag{2.53}$$

$$H_2O = \frac{1,120H + 125W}{G_w} \times 100(\%) \tag{2.54}$$

$$N_2 = 100 - \{(O_2) + (CO_2) + (SO_2) + (H_2O)\} \times 100(\%) \tag{2.55}$$

2) 기체연료

기체연료의 습배기가스 중 각 성분의 농도는 다음과 같다.

$$O_2 = \frac{21A_o'(m-1)}{G_w'} \times 100(\%) \tag{2.56}$$

$$CO_2 = \frac{100(CO + CO_2 + CH_4 + 2C_2H_4)}{G_w'} \times 100(\%) \tag{2.57}$$

$$H_2O = \frac{100(H_2 + 2CH_4 + 2C_2H_4)}{G_w'} \times 100(\%) \tag{2.58}$$

예제 2.4

중유가 C : 86%, H : 12%, S : 2%의 성분으로 이루어져 있다. 배기가스 성분은 $(CO_2)+(SO_2)$: 13%, (O_2) : 3%, (CO) : 0%이다. 건조 연소가스 중 SO_2 농도부피 $\left(\frac{SO_2}{G_d}\right)$를 구하시오.

해설

- 건배기가스량(G_d)

$$G_d = mA_o - 5.7H + 0.695O + 0.8N \text{ Nm}^3/\text{kg}$$

여기서, $A_o = 26.6\left[\frac{C}{2.99} + H - \frac{O-S}{8}\right] = 26.6\left[\frac{0.86}{2.99} + 0.12 - \frac{0-0.02}{8}\right]$

$$= 10.91 \text{ Nm}^3/\text{kg}$$

$$m = \frac{21(N_2)}{21(N_2) - 79\{(O_2) - 0.5(CO)\}} = \frac{21(84)}{21(84) - 79\{(3) - 0.5(0)\}} = 1.155$$

$$N_2 = 100 - \{(O_2) + (CO_2) + (SO_2)\} = 100 - \{3 + 13\} = 84\%$$

$$G_d = (1.155)(10.91) - 5.7(0.13) + 0.695(0) + 0.8(0) = 11.92 \text{ Nm}^3/\text{kg}$$

- 배기가스 중 SO_2 생성량 $(SO_2) = 0.7S = 0.7 \times 0.02 = 0.014 \text{ Nm}^3/\text{kg}$
- 건배기가스 중 SO_2 농도 $\frac{(SO_2)}{G_d} = \frac{0.014}{11.92} \times 100 = 0.117(\%)$

예제 2.5 경유가 C : 85%, H : 15%의 성분으로 되어 있다. 공기비(m)가 1.1일 때, 탄소의 1%가 검댕(soot)으로 생성될 때, 건배가스 1 Nm^3 중 검댕의 농도$\left(=\dfrac{Soot}{G_{od}}\right)$ g/Nm^3를 구하시오.

해설

• 건배기가스량

$$G_d = mA_o - 5.7H + 0.695O + 0.8N$$
$$= (1.1)(11.55) - 5.7(0.15)$$
$$= 11.85\ Nm^3/kg$$

여기서, $A_o = 26.6\left[\dfrac{C}{2.99} + H - \dfrac{O-S}{8}\right]$

$$= 26.6\left[\frac{0.85}{2.99} + 0.15\right]$$
$$= 11.55(Nm^3/kg)$$

• 연료 1 kg당 검댕의 양(=연료 1 kg 연소 시 탄소량)

1,000 g/kg × 0.85 × 0.01 = 8.5 g/kg

• $\dfrac{Soot}{G_d} = \dfrac{8.5\ (g/kg)}{11.85\ (Nm^3/kg)}$

$$= 0.72\ g/Nm^3$$

따라서 건배가스 1 Nm^3당 검댕의 농도는 0.72 g/Nm^3이다.

(4) 최대 탄산가스량

최대 탄산가스량($(CO_2)_{max}$ %)은 이산화탄소의 이론 건배기가스량 중 (CO_2)의 농도로 정의된다. 이는 이론적으로 최대연소성을 나타내는 지표로, 이 이상의 이산화탄소 농도는 존재하지 않는다. 그림 2.27은 공기비변화에 대한 최대 탄산가스량을 나타낸 것으로, 공기비 m = 1일 때 최댓값을 갖는다. 표 2.12는 각 연료별 최대 탄산가스량 개략치를 나타내었다.

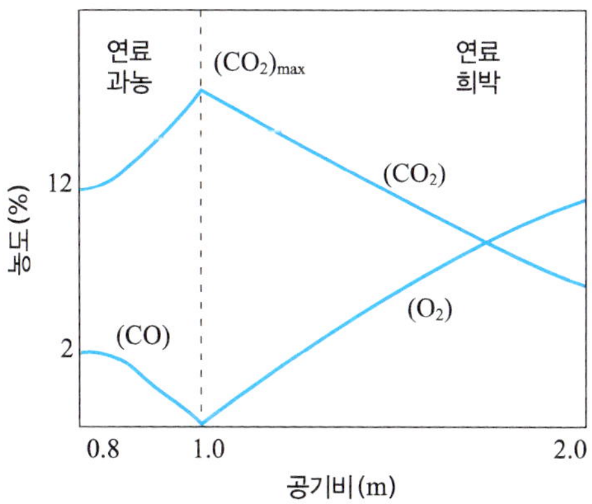

그림 2.27 최대 탄산가스량

표 2.12 연료의 $CO_{2\,max}$ %의 개략치

연료	$(CO_2)_{max}$ %	연료	$(CO_2)_{max}$ %
탄소	21	코크스	20~20.5
장작	19~21	연료유	15~16
갈탄	19~19.5	코크스로가스	11~11.5
역청탄	18.5~19	발생로가스	18~19
무연탄	19~20	고로가스	24~25

1) 연료의 조성으로부터 계산

① 고체 및 액체연료의 경우

• Orsat분석법

$$(CO_2)_{max}\% = \frac{1.87C}{G_{od}} \;;\; G_{od}(CO_2)_{max} = 1.87C \tag{2.59}$$

$$(CO_2)_{max}\% = \frac{1.87C}{G_{od}} \times 100\% \tag{2.60}$$

• 일반분석법

$$(CO_2)_{max}\% = \frac{187C + 70S}{G_{od}} \tag{2.61}$$

② 기체연료의 경우

$$(CO_2)_{max}\% = \frac{100(CO + CO_2 + CH_4 + 2C_2H_4 + \cdots)}{G_{od}'} \tag{2.62}$$

2) 배기가스 분석결과로부터 계산

① 완전연소

$$\begin{aligned}(CO_2)_{max}\% &= \frac{\text{건조 } CO_2 \text{ 농도}}{\text{건조연소가스량} - \text{과잉공기량}} = \frac{(CO_2)}{G_{od}} \\ &= \frac{(CO_2)}{100 - (O_2)/0.21} \times 100 = \frac{21(CO_2)}{21 - (O_2)} \times 100 \end{aligned} \tag{2.63}$$

$$= \frac{(CO_2)}{1 - 0.0048(O_2)} \times 100(\%) \tag{2.64}$$

② 불완전연소(가정: 미연공기량 중 산소량 생략)

$$(CO_2)_{max}\% = \frac{(CO_2)+(CO)}{100-\dfrac{(O_2)}{0.21}+1.881(CO)} \times 100 \tag{2.65}$$

$$= \frac{21\left[(CO_2)+(CO)\right]}{21-(O_2)+0.395(CO)} \times 100(\%) \tag{2.66}$$

예제 2.6

프로판(C_3H_8) 연소 시 최대 탄산가스량을 구하시오.

해설

C_3H_8	+	$5O_2$	+	(N_2)	→	$3CO_2$	+	$4H_2O$	+	(N_2)
1 Nm^3		5 Nm^3		↑		3 Nm^3		4 Nm^3		18.8 Nm^3

$$5 \times \frac{79}{21} = 18.8\ Nm^3$$

$$\therefore (CO_2)_{max}\% = \frac{(CO_2)}{(CO_2)+(N_2)} \times 100 = \frac{3}{3+18.8} \times 100 = 13.76\ \%$$

(5) 발열량

1) 발열량의 정의와 종류

연료의 단위량(기체연료 = 1 Nm^3, 액체 또는 고체연료 = 1 kg)이 완전연소할 때 발생하는 열량(kcal)을 말한다. 단위는 기체연료인 경우는 kcal/Nm^3이고, 고체 및 액체연료일 경우에는 kcal/kg이다. 발열량 산정방식은 발열량측정기로 측정(고발열량)하고, 원소분석치에 의한 연소관계식으로 계산(저발열량)하며, 필요시 증발잠열을 더하여 고발열량을 계산한다.

- 고발열량(H_h)과 저발열량(H_u) 고발열량(총발열량)은 연료 중에 함유된 수분과 연소에 의해 생성된 수분의 응축열(일명 증발잠열; H_s)를 함유한 열량을 말한다. 저발열량(진발열량 또는 순발열량)은 고발열량에서 응축열(H_s)을 제외한 잔여열량이다. 실제연소에서 연소배출가스 중의 수분은 수증기(과열)상태로 배출되기 때문에 응축열의 이용이 불가능하므로 저발열량이 이용된다.

고발열량은 저발열량과 응축열(H_s)에 의해 식 (2.67)에 의해 구해진다.

$$H_h = H_u + H_s \tag{2.67}$$

여기서, H_s는 수증기의 증발잠열(표 2.14 참조)로 0℃ 기준으로 하면 그 값은 다음과 같다.

H_s = 596 ≒ 600 kcal/kg(물), H_s = 478.99 ≒ 480 kcal/Nm^3(수증기)

표 2.13 가연분의 연소량(완전연소의 경우)

가연분	화학식	발열량			
		(kcal/kg)		(kcal/Nm^3)	
		H_h	H_u	H_h	H_u
탄소	C	8,100	8,100	-	-
수소	H	34,000	28,600	3,050	2,570
황	S	2,500	2,500	-	-
일산화탄소	CO	2,430	2,430	3,035	3,035
메탄	CH_4	13,320	11,970	9,530	8,570
에탄	C_2H_6	12,410	11,330	16,820	15,380
프로판	C_3H_8	12,040	11,070	24,820	22,350
부탄	C_4H_{10}	11,840	10,920	32,010	29,610
아세틸렌	C_2H_2	12,030	11,620	14,080	13,600
에틸렌	C_2H_4	12,130	11,360	15,280	14,320
프로필렌	C_3H_6	11,770	11,000	22,540	21,070
부틸렌	C_4H_5	11,630	10,860	29,110	27,190

표 2.14 물의 증발잠열(응축열) (kcal/kg)

온도	증발잠열(kcal/kg)
0℃	596 ≒ 600
10℃	592
15℃	589
20℃	586
25℃	583
100℃	539

2) 발열량계산

① 기체연료의 경우

$$H_u = H_h - 480(H_2) + 2(CH_4) + 2(C_2H_4) + \cdots \quad (2.68)$$

② 액체 및 고체연료의 경우

$$H_u = H_h - 600(9H + W) \text{ (kcal/kg)} \quad (2.69)$$

여기서, 600은 물 1 kg의 증발잠열이고, $(9H + W)$는 연료 1 kg당 H_2O 생성량이다. 발열량의 개략적 계산법은 표 2.15와 같다.

표 2.15 저발열량 H_u와 G_o 및 A_o의 관계

연료	G_o	A_o
고체연료	$\frac{0.89H_u}{1,000}+1.65(Nm^3/kg)$	$\frac{1.01H_u}{1,000}+0.5(Nm^3/kg)$
액체연료	$\frac{1.11H_u}{1,000}(Nm^3/kg)$	$\frac{0.85H_u}{1,000}+2.0(Nm^3/kg)$
저발열량 기체연료 ($H_u=500\sim3,000$ kcal/m^3)	$\frac{0.725H_u}{1,000}+1.0(Nm^3/Nm^3)$	$\frac{0.875H_u}{1,000}(Nm^3/Nm^3)$
고발열량 기체연료 ($H_u=4,000\sim7,000$ kcal/m^3)	$\frac{1.14H_u}{1,000}+0.25(Nm^3/Nm^3)$	$\frac{1.09H_u}{1,000}-0.25(Nm^3/Nm^3)$

(6) 이론 연소온도

단위량의 연료를 이론공기량으로 완전연소시켰을 때 발생되는 최고온도를 말한다. 연료가 실제로 연소하면 주위의 연소로벽 등으로 열이 흡수되어 실제의 이론연소온도보다 낮다.

$$H_u = G_o c_p (t_2 - t_1) \tag{2.70}$$

여기서, H_u는 저발열량(kcal/Nm^3), G_o는 이론 연소가스량(kcal/Nm^3), c_p는 연소가스의 평균 정압비열(kcal/Nm^3 ℃)이다.

$$\therefore\ t_2 = \frac{H_u}{G_o c_p} + t_1 \tag{2.71}$$

여기서, t_1은 대기 기준온도(℃)이고 t_2는 이론 연소온도(℃)이다.

예제 2.1 연료인 메탄(CH_4)과 공기가 18℃로 공급되고 있다. CO_2, $H_2O(g)$, N_2의 평균 정압몰비열은 각각 13.1, 10.5, 8.0(kcal/kmol℃)이고, CH_4의 저발열량은 8,600 kcal/Nm^3 이다. 이론 연소온도(adiabatic temperature)를 구하시오.

해설

- 부피비 열환산(c_p) $CO_2 \rightarrow \frac{13.1}{22.4} \fallingdotseq 0.585$ kcal/kmol℃

  $H_2O(g) \rightarrow \frac{10.5}{22.4} = 0.47$ kcal/kmol℃

  $N_2 \rightarrow \frac{8}{22.4} = 0.36$ kcal/kmol℃

- 배기가스량 $CH_4 + 2O_2 + (N_2) \rightarrow CO_2 + 2H_2O + (N_2)$

  s 1 Nm^3 2 Nm^3 $2\times\frac{79}{21}=7.521$ Nm^3

- 저발열량(H_u) $H_u = G_o c_p (t_2 - t_1)$

  $8,600(\text{kcal/Nm}^3) = [(1\times0.585)+(2\times0.47)+(7.52\times0.36)](t_2-18)$

  $\therefore t_2 = 2,049$ ℃

03
Chapter

집진처리 기술

대기 중의 입자상물질은 고체 혹은 액체와 같은 어떤 분산된 물질로 구성되어 있다. 개개의 입자는 지름이 0.005 μm인 분자 클러스터들에서부터 100 μm(사람의 머리카락 크기) 정도의 입자들에 이르기까지 다양한 크기를 가진다. 또한 화학적 조성, 생성 메커니즘, 입자형상들도 복잡하고 다양한 형태를 나타낸다. 입자의 크기나 성상, 그리고 생성 메커니즘에 따른 일반적인 미세입자의 분류는 표 3.1에 제시되어 있다.

표 3.1 입자상물질의 구분

입자상물질	영문명	생성 메커니즘 및 특징
분진	Particulate matter	대기 또는 배기가스 중에 고체 또는 액체상태로 존재하는 수분을 포함한 물질
에어로졸	Aerosol	기체 중에 떠 있는 고체 또는 액체상의 입자들
먼지	Dust	대기 중에 일시적으로 부유할 수 있는 콜로이드보다 큰 고체입자, 주로 모체로부터의 물리적 분해에 의해 생성
비산재	Fly ash	연료의 연소 후 연돌로 배출되는 미세한 재로서 때로 연료 중 미연분이 포함되기도 함
미스트	Mist	응축이나 분무에 의하여 생성된 액체입자, 입경이 20 μm 이하의 미세입자
안개	Fog	가시적인 미스트
훈연	Fume	연소, 승화, 증류 등 물리화학 반응에 의하여 생성된 고체입자(주로 1 μm 이하, 예 : 담배입자)
매연	Smoke	불완전연소에 의해 생성된 가시적인 고체 또는 액체입자들(입경 < 1 μm)
검댕	Soot	연소과정에서 발생한 유리탄소가 응집된 것
스모그	Smog	Smoke + Fog임, 광화학반응에 의하여 생성된 입자들, 일반적으로 수증기를 포함하고 있음

이러한 미세입자들은 주로 연소나 그 밖의 다른 산업공정 시에 직접 배출되며, 때로는 유해가스들이 공기 중에서 화학반응을 일으켜 생성되기도 한다. 이들 미세입자들의 성분이나 분포도는 매우 다양하지만, 질량으로 따진다면, 자연적으로 발생되는 입자들(소금, 화산, 사막 등)이 약 88%로 대부분을 차지한다고 알려져 있다. 하지만, 산업공정을 통하여 인위적으로 발생되는 입자들이 대체적으로 1 μm 정도의 작은 것들이며, 유해한 성분 또한 많이 포함하고 있으므로, 대기오염 방지기술에서 주로 다루어지고 있는 대상물질이다. 공업공정별 배출원과 그 각각의 경우에 대한 처리기술을 표 3.2에 나타내었다.

표 3.2 공업공정별 배출원과 그 처리기술

공업 또는 공정	배출원	입상물질	조절방법
제철-제강공장	고로, 강제조로, 소결기	산화철, 먼지, 연기	사이클론, 여과집진기, 전기집진기, 세정 스크러버
서선주조장	용선로, 세정과정	산화철, 연기, 기름, 먼지, 금속연무	세정 스크러버, 원심력집진기

(계속)

공업 또는 공정	배출원	입상물질	조절방법
비철야금	제련소 및 노	연기, 금속연무, 기름, 그리스	전기집진기, 여과기집진기
석유정제	촉매 재생장치, 슬러지 소각장치	촉매먼지, 슬러지, 재	사이클론, 전기집진기, 여과집진기
포틀랜드시멘트	킬른, 건조기, 원료 취급장치	알칼리 및 공정먼지	여과기집진기, 전기집진기, 벤츄리 스크러버
크라프트 종이공장	회수로, 석회 킬른 용해탱크	약품먼지	전기집진기, 벤츄리 스크러버
산제조-인산, 황산	가열공정, 광석 산성화, 분쇄기	산 미스트, 먼지	전기집진기, 미스트 제거기
코크스제조	오븐조작, 급냉, 원료 취급장치	석탄 및 코크스 먼지	사이클론, 전기집진기, 여과집진기
유리 및 유리섬유	노, 형성 및 숙성, 취급장치	산 미스트, 알칼리성산화물, 먼지, 에어로졸	여과기집진기, 소각 버너

표 3.3 **집진장치의 종류 및 특성**

종류	처리입경(μm)	압력손실(mmH_2O)	집진율(%)	설치비용	운전비용
중력집진	1,000∼50	5∼10	40∼60	적음	적음
관성력집진	100∼10	10∼100	50∼70	적음	적음
원심력집진	100∼3	80∼100	85∼95	중간	중간
세정집진	100∼0.1	300∼800	80∼95	중간	많음
여과집진	20∼0.1	100∼200	90∼99	중간 이상	중간 이상
전기집진	20∼0.05	10∼20	80∼99.9	많음	중간

집진장치는 기체 중에 앞에 언급된 고체 또는 액체가 미립자의 상태로 존재하는 입자를 포집하는 장치를 말한다. 집진장치의 종류에는 중력집진기, 관성력집진기, 원심력집진기, 세정집진기, 여과집진기, 전기집진기로 분류된다. 각각의 특성은 표 3.3과 같다.

집진장치에서 처리가스 내의 분진을 제거할 경우 어떤 형태의 집진력(collecting force)이 작용된다.

- 중력집진기 집진기 중 가장 간단한 형태로 중력에 의해 입자가 집진된다. 즉 그림 3.1과 같이 처리가스의 유선을 따라 집진기 내로 유입되어 중력에 의해 점차적으로 낙하하며 포집된다. 입자의 직경이 클수록 이동속도가 느리기 때문에 중력에 의해 충분히 침강된다.

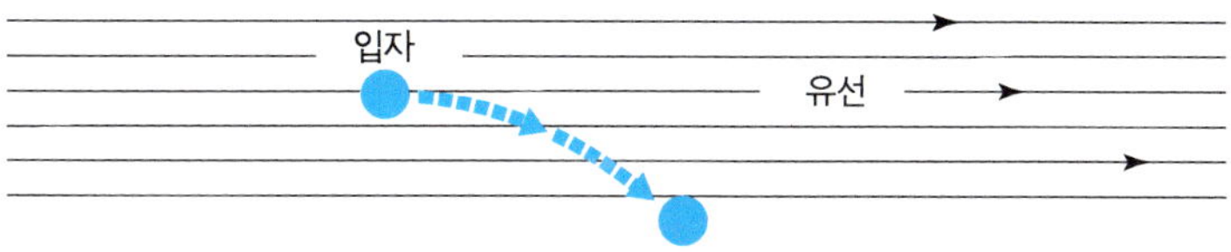

그림 3.1 **중력집진**

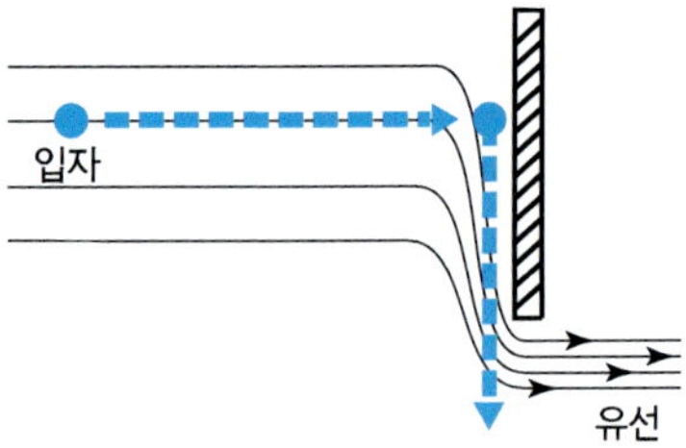

그림 3.2 **관성력집진**

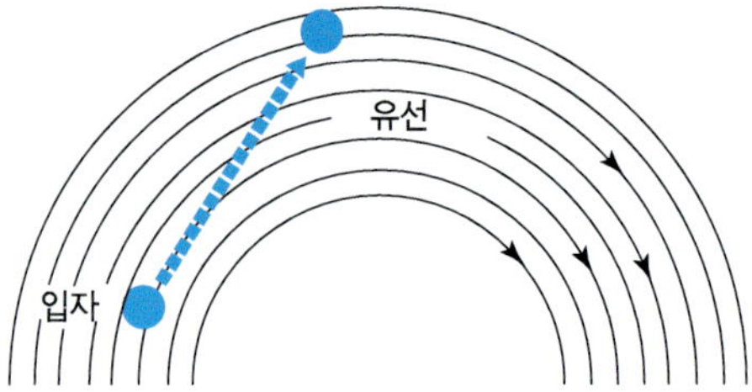

그림 3.3 **원심력집진**

- 관성력집진기 분진이 포함된 처리가스가 집진기로 유입되어 방해판(baffle)을 만나 충돌하여 그림 3.2와 같이 입자가 유선을 이탈하여 중력에 의해 낙하하여 집진되는 것이다.
- 원심력집진기 집진기 모양을 원통으로 하여 분진이 포함된 처리가스를 접선방향으로 유입하여 원심력을 부여하는 것이다. 집진기 내로 유입된 입자는 원심력을 받아 유선을 벗어나 원통 내벽으로 충돌한 후 중력에 의해 하부로 떨어져 집진하게 된다. 이 경우 주된 힘은 원심력이고 중력이 동시에 작동된다.
- 세정집진기와 여과집진기에서 집진에 작용하는 분리력(separating force), 관성충돌력(inertia force), 직접차단력(direct interception), 확산력(diffusion force)이다. 세정집진기는 처리가스가 노즐에 의해 생성되는 액적(droplet)에 충돌제거되며, 여과집진기는 제진하고자 하는 하전된 입자가 여과재에 충돌하여 제거되는 것이다.
- 전기집진기 고전압이 인계된 전기장(electric field)에 입자가 처리가스와 같이 유입되면 입자가 하전되어 (−)극성을 가지게 된다. 이 분진은 유선을 이탈하여 (+)집진극으로 부착되어 집진이 된다.

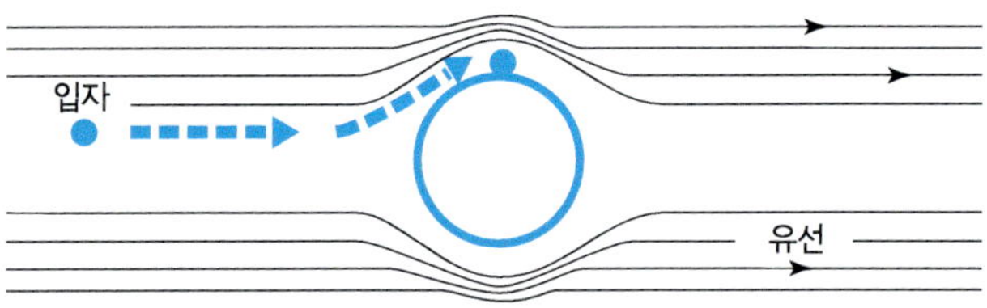

그림 3.4 **세정집진 또는 여과집진**

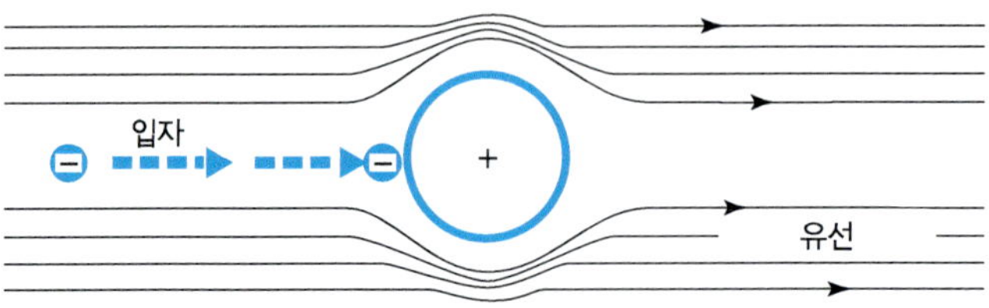

그림 3.5 **전기집진**

1 집진장치의 원리와 기능

1.1 입자동력학

(1) 입자작용력

오염원으로부터 배출되는 입자상물질은 집진기의 종류에 따라 주된 작용력은 다르지만 공통적으로 작용하는 힘은 그림 3.6과 같이 항력, 중력, 부력이다. 따라서 단일입자에 대한 힘의 평형을 나타내는 입자운동 방정식을 구하기 위해 입자에 작용하는 힘에 대해 알아본다.

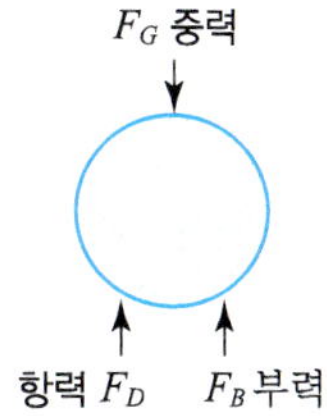

그림 3.6 입자작용력

1) 항력

항력(drag force)이란 입자가 운동방향과 반대로 받는 저항을 말한다. 항력은 F_D로 표시되며 식 (3.1)과 같이 주어진다.

$$F_D = C_D \left(\frac{\rho U_p^{\,2}}{2} \right) A_p \tag{3.1}$$

여기서, F_D는 입자의 항력(N), C_D는 항력계수(－), ρ는 기체의 밀도(kg/m^3), U_p는 입자의 속도(m/s), A_p는 입자 투영면적(m^2)$\left(= \frac{\pi}{4} d_p^{\,2}\right)$, d_p는 입자의 직경(m)이다.

식 (3.1)의 항력의 크기는 입자의 속도와 투영면적(projected area)에 비례한다. 항력을 구하기 위해서는 비례상수인 항력계수(drag coefficient)를 알아야 하는데, 이는 그림 3.7에 나타낸 분진의 종류에 따른 레이놀즈수(Reynolds number)와 항력계수의 관계로 구할 수 있다.

레이놀즈수는 식 (3.2)와 같다.

$$R_e = \frac{\rho U_p d_p}{\mu} = \frac{U_p d_p}{\nu} \tag{3.2}$$

여기서, μ는 기체의 점도(kg/cm · sec), ν는 기체의 동점성계수(m^2/s)$\left(= \frac{\mu}{\rho}\right)$이다.

그림 3.7에서 보면 유체흐름의 종류는 층류(lamina), 천이류(transition), 난류(turbulence)로 3 영역으로 구분된다. 층류의 경우 기체의 이동상태가 매우 느리고 완만하여, 유체가 얇은 층을 이루어 속도가 큰 차이 없이 교란되지 않고 균일하게 같은 방향으로 이동하므로 항력계수가 크다. 난류의 경우는 유체층 사이에 속도구배, 즉 층과 층 사이의 속도차가 커서 유체층이 파괴되

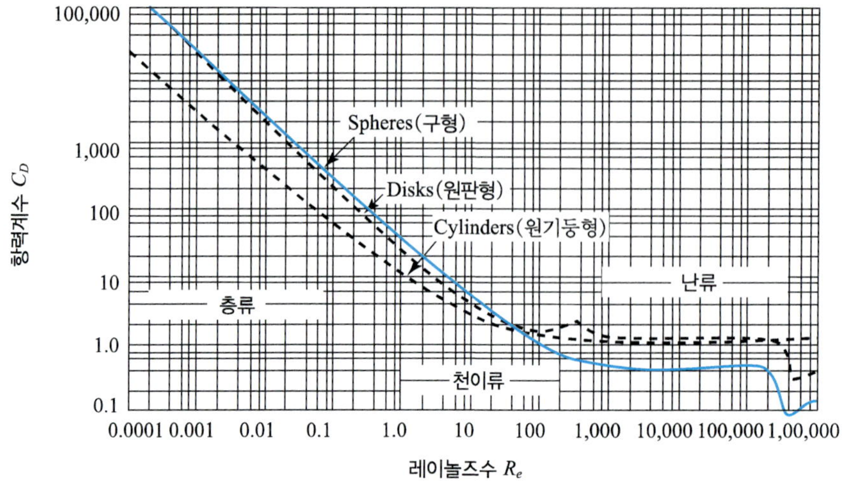

그림 3.7 **레이놀즈수와 항력계수의 관계**

어 인접유체가 격렬하게 혼합되는 상태로 항력계수가 작고 거의 일정하다. 천이류는 구분은 명확하지 않지만 층류와 난류의 중간상태로 항력계수도 그 중간값을 갖는다.

각 영역별 레이놀즈수와 항력계수의 관계 그래프를 다음 식으로 표현할 수 있다.

층류영역(lamina region)은 레이놀즈수가 2.0 미만을 나타내며, 이때 항력계수는 식 (3.3)과 같다.

$$C_D = \frac{24}{R_e} \tag{3.3}$$

천이류영역(transition region)은 레이놀즈수가 2 이상 그리고 500 미만을 나타내며, 이때 항력계수는 식 (3.4)와 같다.

$$C_D = \frac{18.5}{{R_e}^{0.6}} \tag{3.4}$$

난류영역(turbulent region)은 레이놀즈수가 500 이상, 2×10^3 미만을 나타내며, 항력계수는 식 (3.5)와 같다.

$$C_D = 0.44 \tag{3.5}$$

입자항력(drag force)의 식 (3.1)에 층류영역(laminar or Stokes region)일 때 항력계수를 대입하여 정리하면 식 (3.6)과 같다.

$$F_D = C_D\left(\frac{\rho {U_p}^2}{2}\right)A_p = \frac{24}{R_e}\left(\frac{\rho {U_p}^2}{2}\right)\left(\frac{\pi}{4}{d_p}^2\right) = \frac{\mu}{\rho U_p d_p}3\pi\rho {U_p}^2{d_p}^2$$

$$= 3\pi\mu U_P d_P \tag{3.6}$$

천이영역(transition region)일 때는 식 (3.7)과 같다.

$$F_D = 2.3125\,\pi\,\rho^{0.4}\,\mu^{0.6}\,(U_p d_p)^{1.4} \tag{3.7}$$

난류영역(turbulent region)일 때는 식 (3.8)과 같다.

$$F_D = 0.055\,\pi\,\rho(d_p U_p)^2 \tag{3.8}$$

2) 중력

중력(gravity force)은 입자가 받는 중력을 말하며, 식 (3.9)와 같다.

$$F_G = m_p g = \rho V_p\, g \tag{3.9}$$

여기서, F_G는 입자의 중력(N), V_p는 입자의 부피(m^3), g는 중력가속도(m/s^2)이다.

3) 부력

입자에 작용하는 부력(buoyance force)은 입자의 부피에 해당하는 유체의 질량과 그 질량이 외력에서 받는 가속도의 곱으로, 식 (3.10)과 같다.

$$\begin{aligned} F_B &= \gamma V_p = \rho g V_p = \rho_p\, V_p g\left(\frac{\rho}{\rho_p}\right) \\ &= F_G\left(\frac{\rho}{\rho_p}\right) \end{aligned} \tag{3.10}$$

여기서, F_B는 부력(N), γ는 공기의 비중량(N/m^3)이다.

(2) 입자운동 방정식

뉴턴의 운동 제2법칙(Newton's 2nd low)($F_R = m_p a$)을 단일입자에 대해 적용된 입자운동 방정식(Equation of particle's movement)은 식 (3.11)과 같다.

$$F_R = F_G - F_B - F_D = m_p \cdot \frac{dU_p}{dt} \tag{3.11}$$

여기서 F_R 은 중력, 부력, 항력의 합성력이다(그림 3.1 참조).

식 (3.11)을 부력이 제외된 단순식으로 표현하면 식 (3.12)와 같다.

$$F_R = F_G - F_G\left(\frac{\rho}{\rho_p}\right) - F_D = m_p \cdot \frac{dU_p}{dt} \tag{3.12}$$

앞의 입자운동 방정식을 단위질량당의 힘으로 나타내면 식 (3.13)과 같다.

$$f_R = f_G - f_G\left(\frac{\rho}{\rho_p}\right) - f_D = \frac{dU_p}{dt} \tag{3.13}$$

(3) 종말속도

처리가스 중에서 분진입자의 운동은 입자에 작용하는 외력인 중력, 부력 및 항력의 합성력 방향과 크기에 따라 결정되므로 이때의 입자운동 방정식은 식 (3.13)을 사용할 수 있다. 이 합성력은 입자에 작용하여 입지를 합성력의 방향으로 가속하게 되며, 입자가 처리가스 중에서 가속운동을 하게 되므로 입자에 작용하는 항력도 이에 따라 변화한다. 항력은 집진원리상 매우 중요한 역할을 하는 힘으로, 항력의 크기는 입자의 운동속도에 비례하고 외력의 합성력과 같아질 때까지 증가한다. 운동하는 입자에서 항력과 합성력이 같아지면 이는 입자에 작용한 모든 힘이 균형상태에 돌입된 것을 뜻하며, 이때의 입자의 속도를 운동하는 입자 종말속도(terminal velocity)라 정의하며, 이때 입자는 등속도운동을 하게 된다. 따라서 운동입자에 관한 운동방정식은 식 (3.13)을 식 (3.14)와 같이 표시하면 된다. 이 종말속도는 침강속도 또는 입자 분리속도라고 한다.

$$f_G - f_G\left(\frac{\rho}{\rho_p}\right) - f_D = 0 \tag{3.14}$$

위 식의 단위질량당 항력(f_D)을 항력(F_D)과 입자질량(m_p)으로 표현하면 다음 식과 같다.

$$f_G\left(1 - \frac{\rho}{\rho_p}\right) = \frac{F_D}{m_p} \tag{3.15}$$

식 (3.15)를 이용하면 입자가 운동하고 있는 유체의 종류별 입자의 종말속도를 구할 수 있다.

- 층류 종말속도 층류는 스톡스 영역(Stokes' region)이라고도 하며, 이때 레이놀즈수 R_e가 2보다 작은 경우로 식 (3.15)를 사용하면 된다. 이때 항력 F_D는 식 (3.6)이 적용되고, 입자직경은 $m_p = \rho_p V_p$ 관계가 이용된다.

$$f_G\left(1 - \frac{\rho}{\rho_p}\right) = \frac{F_D}{m_p} = 3\pi\mu U_p d_p \Big/ \frac{\pi {d_p}^3 \rho_p}{6} \tag{3.16}$$

단, $m_p = \rho_p V_p = \frac{4}{3}\pi\left(\frac{d_p}{2}\right)^3 \cdot \rho_p = \frac{\pi {d_p}^3 \rho_p}{6}$ 이다.

한편, f_G는 단위질량에 작용하는 중력이므로 단위질량 1에 중력가속도 g를 곱한 $f_G = g$를 식 (3.16)에 대입하여 정리하면 식 (3.17)과 같다.

$$g\left(\frac{\rho_p - \rho}{\rho_p}\right) = \frac{18\mu U_p}{d_p{}^2 \rho_p} \tag{3.17}$$

위 식을 입자속도 U_p에 대해 정리하면 층류일 때 종말속도가 된다.

$$U_p = \frac{d_p{}^2(\rho_p - \rho)}{18\,\mu} g \tag{3.18}$$

- 천이류 종말속도 천이류 내 입자 종말속도는 층류입자 종말속도를 구하는 방법과 동일하게 구한다. 단, 항력 F_D는 천이류 내 적용되는 식 (3.7)이 적용된다.

$$U_p = 0.153\ \rho_p{}^{0.71} \frac{d_p{}^{1.14}}{\rho^{0.29}\mu^{0.23}} g^{0.71} \tag{3.19}$$

- 난류 종말속도 난류 내 입자 종말속도는 난류입자 종말속도를 구하는 방법과 동일하게 구한다. 단, 항력 F_D는 난류 내 적용되는 식 (3.8)이 적용된다.

$$U_p = 1.74\left(g\,d_p \frac{\rho_p}{\rho}\right)^{1/2} \tag{3.20}$$

1.2 입경 및 입경분포

입자상물질의 입경 즉 입자의 크기는 집진장치의 성능검토 및 설계 시 매우 중요한 인자가 된다. 분진의 입자는 반드시 하나하나 따로 분산되어 있는 것이 아니라 때로는 몇 개가 한꺼번에 응집되어 존재하기도 한다. 입자의 크기를 입경이라 한다. 분진의 경우 입경은 입자가 구형일 때는 직경을 취하나 구형이 아닐 경우는 어떻게 입경을 결정할 것인가 하는 어려움이 있다. 따라서 입경측정 시 분진의 투영면적(projected area), 표면적(surface area), 용적(volume) 및 질량(mass) 등을 기초로 하여 입경을 결정한다.

입자의 직경표시법에는 현미경적 방법인 광학직경(optical diameter)과 역학적 방법인 등가직경(equivalent diameter), 스톡스 직경(Stokes' diameter), 공기역학적 직경(aerodynamic diameter)이 있다. 광학직경은 분진을 여러 방향으로 나누어 측정된 값을 산술평균한 직경으로 정의된다. 등가직경은 비구형입자와 물리적인 특성치인 밀도와 분진종류별 역학적 형상계수가 고려된 침강속도가 동일한 경우 그 구형입자의 크기를 직경으로 표시한 값이다. 스톡스 직경은 본래의 분진과 밀도, 침강속도가 동일한 구형입자의 직경이다. 그리고 공기역학적 직경은 본래의 분진과 침강속도가 동일하며 밀도가 $1g/cm^3$인 구형입자의 직경을 말한다.

집진기술에서는 분진의 크기 등 기하학적인 특성치가 필요하다. 분진의 기하학적 특성치의 대표적인 것은 분진의 평균입경 등이며, 이는 중력 또는 원심력을 이용한 집진장치의 설계 등에 매우 중요하다. 분진을 상기 언급된 바와 같이 입경분석하면 분진의 입경에 관한 자료가 얻어지는데, 이 분진의 입경이 어떤 형태로 분류되고 있는가를 설명할 수 있는 자료를 입경분포(particle size distribution)라 한다.

입경분석을 통해서 얻어진 분진입경 데이터를 자료로서 표시하는 데는 각종 분포도가 있는데, 집진기에서는 빈도분포(frequency distribution)와 적산분포(accumulative distribution)가 사용된다. 이 빈도분포와 적산분포 상태를 직각좌표에 그림으로 표시한 것을 빈도분포 곡선 및 적산분포 곡선이라고 한다. 이들 곡선은 직교좌표의 각 축에 입경과 그 입경에 해당하는 분진수를 각각 표시하고, 이들 관계를 그래프로 나타낸 것이다. 이때 축 상에 나타내는 분진수의 척도는 분진의 질량이나 또는 숫자로 각각 표시할 수 있다.

빈도분포(f)는 분진의 입경분포를 적당한 입경 간격마다 개수 또는 질량비율을 나타내는 방법으로, 식 (3.21)과 같이 나타낸다.

$$f(\%/\mu\text{m}) = \frac{dR}{dx} \tag{3.21}$$

여기서, dx는 입경의 미소범위(μm)이고, dR은 특정 입경범위의 적산분포(%)를 말한다.

적산분포는 어느 특정한 크기를 가진 입경의 분진을 중심으로 하여 이 특정 입경보다 작은 모든 입경의 분진개수(빈도수), 또는 이 특정 크기의 입경보다 큰 분진개수(빈도수)의 총합으로 나타내게 한다. 특정 크기의 입경분진보다 작은 모든 분진에 대한 누적도수를 체하적산분포, 그리고 특정 크기의 입경분진보다 큰 모든 입경분진에 대한 누적빈도를 체상적산분포라 한다. 일반적으로 집진기에서는 집진처리 특성상 큰 입자부터 처리되므로 체상적산분포를 사용한다. 즉, 적산분포(R)는 분진의 입경 x보다 큰 입자가 전체의 몇 %를 차지하는가를 나타내는 방법으로, 식 (3.22)와 같이 나타낸다.

$$R(\%) = \int_{x}^{x_{\max}} f(x)dx \tag{3.22}$$

그림 3.8은 앞에 언급된 입경별 빈도분포와 적산분포를 나타낸 것으로, 세로축이 빈도분포(f)와 적산분포(R)를 각각 나타낸 것이다.

체상적산분포 적용 시 입자경 0 μm에 대한 체상입경 누적분포도수 R은 100%이며, 입자경 ∞ μm에 대한 체상입경분포 누적도수 R은 0%가 된다. 체가름에 의해 구한 실제 분진입경분포는 정규분포인 가우스분포(Gaussian distribution, 식 (3.23)), 대수정규분포(Log normal distribution, 식 (3.24)) 및 로진-램러분포(Rosin-Rammler distribution, 식 (3.25)) 중 어느 하나가 되며, 그 식들은 다음과 같다.

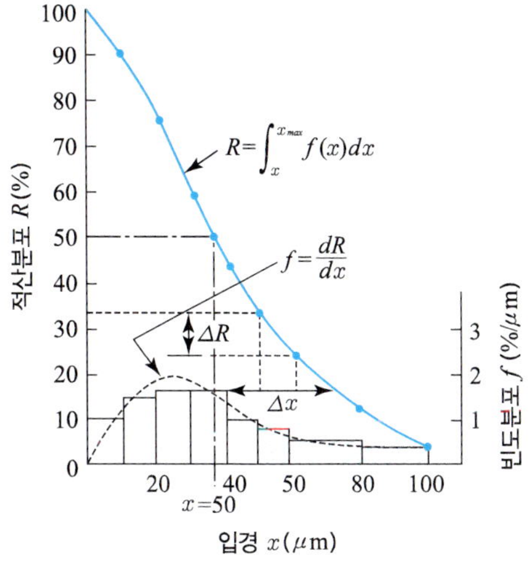

그림 3.8 **분진의 분포표시**

$$R_{gd}(\%) = 100\int_{d_p}^{d_{p}o}\frac{1}{\delta\sqrt{2\pi}}\exp\left[-\frac{(d_p-d_{p0})^2}{2\delta^2}\right]d(d_p) \tag{3.23}$$

$$R_{ld}(\%) = 100\int_{d_p}^{d_{p}o}\frac{1}{\log\delta\sqrt{2\pi}}\exp\left[-\frac{(\log d_p-\log d_{p0})^2}{2(\log\delta)^2}\right]d(\log d_p) \tag{3.24}$$

$$R_{rd}(\%) = e^{-\beta d_p^{\,n}}$$
$$= 100\exp\left(-\beta d_p^{\,n}\right) \tag{3.25}$$

여기서, d_p는 입자경(μm), d_{p0}는 $R=50\%$일 때의 입자경(최대빈도를 갖는 입자경으로 정규대수분포 시에는 $\log(d_p)$에 해당되는 입자경), δ는 표준편차, β는 입경계수 n은 입경지수이다.

위의 적산분포식들의 입경분포 곡선은 입경 d_p 변화에 따라 적분한 것이다. 따라서 이 식들을 사용하여 입경에 따른 분포의 변화를 그림으로 나타낼 수 있다. 이와 같은 분포변화율을 알기 위해서는 될 수 있는 한 간단한 그림으로 표시하면 그 해석이 편리하다. 위 식들을 대수방안지(log paper)에 표시하면 직선으로 표시할 수 있다. 그림 3.9, 그림 3.10, 그림 3.11은 위에 설명된 가우스분포, 대수정규분포 및 로진-램러 분포식을 대수방안지에 작도하여 얻은 일례를 나타낸 것이다.

분진입경분포 분석을 통해서 분진입경에 대한 데이터를 얻었을 때 이들 데이터가 위의 세 경우의 입경분포선도 중 어느 것에 제일 잘 맞는가를 보면 해당 분진의 분포를 결정할 수 있다. 예컨대 분진입경분포 데이터를 대수방안지에 그린 결과 그림 3.11을 얻었다면, 본 분진의 입경은

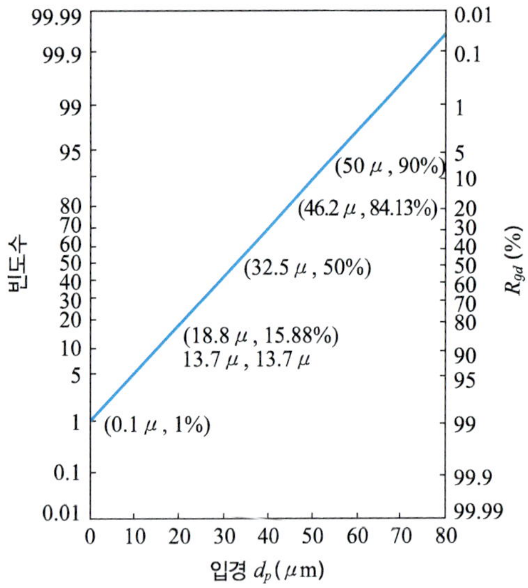

그림 3.9 **가우스분포선도**

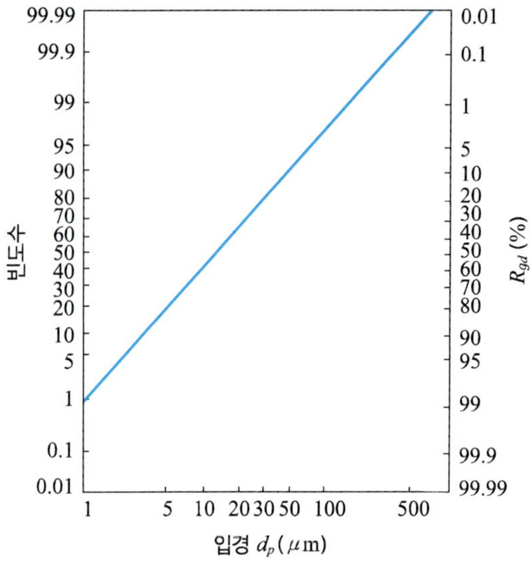

그림 3.10 **대수정규분포선도**

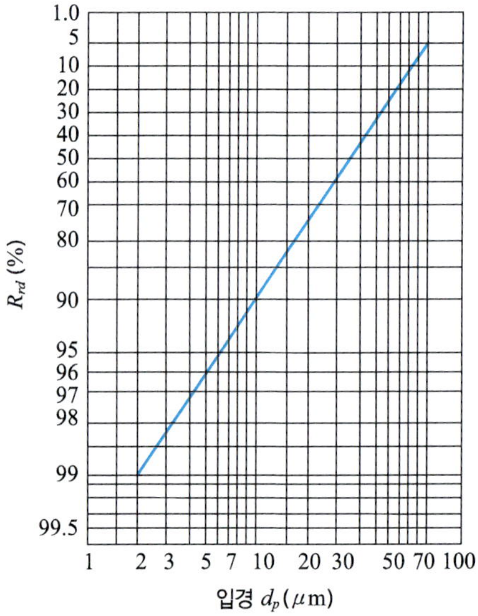

그림 3.11 **로진-램러분포선도**

로진-램러분포하고 있다고 판단할 수 있다. 대기오염원에서 배출되는 분진의 입경분석 결과는 대개 대수정규분포나 로진-램러분포를 한다. 대수정규분포는 거친 입자의 분포를 나타낼 때 사용되며, 로진-램러분포는 미세한 분진의 분포를 나타낼 때 사용된다.

(1) 대수정규분포

일반적으로 대기오염원에서 발생하는 분진의 빈도분포를 살펴보면, 최대치를 중심으로 한쪽으로 치우친 정규확률분포를 한다. 이를 통계학적으로는 정규확률분포 중 대수변수변위를 한다고 한다. 그림 3.12의 정규확률분포 곡선은 입경분포 분석에 사용하기에는 다소 곤란한 점이 있다. 통계학에서 무작위변수(random variable)가 정규분포한다 함은 평균치의 좌우에 있는 변수들이 평균치로부터 동일범위에 위치함을 뜻한다. 마찬가지로 분진입경이 정규분포한다 함은 첨단치의 좌우에 있는 개개 입경들이 최대치에 해당하는 분진입경(즉 그 분진의 단일 평균입경)으로부터 동일한 범위에 있다는 뜻이다. 예를 든다면 분진평균입경이 20 μm라면 그 분진 중에는 입경이 15 μm인 먼지와 25 μm인 분진이 같은 확률로 존재한다는 것을 의미한다. 또한 이 분진분포가 정규분포에 속한다면, 이 분진 중에서 입경이 50 μm인 분진을 발견하였다면 -10 μm인 분진도 있을 수 있다는 모순이 생긴다. 따라서 그림 3.12의 정규분포 곡선은 분진입경 분석에는 적합하지 않다.

이처럼 모순은 분진입경이 무작위 대수분포한다고 가정하면, 그림 3.13과 같이 한쪽으로 치우친 곡선이 그림 3.14와 같이 대칭으로 나타나기 때문에 위의 문제는 무난히 해결된다. 즉, 이렇게 하면 최대치를 중심으로 입경비가 같은 확률로 존재하기 때문에 위의 모순, 즉 입경이 (−)인 경우는 생기지 않는다. 따라서 대수분포 해석법은 그림 3.13과 같이 최대치를 중심으로 입경이 한쪽으로 치우치는 경우에 매우 유용하다. 이 경우 분진입경 분석 데이터가 대수정규분포에 속하면 이는 대수방안지 위에서 직선으로 나타난다. 따라서 이들 관계를 직선으로 나타냈기 때문에

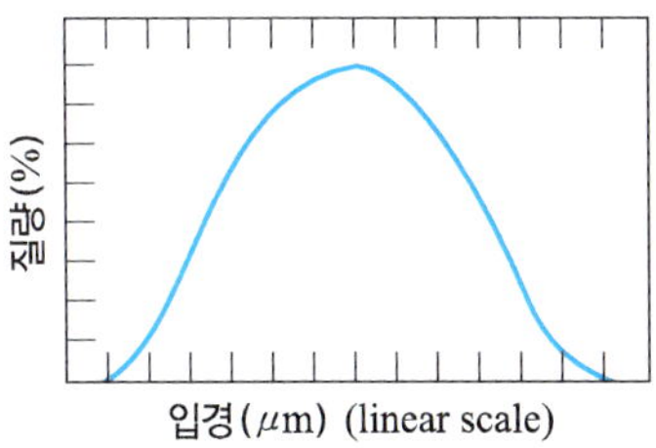

그림 3.12 정규분포

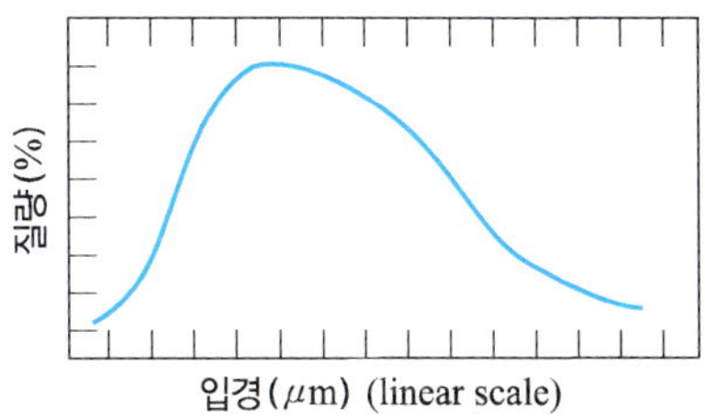

그림 3.13 비대칭 정규분포

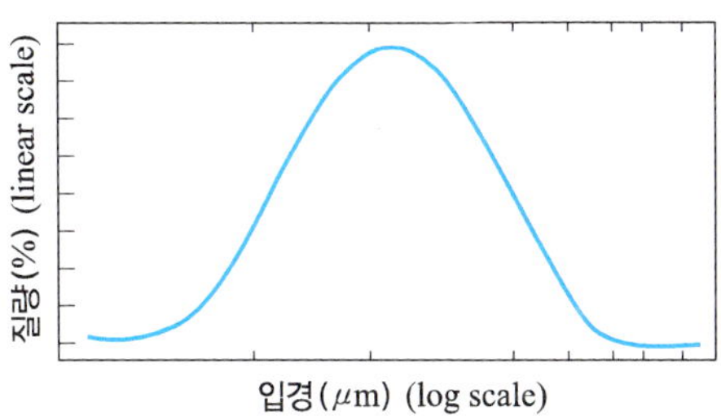

그림 3.14 대수방안지(log scale paper)에 그린 입경분포

분진입경분포에 대한 해석문제를 매우 간략하고 쉽게 할 수 있게 되었다. 이렇게 직선으로 나타난 대수확률분포는 기하평균 d_{gm}과 기하표준편차 δ_{gm}이란 두 개의 변수를 사용하여 완전하게 특성화시킬 수 있다.

그림 3.15는 대수방안지 상에 분진입경분포를 그린 것이다.

대수정규분포의 기하평균치(geometric mean value)는 대수방안지에 그려진 직선으로부터 쉽게 구한다. 기하평균 분진입경(기하평균치를 입경으로 갖는 분진)은 그림 상에서 50%에 해당하는 크기의 분진이다.

기하표준편차(geometric standard deviation)는 분포의 분산(dispersion)의 정도를 나타내는 척도이다. 기하표준편차는 평균편차의 제곱근이다. 기하표준편차는 대수분포하고 있는 시료 분진의 입경분포를 입자수(particle number), 입자표면적(surface area), 질량(mass) 또는 $K(d_p)^n$으로 표시되는 기타의 변량으로 각각 특징지을 수 있게 하는 데 큰 역할을 한다. 여기서 K는 분진 공통변수이고, d_p는 분진입경이다. 적산분포를 대수방안지에 작도할 때 분진수, 질량, 표면적 등으로 표시된 입경분포 직선들은 평행선으로 나타나게 되므로 이를 이용하면 대단히 간편하고 쉽게 누적도수분포도를 그릴 수 있다.

기하표준편차도 그림 3.15에서 쉽게 구할 수 있다. 최대입경 d_p와 d_p보다 큰 누적입경빈도와의 관계를 대수정규분포로 나타내면, 기하표준편차 δ_{gm}은 다음 식으로 주어진다.

$$\delta_{gm} = \frac{84.13\%\text{ 입경}}{50\%\text{ 입경}} \quad \text{또는} \quad \delta_{gm} = \frac{50\%\text{ 입경}}{15.87\%\text{ 입경}} \tag{3.26}$$

따라서 기하표준편차를 얻으려면 대수확률분포도의 직선에서 50% 입경과 84.13% 또는 15.87% 입경을 구하고 이를 각각 식 (3.26)와 같이 나누면 된다.

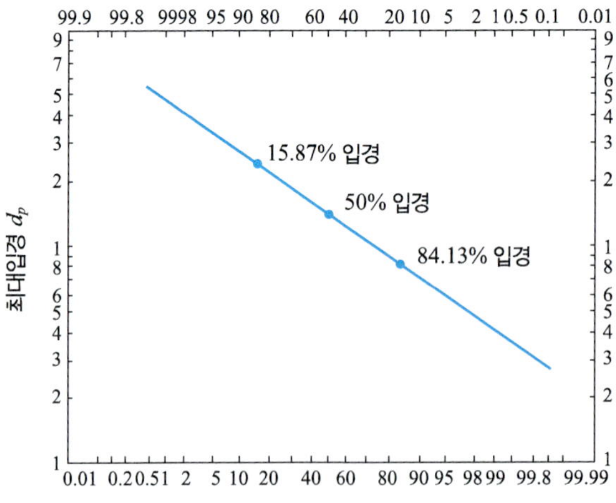

그림 3.15 **대수방안지의 기하평균과 기하표준편차**

(2) 로진-램러분포

로진-램러분포는 이미 언급된 바와 같이 미세한 분진의 분포를 나타낼 때 사용되는 적산분포로, 식 (3.27)와 같다.

$$R(\%) = 100\exp(-\beta d_p^n) \tag{3.27}$$

위의 식은 지수함수이기 때문에 해석에 어려움이 있다. 만약 식 (3.27)이 1차식으로 표시될 수 있다면 그 해석은 보다 쉬워진다.

이 식을 간단한 직선식으로 표시하기 위해 위 식의 양변에 상용로그를 취하면, 다음과 같다.

$$\begin{aligned}\log_{10}R &= \log_{10}100 + \log_{10}e^{-\beta d_p^n} \\ &= \log 100 - \beta d_p^n \log e \end{aligned} \tag{3.28}$$

위의 식에서 $\beta \log e = \beta'$ 으로 하여 정리하면 다음과 같다.

$$\log 100 - \log R = \beta' d_p^n \tag{3.29}$$

$$\log\left(\frac{100}{R}\right) = \beta' d_p^n \tag{3.30}$$

다시 상용로그를 취하여 정리하면 다음과 같이 나타낼 수 있다.

$$\log\left(\log\frac{100}{R}\right) = \log\beta' + n\ \log d_p \tag{3.31}$$

$$\log(2-\log R) = \log\beta' + n\ \log d_p \tag{3.32}$$

위의 식은 $y = ax + b$ 의 1차함수로 그려질 수 있다. 이때 $\log(2-\log R)$은 종축(y), $\log d_p$는 횡축(x), n은 기울기(a) 그리고 $\log\beta'$는 절편(b)이 된다.

식 (3.25)의 n은 입경지수, β는 입경계수라 하며, 이 들 입경지수와 입경계수는 분진의 입경 정도 및 입경 간의 간격을 특성짓는 것으로, 위의 1차함수식 (3.32)를 사용하여 이 특성을 해석할 수 있다.

이 1차함수식은 절편(b)과 기울기(n)의 변화에 따라서 분진입경 크기나 분진의 밀집도가 달라지게 된다. 절편이 변화하는 경우 Case 1과 기울기가 변하는 경우 Case 2의 상황은 다음과 같다.

• Case 1: 절편 b가 변화는 경우

만약 동일한 누적도수분포(R_0)에서 b가 커질수록 d_p는 작아진다($\because A(d_2) > B(d_1)$). 따라서, 절편(b)이 커지면 시료분자의 입경(d_p)은 미세한 분자로 구성됨을 나타내게 된다.

• Case 2: 기울기 n이 변화는 경우

기울기 a가 커지면 d_1과 d_2 사이의 분진숫자(R)가 많아지는데, 이것은 동일한 양의 입자가 좁은 범위에 입자가 밀집된다는 것을 의미한다($\because$ 누적도수분포 증가율 : $\frac{\Delta R_B}{\Delta d} > \frac{\Delta R_A}{\Delta d}$). 따라서 기울기($a$)가 증가하면 입경간격이 좁아진다.

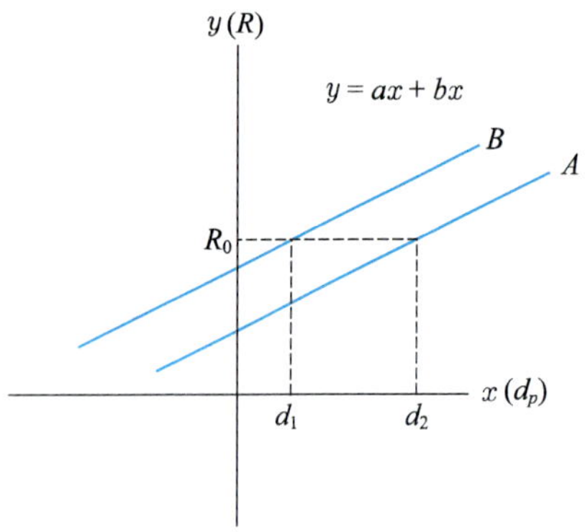

그림 3.16 **입경계수 β와 분포율**

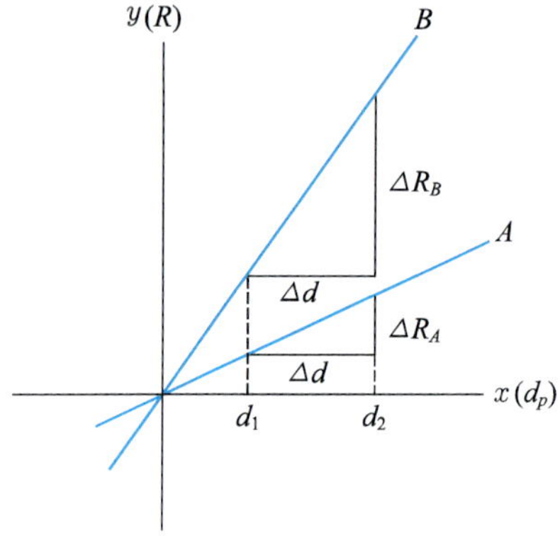

그림 3.17 **입경지수 n과 분포율**

결론적으로 절편(b)이 증가하면 미세입자가 증가되어 그래프의 직선이 좌로 기울어지고, 기울기(a)가 증가하면 분진의 분포범위가 좁아져서 그래프의 직선은 직립하게 된다.

한편 그림 3.18은 로진-램러 분포선도로 입경지수 n과 입경계수 β를 알아야 그려진다. 이 두 값을 구하는 방법은 다음과 같다.

우선 입경지수 n은 실험적으로 구해지며, 표 3.4에 각종 분진별로 나타내었다.

입경계수 β는 입경분석에 의해 구해진 중위경(d_{p50})의 관계식(식 3.36)에 의해 구해지며, 그 방법은 다음과 같다.

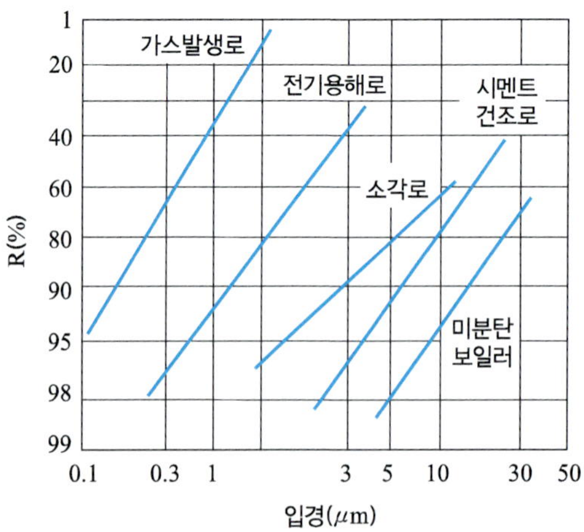

그림 3.18 **각종 분진 로진-램러 입경분포**

이 입경계수와 중위경 관계식은 식 (3.27)의 로진-램러분포식으로부터 다음과 같이 구해진다.

$$R(\%) = 100\exp(-\beta d_p^n) \tag{3.27}$$

$$0.5 = \exp\left(-\beta d_{p50}^n\right) \tag{3.33}$$

$$\ln 0.5 = -\beta d_{p50}^n \tag{3.34}$$

$$\beta d_{p50}^n = -\ln 0.5 = -\ln\frac{5}{10} = -\ln\frac{1}{2} = -\ln 2^{-1} = \ln 2 \tag{3.35}$$

따라서 입경계수는 β에 대해 정리하면 식 (3.36)과 같이 구해진다.

$$\beta = \frac{\ln 2}{d_{p50}^n} \tag{3.36}$$

표 3.4 **광공업에서 발생하는 먼지입자의 특성**

분진발생량		중위경 d_{p50}	입경 10 μm 이하 (%)	입경지수 n
제강용 전기로 먼지		0.11	100	0.50
발생로가스		0.13	100	2.0
평로	강입 시	0.21	100	1.7
	정련 시	0.24	100	1.7
납 제 련		0.37	100	1.8
산화티탄(titan)		0.65	100	2.0
제강용 전기로 먼지(용해 시)		2	88	0.7~3
시험용 먼지	활석(talc)	7	65	1.0
	비산재	15	33	1.3
산화주석		7.2	70	1.70
중유 보일러		12.5	63~32	1.85
미분탄 보일러		13~40	40~5	1~2
소각로	일차집진 입구	15~22	65	1
	이차집진 입구	5.7	38~28	0.75
비산재		17	33	1
주물공장 먼지		17	25	1.75
알루미나 킬른(alumina-kiln)		17.4	23	1.70
골재 드라이어		23	32	0.72
스토커 보일러		> 30	30~8	0.70
연마분진(주물공장) 분진		40	11	1.25

예제 3.1 어떤 배출구에서 배출되는 분진의 입경분석을 하여 아래 표와 같은 결과를 얻었다. 입경범위별 발생분진 수 대 전체발생 입자수의 비를 빈수 $\Delta R(\%)$, 단위입경별 빈수를 빈도 $f=\dfrac{\Delta R}{\Delta x}(\mu/\%)$, 그리고 전체분진에 대한 어떤 입경 이상의 분진의 백분율을 체상적산분포 R이라 할 때, 빈도곡선(f)과 체상적산분포 곡선(R)을 작도하고, 그 관계를 설명하라.

입경범위(μm)	0~3.5	3.5~5.5	5.5~7.5	7.5~10.75	10.75~19	19~27	27~43
입경폭 $\Delta x(\mu\text{m})$	3.5	2	2	3.25	8.25	8	16
빈수 ΔR(%)	10	9	20	28	19	8	6
빈도 $\Delta R/\Delta x$	2.86	4.5	10	8.62	2.3	1	0.38

해설 위 표의 빈수 ΔR의 막대분포그림을 먼저 작도하고, 분포그림표에서 매 입경범위의 중앙점을 따서 이 점을 연결하면 빈도 $f\left(=\dfrac{\Delta R}{\Delta x}\right)$을 그림 1에서와 같이 얻는다.

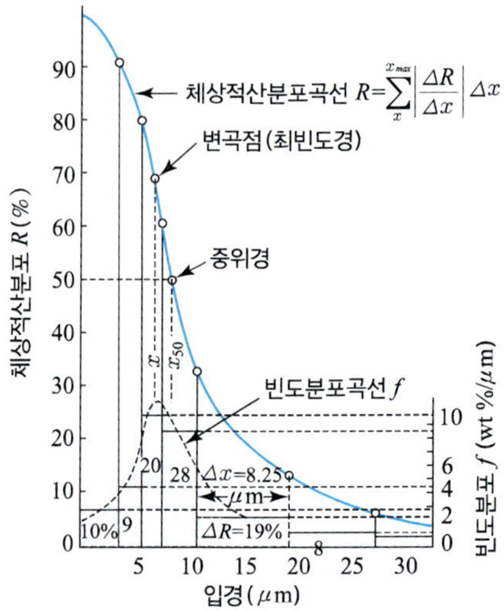

〈그림 1〉 **분진분포그래프**

체상입경 분진은 어느 입경보다 큰 분진이 전체입경의 몇 %가 되느냐 하는 것이다. 따라서 빈도분포 곡선만 가지고 보면 주어진 입경 x 이상인 분진발생률(무게)과 전체입자의 발생률은 그림 2의 빈도분포 곡선에서 입경 x 이상인 분진의 무게, 즉 그림에서 빗금친 부분의 면적과 빈도곡선과 x축으로 둘러싸인 전체면적(전체무게)의 비로 정의된다. 빈도곡선은 $f=\dfrac{\Delta R}{\Delta x}$ 이므로, 입경 x 이상인 입자의 무게(빗금친 부분의 무게의 면적)는 $\sum_{i=x}^{i=x_{\max}}\left(\dfrac{\Delta R}{\Delta x}\right)\Delta x$ 이므로, 전체면적은 $\sum_{i=0}^{i=x_{\max}}\left(\dfrac{\Delta R}{\Delta x}\right)\Delta x$이고, 정의에 의해서 체상적산분포 $R(\%)$은

$$R(\%)=\frac{\sum_{i=x}^{i=x_{\max}}\left(\dfrac{\Delta R}{\Delta x}\right)\Delta x}{\sum_{i=0}^{i=x_{\max}}\left(\dfrac{\Delta R}{\Delta x}\right)\Delta x}\times 100$$

이 된다.

입경 x보다 큰 입자가 전체입경에 대한 빈도 즉 R은 해석적으로 보면 좌표 x점에서 하나의 적산분포 R로 나타난다. 따라서 x점에 대한 체상적산분포 R을 도식화하면 그림 2와 같이 된다. 즉 그림 2에서 $\Delta x = 1$, 즉 단위입경에 대한 빈도 $\sum_{i=0}^{i=x_{\max}} \left(\frac{\Delta R}{\Delta x}\right) \Delta x$는 빈도 f를 입경 0에서 입경 $x_{\max}$까지 합하는 것이므로, $\sum_{i=0}^{i=x_{\max}} \left(\frac{\Delta R}{\Delta x}\right) \Delta x = 100$이 된다.

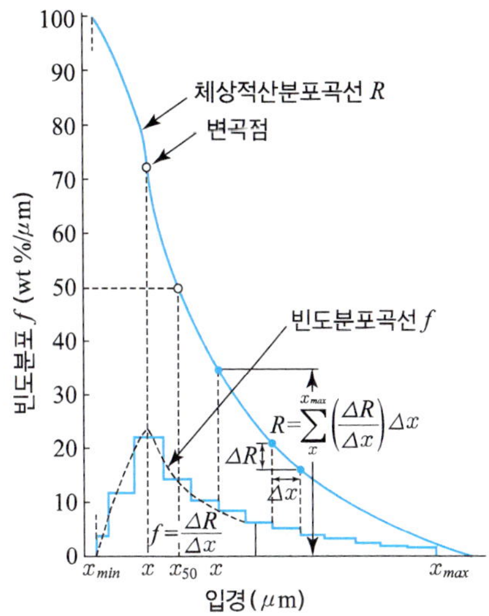

〈그림 2〉 빈도분포곡선 f와 체상적산분포곡선 R

따라서 위의 식에서 체상적산분포 R은 다음과 같은 식으로 나타낼 수 있다.

$$R(\%) = \sum_{i=x}^{i=x_{\max}} \left(\frac{\Delta R}{\Delta x}\right) \Delta X = \int_x^{x_{\max}} f(x)dx = \int_x^{\infty} f dx$$

따라서 수식상으로 빈도분포 f와 체상적산분포 R과의 관계는 체상적산분포를 미분하면 빈도분포가 되며, 또한 그래프상으로 보면 체상적산분포의 차를 취하면 입경분포가 얻어진다. 일단 빈도분석을 통하여 입경분포 데이터를 얻으면 이들 분포를 확인하고 이에 해당하는 수식을 얻게 되며, 이렇게 얻은 수식을 입경 d_p에 대해서 미분하면 최대빈도의 입자경을 얻을 수 있음을 그림 2에서 알 수 있다.

요컨대 입경분석 결과 정규확률분포일 경우 식 (3.22)로부터 최대 빈도입경은 다음과 같다.

$$R = 100\int_0^{\infty} \frac{1}{\delta\sqrt{2\pi}} \exp\left\{-\frac{(d_p - d_{p0})^2}{2\delta^2}\right\} dd_p \qquad (3.23)$$

$$\frac{dR}{dd_p} = \left\{100\frac{1}{\delta\sqrt{2\pi\alpha}} \exp - \frac{(d_p - d_{p0})^2}{2\delta^2}\right\} - 0$$

$$d_p = d_{p0}\text{에서 } f = \frac{1}{\delta\sqrt{2\pi}}$$

이때, 입경은 최대 빈도입경이 된다.

또한 가우스분포는 좌우대칭이므로 $R=50\%$가 된다. 다음의 관계로부터 표준편차 δ를 용이하게 구할 수 있다.

$d_p = d_{p0} + \delta$일 때, $R=15.87\%$

$d_p = d_{p0} - \delta$일 때, $R=84.13\%$

또한, 이 분포에서는 $d_p < 0$의 영역에도 분포가 존재하여 불합리하기는 하나 근소한 양이므로 무시할 수 있다고 보면 좋다. 대수정규분포일 때도 d_p를 $\log d_p$로 치환하여 δ를 $\log \delta$로 생각하면 완전히 동일하다. 단 d_p는 정의 영역만으로 좋다. 또 Δd_p를 빈도의 단위폭이라고 생각하는 일반적인 경우에는 d_{p0}로 최대빈도는 되지 않는다.

로진-램러분포식에서는 n에 의해 빈도곡선에 최대가 나올 때도 있고 나오지 않을 때도 있다. 우선 빈도분포를 수식상에서 구하고 다시 한 번 미분한 것을 0으로 하여 극대를 찾을 수 있다.

1.3 집진장치의 원리와 기능

(1) 중력집진기

1) 원리

중력집진기(gravitational dust collector)는 침강집진기라고도 하며, 처리가스 중에 함유되어 있는 입자를 중력에 의한 자연침강을 이용하여 분진입자를 분리·포집하는 장치이다.

중력집진장치의 장점으로는 설치 및 가동비가 저렴하며, 유지관리가 간단하고, 압력손실이 50~130 mmH_2O 정도로 적으며, 고속으로 가동이 가능하다는 점이다. 단점으로는 점유공간이 크고, 미세입자 포집이 곤란한 문제점이 있다.

중력집진기의 침강속도는 식 (3.18)과 같고, 종말속도, 입자 분리속도라고도 한다.

$$U_p = \frac{{d_p}^2(\rho_p - \rho)}{18\ \mu} g \tag{3.18}$$

그림 3.19는 처리가스를 수평으로 배출했을 때의 이상적인 입자의 중력침강 현상이다.

침강실 처리가스 체류시간(t_R)은 $\frac{L}{U_0}$이고, L은 침강실 길이이고, U_o는 처리가스 속도를 나타낸다. L이 길고, U_o가 작을수록 체류시간을 길게 할 수 있어, 미세입자까지 포집이 가능하다.

처리가스 중 입자 침강시간(t_S)은 $\frac{H}{U_p}$이며, H는 침강실 높이이고 U_p는 침강속도(식 3.18)이다. H가 작고, U_p가 클수록 침강실 입자 체류시간을 짧게 할 수 있어, 단시간에 포집이 가능하다.

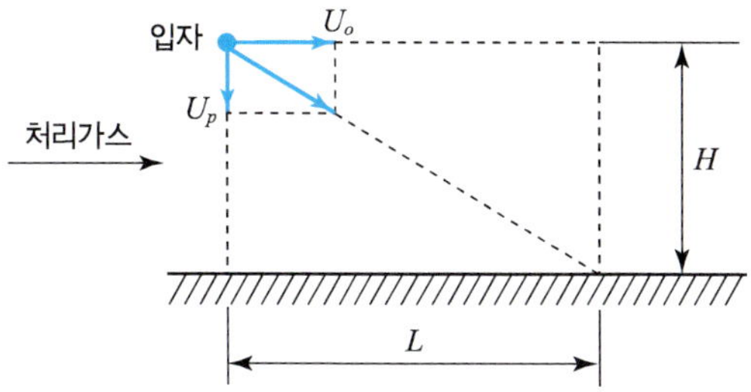

그림 3.19 중력집진기 내 입자의 중력침강

2) 종류

중력집진기는 단순팽창식 중력집진기(simple expansion chamber)와 하워드 중력집진기(howard setting chamber)가 있다. 단순팽창식 중력집진기는 분진함유 처리가스가 입구로 유입되어 침강실 확장부를 통과하면서 속도가 감속되어 관성력보다는 중력에 의해 포물선운동을 하며 하강하여 집진되는 장치이다. 그림 3.20은 단순팽창식 중력집진기를 나타낸 것이다.

하워드 중력집진기는 침강실 내 몇 개의 평판을 처리가스 이동방향과 수평방향으로 설치하여 몇 개의 침강실로 나누어 침강에 필요한 수직 침강거리를 감소시킨 것이다. 따라서 입자 침강시간이 짧아지고 장치가 컴팩트하다. 입구 측에 유로깃(guide vane), 스크린, 다공판 등을 설치하여 유선이 균일하게 분포된다. 하지만 퇴적분진 청소가 곤란하고, 처리가스가 고온일 경우 수평판의 고온팽창(열변형)으로 인한 침강실이 폐쇄되는 단점이 있다. 그림 3.21은 하워드 침강집진기를 나타낸 것이다.

3) 성능에 영향을 미치는 요인

중력 집진기의 성능요인의 대표적인 것은 침강속도, 집진 최소입경, 집진효율이다.

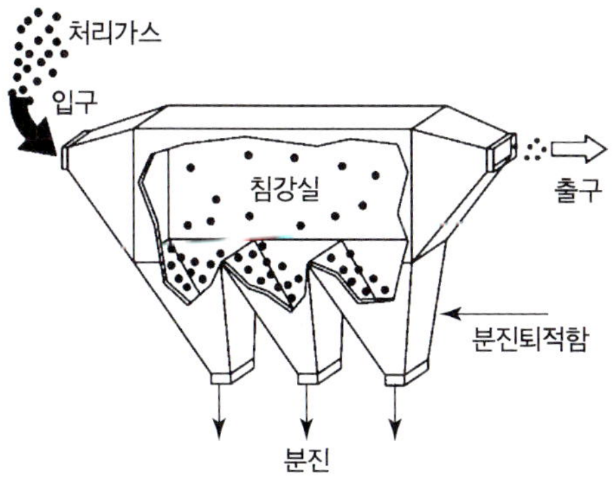

그림 3.20 단순팽창식 중력집진기

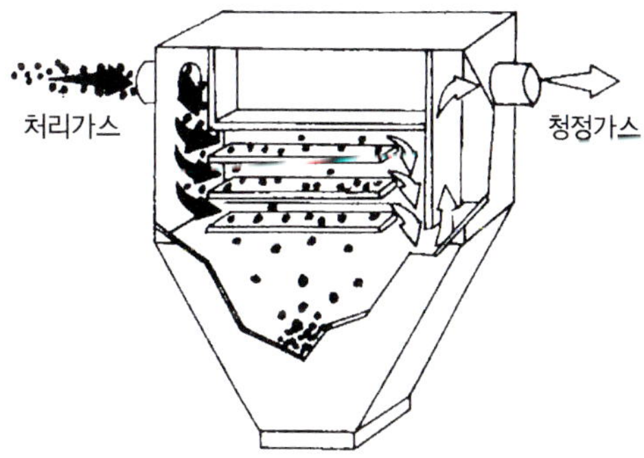

그림 3.21 하워드 중력집진기

① 침강속도

침강속도는 중력집진기 침강실로 유입되는 처리가스 중 입자가 얼마나 빨리 침강집진되는가를 나타내는 값이다. 침강집진기의 각 부위별 치수표기를 그림 3.22와 같다고 정의하면, 중력집진기의 침강속도는 다음과 같이 구해진다.

침강실에서 분진이 집진될 조건은 t_R(가스 체류시간) $\geq$ t_S(입자 침강시간)이므로 침강실에서 분진이 집진될 조건이 형성된다.

따라서 침강실에서의 가스 체류시간(t_R)과 입자 침강시간(t_S)을 각각 구해 위에 언급된 두 관계를 같이 놓고 입자의 침강속도(U_p)를 구한다.

가스의 체류시간은 다음 식 (3.37)과 같다.

$$t_R = \frac{L}{U_o} = L \cdot \frac{B \times H}{Q} \tag{3.37}$$

여기서 $Q = (B \times H) \times U_o$이고, 이로부터 $U_o = \dfrac{Q}{B \times H}$가 된다.

침강시간은 식 (3.38)과 같다.

$$t_S = \frac{H}{U_p} \tag{3.38}$$

따라서 $t_R \geq t_S$의 관계에 위의 식들을 대입하여 정리하면, 중력집진기에서 침강속도는 식 (3.39)와 같다.

$$L \cdot \frac{B \times H}{Q} \geq \frac{H}{U_p} \tag{3.39}$$

$$U_p \geq \frac{Q}{L \times B} \tag{3.40}$$

② 집진 최소입경

집진 최소입경은 중력집진기가 침강포집할 수 있는 분진의 최소입경이다. 종말속도식 (3.40)로부터 구해지는데 분진입자경(d_p)에 대해 정리하면 다음과 같다.

$$d_p = \left[\frac{18\mu}{(\rho_p - \rho) g} U_p \right]^{\frac{1}{2}} \tag{3.41}$$

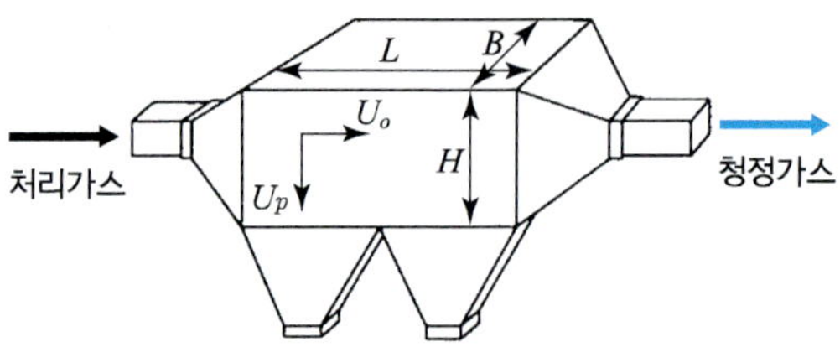

그림 3.22 **침강집진기 치수**

입자의 속도(U_p)를 중력집진기에 대한 형태로 나타낸 식 (3.40)을 식 (3.41)에 대입하면 다음과 같다. 단, 여기서 입자의 밀도가 처리가스의 밀도보다 상대적으로 크므로 가스밀도는 무시하였다.

$$d_p = \left(\frac{18\mu}{g\,\rho_p} \frac{Q}{B \times L} \right)^{\frac{1}{2}} \qquad (3.42)$$

③ 집진효율

집진효율은 특정 단일 입자직경에 대한 부분 집진효율과 각 입자직경 전체에 대한 전체 집진효율(overall efficiency)로 분류가 된다.

부분 집진효율은 침강실 하부로 포집되는 분진량을 입구로 유입되는 총분진량으로 나눈 값이다. 이러한 정의를 이용하여 처리가스 중에 분진의 농도가 균일하다는 가정 하에 처리가스의 양으로 표현하면, 식 (3.43)과 같이 나타낼 수 있다.

$$\eta = \frac{\text{포집분진량}}{\text{총분진량}} = \frac{U_p \times (B \times L)}{Q} \qquad (3.43)$$

위의 식에 입자의 속도 U_p 식 (3.18)을 대입하면 다음과 같다.

$$\eta = \frac{d_p^2\,(\rho_p - \rho)g}{18\,\mu} \frac{B \times L}{Q} \qquad (3.44)$$

하워드 중력집진기와 같이 여러 단의 수평침강실로 구성되어 있는 경우에 적용가능한 일반형태로 나타내면 다음과 같다.

$$\eta = \left[\frac{g\,(\rho_p - \rho) B\,L\,N_e}{18\,\mu\,Q} \right] d_p^2 \qquad (3.45)$$

여기서, N_e은 수평침강실의 수이다.

위의 식에서 공기밀도(ρ)를 무시하고, 보정계수 0.5를 곱하면, 식 (3.46)과 같이 나타낼 수 있다.

$$\eta = 0.5 \left[\frac{g\,\rho_p\,B\,L\,N_e}{18\,\mu Q} \right] d_p^2 \qquad (3.46)$$

위의 식 (3.46)에 의해 각 입경별 부분 집진효율을 구하여 도식화하면 그림 3.23과 같다.

결과적으로 중력집진기의 전체 집진효율(overall efficiency)은 이미 구해진 부분 집진효율을 이용해 식 (3.47)과 같이 구할 수 있다.

$$\eta_{tot} = \Sigma \eta_i\ W_i \qquad (3.47)$$

여기서, η_i는 부분 집진효율(%)이고, W_i는 입경백분율(%)을 나타낸다.

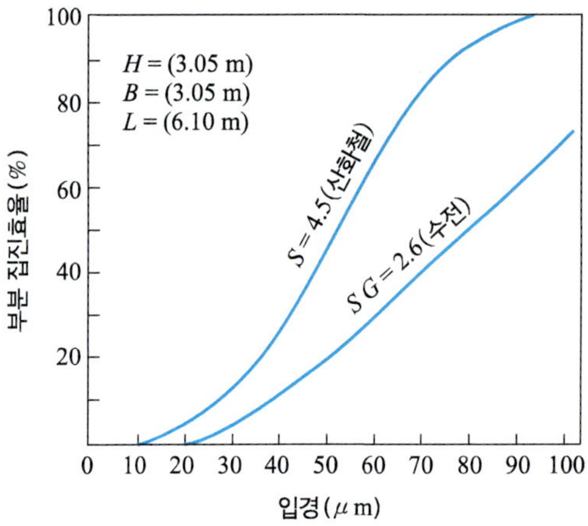

그림 3.23 **입경별 부분 집진효율**

예제 3.2 산화철의 입경은 각각 40 μm, 80 μm이며, 부분 집진효율은 10%, 90%이다. 중량비는 각각 30%, 70%일 때 전체 집진효율은 얼마인가?

해설 부분 집진효율은 10%와 90%이고, 이때 분진의 중량비는 각각 30%와 70%이므로 식 (3.47)에 의해 구해진다.

$$\eta_{tot} = \eta_{40} W_{40} + \eta_{80} W_{80}$$
$$= 10(0.3) + 90(0.7) = 66\%$$

(2) 관성력집진기

1) 원리

관성력집진기는 그림 3.24와 같이 분진함유 처리가스를 방해판에 충돌시켜 기류의 급격한 방향 전환을 시켜서 입자의 관성력에 의하여 분리시키는 장치이다.

관성충돌의 원리는 그림 3.25에 의해 설명 할 수 있다. 유선을 따라 이동하는 처리가스 중의 입자는 방해판을 만나 관성력에 의해 유선을 이탈해 벽면에 부딪쳐 하부로 침강낙하되어 포집되고 가스는 청정 처리되어 배출되는 것이다.

관성력집진기의 입자 분리속도 U_m은 식 (3.48)과 같다.

$$U_m = d_p{}^2 \cdot U_r{}^2/r \tag{3.48}$$

여기서, d_p는 입자경(μm), U_r은 원주속도(m/s), r은 회전기류의 반경이다.

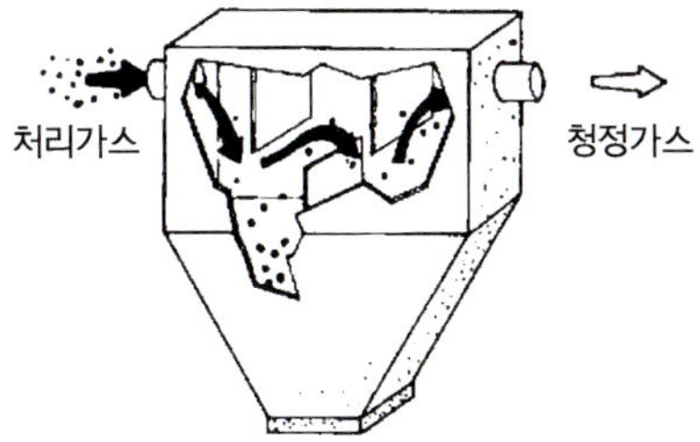

그림 3.24 관성집진기

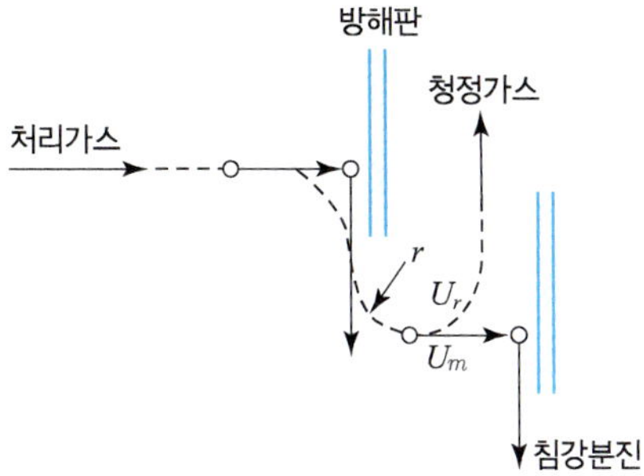

그림 3.25 관성집진 원리

2) 종류와 기능

관성력집진장치는 이미 설명된 단형(그림 3.24)과 그 외에 다양한 형태가 존재하는데, 그 일례는 그림 3.26과 같다. 관성력집진장치는 일반적으로 10 μm 이상의 입자를 포집하는 데 사용되며, 압력손실은 30～70 mmH_2O이며 형식에 따라 다소 차이가 있다.

관성력집진기의 특징은 구조가 간단하고 취급이 쉬우며, 고온가스처리가 가능하고, 운전비용이 적게 든다. 그러나 미세입자의 포집이 어렵고 집진효율이 낮아 전처리용으로 많이 사용된다.

관성력집진기의 효율을 향상시키기 위해서는 일반적으로 충돌직전의 가스속도를 크게 하고, 처리 후의 출구가스 속도는 늦게 할수록 미립자의 제거가 쉽다. 기류의 방향전환 각도가 크고, 방향전환 횟수(또는 방해판)가 많을수록 압력손실이 커지지만 집진은 잘된다.

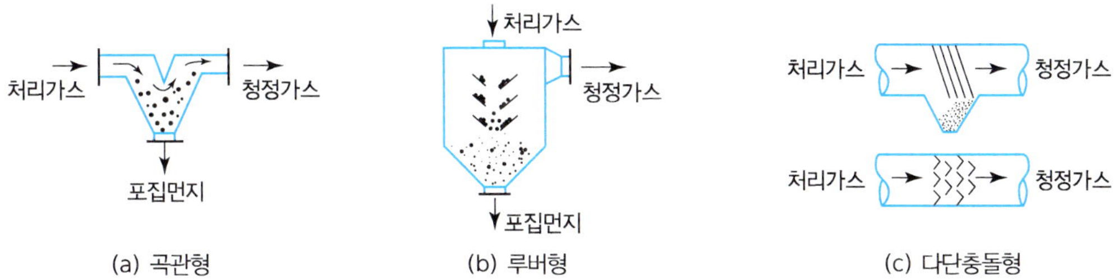

그림 3.26 관성력집진장치의 형식과 구조

(3) 원심력집진기

1) 원리와 구조

① 원심력집진기의 원리

원심력집진기는 그림 3.27과 같이 분진함유 처리가스를 접선방향으로 유입시켜 함진가스에 선회운동을 촉진시켜 입자에 작용하는 원심력에 의해 입자를 분리·포집하는 장치이다.

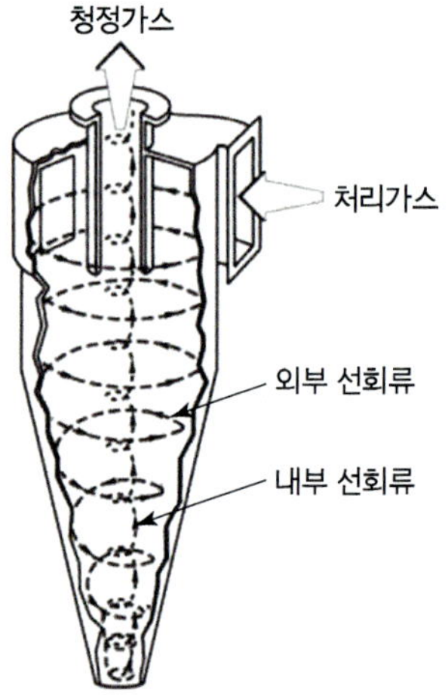

그림 3.27 **원심력 집진기**

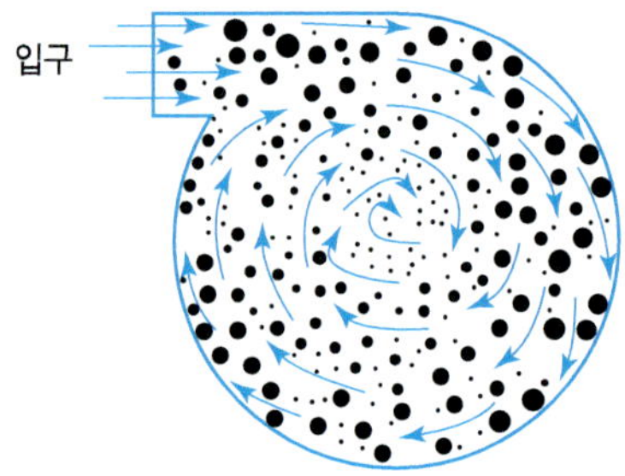

그림 3.28 **원심력과 분진운동**

원심력집진기는 원심력과 중력이 동시에 작용된다. 그러나 주로 원심력에 의해 입자가 벽면으로 충돌하여 외부 선회류의 흐름에 의해 집진기 하부로 유도되어 포집된다. 따라서 그림 3.28에서 볼 수 있듯이 입경이 큰 것이 원심력이 크므로 집진기 벽면에 빨리 도달되어 집진이 잘된다.

- 집진장치의 특징 원심력집진기는 운전비용이 적게 들고 특히 고온가스 처리가 가능하며, 구조가 간단하여 취급이 용이하다. 처리가스 중 분진의 함량이 높은 경우 유리하고, 점착성, 마모성, 조해성, 부식성가스 처리에 큰 문제가 없다. 그리고 집진율이 이미 언급된 중력 및 관성력 집진기에 비해 좋으나 압력손실이 다소 상대적으로 크다.
- 입자분리 속도 원심력집진기에서의 입자분리 속도는 중력집진기와 달리 원심력이 주요입자 작용력이므로 입자에 작용하는 원심력과 구심력과의 관계에서 구해진다.

그림 3.29는 집진기 내 단일입자에 작용하는 힘과 입자분리 속도(U_θ)를 나타낸 것이다. 입자분리 속도를 구하기 위해 원심력과 가스저항력을 각각 구해서 두 힘을 같이 놓고 구한다. 단일입자 원운동에 대한 원심력(F_c)은 다음 식과 같이 나타낼 수 있다.

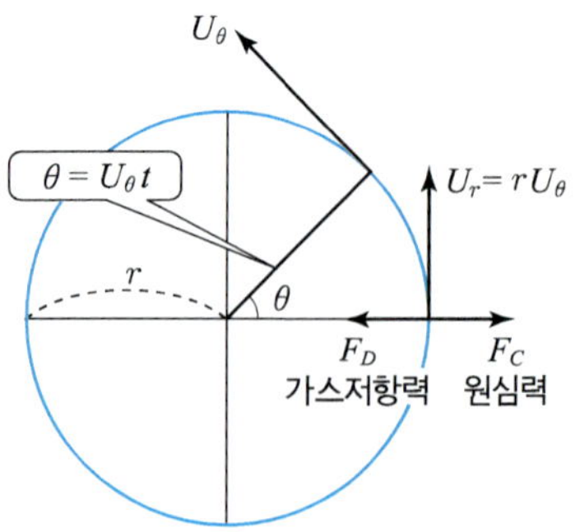

그림 3.29 **입자의 작용력과 분리속도**

$$F_c = ma = m \cdot \frac{{U_r}^2}{r} \tag{3.49}$$

여기서, U_r은 원주속도인 입자유입 속도이며, r은 입주원운동 원주의 반경을 나타낸다.

입자의 질량을 다음 식과 같이 입자직경과 밀도의 관계로 나타낼 수 있다.

$$m = V\rho_t = \frac{4}{3}\pi\left(\frac{d_p}{2}\right)^3(\rho_p - \rho) \tag{3.50}$$

여기서, V는 입자의 체적이고, $\rho_t = (\rho_p - \rho)$이다.

식 (3.50)을 식 (3.51)에 대입하면, 원심력은 식 (3.52)와 같다.

$$F_C = \frac{4}{3}\pi\left(\frac{d_p}{2}\right)^3(\rho_p - \rho)\frac{{U_r}^2}{r} \tag{3.52}$$

가스저항력(F_D)은 식 (3.53)과 같이 나타낼 수 있다.

이 경우 집진기 내의 흐름이 스톡스(Stokes' region)인 층류($R_e < 2.0$)이다. 입자는 구형이고, 입자경이 3~100 μm 범위 내에서 입자가 가스본체 분리 시 가스 점성저항만 지배를 받는다고 가정한다.

$$\begin{aligned} F_D &= C_D\left(\frac{\rho\,{U_\theta}^2}{2}\right)A_p \\ &= \frac{24}{R_e}\left(\frac{\rho\,{U_\theta}^2}{2}\right)\left(\frac{\pi}{4}d_p^2\right) = \frac{24\mu}{\rho\,U_\theta d_p}\left(\frac{\rho\,{U_\theta}^2}{2}\right)\left(\frac{\pi}{4}d_p^2\right) = 3\pi\mu d U_\theta \end{aligned} \tag{3.53}$$

입자 접선방향의 속도인 분리속도(U_θ)는 이미 언급된 바와 같이 $F_C = F_D$로 하여 구하면 식 (3.54)와 같다.

$$\frac{4}{3}\pi\left(\frac{d_p}{2}\right)^3(\rho_p - \rho)\frac{{U_r}^2}{r} = 3\pi\mu d_p U_\theta$$

$$U_\theta = \frac{{d_p}^2(\rho_p - \rho)\,{U_r}^2}{18\mu r} \tag{3.54}$$

결과적으로 미세입자의 분리효율을 크게 하기 위해서는 원통의 반경(r)을 작게 하고 처리가스의 속도(U_r)를 크게 하면 입자분리속도(U_θ)가 커져 가능하다.

② 원심력집진기의 구조

원심력집진기는 입구(inlet), 원통(cylinder), 원추(cone), 선회류약화기(vortex finder)로 구성된 사이클론 몸통(cyclon body), 분진퇴적함(dust discharge), 출구(outlet)로 구성되어 있다. 그림 3.30은 원심력집진기의 구조를 나타낸 것이다.

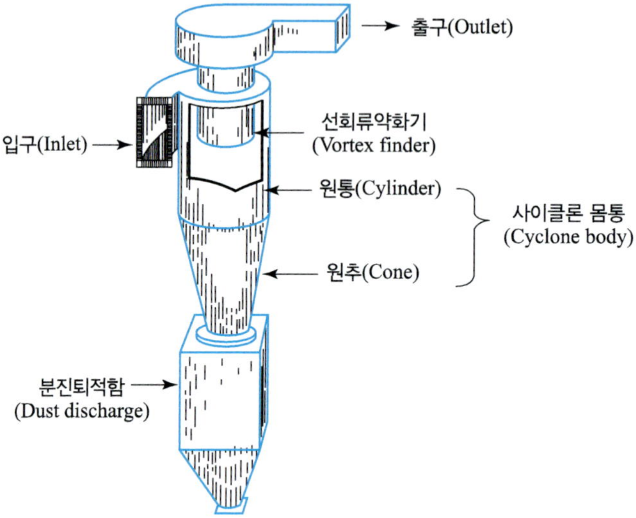

그림 3.30 **원심력 집진기의 구조**

- 입구　분진이 함유된 처리가스가 유입되는 부분이다. 주로 그림 3.31에 보는 바와 같이 직사각형의 형태로 되어 동일유량에 대하여 원형보다 유입속도가 빠르도록 하게 되어 있다. 즉, 절단입경(식 (3.55) 참조)에서 입구 폭이 작아야 이 값이 작아 집진효율이 높아진다.

  그리고 그림 3.31에서 알 수 있듯이 입구서 유입되는 처리가스와 원통 내부에서 선회하는 가스와 충돌이 일어나 난류에디(eddy)가 발생되어 유체역학적인 장애요인이 발생되어 난류비산으로 인해 집진효율이 낮아지는 문제를 가지고 있다. 또한, 입구 측에 난류가 형성되어 유입가스가 가지고 있는 에너지가 선회류형성에 충분히 사용되지 못하여 압력손실이 발생된다.

- 사이클론 몸통　이미 언급된 바와 같이 원통과 원추 그리고 선회류약화기로 구성되어 있다.

  원통부는 원심력에 의해 벽면에 충돌하는 분진을 포집하여 원추부로 침강·이동시킨다. 원추부는 원통부로부터 침강하는 입자를 분진·퇴적함으로 이동되도록 유도하고, 상부에서 제거되

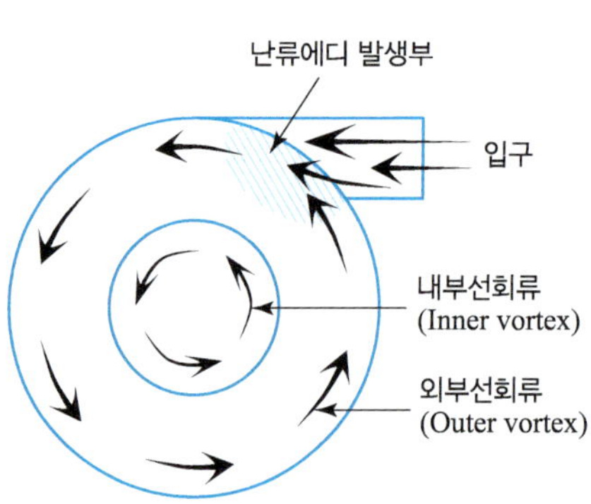

그림 3.31 **입구장해**

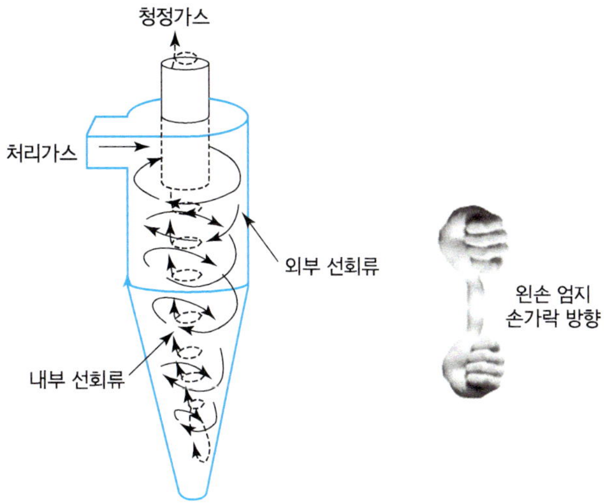

그림 3.32 **사이클론 선회류**

지 않는 미세분진을 제거한다. 그리고 선회류 약화기는 원통과 출구를 연결하는 장치이다. 원통 내부 선회류가 출구동압으로 회수가 수월하게 하기 위하여 기류에 저항을 주어 배출가스의 속도를 낮추는 역할을 한다.

몸통에서의 사이클론 선회류는 그림 3.32와 같이 바른손 왼손법칙에 의해 처리가스의 방향을 나타낼 수 있다. 외부선회류는 바른손 엄지손가락으로 선회류의 진행방향을 가르킬 때 선회류의 회전방향을 나머지 손가락을 감아쥐는 방향이 되며, 왼손 엄지손가락이 내부선회류의 진행방향을 가리킬 때 나머지 손가락을 감아쥐는 영향이 내부 선회류의 회전방향이 된다, 내부선회류의 선회직경은 외부 선회직경보다 작으나 속도는 빠르다. 따라서 이미 언급된 바와 같이 내부 선회류가 선회류 약화기에서 약화되어 출구로 유입된다.

- 분진퇴적함 호퍼(hopper)라고도 하며, 원심력집진기 원통과 원추부에서 원심력에 의해 벽면으로 충돌·침강된 분진을 수집하는 장치를 말한다. 원추하부 정점부근 음압이 형성되면, 퇴적함의 퇴적분진 원추부로 역류하여 내부선회류에 실려 대기로 방출되어 효율이 감소하게 된다. 그러므로 일반적으로 대형집진기에서는 원추부말단과 분진최적함 사이에 분진비산 방지용 밸브가 설치된다.
- 출구 선회류약화기에 연결된 확대 원통드럼의 형태이다. 즉, 그림 3.33과 같이 직경이 확대됨에 따라 배출가스 내에 존재하는 운동에너지를 회수하여 선회류발생에 소요된 에너지손실을 일부 회수시킬 수 있다. 결과적으로 출구는 운동에너지를 정압에너지로 회수하여 집진기 후류에 배압을 이기고 나가는 에너지로 활용된다. 그 외에 출구직경 증가로 인해 집진기 내부에서 재비산 등으로 집진되지 못한 입자의 일부가 원심력과 중력에 의해 포집된다.

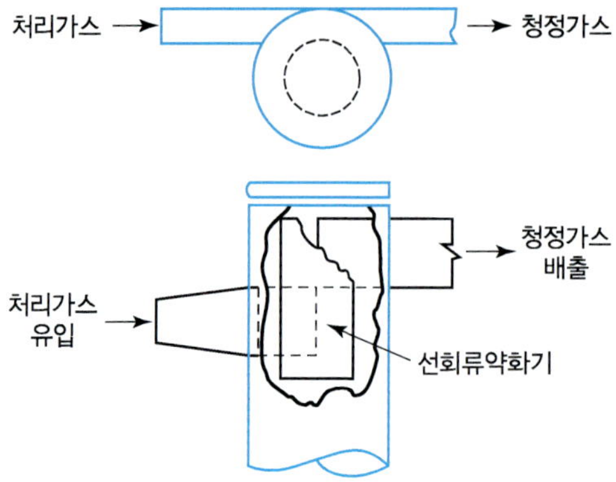

그림 3.33 출구드럼

2) 원심력 집진기의 성능 및 특성

① 절단입경과 분리계수

- **절단입경** 절단입경(cut size)은 사이클론의 집진정도를 나타내는 방법 중의 하나이다. 이것은 50%의 효율로 제거되는 입자의 크기를 나타내며, 식 (3.55)와 같이 나타낼 수 있다.

$$(d_p)_{cut} = \sqrt{\frac{9\mu W_i}{2\pi N_e U_r(\rho_p - \rho)}} \tag{3.55}$$

여기서, W_i는 직사각형 유입구 가로폭(m), N_e는 집진기 몸통 내에서의 유효회전수이다.

절단입경이 작은 것은 미세입자까지 집진이 가능하다는 의미로, 집진효율이 우수하다는 것을 의미한다. 즉, 유입구의 폭이 좁고, 처리가스의 속도가 빠를 때 절단입경이 작아, 집진효율이 높다는 것을 알 수 있다.

- **분리계수** 분리계수는 입자가 처리가스 기류로부터 얼마나 잘 이탈되는가를 나타내는 것이다. 분리계수는 원심력집진기에서 원심력(F_c)을 중력(F_g)으로 나눈 값으로 정의되며, 식 (3.56)과 같이 나타낼 수 있다.

$$S = \frac{F_c}{F_g} = \frac{mU_r^{\,2}/r}{mg} = \frac{U_r^{\,2}}{gr} \tag{3.56}$$

즉, 분리수는 처리가스 속도가 빠르고, 집진기 몸통의 반경이 작을수록 크다. 분리수가 크다는 것은 처리분진의 집진이 효과적으로 잘되고 있다는 것을 의미한다.

② 집진효율

원심력집진기의 집진효율은 처리가스 내의 분진량과 원심력집진기가 집진한 분진량의 비이

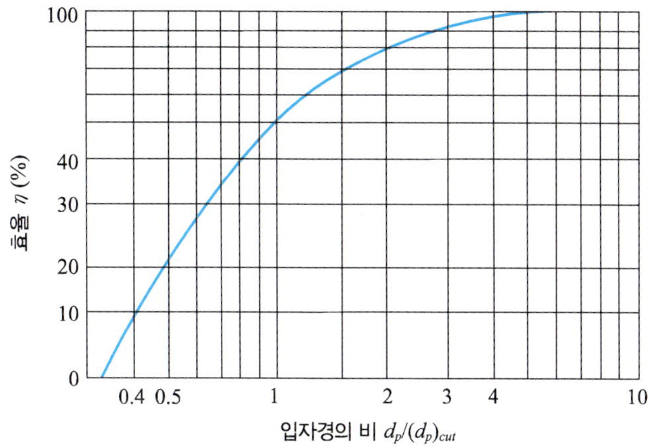

그림 3.34 라플효율선도

다. 집진기는 처리분진의 입경의 크기에 따라 집진효율이 달라지기 때문에, 집진효율을 계산할 때에는 입경별 집진효율인 부분 집진효율이 다르기 때문에 이에 대한 이해가 중요하다.

효율예측의 방법은 라플법(Lapple's Method), 라이스리히법(Leith Licht theory) 등 다양한 방법이 제안되어져 있다. 여기서는 라플법에 대해서 알아보기로 한다.

라플효율예측법 원심력집진기의 집진효율은 분진입경별로 다르다는 전제 하에 효율과 입경과의 관계를 사용하여 원심력집진기의 집진효율을 예측할 수 있는 방법을 고안하였다. 즉, 처리분진의 입경별 집진효율(부분집진효율)을 개별적으로 계산한 후, 이를 종합하여 전체 집진효율(overall efficiency)을 얻는다.

라플법을 사용하기 위해서는 먼저 주어진 원심력집진기의 입구 처리가스 속도(U_r), 선회류(N_e) 등에 의하여 식 (3.55)에 의해 절단입경 $(d_p)_{cut}$를 구하여 $d_p/(d_p)_{cut}$를 계산한 후, 그림 3.34의 라플효율선도(만능효율 곡선)를 사용하여 입경별 부분 집진효율을 구한 후, 전체 집진효율(식 3.47 참조)을 구한다.

③ 압력손실

원심력집진기에서는 처리가스 속도의 크기 및 방향의 변화와 확장·수축현상이 동반되므로 처리가스 내의 에너지변화가 발생한다. 일반적으로 이동기체가 장치 내에서 안정된 운전을 위해서는 방향전환 및 확장·수축으로 인한 외부에너지의 보충을 필요로 하게 되는데, 처리가스가 원심력집진기를 통과할 때 이와 같은 변화로 인한 필요에너지량을 압력손실(압력강화)이라 한다. 원심력 집진기에서는 처리가스의 속도가 빠를수록 효율은 좋아지나 압력손실은 증가한다. 즉 효율과 압력손실은 반비례관계를 나타낸다. 원심력집진기의 압력손실의 성능은 장치의 형상, 입구조건, 처리가스 속도 등이 주요 요인으로 영향을 미치며, 압력손실을 예측할 수 있는 많은 식들이 있다. 식 (3.57)은 이들 중 하나로서 흔히 사용되는 식이다.

$$\Delta P = K_c\left(\frac{U_r^2\rho}{2g\rho_m}\right)\left(\frac{H_iW_i}{D_c^2}\right) \tag{3.57}$$

여기서, K_c는 시험상수로 표준 접선유입식 원심력집진기의 경우는 16이고, 입구 깃을 가진 원심력집진기에서는 5~7이 사용된다. ρ_m은 마노메타압력계에 사용된 액체밀도(kg/m^3), H_i는 입구높이(m), W_i은 입구폭(m), 그리고 D_c는 원통직경(m)이다.

원심력집진기의 처리가스 유입속도 U_r는 6~21 m/sec로 가동되며, 이때의 압력손실은 원심력집진기마다 다른데 약 50~250 mmH_2O 정도이다.

3) 집진기의 종류와 기능

원심력집진기는 집진기의 구조와 효율에 따라 구분할 수 있다.

① 구조에 따른 분류

원심력집진기는 처리가스의 주입방식에 따라 그림 3.35에 나타낸 바와 같이 접선유입식과 축상유입식으로 구분된다.

접선유입식(그림 3.35(a))은 처리가스가 원심력을 갖기 위해 원통상부에 접선방향으로 입구가 있는 형태이다. 가장 많이 사용되는 집진기로 보통 목재공장, 방앗간, 시멘트, 발전소 및 제련소 등에서 적용된다. 처리가스의 유입속도가 증가함에 따라 일반적으로 효율이 증가되지만, 이 경우는 입구난류장해가 발생되어 효율저하와 에너지손실로 인한 압력손실이 증가되는 문제가 있다.

축상유입식은 처리가스가 상부에서 유입되는 반전형(그림 3.35(b))과 하부에서 유입되는 직상형(그림 3.35(c))이 있다.

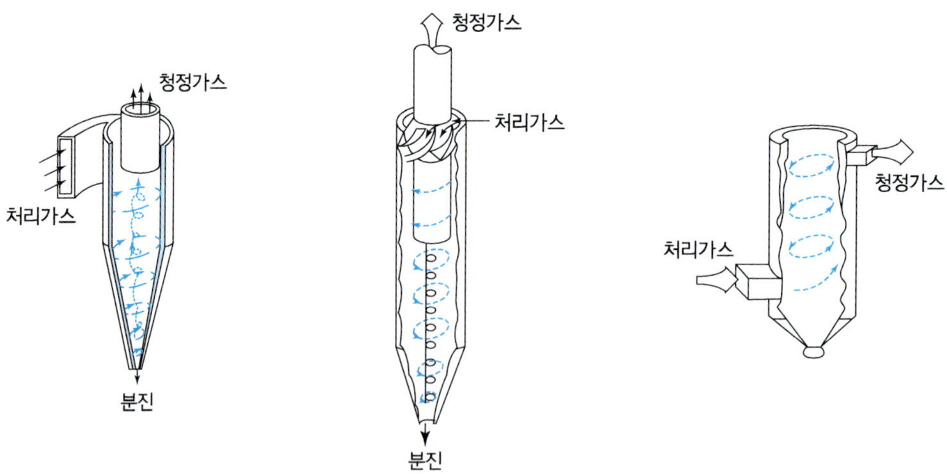

(a) 접선유입식 (b) 반전형 축상유입식 (c) 직상형 축상유입식

그림 3.35 **원심력집진기 종류**

반전형 축상유입은 처리가스 유입구가 집진기 몸통과 축이 평행하게 수직으로 선회기(swirler)와 같이 설치되어 있다. 처리가스는 집진기상부에서 유입되어 입구에 설치되어 있는 나선형 유도기선회기에 의해 가스가 선회되면서 하부로 유입되어 처리된다. 따라서 접선유입식의 입구장해문제가 없어 효율증대와 압력손실을 줄일 수 있다.

직상형 축상유입식은 집진기 원추부가 없이 원통하부에 접선방향으로 입구가 설치되어 있는 구조이다. 처리가스는 설치된 입구로 유입되어 선회류를 형성하면서 상부로 진행된다. 이 방식은 이미 언급된 외부선회류가 반전된어 내부선회류를 형성하여 출구로 배출되는 반전형과는 달리 외부선회류만 존재하는 직진형으로 선회압력 밸런스 붕괴로 인한 집진효율이 저하될 우려가 있다. 세정식 원심력집진기 액적제거에 사용되기도 한다.

② 집진효율에 따른 분류

효율에 따른 분류로는 고효율 원심력집진기, 중효율 원심력집진기, 저효율 원심력집진기로 분류된다. 고효율집진기는 몸체의 직경이 보통 30 cm 미만과 용량이 아주 작고 주로 멀티클론(multiclone)에 단위 원심력집진기로 사용된다. 저효율 원심력집진기는 몸통경이 상대적으로 커서 0.25~2 m 범위 내에 있는 다른 집진기와 직렬로 연결되어 전처리로서 흔히 사용된다. 중효율집진기는 그 경계가 정확하지는 않으나 고효율과 저효율집진기의 중간형태로 주로 독립적으로 상용된다.

원심력집진기는 고효율로 갈수록 몸통경이 작아지므로 압력손실이 크다. 집진기의 종류별 압력손실은 표 3.5와 같다.

표 3.5 **원심력집진기의 종류별 압력손실**

원심력집진기의 종류	압력손실 mmH_2O
고효율 원심력집진기	200~250
중효율 원심력집진기	100~150
저효율 원심력집진기	50~100

③ 원심력집진기의 응용

원심력집진기는 치수비가 작아질수록 집진효율은 증가하는 반면, 압력손실이 커지고 처리가스량이 제한된다. 원심력집진기의 응용에는 소형 고효율집진기를 병렬 및 직렬로 연결하여 사용하는 방법이 있다. 이와 같이 소형 사이클론을 직렬 또는 병렬로 연결하여 사용할 경우 효율은 좋으나 압력손실이 커져 성능에 악영향을 미친다. 따라서 운전 및 유지관리가 다소 어려워질 우려가 있다.

- 원심력집진기의 직렬연결　원심력집진기의 직렬연결이란 그림 3.36과 같이 몇 개의 원심력 집진기를 차례로 놓고, 전단 원심력집진기의 출구를 후단 원심력집진기의 입구에 연결시킨 것으로서, 전단집진기에서는 입경이 큰 분진이 제거되며 후단으로 갈수록 미세한 입자가 제거된다.

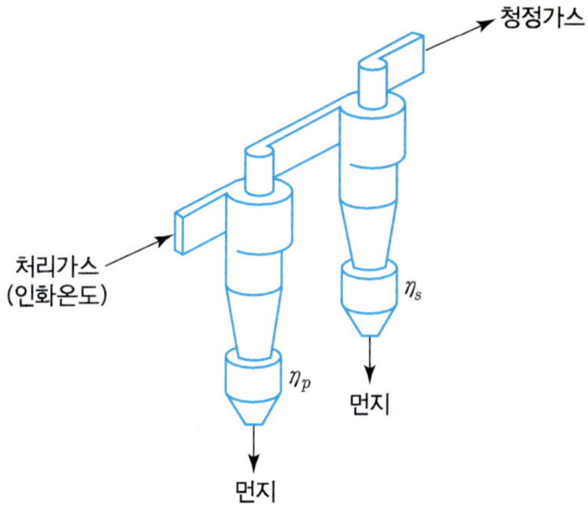

그림 3.36 **원심력집진기 직렬연결**

직렬연결 시의 압력손실은 각 집진기의 압력손실의 합이기 때문에 압력손실이 높은 집진기를 직렬연결하여 사용하는 것은 바람직하지 않다. 한편 2단 직렬연결 시의 효율은 식 (3.58)로 표시된다.

$$\eta = \eta_p + \eta_s(100 - \eta_p) \tag{3.58}$$

여기서, η는 직렬연결된 집진기의 총효율이다. 그리고 η_p는 1차 원심력집진기의 효율이고, η_s는 2차 원심력집진기의 효율이다.

이때 후단 집진기에서는 전단에서 처리분진의 입도분포, 에디 및 선회류내의 난류형성으로 말미암아 집진되지 않은 분진을 집진하기 때문에 전단집진기보다는 효율이 작아진다.

원심력 집진기를 직렬로 연결하여 사용하면 충돌계수가 커져서 이 결과로 인하여 부서지는 위약한 조대분진이 있을 경우 전단에서 비산되더라도 후단에서 이를 재집진할 수 있는 장점이 있다. 보통 처리분진의 입경이 20 μm 이상인 경우는 대형 원심력집진기를 전단에 사용하는 직렬 연결방식을, 5~10 μm 정도의 경우에는 멀티콘(multicone)을 사용하는 것이 바람직하다.

처리가스량이 14~28 m^3/min 정도이면 직렬연결이 좋고 이 경우 연결가능한 원심력집진기의 수는 압력손실에 따라 다르지만 보통 경제적인 측면으로 볼 때 6개까지는 가능하다. 처리가스량이 700~800 m^3/min 정도면 멀티콘을 사용할 수 있다. 원심력집진기의 직렬연결은 시멘트, 철강, 아스콘 제조업소의 분진방지 시설에서 사용된다.

- 원심력집진기 병렬연결　원심력집진기가 병렬연결된 것을 멀티콘(multicone) 또는 멀티클론(multiclone)이라고 하며, 그림 3.37과 같다. 병렬연결에서는 연결되는 단위 원심력 집진기 입구에 처리가스가 어떻게 균일한 분포로 공급할 수 있는가 하는 것이 매우 중요하다. 병렬연결된 단위 원심력집진기에 처리가스를 공급하기 위해서 사용하는 방법 중 하나는 공통 플레넘(common inlet plenum)을 설치하고 이를 통하여 병렬연결된 단위 원심력집진기에 균일하게

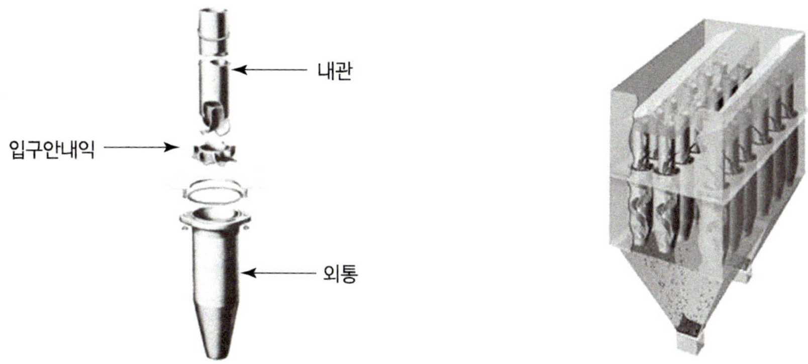

그림 3.37 멀티콘 내부구조

유입시킴으로써 작은 압력손실로서 다량의 유입가스를 처리할 수 있도록 한 것이 있다. 이때, 멀티콘 전체의 압력손실은 멀티콘 내에 사용된 단위 원심력집진기의 압력손실이 서로 다르면 처리가스 유입 시 편류현상(channelling effect)이 발생하여 멀티콘의 성능을 저하시킨다. 공통 입구가 플레넘인 경우 플레넘 내의 속도가 너무 빠르면 멀티콘 내에 설치된 단위 원심력집진기가 흔들려 일부 단위집진기의 유입가스량이 다른 집진기에 과잉으로 유입되기 때문에 요동하는 단위집진기에 역류(back flow)가 발생될 우려가 있다.

멀티콘 사용 시 점성이 큰 분진을 집진하면 이들 분진이 입구안내익이나 입구를 폐쇄할 우려가 커진다는 점에 유의해야 한다. 또한, 멀티콘의 분진퇴적함은 벽의 경사를 충분히 하여 미세 분진이 퇴적함 하부로 쉽게 이동될 수 있도록 해야 하며, 분진퇴적함에 퍼징아웃(purging out)을 설치하여 처리가스량의 5% 정도를 이를 통하여 퍼지시키면 더욱 좋다.

4) 원심력집진기 성능요인

원심력집진기의 성능은 집진효율과 압력손실로 판정이 가능한데, 이들은 집진기의 구조와 형상 또는 운전조건에 영향을 받는다. 따라서 본 절에서는 집진기의 성능에 미치는 요인에 대하여 설명하고 최적성능을 얻을 수 있는 방법에 대하여 설명한다.

① 집진기의 구조 및 형상

- 집진기입구 접선유입식 중에서 직상형은 함진 처리가스가 접선방향으로 유입(그림 3.38(a) 참조)되므로 입구에 난류와류(eddy)가 형성되어 그림 3.31과 같이 입구장해가 일어난다. 따라서 유체에너지 손실로 인한 압력손실과 분진이 재비산으로 인한 일부 분진이 내부선회류로 유입되어 배출됨에 따라 집진효율의 감소가 발생된다.

  따라서 그림 3.38과 같이 이러한 입구장해 문제를 해결하기 위해 반사깃(deflection vane)을 갖는 접선유입구와 돌출형입구, 나선형입구가 제안되어졌다. 반사깃(deflection vane) 접선유입구는 난류억제에 의한 압력손실이 감소되어, 입구 재비산 억제로 인한 집진효율을 다소 증가

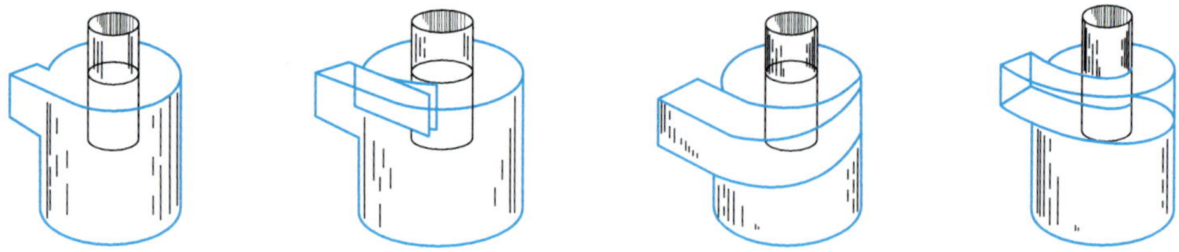

(a) 직상형입구　(b) 반사깃 접선유입식 입구　(c) 돌출형입구　(d) 나선형입구

그림 3.38 **접선유입식 원심력집진기**

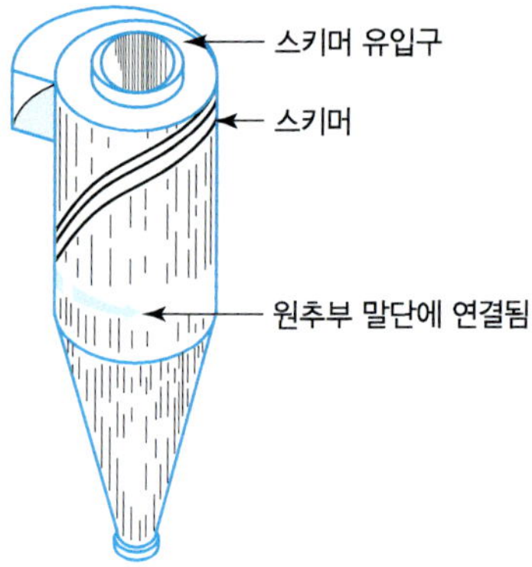

그림 3.39 **스키머**

시킬 수 있다. 돌출형입구는 처리가스의 유입 시 압축효과 제거를 통해 압력손실을 감소시켜 집진효율을 향상시킬 수 있다. 나선형입구(helical entry)는 가스유입을 몸통의 하부 쪽으로 접선유입시켜 선회류 형성효과를 증가시켜 압력손실을 감소시키고, 집진효율을 증가시킬 수 있다.

대용량집진기의 경우 입구에서 내부선회류로 인한 분진 재비산 장애 문제를 해결하는 방법으로 이를 스키머(skimmer)라고 하며, 그림 3.39와 같다.

입구 에디 발생으로 인한 부유하는 미세입자를 몸통의 원추부말단과 연결되는 외부선회관에 의해 입구 재비산분진을 제거하는 장치이다. 원추부말단의 속도가 커지면, 정압이 작아져 음압이 형성되므로, 분진입구에서 분진퇴적함으로 이동이 가능하여 재비산문제를 방지할 수 있다.

• 집진기몸체

- 원통부 : 집진기 설계 시 원통부(cylinder)의 직경은 처리가스의 유량에 의해 결정된다. 동일한 유량일 때 원통부 직경(D_c)이 작을수록 집진효율은 증가한다. 원통부직경이 너무 작으면 충돌반사 분진으로 인해 재비산 문제가 발생되어 효율이 감소한다.

  그림 3.40은 공업용 원심력집진기의 치수를 나타낸 그림이다. 공업용 표준 원심력집진기는 $D_c = 2D_o$, $S_c = 1.25D_o$, $L_c = 8D_o$이다. 여기서 D_o는 선회류약화기 직경, S_c는 선회류약화기 확장길이, L_c은 몸통부 길이를 말한다.

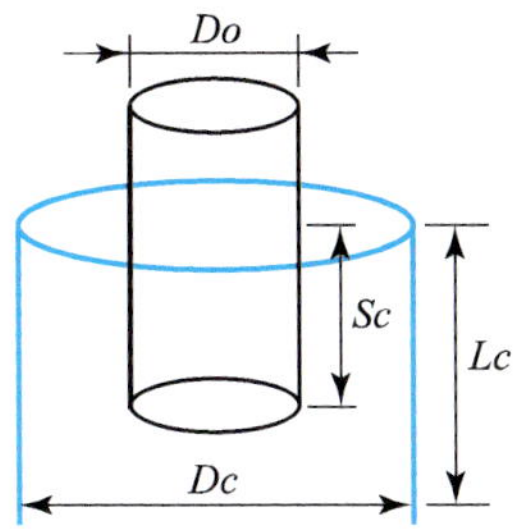

그림 3.40 공업용 표준 원심력집진기 치수

일반적으로 몸통에서 분진이 재비산되는 경우는 분진의 점착성이 커서 벽면에 부착되어 외부 선회속도가 내부 선회속도보다 늦어진다. 따라서 외부선회류 정압이 상대적으로 높아져 분진이 내부로 재비산되어 집진율이 감소하게 된다. 이러한 재비산을 방지하기 위해 집진기의 내부를 깨끗이 청소하던가 윤활한 물질을 사용하여 마찰을 최소화해야 한다.

- 원추부 : 원추부(cone)는 내·외부 선회류를 전환시키는 역할을 한다. 그리고 원통부에서 집진된 분진을 분진퇴적함으로 이동시키고, 아울러 원통부에서 집진되지 못한 미세분진 일부가 집진된다.

원추부 말단직경은 원통부직경의 1/4 정도가 유지함이 바람직하다. 만일, 원추부의 말단직경이 몸통경의 1/4보다 클 때, 입자관성력이 감소하여 선회류가 원추벽을 스쳐 원추하부로 내려온 포집분진은 퇴적함으로 내려가지 못하고 내류로 재비산된다. 그리고 원추부의 말단직경이 몸통경의 1/4보다 작을 때에는 선회류속도가 너무 빨라 분진입자의 원심력이 너무 커서 물체벽면에 충돌한 후, 다시 튀어나와 내부선회류에 실려 재비산된다. 이 두 경우 모두 재비산에 의해 효율이 떨어진다.

그리고 몸통부와 원추부 길이가 증가할수록 선회류가 증가되어 효율은 증가된다.

- 집진기출구 집진기출구(outlet)는 내부선회류의 운동에너지를 회수하여 재비산분진 및 농축분진이 제거된다.

출구를 일명 에너지 회수장치(그림 3.41)라고 하며 출구형상에 따라 인볼루트 스크롤(involute scroll)과 출구드럼(outlet drum)으로 구분된다. 출구에서 이동유체의 운동에너지는 이 에너지 회수장치에서 통로가 확장되어 정압이 증가되고, 이 압력에 의해 출구 후단부의 배압을 이기고 유체가 배출된다. 미세분진이 출구의 원통벽에 농축분진을 형성되므로 스키머(skimmer)를 설치하여 출구의 농축분진을 분리한다. 출구 원통내벽에 외부선회관을 원추부말단에 연결하여 설치한다.

- 분진퇴적함 분진퇴적함(dust discharge)은 집진기 몸체에서 원심력에 의해 충돌 침강된 분진을 수집하기 위한 분진퇴적 장치로 원추부 하단에 설치된다. 이미 언급된 바와 같이 원추부말단에 음압이 형성되어 분진퇴적함에 퇴적된 분진이 적당한 차단장치가 없으면 포집된 분진이 재비산되어 효율이 저하된다.

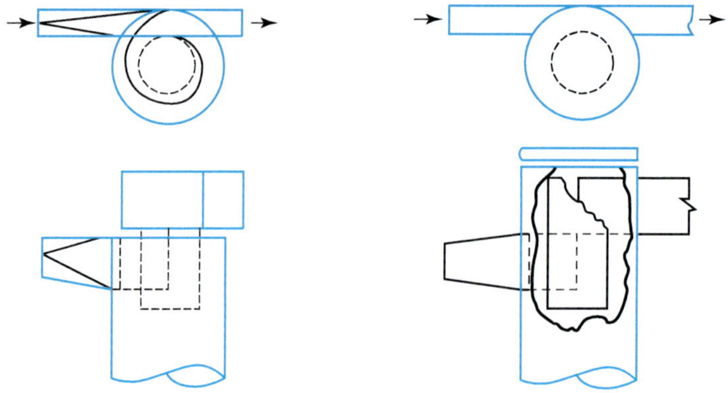

(a) 인볼루트 스크롤　　(b) 출구드럼

그림 3.41 **에너지 회수장치**

이를 방지하기 위해 직류화깃(straight vane), 블로우다운(blow-down), 밸브설치 방법이 적용된다.

직류화깃은 원추정점과 분진퇴적함을 연결하는 파이프를 분진퇴적함의 내부로 돌출시키고, 직류화깃 돌출부의 길이가 관 직경의 2배 이상 되는 길이를 확보하여 재비산을 방지하는 방법이다.

블로우다운은 분진퇴적함에 쌓인 분진의 재비산을 방지하는 유체역학적인 방법으로 처리가스의 일부(10~20%)를 음압이 형성된 원추부깃을 경유하여 분진퇴적함을 통과시켜 분진 퇴적함에 연결된 소형 블로우다운용 원심력집진기를 통하여 나가도록 강제 통풍시킨다. 이때, 소형 사이클론을 통과한 가스는 다시 입구로 유입되어 재처리된다.

그림 3.42는 블로우다운을 나타낸 것이고, 그림 3.43은 블로우다운 가스량변화에 대한 집진율 영향을 나타낸 것이다.

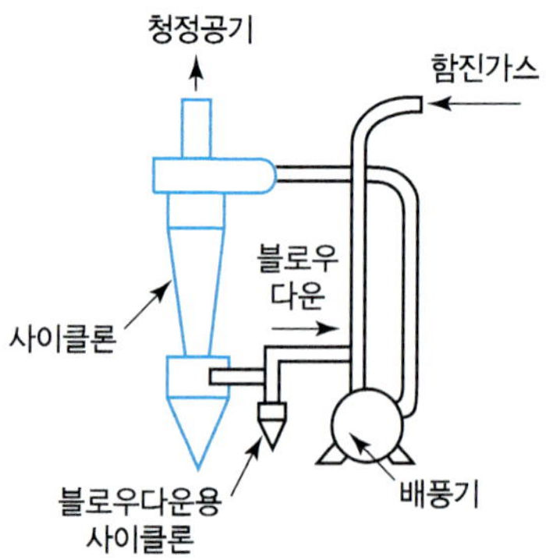

그림 3.42 **블로우다운 방식**

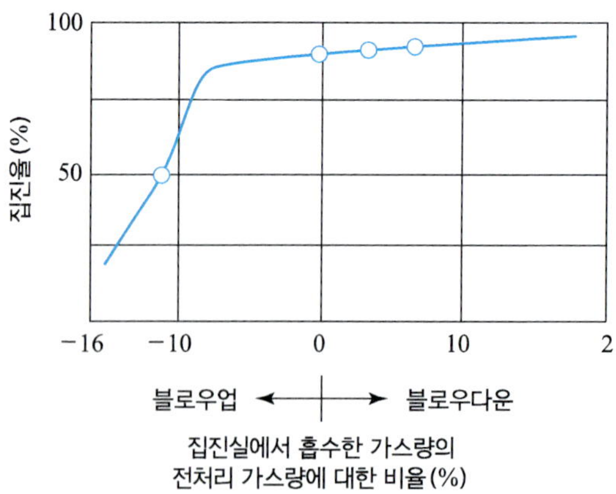

그림 3.43 **집진율에 미치는 영향**

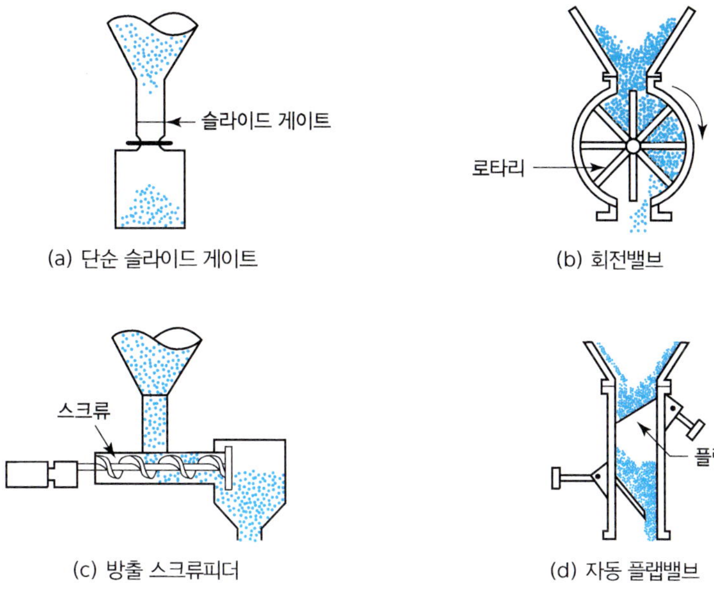

그림 3.44 **분진퇴적함 재비산 밸브처리법**

그리고 재비산을 방지하기 위해 원추부와 분진퇴적함 사이에 밸브를 설치하는 방법을 그림 3.44에 보였다. 즉, 밸브의 종류로는 단순 슬라이드 게이트(single slide gate), 회전밸브(rotary valve), 방출 스크류피더(discharge screw feeder), 자동 플랩밸브(automatic flap valve)가 있다.

② 집진기의 운전조건

집진기의 성능에 미치는 운전조건은 처리가스 중 분진농도, 조대분진의 양, 함진 처리가스량, 처리가스의 점성계수 등에 영향을 미친다.

처리가스 중 분진농도가 증가하면 효율이 증가된다. 그리고 압력손실(ΔP)은 감소되는데, 그 이유는 압력손실을 나타내는 식 (3.59)에 의해 설명된다.

$$\Delta P = \frac{\Delta P_o}{0.013\sqrt{C_i + 1}} \tag{3.59}$$

여기서, ΔP_o는 분진부하가 없을 때 압력손실, C_i는 분진 입구농도이다.

처리가스가 고농도일 때는 병렬연결이 효과가 있고, 응집성이 강한 분진은 직렬연결 시 효과를 볼 수 있다. 그리고 병열연결의 일종인 멀티콘은 역류(back flow)가 발생하지 않도록 하기 위해서 입구와 출구의 크기 또는 호퍼의 크기를 충분하게 설계하고, 각 실의 정압이 균일하도록 한다.

또한, 동일한 분진농도에서 상대적으로 조대분진이 많을수록 미세분진의 흡수와 견인으로 집진효율은 증가된다.

입구의 직경이 동일할 때 처리가스의 양이 증가할수록 유입속도가 커져서 집진효율이 높아지지만, 압력손실 역시 증가되는 문제가 있다.

처리가스의 물리적 성질변화로는 점성계수가 클수록 집진효율은 감소한다. 몸체벽면 분진부착으로 인해 마찰력이 증가할수록 내부속도가 벽속도보다 매우 커짐에 따라 분진이 내부로 비산하여 효율이 감소된다.

(4) 세정집진기

세정집진 장치는 함진가스를 처리하기 위해 세정액을 액적, 액막, 액포상태로 만들어 접촉단면적을 증가시켜 함진가스 중 입자를 부착·흡수시켜 분진을 분리하는 방법이다.

1) 분진포집 기구

세정집진 장치의 포집기구(mechanism)에는 관성충돌, 직접흡수, 확산부착이 있다.

관성충돌(inertial impaction)은 분진직경이 1 μm 이상일 때 나타나는 포집기구이다. 유선을 따라 이동하던 분진입자가 액적 근처에서 유선궤도가 바뀔 때 입자의 관성에 의해 입자가 유선을 이탈하여 액적에 충돌하여 부착되어 집진되는 형상이다. 다음 그림 3.45는 관성충돌을 나타낸 것이다.

직접흡수(direct interception)는 입자가 유선을 따라 이동하다가 액적에 근접한 상태에서 직접 흡착하여 제거되는 것이다. 다음 그림 3.46은 직접흡수를 나타낸 것이다.

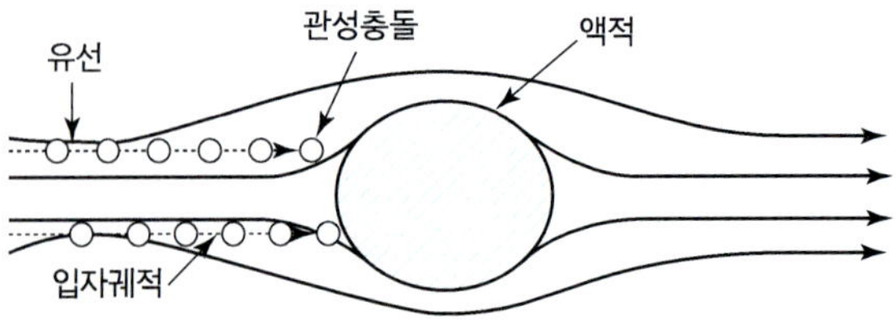

그림 3.45 **관성충돌**

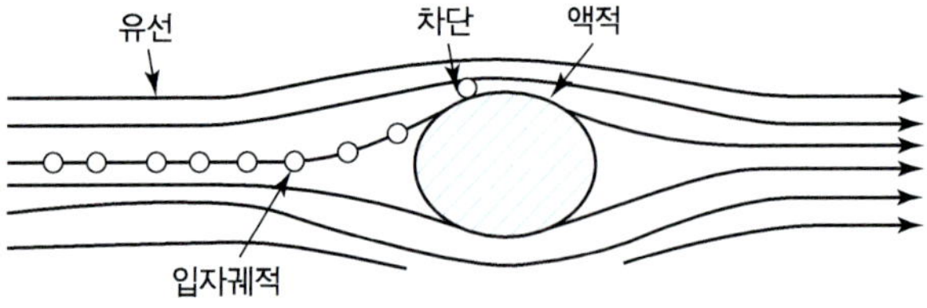

그림 3.46 **직접흡수**

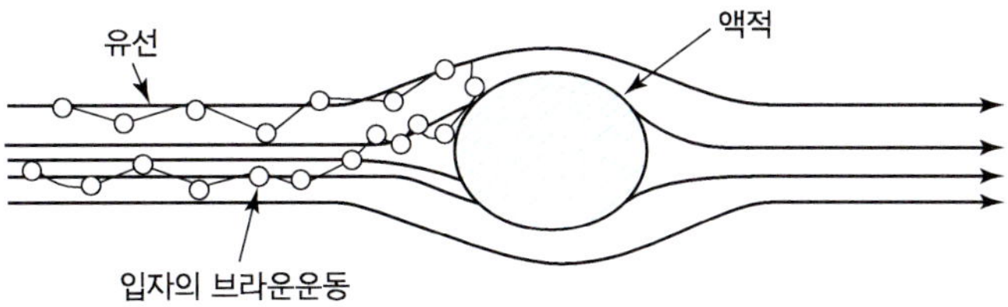

그림 3.47 **확산부착**

확산부착(diffuse-adhering)은 분진직경이 0.5 μm 이하일 때 나타나는 포집기구로, 입자가 유선을 따라 이동하지 않고 불규칙하게 이동하다 액적에 부착되어 표집되는 것이다. 그림 3.47은 확산부착을 나타낸 것이다.

2) 세정집진기의 분류

세정집진 장치는 유수식과 가압수식으로 분류가 된다. 유수식은 S 임펠러형(S impeller type), 로타형(Rota type), 나선 가이드베인형(screw guide vane type)이 있다. 가압수식은 벤츄리 스크러버(venturi scrubber), 제트 스크러버(jet scrubber), 사이클론 스크러버(cyclone scrubber), 충전탑(packed tower), 분무탑(spray tower)이 있다.

① 유수식

집진실 내에 일정한 양의 물을 채워 넣고, 처리가스를 유입하여 액적, 액막, 액포를 형성시켜 함진가스를 세정하는 방법이다. 다음 그림 3.48은 유수식 세정집진 장치를 나타낸 것이다.

유수식의 특징은 분진이 가스에 용해되는 정도가 작은 경우 사용된다. 즉, 액상측 저항 지배가스에 적합하고, 보유액의 순환으로 인해 보충액량이 적고, 압력손실은 120~200 mmH_2O이며, 입자직경이 1~100 μm일 때 적합하며, 이때 집진효율이 우수하다.

② 가압수식

처리가스 중 분진이 세정액에 잘 흡수되어 용해도가 큰 경우 즉 기상측 저항 지배가스에 적합하다. 즉, 세정수에 압력을 주어 노즐에서 미세액적을 만들어 포집하는 방법이다. 세정액을 미세

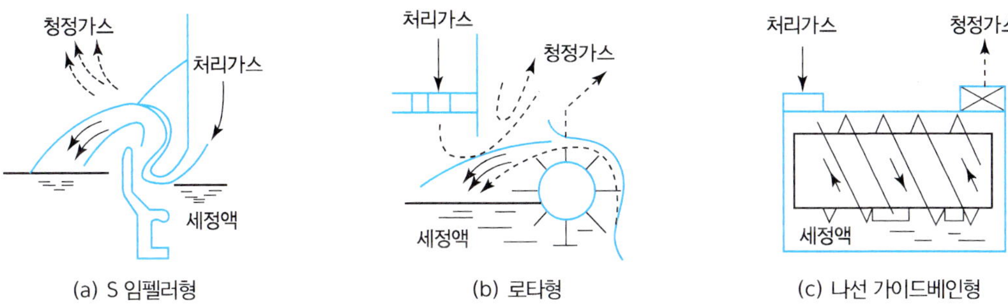

그림 3.48 **유수식 세정집진 장치**

액적으로 만들어 분무하는 것은, 분진과 세정액과의 접촉면적을 크게 하여 세정효율을 높이고 장치를 컴팩트하게 하여 장치 및 운전비용이 절감되도록 하기 위함이다.

- 벤츄리 스크러버 벤츄리 스크러버(venturi scrubber)는 분진이 포함된 처리가스를 벤츄리관(venturi pipe)을 통과시켜 유체의 유속을 높여주고, 그 가운데 세정수를 분사시켜 생긴 미세액적과 상대속도차를 크게 하여 충돌부착으로 인해 집진하게 되는 원리의 세정기이다. 그림 3.49는 벤츄리 스크러버를 나타낸 것으로, 후단부 사이클론은 미스트 제거용이다.

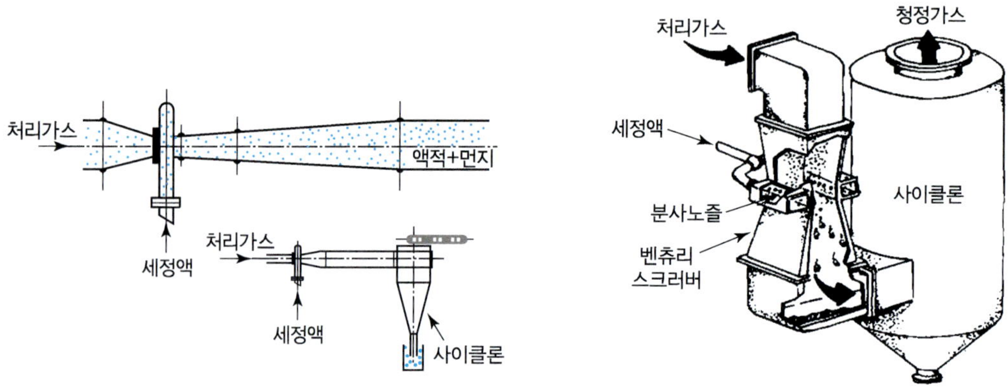

그림 3.49 **벤츄리 스크러버**

벤츄리 스크러버는 점착성이 있거나 조해성이 있는 미세한 분진을 처리 시 주로 사용된다. 장점으로는 첫째 소형으로 대용량의 가스처리가 가능하고, 둘째 흡수효율이 상당히 우수하며, 셋째 흡수저항이 큰 가스에 적합하다. 단점은 첫째 가스압력 손실이 크므로 송풍동력비가 많이 소요되고, 둘째 비말동반이 격심하여 사이클론과 같은 미스트제거기가 동시에 설치되어야 한다.

벤츄리 스크러버는 트롯(throat)부분의 처리가스 유속은 보통 60~90 m/sec이며, 압력손실은 300~800 mmH_2O이다. 또한, 처리가스 1 m^3당 필요한 세정수의 양(L)으로 정의되는 액가스비는 분진입경이 10 μm 이상 또는 친수성이 있는 경우 0.3 L/m^3 이하이며, 분진입경 10 μm 이하 또는 친수성이 없는 경우 0.5~1.5 L/m^3 이상으로 한다.

그림 3.50은 트롯부의 유속에 대한 생성물방울의 직경을 나타낸 것이다. 그리고 그림 3.51은 생성액적의 직경에 대한 임의 집진효율의 집진 한계입경을 나타낸 것이다.

벤츄리 스크러버의 집진율은 다음 식 (3.60)으로 나나낼 수 있다.

$$\eta = 1 - \exp(-kL\sqrt{\phi}) \tag{3.60}$$

여기서, k는 상수, L은 액가스비이다.

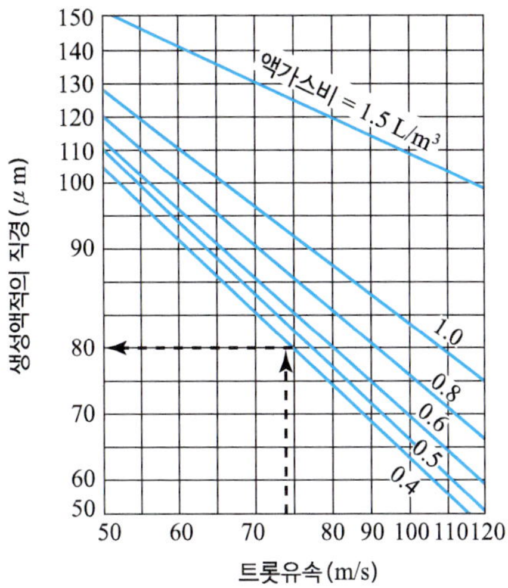

그림 3.50 트롯부의 유속에 대한 생성액적의 직경

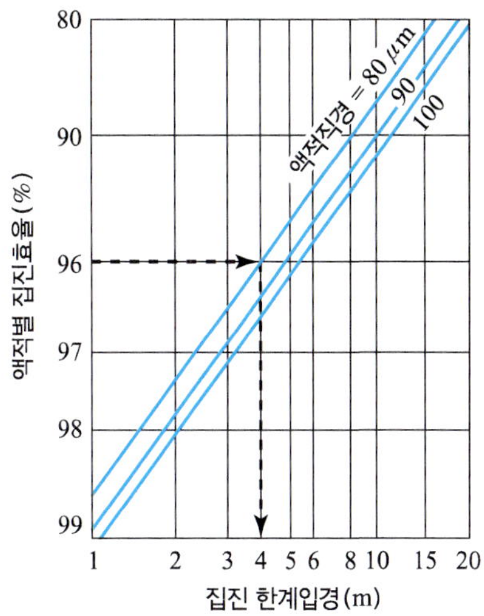

그림 3.51 액적별 집진효율에 대한 집진 한계입경

그리고 ϕ는 분리수로 다음과 같다.

$$\phi = \frac{K_m \rho d_p^2 U_o}{18\mu d_w} \tag{3.61}$$

여기서, K_m은 상수, ρ는 공기밀도(kg/m^3), d_w는 액직경(m), U_o는 처리가스 유속(m/s)이다. 즉, $U_o = U_t$(트롯부분 가스속도) - U_p(입자의 이동속도)이다.

벤츄리 스크러버에서 그림 3.49와 같이 사이클론 미스트 분리기(cyclone demister)를 사용하는 경우의 압력손실은 식 (3.62)와 같이 나타낼 수 있다.

$$\Delta P = \frac{(1+L)\rho U_t^2}{2g} \tag{3.62}$$

• **제트 스크러버** 제트 스크러버(jet scrubber)는 세정수가 분사노즐에서 가압분무되어, 국부적으로 동압이 증가되고 정압이 감소되어 처리가스가 흡인되어 분무액적에 포집되는 방식이다. 따라서 이 경우 처리가스 공급을 위한 송풍기가 필요없다. 그림 3.52는 제트 스크러버를 나타낸 그림이다.

제트 스크러버의 특징은 다음과 같다. 분사노즐부의 처리가스 유속은 20~50 m/s이고, 압력손실은 -200~0 mmH_2O이다. 액가스비는 10~100 L/m^{3}로 세정수의 양이 많이 필요해 유지관리비가 많이 든다. 제트 스크러버의 장점은 처리가스의 가스저항이 작아 흡인효율이 크다. 그리고 송풍기의 사용이 불가능한 공정에 최적의 장치이다. 단점으로는 세정수의 양이 많이 들고 펌프동력비가 많이 들며, 처리가스량이 많을 때에는 불리하다.

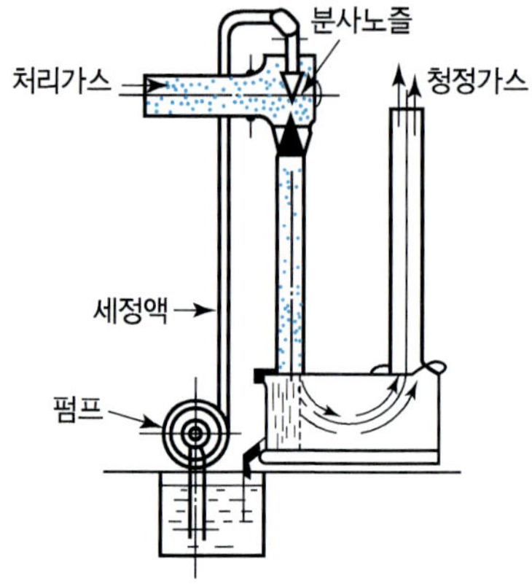

그림 3.52 제트 스크러버

• 사이클론 스크러버 사이클론 스크러버(cyclone scrubber)는 그림 3.53에 나타내었으며, 그 원리는 다음과 같다. 원통내부 중심에 설치된 관내부에 반경방향으로 설치된 노즐들로부터 세정액이 가압분사되어 액적이 형성된다. 분진이 함유된 처리가스는 원통의 접선방향으로 유입되어 원심력(centrifugal force)에 의해 분진과 세정액적의 상대적 속도차를 증가시켜 처리가스로부터 분진을 제거하는 장치이다.

사이클론 스크러버의 특징은 다음과 같다. 입구 가스속도는 15~35 m/s이고, 처리가스 겉보기속도는 0.3~1 m/s이다. 액가스비는 2~3 L/m^3이며, 압력손실은 100~200 mmH_2O이다.

사이클론 스크러버는 대용량의 가스처리가 가능하고, 비말동반량이 적으며, 비교적 구조가 간단한 장점을 가지고 있다. 반면에 사이클론 직경을 크게 하면 효율이 저하되고, 분무노즐이 막힐 우려가 있으며, 높은 수압이 필요하여 펌프동력비가 많이 소요되는 단점이 있다.

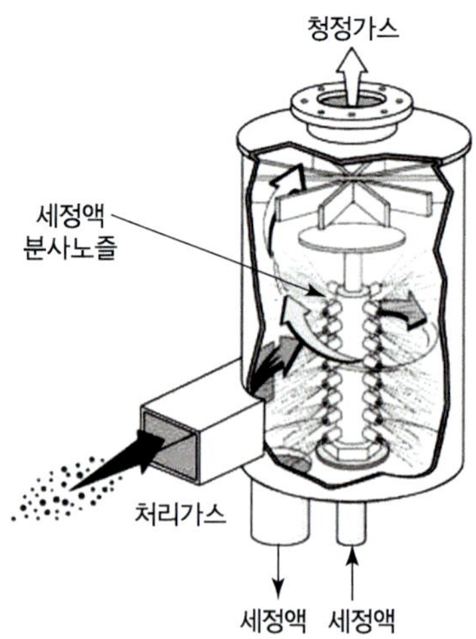

그림 3.53 사이클론 스크러버

- **충전탑** 충전탑(packed tower)은 탑 내에 다양한 형태의 충전제가 충전되어 있으며, 세정수는 충전제 상부노줄에 의해 분무공급되며, 함진 처리가스는 하부에서 공급되는 구조를 가지고 있으며, 그림 3.54와 같다. 충전탑의 높이는 보통 2~5 m로 한다. 충전제는 표면이 매끈한 플라스틱과 같이 가벼운 재질로서 보통 1~3 cm의 크기를 갖는다. 내구성과 내식성이 필요하며, 기체와 액체 간의 접촉이 좋고 압력강하가 적은 조건을 갖추는 것이 좋다.

충전탑의 세정원리는 충전제 상부의 노즐로부터 분무된 세정액은 하부로부터 유입되는 처리가스와 대향류로 만나 홀딩(holding)되어 충전제에 일정액이 지속적으로 유지되는데, 이를 로딩(loading)이라 한다. 따라서 함진처리가스는 충전제 내부에서 세정액접촉을 충분히 확보한 상태에서 용해되어 분진이 분리된다.

충전탑의 특징은 가스 겉보기속도는 0.3~1 m/s이고, 액가스비는 2~3 L/m^3이며, 압력손실은 100~200 mmH_2O, 처리가스 유량은 300 m^3/min이다.

충전탑의 장단점은 다음과 같다. 충전탑은 급수량이 적당하면 처리가 거의 확실하며 효율이 우수하고, 가스량 변동에도 비교적 적응성이 좋으며, 압력손실이 그다지 크지 않은 장점이 있다. 반면에 가스유속이 너무 크면 넘침(flooding)상태로 되어 조작이 불가능하게 되고, 흡수액에 고형분을 함유하는 경우, 흡수에 의한 침전물이 생겨 방해를 일으키게 되고, 충전물이 고가인 것이 단점이다.

그림 3.54 **충전탑**

- **분무탑** 분무탑(spray tower)은 다수의 분사노즐을 사용하여 세정액을 고압분사시켜 액적을 형성하고, 그 하부로부터 함진가스를 향류로 공급하여 분진을 세정하는 장치이다.

그림 3.55는 분무탑을 나타낸 것이다. 가스 겉보기속도는 0.2~1 m/s이고, 압력손실은 2~20 mmH_2O이며, 액가스비는 0.1~12 L/m^3이다.

분무탑은 구조가 간단하고, 충전탑보다 가격이 저렴하고, 압력손실이 적고, 침전물이 발생할 때 적합한 장점을 가지고 있다. 반면에 스프레이 동력이 크고, 스프레이에 방해가 일어나기 쉽

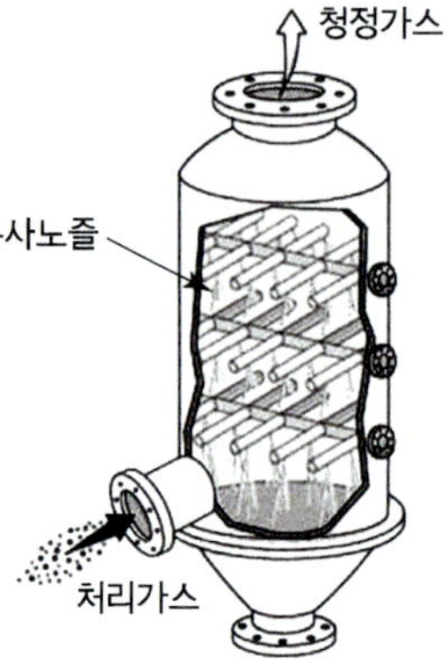

그림 3.55 분무탑

다. 편류가 일어나기 쉽고, 분무액과 가스를 균일하게 접촉시키는 것이 어렵고, 처리효과가 불확실한 단점이 있다.

3) 세정집진기의 특징과 효율향상 조건

• 세정집진 장치의 특징 세정집진 장치의 장점은 다음과 같다. 구조가 간단하고, 처리가스량에 대한 고정된 면적이 작다. 가동부분이 작고 조작이 간단하다. 분리포집 가능 입경은 0.5 μm 정도이지만, 조건에 따라서는 미립자에 대하여도 포집효과가 좋다. 가스의 냉각조작으로도 사용할 수 있으며, 고온가스 및 연소성, 폭발가스의 처리가 가능하다. 포집분진의 취출이 용이하고, 또한 큰 동력을 필요로 하지 않는다. 연속운전할 수 있고, 분진의 입경, 습도, 가스의 종류 등에 의한 영향을 거의 받지 않으며, 제진된 분진의 재비산 염려가 없으며, 조해성, 점착성 분진 제거가 용이하며, 입자상 물질과 가스의 동시제거가 가능하고, 협소한 장소에도 설치가 가능하다. 하지만 단점으로는 상당량의 물을 필요로 하기 때문에 급수설비가 필요하다. 세정액이 수질오염을 일으킬 우려가 있으므로, 폐수처리시설이 요구된다. 압력손실과 동력소비량이 크다. 소수성분진의 집진효과는 낮다. 친수성이 크고 부착성이 높은 분진에는 폐쇄 등의 장애가 일어나기 쉽다. 장기운전이나 휴식 후의 운전재개에 장애가 일어나기 쉽다. 한냉기의 동결방지가 필요하고, 재질선택 시 내부식성 재료를 사용해야 한다.

• 세정집진기의 효율향상 조건 유수식세정기는 세정액의 미립화부가 크거나 액포가 다량 생산될수록 집진율이 증가한다.

가압수식의 벤츄리 스크러버, 제트 스크러버, 사이클론 스크러버는 세정액이 분사되는 지점에서 처리가스 속도가 클수록 집진율이 증가한다. 또한, 세정액의 노즐분무 압력이 크면 생성입경이 작아져서 동일한 양의 세정액에 대해 분진과의 접촉면적이 커지므로 집진율이 증가된다.

그리고 충전탑은 탑내 처리가스의 속도가 작을수록 체류시간이 증가되어 집진율이 증가한다. 또한, 충전탑은 세정액량, 충전제 표면적, 충전밀도, 체류시간이 클수록 집진율이 증가한다.

세정집진기는 종류에 관계없이 최종배출 전 상태의 기액분리기능이 높을수록 세정능력이 커지므로 집진율은 높아진다.

(5) 여과집진기

1) 집진원리

여과집진기는 분진이 포함된 처리가스를 여재(filter)로 통과시켜 입자를 관성충돌, 직접차단, 확산부착, 그 외 정전기력과 중력 침강작용 등의 포집기전에 의해 분진입자를 분리포집하는 장치이다. 그리고 가교형성(bridge formation)에 의해 미세입자까지 포집이 가능하다.

- **관성충돌** 유체의 유선(streamline)은 섬유근처에서 곡선을 이룬다. 유한한 질량을 가지고 흐름에 따라 이동하는 입자는 그들이 지니는 관성 때문에 유선이 곡선인 경우 유선을 정확하게 쫓아가지 못한다. 만약 유선의 곡률이 심하고 입자의 질량이 크다면 입자는 유선으로부터 매체의 표면으로 이탈하여 충돌한다. 이를 관성충돌(inertial impaction)이라 한다. 그림 3.56에서 보이는 것처럼 입자의 크기가 커질 때나 공기의 속도가 커질 때, 이 관성충돌 메커니즘의 중요성이 증가한다.

  스톡스수(Stokes number)가 클 경우에는 관성에 의한 포집확률이 증가하고, 반면에 스톡스수가 작을 경우에는 환산부착에 의한 포집확률이 크다는 것을 알려준다. 스톡스수는 식 (3.63)과 같다.

$$Stk = \frac{C_f\, d_p\, \rho_p U}{18\,\mu d_f} \tag{3.63}$$

여기서, C_f는 커닝행 보정계수(cunningham slip correction), d_p는 입자직경(m), ρ_p는 입자밀도(kg/m^3), U는 처리가스 유속(m/s), μ는 가스점도(kg/cm · sec), d_f는 섬유직경(m)이다.

- **직접차단** 직접차단(direct interception)은 비록 입자의 궤도가 유선(streamline)으로부터 벗어나지 않을지라도, 만약에 유선이 섬유표면으로부터 입자의 반경보다 내부에 있을 때에는 입자가 여전히 포집된다. 즉, 직접차단은 유선을 따라 심유의 올 근처에 통과하는 입자가 직접 차단되어 포집되는 것이다. 직접차단은 유속과는 관계가 없다. 그림 3.57은 직접차단을 나타낸 것이다.

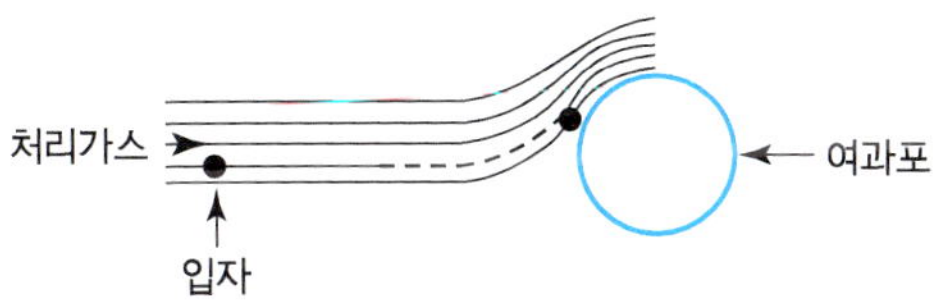

그림 3.56 **관성충돌**

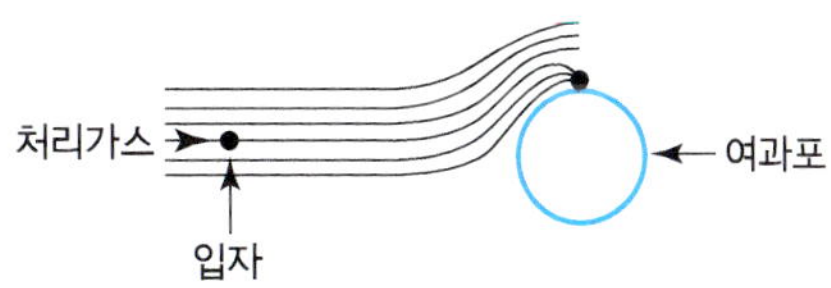

그림 3.57 **직접차단**

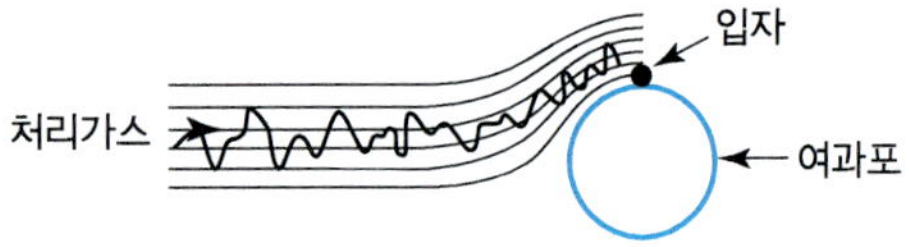

그림 3.58 **확산부착**

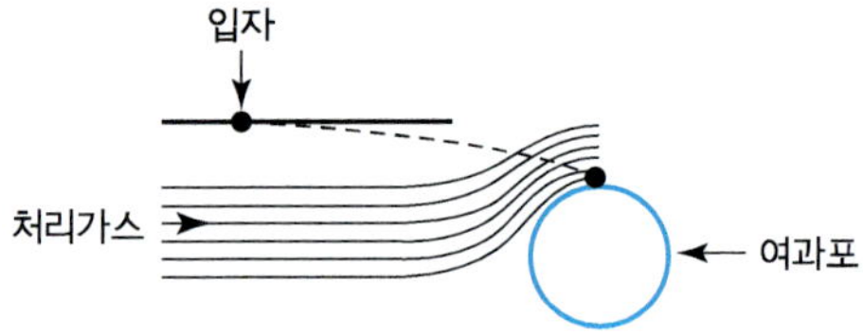

그림 3.59 **중력침강**

- 확산부착 확산부착(diffusion attachment)은 작은 입자는 일반적으로 유선에 따라 이동하지 않고 가스와 같이 브라운운동을 하며 계속해서 그들로부터 확산된다. 확산하다가 입자가 일단 섬유 표면에 도달되면 표면에 남게 되는데, 그것은 반데르발스 힘(Van der Waal's force)에 의한다. 그러므로 여과포표면에서 입자의 농도는 0으로 가정할 수 있고 농도구배(concentration gradient)는 입자의 확산을 지속시키는 힘으로 작용한다. 브라운운동은 입자의 크기가 작을수록 증가하며, 이에 비례하여 확산에 의한 부착도 입자의 크기가 작을수록 증가한다. 또한 확산에 의한 부착량은 확산계수 이외에도 입자농도에 비례하고, 가스의 점도 및 가스속도에는 반비례한다. 따라서 분진의 입경이 같을 경우에는 섬유의 입경과 가스점도는 작을수록, 가스속도는 낮을수록, 확산에 의한 미세입자의 여재에의 부착량이 많아지고, 집진율도 높아진다. 그림 3.58은 확산부착을 나타낸 것이다.
- 중력침강 중력침강(gravitational setting)은 유한한 속도를 가지는 입자는 중력에 의하여 가라앉는다. 그러므로 입자가 커서 침강속도도 충분히 클 경우에 입자는 유선으로부터 벗어난다. 아래 방향으로의 여과의 경우에는 입자가 중력에 의하여 포집체에 접근하므로 포집효율은 증가한다. 흐름의 방향이 위쪽일 경우 입자는 포집체로부터 멀어져서, 결과적으로는 여과의 부정적인 요인이 된다. 이 메커니즘은 입자의 크기가 큰 경우, 그리고 흐름의 속도가 느릴 때 중요하다.
- 정전기력 정전기력(electrical force)은 여과집진기의 경우 여과포 섬유 자체가 마찰대전(tribo-electric charge)되고 입자는 상대적 극성으로 하전되어 미세입자가 포집된다. 그림 3.60은 정전력이 없어 순수하게 차단효과가 있을 때와, 정전기력이 포함되어 분진이 포집되는 현상을 나타낸 것이다.

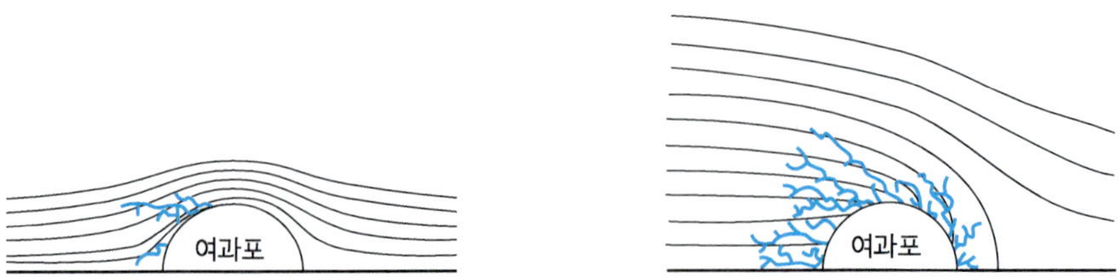

(a) 차단효과(정전기력 없음) (b) 정전기력 포함

그림 3.60 **정전기력**

표 3.6 여과제를 구성하는 여과포의 마찰대전 효과

마찰대전의 크기		섬유의 종류
	+25	모전(wool felt)
	+20	초자필라멘트, 실리콘처리 초자필라멘트 모전 T-2
	+15	-
	+10	나이론 66·면
양전기 ↑	+5	오론 81·다크론
	0	다크론필라멘트·인넬
음전기 ↓	-5	오론
	-10	다크론 폴리프로필렌
	-15	코델
	-20	폴리에틸렌

실제로 여과제를 구성하는 여제섬유는 다소의 전기를 띠고 있으며, 대전정도와 상대적 극성이 서로 다르기 때문에 처리가스 내의 분진이 대전되어 있을 때는 적합한 섬유를 선택하여 사용하면 집진기효율을 크게 증가시킬 수 있다. 각각의 여과포 마찰대전 효과는 표 3.6과 같다.

여과집진기는 입자의 직경이 여과포 올의 간격보다 작을 때에도 포집이 된다. 이때 하전된 입자는 섬유올 사이에 그림 3.61과 같이 초층이 형성되어 연결되는데, 이를 가교형성이라 한다. 실제 여과집진기가 가교를 형성하는 데에는 정상가동 시 수분 정도의 짧은 시간이 소요된다. 보통 화학섬유 간의 구멍은 25~50 μm 정도이나, 이들이 1 μm 입자를 집진할 수 있는 이유는 바로 이 가교형성 때문이다.

2) 처리가스 냉각

여과집진기는 일반적으로 여과포의 내열성 문제로 고온에서 운전이 어렵다. 따라서 열설비에서 배출되는 처리가스는 온도를 적정온도까지 냉각할 필요가 있다.

처리가스 냉각방법에는 그림 3.62에 나타낸 바와 같이 공기희석 냉각(dilution air cooling),

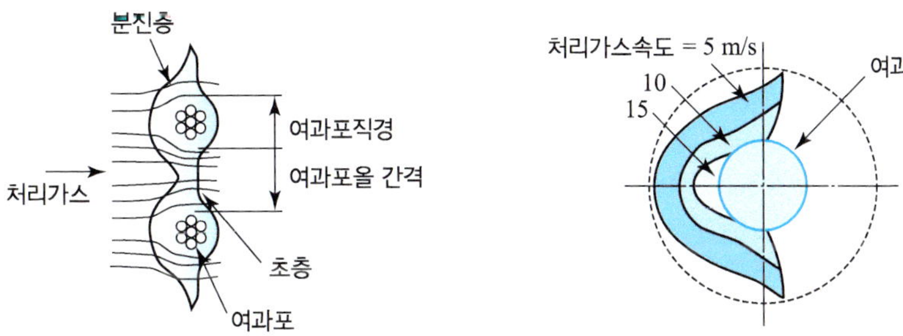

그림 3.61 가교형성

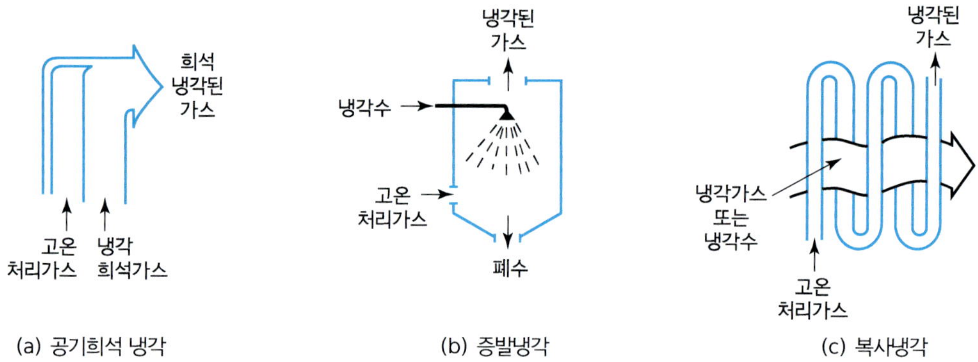

그림 3.62 **처리가스 냉각방식**

증발냉각(evaporating cooling), 복사냉각(radiation cooling)이 있다. 공기희석 냉각과 증발냉각은 처리가스와 냉각매체가 직접접촉되는 직접냉각 방식이다. 복사냉각은 두 매체가 직접 접촉되지 않은 상태에서 냉각되는 간접냉각 방식이다.

공기희석 냉각은 고온의 처리가스에 저온의 공기를 섞어 희석하는 방법으로 가장 쉽고 비용이 적게 드는 방법이다. 처리가스량이 많을수록 여과집진기의 규모가 커지며, 희석공기 유입 시 수분 및 다른 오염물 제어가 곤란하다.

증발냉각은 고온의 처리가스 내에 물을 분사하는 방법으로 냉각이 쉽고 비용이 적게 든다. 처리가스 내에 SO_2, NO_2, HCl 등이 존재 시 노점 이상을 유지해야 한다. 분사된 물은 증발되어야 하는데, 증발이 안 될 경우 여과포의 눈막힘(blinding)이 문제가 발생된다. 눈막힘을 분진폐색(dust plugging)이라고도 한다.

복사냉각은 U자형태 곡관모양 등의 방열관에 고온의 처리가스를 통과시키고 그 주위로 차가운 공기가 흐르도록 하여 냉각시키는 방법이다. 처리가스 온도가 300℃ 이상일 때 유용하며, 이동거리를 길게 하여 표면적을 넓게 할 경우 냉각효율은 증가하나 동력소모량이 증가한다. 또한 정확한 온도조절이 곤란하며, 방열관이 막힐 우려가 있다.

3) 여과방식의 기능 및 방법

① 여과제의 종류와 특성

여과제로 사용되는 섬유는 여과집진기의 사용목적과 공정에 따라서 목면(cotton), 양모(wool) 등의 천연섬유, 나이론, 올론(orlon), 폴리에스터 등의 화학섬유 및 흑연, 초자섬유(glass fiber), 철섬유 등의 광물성섬유 중에서 임의로 선택하여 사용할 수 있다.

천연섬유는 일반적으로 가격은 저렴하나 내열성이 약하여 약 100℃ 이하에서만 사용이 가능하다. 화학섬유는 천연섬유보다 다소 비싸나 천연섬유보다 내열·내화학성이 강하다. 흔히 사용되는 화학섬유로는 듀폰회사의 Nomax가 있으며, 내열성이 화학섬유 중 비교적 높고, 부식에 강

표 3.7 각종 여과제의 성질

여과제의 종류	최고 사용온도(℃)	내산성	내알칼리성	강도	흡습성(%)	가격비
목 면	80	불 량	약간 양호	1	8	1
양 모	80	약간 양호	불 량	0.4	1.6	6
사 란	80	약간 양호	불 량	0.6	0	4
데 비 론	95	양 호	양 호	1	0.04	2.2
비 닐 론	100	양 호	양 호	1.5	5	1.5
카네카론	100	양 호	양 호	1.1	0.5	5
오 론	150	양 호	불 량	1.6	0.4	6
나일론(폴리아미드계)	110	약간 양호	양 호	2.5	4.0	4.2
나일론(폴리에스테르계)	150	양 호	불 량	1.6	0.4	6.5
테 트 론	150	양 호	불 량	1.6	0.4	6.5
글라스화이버	250	양 호	불 량	1	0	7

하다. 온도가 높은 처리가스를 취급할 때에는, 이외에는 테프론(teflon)이나 초자섬유를 사용할 수 있으며 이들의 내구온도는 230~260℃이다. 이들 두 섬유는 또한 내산성이 강한 특징이 있으나 타섬유에 비해 다소 고가이다. 표 3.7은 여과제로 사용되는 각종 섬유에 대한 내열성, 내알칼리성, 부식성 및 여과자루를 만들었을 때의 가격 등을 비교한 것이다.

② 여과포의 모양

여과포의 모양은 원통형 여과백과 봉투형 여과백이 있다.

원통형 여과백은 그림 3.63과 같이 원통모양의 지지물에 여재를 감싼 자루모양의 형태이다. 함진 처리가스의 여과속도가 낮아 집진성능이 우수하고, 압력손실이 적고, 수명이 길다. 구조가 간단하고 보수 및 점검이 용이하며, 부착분진의 탈리가 용이한 특징을 가지고 있다.

그림에서 볼 수 있듯이 여과집진기는 여러 개의 여과백이 하우징(housing) 내에 설치된다. 처리가스의 온도가 높을 때는 이 하우징을 내화제로 처리하여 처리가스가 여과제 내에서 노점온도

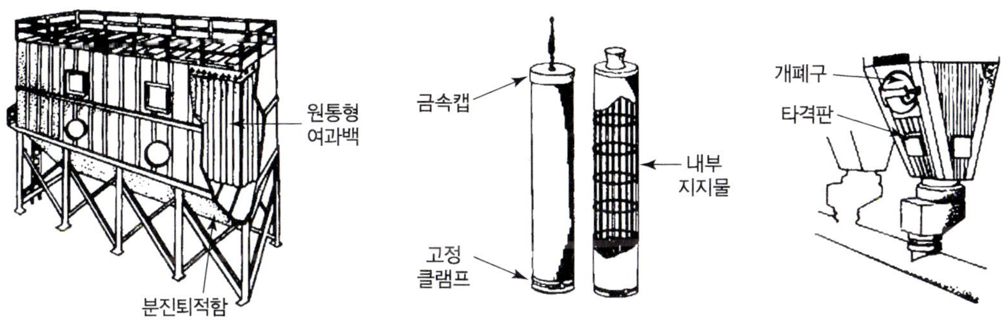

그림 3.63 원통형 여과백

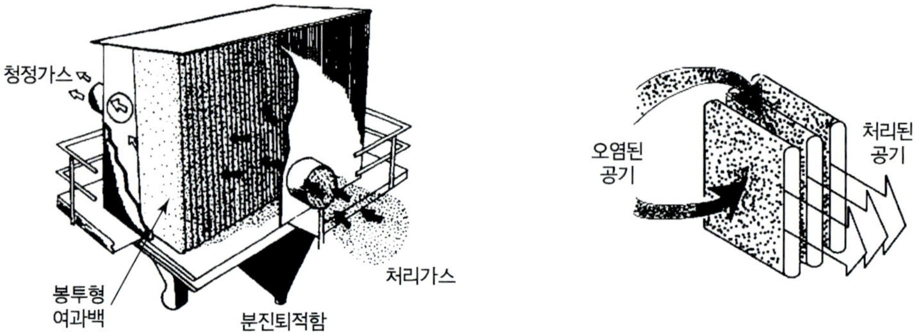

그림 3.64 **봉투형 여과백**

(dew point) 이하 냉각되어 산미스트나 수분응축이 일어나지 않도록 하여 여과백의 파손이나 하우징의 부식이 생기지 않게 한다.

분진퇴적함은 맨 아래에 퇴적분진 유출구가 있으며 위는 넓고 아래는 좁게 경사지게 하여 분진을 위에서 아래로 굴러떨어질 수 있는 모양을 하고 있다. 그리고 퇴적함 벽면에 부착된 분진을 쉽게 하부로 이동시키기 위해 망치로 타격하기 쉽도록 한 타격판과 청소, 수리 및 점검 등을 용이하게 하기 위하여 개폐구가 설치되어 있다.

봉투형 여과백은 그림 3.64와 같이 여포의 모양이 봉투 모양으로 되어있다. 여과백 간의 간격이 작아서 여과포와 처리가스의 접촉면적이 큰 특징을 가지고 있다. 그러나 여과포의 다공성을 유지시키기 위해 고속역류 주입이 필요하다.

③ 여과방식

여과집진기에서 여과백을 사용하여 여과할 때 처리가스가 여과백의 안쪽으로 유입되는지 또는 이와는 반대로 외부에서 집진되는지의 여부에 따라 내면여과와 외면여과로 구분되며, 그림 3.65에 나타내었다.

내부여과는 그림 3.65(a)와 같이 처리가스가 자루 안으로 유입되기 때문에 분진은 자루의 내면에 포집된다. 처리가스는 자루의 상부 또는 하부 중 편리한 쪽으로 유입시킬 수 있는데, 그림의 경우는 처리가스를 자루고정용 하부철판인 셀판(cell plate) 하부로 유입되는 방식이다. 셀판은 자루입구에 고정된 구멍이 일정간격으로 뚫어진 철판으로서, 이는 처리가스와 처리된 가스를 분리하는 역할을 한다. 내면여과는 저농도 · 소용량의 건식가스 처리 시 제한적으로 사용된다. 부착분진의 경우에는 제거가 곤란함으로 재사용이 불가하다. 팩케이지형 필터(package type filter) 및 방사분진용 공기필터 등에 사용된다.

표면여과에서 그림 3.65(b)와 같이 분진은 자루의 외부에 포집된다. 처리가스는 자루의 외면을 통하여 내부로 들어가기 때문에 백 케이지(bag cage) 등의 특수한 지지물을 여과백 안에 설치하여 사용해야 한다. 표면여과는 비교적 얇은 여과제를 사용하여 처음에 여과포에 부착된 1차분진

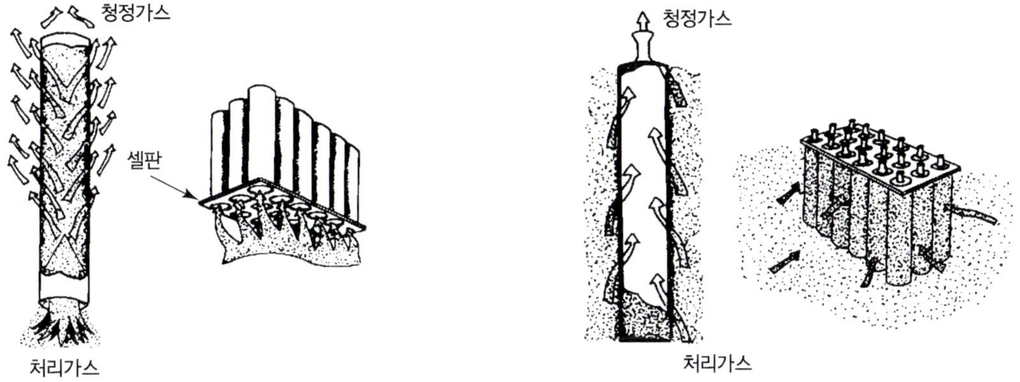

(a) 내부여과　　　　(b) 표면여과

그림 3.65 **여과방식**

층을 여과층으로 하여 미립자를 포집한다. 1차분진층을 제외한 분진층을 탈진하기 때문에 재사용이 가능하다. 산업용 배출가스 분진처리에 사용한다.

④ 분진분리 방식

포집분진층의 두께가 두꺼워지면 여과저항이 커져서 압력손실이 증가하며, 송풍기의 능력이 저하된다. 최고압력손실은 150 mmH_2O이며, 전후분진을 분리한다.

분진분리 기구는 간헐식과 연속식이 있다. 집진실의 압력손실은 그림 3.66과 같이 간헐식은 설정된 압력이 되면 탈진이 진행되므로 톱니모양의 형태가 지속되며 집진과 탈진이 순차적으로 이루어진다. 그러나 연속식은 단일집진실에서 탈진과 집진이 일정압력으로 지속되므로 집진실의 압력손실이 일정하다.

- 간헐식　집진실을 여러 개의 챔버로 구분하고, 챔버 하나씩 처리가스를 차단해서 순차적으로 부착된 분진을 분리하는 방식이다. 집진과 탈진이 각기 다른 챔버에서 이루어지기 때문에 재비산의 우려가 없어 집진효율 높다. 또한, 여과포의 수명이 연속식보다 길다.

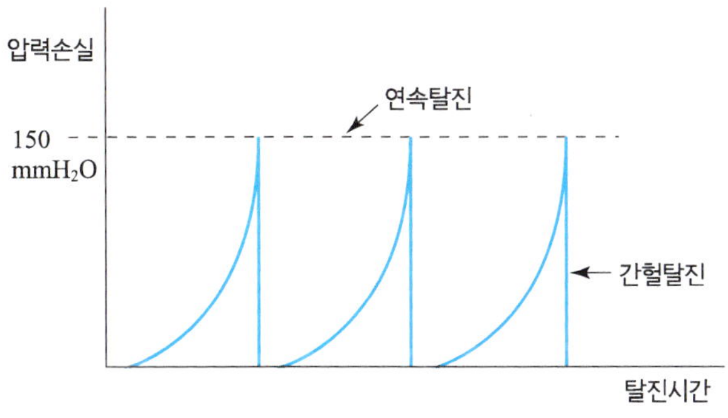

그림 3.66 **시간에 따른 압력손실 변화**

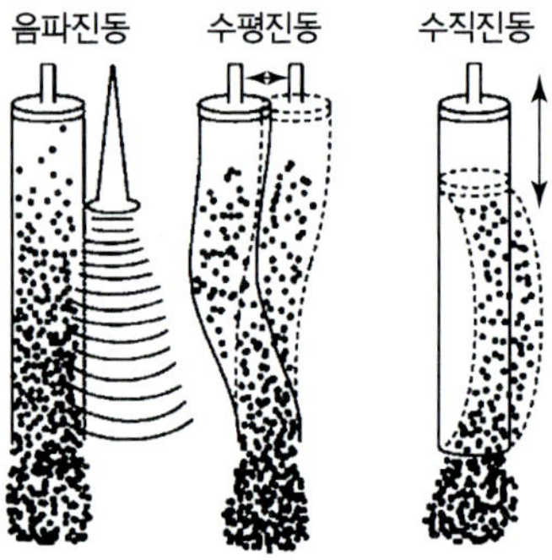

(a) 진동형 탈진

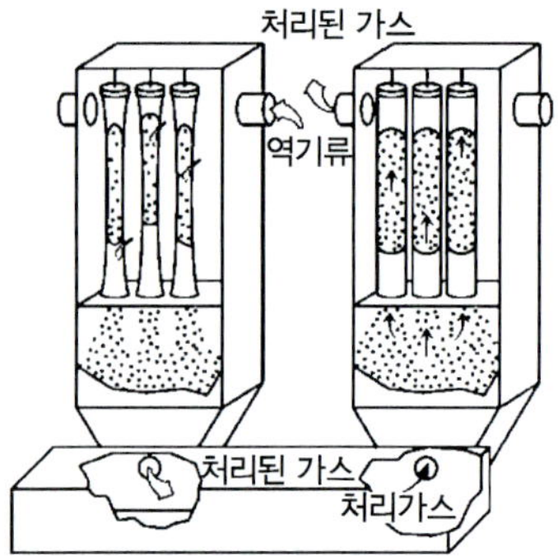

(b) 역기류형 탈진

그림 3.67 **간헐식 탈진방법**

간헐식 탈진방법은 진동형, 역기류형, 역기류진동형이 있다. 진동형은 여과백에 물리적 진동으로 탈진하는 방식으로 음파진동, 수평진동, 수직진동이 있다. 역기류형은 탈진 시 처리가스를 집진흐름의 반대로 하여 공기역학적으로 탈진하는 방식이다. 그리고 역기류진동형은 상기 두 가지 방법이 동시에 진행되는 형태를 말한다. 그림 3.67은 간헐식 탈진방법 중 진동형과 역기류형을 나타낸 것이다.

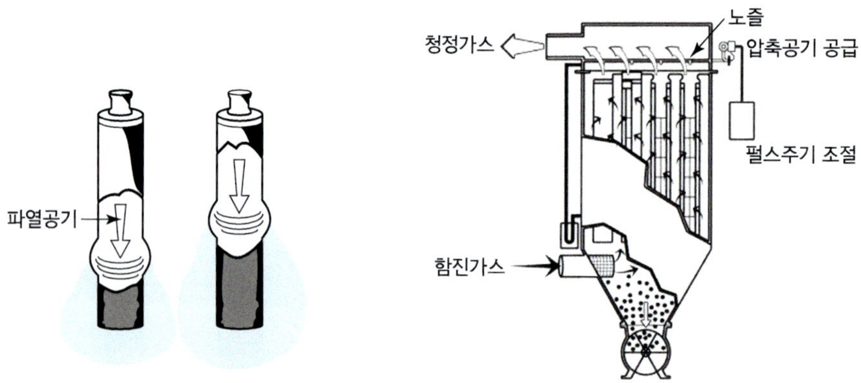

(a) 펄스 제트형 탈진

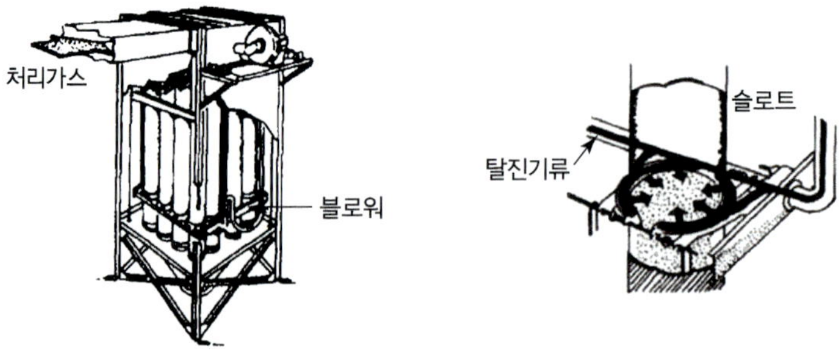

(b) 역기류분사형 탈진

그림 3.68 **연속식 탈진방법**

• 연속식 처리가스를 차단하지 않고 한 집진실에서 연속적으로 여과백을 탈진하는 방식이다. 함진가스 농도가 큰 가스처리에 적합하며, 보수와 유지관리가 편리하며, 포집과 탈착이 동시에 가능하다는 장점이 있다.

연속식 탈진방법은 그림 3.68에 나타낸 바와 같이 펄스 제트형(pulse jet type), 역기류분사형(repass jet type)이 있다.

4) 여과집진기의 형식 및 특성

여과집진기의 형식은 다양한 형태의 조합으로 이루어진다. 본 교재에서는 여포의 모양과 탈진방식에 따라서 원통식-진동형, 평판식-역기류형, 원통식-충격분사형으로 분류하여 설명한다.

• 원통식-진동형 그림 3.69는 여과백의 모양이 원통식으로 집진실 내에 약 70여 개의 원통형 여포가 내장되어 있다. 함진가스가 각각이 여과백 원통내부를 거쳐 통과하여 집진되는 내면여과 방식이다. 그리고 탈진방식은 탈진 시 집진이 중지된 상태에서 탈진되는 간헐식 탈진방식의 수평 진동형이다.

여과속도는 약 1~2 m/s인데 그 속도가 작을수록 집진효율이 높으며, 압력손실이 적고, 여과포의 수명이 길어진다. 또한 구조가 간단하여 보수와 점검이 용이하다. 그리고 탈진 시 진동기는 압력손실이 약 100 mmH_2O일 때 작동된다. 진폭은 10 mm이며, 진동수는 7 Hz(cycle/sec) 정도이다.

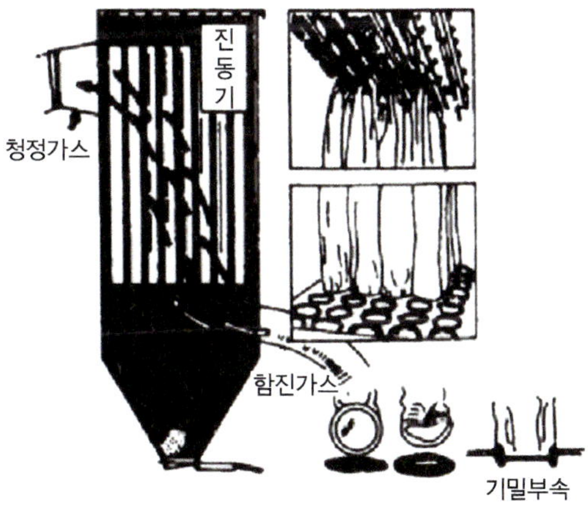

그림 3.69 **원통식-진동형 여과집진 장치**

• 평판식-역기류 분사형 그림 3.70은 사이클론 형태의 집진실 내에 봉투형 여과백이 원주방향으로 고정되어 있는 구조이다. 분진을 함유한 처리가스는 사이클론 집진기와 동일하게 원통의 접선방향으로 유입되어 원심력에 의해 거대입자가 집진된 후 여과백 표면으로부터 내부로 유입되어 미세입자가 포집되어 청정가스 상태로 배출되는 구조이다.

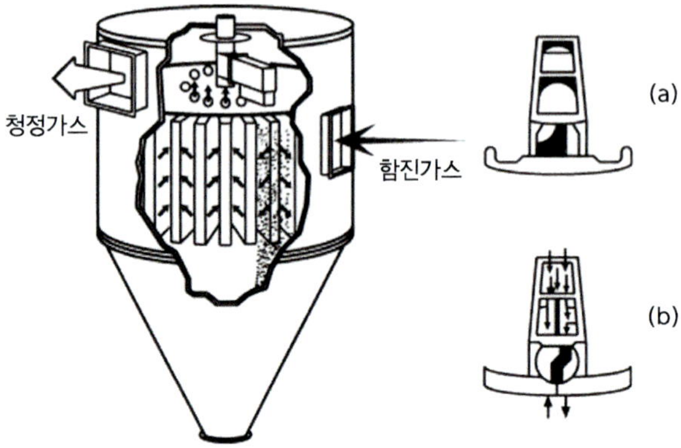

그림 3.70 **평판식-역기류분사형 여과집진 장치**

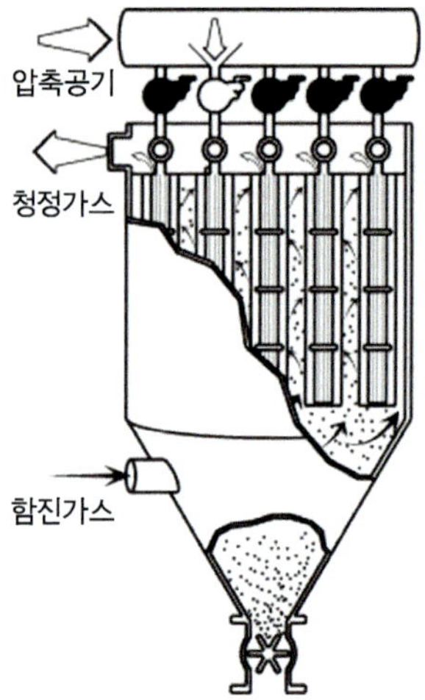

그림 3.71 **원통식-펄스 제트분사형 여과집진 장치**

탈진은 한 집진실 내에서 역기류 공급장치가 회전하면서 분사구가 여과백 선단에 순차적으로 연결되면서 분사되어 탈진되는 방식으로 연속식 탈진방식이다.

- 원통식-펄스 제트분사형 그림 3.71은 원통형 여과백이 집진실 내부에 설치되어 있고 그 여과백 상부로 압축공기가 공급되는 구조로 되어 있다.

  집진방식은 함진가스가 집진실 하부로 유입되어 여과백 표면에서 포집되어 청정가스로 배출되는 외면여과 방식이다. 탈진방식은 압축기로부터 압축된 공기가 전자변에 의해 일정한 시간 간격으로 조정되어 고압분사로 탈착되는 연속탈진 방식이다.

5) 여과집진기의 성능특성

① 여과속도

여과집진기에서 처리가스의 여과속도는 이미 언급된 바와 같이 집진특성에 큰 영향을 미친다. 그 여과속도는 식 (3.64)로 나타낼 수 있다.

$$V_f = \frac{Q}{A} \tag{3.64}$$

여기서, V_f는 여과속도(m/sec), Q는 처리가스의 양(m^3/sec), A는 여과포의 총면적(m^2)이다.

예제 3.3 함진 처리가스의 유량이 1,180 m^3/min이고, 집진 여과속도가 1.3 m/s이다. 여과백 직경이 18 cm이고, 유효높이가 1.5 m인 원통형 여과백을 사용할 때 필요한 여과백의 소요개수는 얼마인가?

해설 여과백의 소요개수를 구하기 위해서는 우선 전체 처리가스량에 대한 여과백의 면적(A)을 구하고, 여과백 한 개당 면적(a)를 구한다. 그리고 필요한 전체면적을 여과백 한 개의 면적으로 나누면 소요개수를 구할 수 있다.

- 문제조건 및 단위환산
  - 처리가스의 유량 $Q = 1{,}180\ m^3/min$
    $= 1{,}180/60\ m^3/s = 19.7\ m^3/s$
  - 여과속도 $V_f = 1.3\ m/s$
  - 여과백 직경 $d = 18\ cm = 0.18\ m$
  - 유효높이 $h_e = 1.5\ m$
- 전체 가스처리에 필요한 여과포면적

$$A = \frac{Q}{V_f} = 19.7/1.3 = 15.2\ m^2$$

- 여과백 한 개당 유효 여과면적

$$a = 3.14dh_e = 3.14 \times 0.18 \times 1.5 = 0.85\ m^2$$

- 여과백 필요개수

$$N = \frac{A}{a} = \frac{15.2}{0.85} = 18\text{개}$$

② 분진부하

분진부하는 여과백(bag filter)의 단위 여과면적당 누적분진의 양을 말한다. 분진부하는 식 (3.65)으로 나타낼 수 있다.

$$m = \frac{G_d}{A} \tag{3.65}$$

여기서, m은 분진부하(kg/m^2), G_d는 포집분진의 양(kg), A는 여과포의 면적(m^2)이다.

상기 식을 분진의 농도로 표현하면 식 (3.66)과 같다.

$$m = GV_f t = (Gi - G_o)V_f t \tag{3.66}$$

여기서, G는 단위부피당 포집분진량(kg/m^3), t는 집진 운전시간(s), G_i는 입구 함진농도(kg/m^3), G_o는 출구 함진농도(kg/m^3)이다.

예제 3.4 여과집진 시 입구의 함진농도가 10 g/m^{3}이고 출구의 함진농도가 0.5 g/m^{3}이다. 분진 여과속도가 1 cm/s이고 분진부하가 360 g/m^{2}일 때 집진 운전시간을 구하시오.

해설 분진의 농도로 표현된 분진부하를 구하는 식 (3.66)을 집진 운전시간에 대해 구하면 된다.

- 문제조건 및 단위환산
  - 분진부하 $m = 360\ \text{g/m}^2$
  - 분진 입구농도 $G_i = 10\ \text{g/m}^3$
  - 분진 출구농도 $G_o = 0.5\ \text{g/m}^3$
  - 분진 여과속도 $V_f = 1\ \text{cm/s} = 0.01\ \text{cm/s}$
- 집진 운전시간 $t = \dfrac{m}{(G_i - G_o)\,V_f} = \dfrac{360}{(10-0.5)\times 0.01} = 3{,}790\ \text{s} = 1.05\ \text{hr}$

③ 압력손실

집진기에서 압력손실은 처리가스를 공급하는 송풍기 동력비에 연계가 있다. 여과포의 압력손실은 식 (3.67)으로 나타낼 수 있다.

$$\Delta P = \Delta P_o + \Delta P_d \tag{3.67}$$

여기서, ΔP_o는 여포막의 압력손실, ΔP_d는 부착분진층의 압력손실이다.

여포막의 압력손실은 여제의 종류에 따라 다르다. 그리고 부착분진층의 압력손실은 다음과 같이 구해진다.

$$\Delta P_d = 180 \frac{\mu V_f L}{d_p^2} \frac{(1-\varepsilon)^2}{\varepsilon^3} \tag{3.68}$$

여기서, μ는 가스의 점도, L은 누적분진층의 두께, ε는 분진의 공극률이다.

④ 집진율

여과집진기의 효율은 집진특성상 이론적으로 정의를 내리기가 쉽지 않다. 따라서 실험식이 제안되어져 있는데, 그중 섬유직경과 처리할 분진직경에 대한 포집관계를 연구한 Freidlander에 의해 제안된 여제의 종류에 대한 분진집진율(η_i)은 다음과 같다.

$$\eta_i = \frac{K_d}{d_f^{1/2}\, d_p^{1/2}\, V_f^{1/2}} + \frac{K_i\, d_p^2\, V_f^{1/2}}{d_f^{3/2}} \tag{3.69}$$

여기서, η_i는 분진집진율, d_f는 여과포 올의 직경, d_p는 분진입경, V_f는 집진실 내의 처리속도, K_d와 K_i는 확산상수와 관성상수이다.

상기 집진율식에서 입자직경 d_p가 1 μm보다 작은 경우 η_i는 주로 첫 번째 항에 의하여 변하므로 이항을 확산포집의 항이라 한다. η_i를 크게 하려면 여과포 올과 분진의 입경 d_f와 d_p 그리고 처리속도 V_f를 가급적 작게 하여 확산효과와 정전효과를 증가시킨다. 한편 d_p가 1~10 μm 이상인 경우에 η_i를 크게 하려면 d_p와 V_f를 크게 하여 관성을 증가시켜야 하며, 이런 의미에서 제2항을 관성포집에 관한 항이라고 한다.

6) 여과집진기의 특징과 효율향상 조건

- 여과집진기의 장점과 단점 여과집진기의 장점으로는 건식집진이 가능하며, 압력손실이 100~200 mmH_2O로 비교적 적으며, 0.1~1.0 μm 크기의 미립자에 대한 집진율이 우수하다. 취급이 용이하며 대량의 가스처리가 가능하고, 회수가치가 있는 분진의 건조포집이 가능하다.

  그러나 습분의 눈막힘 현상이 발생하여, 여과속도에 영향을 크게 받아 적응성을 떨어뜨린다. 고온에 부적당하고, 여포손상으로 인해 보수관리 유지비가 많이 든다. 폭발성, 점착성의 분진을 제거하기가 곤란한 단점이 있다.
- 여과집진기 효율향상조건 겉보기 여과속도가 작을수록 미세한 입자를 포집하기 유리하며, 간헐식 털어내기 방식은 높은 집진율을 얻는 경우에 적합하며, 연속식 털어내기 방식은 고농도의 함진가스 처리에 적합하다. 매연의 성상과 분진분리 기구에 적합한 여과포재를 선택해야 하며, 필요에 따라 유리섬유의 실리콘처리, 합성섬유의 열처리 등을 해야 한다. 여포의 파손 및 온도·압력 등을 상시 파악하여 기능의 손상을 방지해야 한다.

(6) 전기집진기

1) 원리

전기집진 장치는 직류고전압을 사용하여 집진극을 양극(+), 방전극을 음극(-)으로 불평등전계를 형성하고, 이 전계에서 코로나(corona) 방전을 이용하여 함진가스 중의 입자에 전하(-)를 충전하여 대전입자를 쿨롱력(Coulomb force)에 의하여 집진극에 분리포집하는 장치이다.

① 집진작용력

집진작용력으로는 전기력, 확산력, 관성력, 중력이 있다. 전기력은 전기장 내에 전하를 가지고 있는 물체 사이에 작용하는 힘이다.

전기력은 쿨롱력에 의해 두 대전체 사이에 작용하는 힘으로 두 대전체의 전기량 q_1, q_2의 곱에 비례하고 두 대전체 사이의 거리 r의 제곱에 반비례한다. 다음 식 (3.69)으로 나타낼 수 있다.

$$F_e = \frac{q_1 \cdot q_2}{r^2} \tag{3.69}$$

전기력은 다음 식 (3.70)과 같이 전기장의 세기로도 표현된다.

$$F_e = q \times E \tag{3.70}$$

여기서, F_e는 전기력(N), q는 전기량(C), E는 전기장의 세기(N/C)이다.

② 분진포집 기전

• 보어의 가설 보어의 가설은 전자가 궤도를 옮길 때, 그의 에너지차와 같은 에너지를 가지는 전자기파(E(광자에너지)$= h$(플랑크수)$\times \nu$(진동수))를 방출 또는 흡수한다는 이론이다. 그림 3.72는 전자의 운동을 나타낸 것이다.

전자의 운동에는 기저상태와 여기상태가 있다. 기저상태는 원자핵에 가장 가까운 전자가 가장 작은 에너지를 가지는 안정된 상태이며, 여기상태는 기저상태에 있어야 할 전자가 에너지 보다 큰 궤도에 옮겨갔을 때의 불안정한 상태를 말한다.

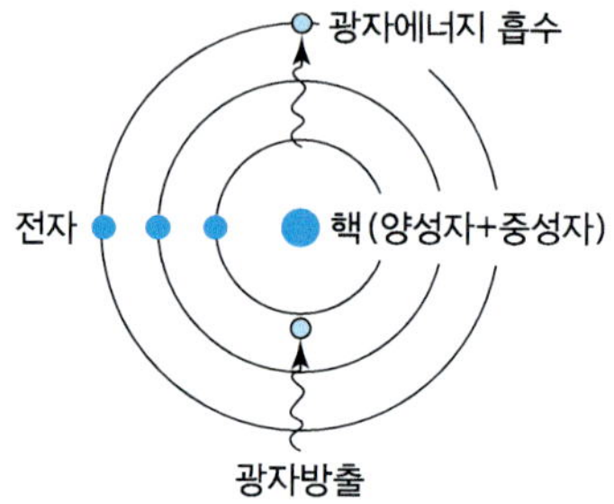

그림 3.72 **전자의 운동**

• 코로나 방전 코로나 방전(corona discharge)은 전기방전의 일종으로 고전압으로 연결된 전극 주변에 있는 가스분자의 전기적 파괴현상을 말한다. 전극주위의 가스가 전기적으로 파괴되어 형광(luminous glow)을 발생시키며, 전극극성에 따라 양극 코로나(positive electrode corona)와 음극 코로나(negative electrode corona)로 구분된다. 그림 3.73은 코로나 발생을 나타낸 것이다.

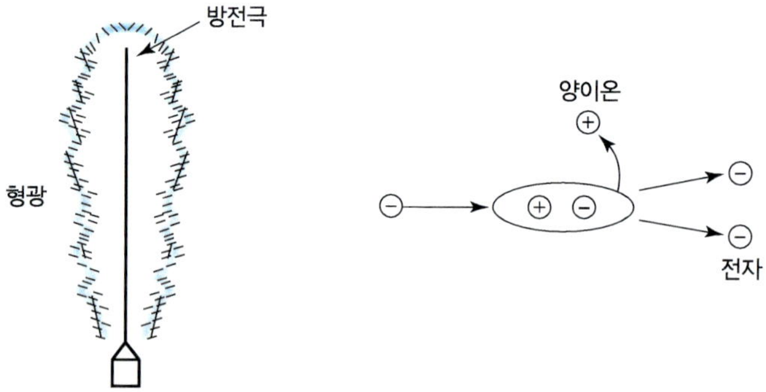

그림 3.73 **코로나 발생**

• 코로나 영역과 극간영역 코로나 영역(Corona region)은 강한 전계로 인해 가스 내 전자를 가속시킨다. 가속된 자유전자에 의해 충돌된 분자는 양이온으로 되면서 전자를 방출하고, 자유전자가 증배되어 가스분자를 이온화시킬 수 없을 때까지 지속되는데, 이를 아벨렌체 증배(Avalanche multiplication)라고 한다. 그림 3.74는 아벨렌체 증배를 나타낸 그림이다.

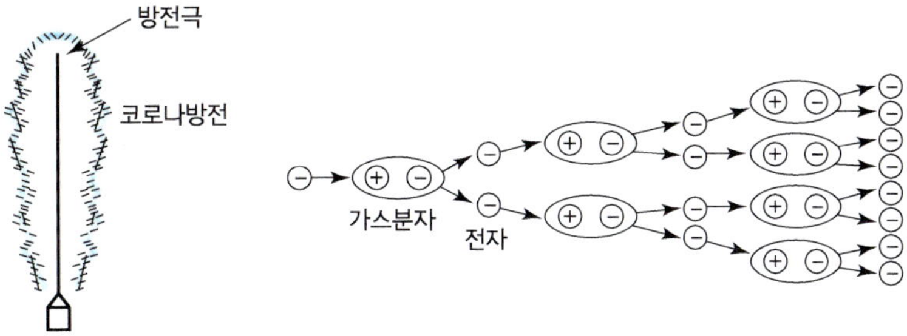

그림 3.74 **아벨렌체 증배**

극간영역(inter electrode region)은 코로나 범위를 벗어나면 아벨렌체 증배과정에서 발생된 자유전자는 집진극으로 향하여 이동하는 전자군의 흐름이 형성된다. 이 흐름은 전기장강도가 코로나 영역보다 작아 자유전자 속도가 감소하게 되고, 전자충돌 시 속도가 작아 전장방출로 인한 이온화가 되지 못하고 가스분자 표면에 흡착되어 음이온 가스분자를 형성한다. 그림 3.75는 극간영역 내에서 가스분자의 이온화를 나타낸 것이다.

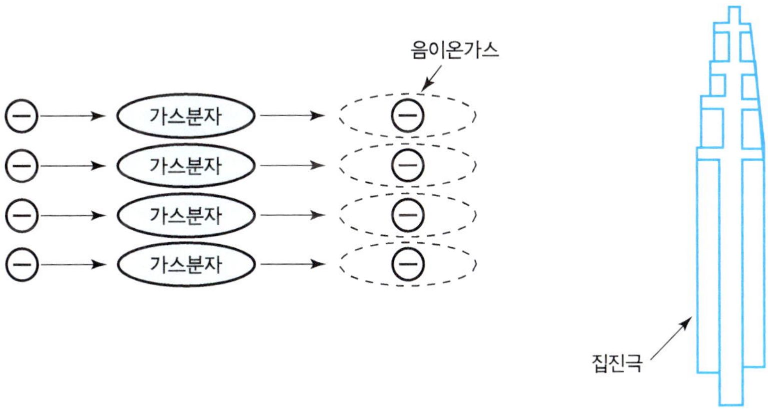

그림 3.75 **극간영역 내에서 가스분자의 이온화**

• 분진입자의 충전 충전은 극간영역과 코로나 영역에서 나타난다. 극간영역에서는 전계충전(field charge)과 확산충전(diffusion charge), 코로나 영역에서는 전자충전(electron charge)이 일어난다.

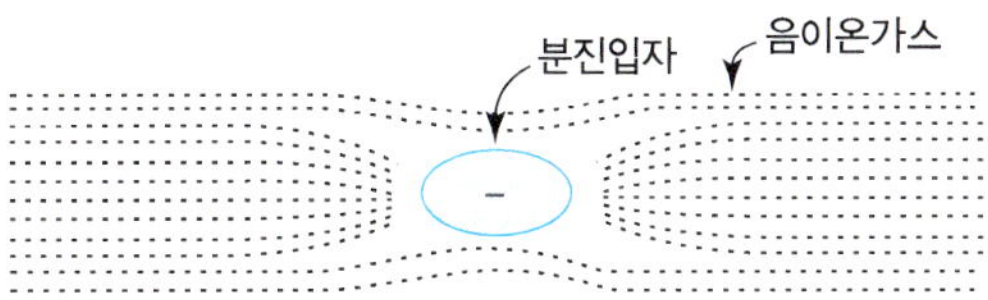

그림 3.76 **입자에 의한 전계의 변화**

전계충전(field charge)은 입경이 1 μm 이상인 입자의 충전을 말하며, 입자가 전기장 내에서 국소적으로 전계혼란을 일으킨다. 음전기를 띤 가스이온이 전력선을 따라 이동하다가 입자에 충돌·흡수되어 입자충전이 일어난다. 전자포화 상태가 되면 음이온과 입자는 더 이상 충돌을 하지 않으며, 입자는 집진극에 포집된다. 그림 3.76은 입자에 의한 전계의 변화를 나타낸 것이다.

확산충전(diffusion charge)은 입경 0.3 μm 이하의 입자에서 현저하게 일어나며, 음전기를 띤 가스이온이 입자의 브라운운동에 의해 분진입자로 흡수되어 충전된다. 온도가 높을수록 브라운운동은 증가한다.

전자충전(Electron charge)은 코로나 영역에서 자유전자가 분진 입자에 매우 빠른 속도로 충돌 흡착하여 분진이 충전되는 것으로 전기집진기에서 드물게 일어난다.

- 전기집진기 포집기전　그림 3.77은 전기집진기의 포집기전을 나타낸 것이다. 상기에 언급된 내용을 정리하여 포집기전을 설명하면 다음과 같다.

코로나 영역에서는 전극 간에 가해지는 전압이 전리전압 이상이 되면 중성 가스분자는 다음과 같이 (+)가스이온과 (−)전자가 된다. 양이온 가스분자는 방전극에 충돌하여 다시 전자를 방출한다. 방전극 근처에서 생긴 전자는 집진극(+)으로 이동하면서 가스분자에 충돌하여 전리를 반복하여 전자(−)를 생성하는 아벨렌체 증배가 일어난다. 일부전자는 분진에 직접 충돌하여 음이온 분진으로 충전하여 전자충전이 일어나게 된다.

극간영역에서는 전자는 양극인 집진극에 향하면서 중성 가스분자에 충돌 부착하여 음이온 가스분자를 형성하게 된다. 음이온 가스분자는 분진에 충돌·흡수되어 음이온 분진으로 충전하여 전계충전과 확산충전이 일어나게 된다. 그 후 충전된 음이온 분진은 집진전극으로 향하여 집진된다.

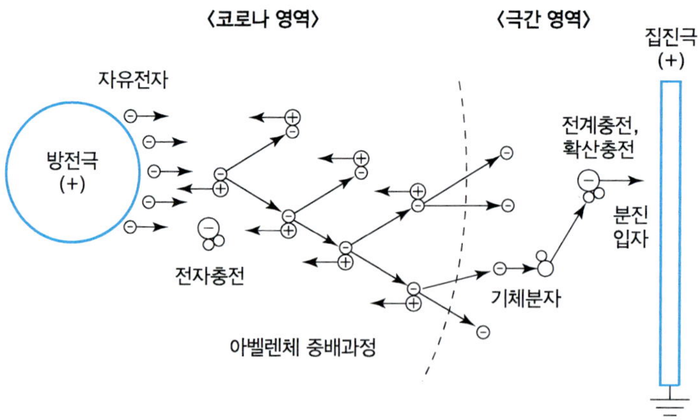

그림 3.77 전기집진기 포집기전

③ 전기장 내 입자 분리속도

전기장 내를 스토크의 법칙이 적용되는 영역으로 가정한다. 즉, 분진의 입경이 3~100 μm이고, 저속으로 운전하며, 관성력이 무시되고 점성력의 지배를 받는 상태일 때이다.

입자의 분리속도(V_e)는 서로 반대방향으로 작동되는 하전된 입자의 쿨롱력(F_e)과 가스유체의 저항력(F)을 같이 놓고 구한다.

• 입자의 쿨롱력 다음 식 (3.71)으로 나타낼 수 있다.

$$F_e = q \cdot E = n e_0 \cdot E \tag{3.71}$$

여기서, F_e는 대전입자의 쿨롱력(dyne), E는 전계강도(dyne/CGS esu), q는 하전량(전하량)(CGS esu), n은 하전수(전하수), e_0는 하전(전하)(4.8×10^{-8} CGS esu)이다.

• 가스의 저항력(F) 식 (3.72)로 나타낼 수 있다.

$$F = C_D \left(\frac{\rho V_e^2}{2} \right) A_p / K_m \tag{3.72}$$

여기서, F는 가스저항력(dyne), C_D는 항력계수(층류일 경우 : $\left(\frac{24}{R_e}\right)$), ρ는 가스밀도(g/cm^3), V_e는 입자 분리속도(cm/s), A_p는 입자 투영면적(cm^2), K_m은 커닝험계수(Cunningham's coefficient)이다.

식 (3.72)을 다시 정리하면 식 (3.73)으로 나타낼 수 있다.

$$\begin{aligned} F &= \frac{24}{R_e} \left(\frac{\rho V_e^2}{2} \right) \left(\frac{\pi}{4} d_p^2 \right) / K_m \\ &= \frac{\mu 24}{\rho V_e d} \left(\frac{\rho V_e^2}{2} \right) \left(\frac{\pi}{4} d_p^2 \right) / K_m \\ &= 3\pi \mu d_p V_e / K_m \end{aligned} \tag{3.73}$$

여기서, μ는 가스의 점도(poise), d_p는 입자의 직경(cm)이다.

• 입자의 분리속도 입자의 분리속도를 구하기 위해 입자의 쿨롱력(F_e)과 가스의 저항력(F)인 식 (3.71)과 식 (3.73)을 같이 놓고 분리속도(V_e)를 구하면 식 (3.73)과 같다.

$$V_e = \frac{n e_0 E}{3 \pi \mu d_p} \cdot K_m \tag{3.74}$$

커닝험계수(K_m)는 입자의 직경변화에 대한 항력차를 보완하는 보정계수이다. 즉, 입경이 작을 경우 유체와 접촉면적이 작아 저항력이 덜 받는 것으로 해석할 수 있고, 항력이 그 만큼 작아야 한다. 결과적으로 K_m은 입경이 작을수록 항력(F)가 작아야 하므로 항력계수(K_m)는 증가한다.

④ 전기집진기 미세입자 포집기전

전기집진기는 다른 집진기에 비해 상대적으로 미세입사 집진이 가능한데 이는 분진입자가 충전되어 전하를 때기 때문이다. 입자의 전하수(n)는 표 3.8에 나타낸 바와 같이 입자의 직경(dp)이 작을수록 작아진다. 그러나 미세입자의 경우 그 차이가 적어 입자의 직경이 약 1 μm에서는 $\frac{n}{d}$의 값이 거의 일정하다.

따라서 입자 분리속도(V_e)는 식 (3.73)에서 볼 수 있듯이 $\frac{n}{d}$ 관계보다는 커닝험계수(K_m)에 비례하는 것을 알 수 있다. 결과적으로 커닝험계수는 이미 언급된 바와 같이 입자직경이 작을수록 가스의 점성저항이 작아져 K_m이 커지게 되어 입자 분리속도가 커지게 된다. 따라서 전기집진기는 작은 입자포집 시 집진율은 감소하지 않는 것을 알 수 있다.

표 3.8 **미립자의 전하수**

$d_p(\mu m)$	n	$\frac{n}{d}$	$d_p(\mu m)$	n	$\frac{n}{d}$
0.1	10	100	2.5	655	266
0.5	50	100	5	2,620	542
1	105	105	10	10,470	1,047

2) 전기집진기의 분류

전기집진기는 하전방식, 집진극의 형태, 탈진방식에 따라 분류될 수 있다.

① 하전방식에 따른 분류

전기집진기 하전방식에 따라 1단 하전방식인 고전압 1단집진기와 2단 하전방식인 저전압 2단 집진기로 분류된다.

- 고전압 1단집진기 그림 3.78과 같이 하전작용과 집진작용이 동일 전계 내에서 일어난다. 즉, 함진 처리가스가 고전압 직류 코로나를 통하여 지나가면 우선 기체분자가 이온화되고, 이어서 입상물질에 충전하여 (−) 전하를 가지게 된다. 일단 (−)로 하전된 입자는 (+)극으로 이동하여 수집된다.

  분진 하전전하는 집진극에 수집 순간에 중화되므로, 두드리거나 씻어 내거나 또는 단순한 중력에 의하여 수집표면에서 제거할 수 있다. 전기집진기를 사용하여 폐가스 흐름에서 입상물

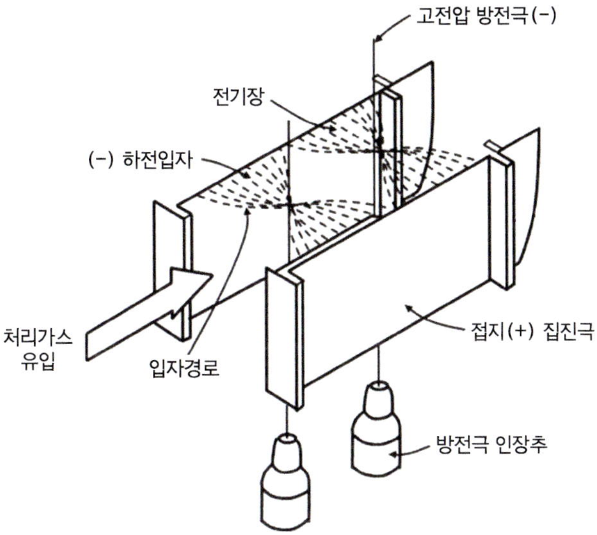

그림 3.78 1단하전식 전기집진기

질분리에 사용되는 에너지는, 다른 대부분의 집진 또는 조절기구에서와는 달리 기체흐름 자체가 아니라 입상물질만에 의하여 소비된다.

고전압 1단집진기는 코트렐 집진기(cottrell electrostatic precipitator)로 알려진 것으로 집진 방지장치로 가장 널리 쓰이고 있다. 30~100 kV에서 운전하는데, 석탄연소 보일러(utility boiler)와 같은 대규모 공업 플랜트에 사용된다. 또한 그 구조가 간단하고 성능이 우수하기 때문에 현재 각종 산업용 플랜트에서 발생되는 액상 및 고상입자의 방지하는 산업용 방지기계로서 많이 사용되고 있다.

집진이 고전압 동일전계에서 하전과 집진을 하기 때문에 재비산방지에 유효하지만 역전리 억제가 힘든 단점이 있다.

- 저전압 2단집진기 그림 3.79와 같이 집진판 앞에 별도의 이온화 영역(ionizing zone)이 존재하여 하전부와 집진부로 분리되어 있는 구조이다.

방전극으로 사용되는 와이어는 평행접지판의 2.5~5 cm 앞에 있다. 이 선 사이에서의 코로나 방전(corona discharge)이 생성되어 이곳을 지나가는 처리가스 흐름 중의 부유입자가 하전된다. 접지집진판(grounded collection plate) 사이의 간격은 2.5 cm 미만이며, 교대로 (+) 및 (−)로 유지된다. 즉, 하전부에서 (−)로 충전된 입자는 집진부에서 (−)극을 띤 집진판에서 집진된다.

하전부와 집진부와의 전계가 분리되어 있어, 비교적 함진농도가 적은 배기처리에 사용된다. 또한 역전리는 일어나지 않지만 재비산먼지를 그대로 배출시킨다. 주로 훈연실, 파이프도장, 아스팔트 처리, 공기청정기 등에서 발생되는 오염물질의 포집에 사용된다.

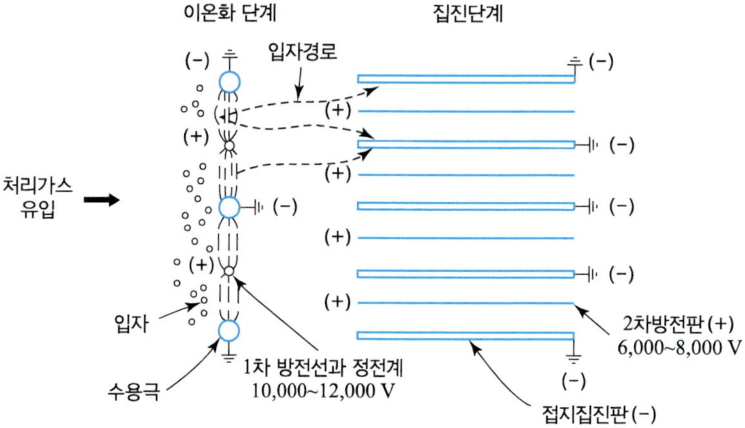

그림 3.79 **2단하전식 전기집진기**

② 집진극 형태와 집진효율

- 전기집진기의 집진극 집진방식에 따라 분류하면 그림 3.80에 나타낸 바와 같이 평판형과 관형이 있다. 평판형 집진기는 주로 중대용량에 많이 사용되고, 원통형 집진기는 중소형에 많이 사용된다.

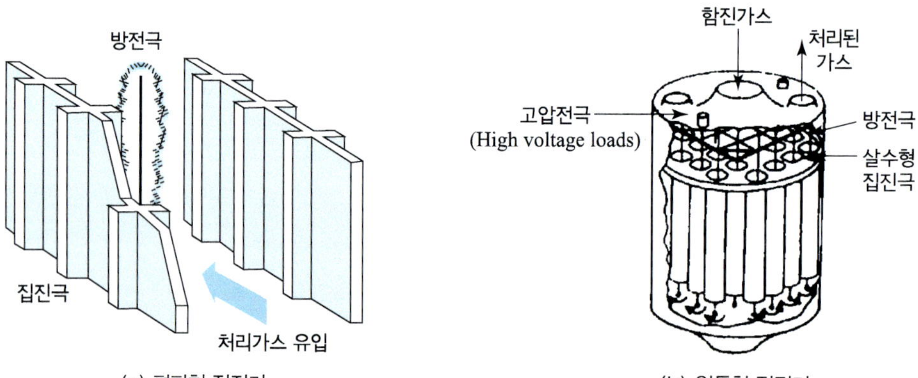

(a) 평판형 집진기 (b) 원통형 집진기

그림 3.80 **집진극의 형태와 종류**

- 전기집진기의 집진효율은 위에 언급된 집진극 형태에 따라 다른데, 평판형 집진기와 관형의 집진효율은 각각 식 (3.75), (3.76)과 같은 실험식으로 나타낼 수 있다.

$$\eta = 1 - e^{-K\frac{V_e L}{V_0 B}} \tag{3.75}$$

$$\eta = 1 - e^{-K\frac{4 V_e L}{V_0 D}} \tag{3.76}$$

여기서, V_e는 입자 분리속도(m/sec), L은 집진극의 처리가스 흐름방향의 전 유효길이(m), V_o는 처리가스 평균속도(m/sec), B는 평판형 집진극 사이의 거리(m), D는 관형 집진극의 직경(m), K는 전극의 기하학적 형태, 응집, 재비산 등에 의한 보정계수를 나타낸 것이다.

상기 실험식을 더치-엔더슨(Deuche-Enderson)식으로 정리하면, 평판형 집진기는 식 (3.77)과 같이 되고, 원통형 집진기는 식 (3.78)과 같다. 단, 이 식들은 다음 가정 하에 이루어진다. 래핑(Rapping) 시 분진재비산 무시, 처리가스와 분진입자의 이동속도 동일, 장치 내 모든 가스속도 동일, 분진 퇴적함으로부터 재비산이 없는 조건으로 한다.

$$\eta = 1 - e^{\left(\frac{-A V_e}{Q}\right)} \tag{3.77}$$

여기서, A는 집진극단면적(m^2), Q는 처리가스량(m^3)이다.

$$\eta = 1 - e^{\left(-\frac{2 V_e L}{R V_0}\right)} \tag{3.78}$$

여기서, R은 원통의 반경(m)이다.

예제 3.5 전기집진기에서 분진을 함유한 처리가스가 집진극 판의 면적(A)이 15 m^2인 사이를 유량(Q) 10 m^3/s으로 통과하고 있다. 이때 입구의 함진농도(C_i)가 50 g/m^3이고 출구의 함진농도(C_o)가 0.214 g/m^3일 때, 입자 분리속도(V_e)를 구하시오.

해설 집진기입구와 출구농도에 근거한 일반집진율식과 전기집진기의 더치-엔더슨(Deuche-Enderson) 집진율식 식 (3.76)을 같이 놓은 상태에서 입자분리속도를 구한다.

- 함진농도에 의한 집진율 계산

$$\eta = 1 - \frac{C_o}{C_i} = 1 - \frac{0.214}{50}$$

- 더치-엔더슨식에 의한 집진율 계산

$$\eta = 1 - \exp\left(-\frac{A V_e}{Q}\right) = 1 - \exp\left(-\frac{15 V_e}{10}\right)$$

- 두 식을 같이 놓고 입자 분리속도 계산

$$1 - \frac{0.214}{50} = 1 - \exp(-1.5 V_e)$$

$$\frac{0.214}{50} = \exp(-1.5 V_e)$$

$$\ln 0.214 - \ln 50 = -1.5 V_e$$

$\Rightarrow$ 입자 분리속도 : $V_e = 3.64$ m/s

③ 역전리와 재비산현상

분진에 작용하는 고유저항(resistivity)을 전기저항이라 하며, 단위의 경우 Ω·cm를 사용한다. 전류밀도는 전류가 흐르는 방향으로 수직인 단위면적을 통과하는 전하량을 나타낸다. 즉, 분진층의 전기저항(Ω·cm)을 ρ_d, 코로나 전류 밀도(A/cm^2)를 i라 하면 분진층 전계강도(V/cm) E_d는 $E_d = \rho_d \times i$로 나타낼 수 있다.

전기집진기에서 집진율감소에 영향을 미치는 현상 중 역전리와 재비산형상이 있다.

- 역전리 분진의 전기저항이 클 때 발생되는 현상으로 집진판에 포집된 분진이 전자를 잃지 않고 일정 두께를 유지하며 부착되어 있는 상태이다. 이때 만일 전기장의 강도가 분진층 전계강도 E_d보다 초과하면 분진층의 절연파괴로 인해 집진극으로부터 (+) 방전극으로 역코로나가 발생되는데, 이를 역전리현상이라 한다. 다음 그림 3.81은 역전리 현상을 나타낸 그림이다.
- 재비산 분진의 전기저항이 작을 때 발생되는 현상이다. 집진극에 포집된 분진은 자체 하전을 유지하지 못하고 전자를 잃어 비산되는 현상이다.

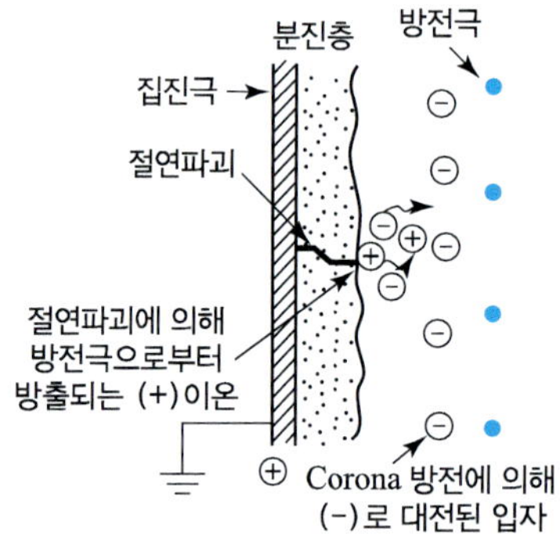

그림 3.81 역전리 현상

④ 탈진방식의 분류

전기집진기 탈진방식은 습식과 반습식 그리고 건식이 있다. 습식은 집진극표면에 연속하여 수막을 이루며, 포집분진을 이것에 의해 흘러내리게 만든 구조이다. 반습식은 스프레이식에 의해 일정한 간격으로 집진극의 표면에 물을 분무시켜 분진의 재비산을 막는 방법이다. 건식은 물을 사용하지 않고 물리적인 타격에 의해 탈진이 이루어진다.

습식의 특징으로는 집진극면이 항상 청결하게 유지되며, 강전계를 얻을 수 있다. 분진의 전기저항이 높기 때문에 생기는 역전리나, 작은 전기저항 때문에 생기는 재비산을 방지할 수 있다. 처리가스 속도는 건식에서는 1~2 m/sec이지만 습식에서는 2~4 m/sec로 2배 정도 높일 수 있다. 그러나 다량의 폐기물 처리가 문제가 되는 단점이 있으며, 그 대책으로 농축된 폐기물을 제진장치 입구가스의 폐열을 이용하여 건조시켜야 한다.

3) 분진의 전기저항과 집진율

분진의 전기저항이 전기집진 장치의 성능, 즉 집진율에 큰 영향을 미친다. 분진의 전기저항(Ω·cm), 집진율(η), 충전전류(I)와의 관계는 그림 3.82와 같다. 분진의 전기저항, (－)대전입자, (＋)집진극에 생긴 대전입자의 중화현상을 그림 3.83에 나타내었다.

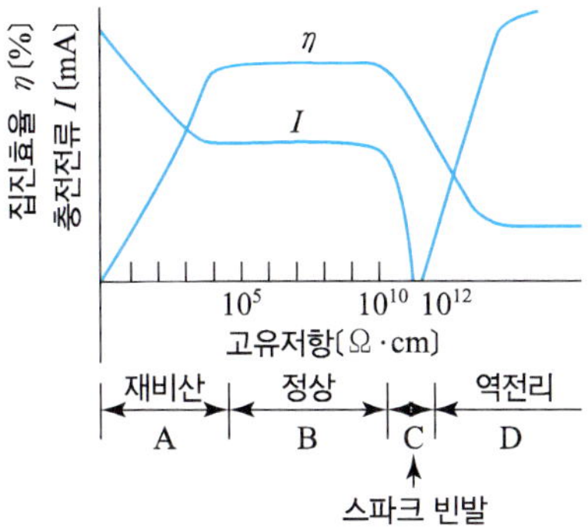

그림 3.82 **분진의 전기저항과 집진율**

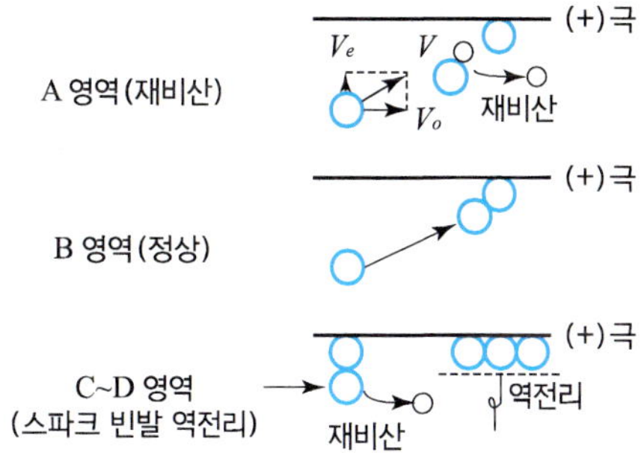

그림 3.83 **대전입자의 중화**

전기집진기에서 입자의 전기저항에 따른 특성은 다음과 같다.

- 10^4 Ω·cm 이하(A 영역 : 재비산) 집진극에 흡착된 대전입자의 중화가 빠르고 포집된 분진의 재비산이 일어난다. 이것을 방지하기 위하여 습식 또는 반습식의 탈진을 이용하는 것이 필요하다. 카본블랙(carbon black)이 전기저항도가 낮은 예이다.
- $10^4 \sim 10^{10}$ Ω·cm(B 영역 : 정상) 포집된 분진의 중화속도가 적절하므로 이상적인 전기집진이 이루어질 수 있다.
- $10^{11} \sim 10^{12}$ Ω·cm(C 영역 : 스파크 빈발 & 역전리 시작) 집진극면에서의 분진층의 양단 사이의 전위차가 높게되고 이 부분에서 절연파괴를 일으키므로, 집진극 측에서 (＋)코로나가 발생한다. 이 현상을 역전리라고 한다. 이 (＋)코로나는 스파크를 자주 일으키고 스파크 전압이 떨어져 집진율이 저하된다.
- 10^{12} 이상(D 영역 : 역전리) 스파크 발생은 없으나 포집분진층의 전면에서 절연파괴를 일으킨다. 인광(phosphorescence)을 일으키고 큰 (＋)코로나 전류가 흐르며, 집진에 필요한 (－)코로나는 없다. 이러한 역전리를 방지하기 위해서 처리가스에 물 또는 수증기를 주입하여 습도를 올리거나 온도를 내리는 것이 좋다.

4) 전기집진기 설계변수

전기집진기를 설계할 때 고려해야 할 설계변수(design parameters)에는 분진의 비저항(resistivity), 비집진면적(specific collection area), 집진기의 형상비(aspect ratio), 집진극의 깊이 등이 있다.

① 분진의 비저항

분진입자의 비저항은 포집분진 단위량(두께 1 cm, 단위면적 1 cm^2 내의 포집분진)이 갖는 전기저항으로서, 단위길이당의 저항(Ω/cm)으로 나타낸다. 비저항은 분진 내 전하이동에 대한 저항으로 생각할 수 있다. 표 3.9는 비저항의 정도에 따른 비저항 범위를 나타내었다.

표 3.9 **비저항범위**

비저항	비저항정도
10^4~10^7(Ω/cm)	저비저항(low resistivity)
10^7~10^{10}(Ω/cm)	정상비저항(normal resistivity)
10^{10}(Ω/cm) 이상	고비저항(high resistivity)

- 저비저항(low resistivity) 비저항이 낮은 입자는 쉽게 대전된다. 그러나 집진극에 도달하면 저항이 낮기 때문에 대전된 전하를 집진극에 쉽게 빼앗겨 전기적으로 중성이 되기 때문에 서로 이상 집진극에 붙어 있지 못하고 재비산된다. 연소 시 발생되는 비산재(fly ash), 카본블랙 등은 비저항이 낮다.

  비저항이 낮은 입자의 재비산을 방지하기 위하여 집진극에 배플(baffle)을 설치하든가, 또는 암모니아(NH_3) 증기를 가하여 정상비저항으로 만들기도 한다. 이는 암모니아가 황산(H_2SO_4)과 반응하여 황산암모늄을 형성하고 이 황산암모늄이 저항을 증가시키는 역할을 하기 때문이다. 그 외 전기전도도가 높은 입자는 사이클론으로 예비처리하는 것도 방법일 수 있다.
- 정상비저항 정상비저항(normal resistivity)을 갖는 분진은 집진극에 도달하여도 대전전하를 쉽게 잃어버리지 않으므로 분자간 인력 및 응집에 의하여 집진층을 형성한다.
- 고비저항 고비저항(high resistivity) 분진은 자유전자에 의한 대전이 어렵고, 일단 대전되면 집진극에 포집되어도 쉽게 전자를 집진극에 주지(방전) 못한다. 그러므로 집진극에 포집된 분진은 계속 누적되어 분진층을 형성한다. 포집층표면은 전자밀도가 증가하여 높은 음전하를 띤다(충전). 포집층의 내부는 전기적으로 중성이며, 집진극은 접지(상대적으로 양전압)되어 있으므로 역코로나(back corona)를 일으킨다. 코로나 방전으로 인하여 포집분진층은 전기적으로 파괴되고 역코로나가 발생한 곳은 작은 구멍이 생긴다. 이때 분진포집층에서 양이온이 발생하며, 이 양이온은 음극(방전극)을 향하여 가속되므로 방전극의 이온생성이 감소하게 되어 집진효율이 낮아진다.

  분진의 고비저항은 처리가스의 수분함유량이나 온도조절에 의하여 조절할 수 있다. 처리가스 내의 수분함유량이 증가하면 비저항은 감소된다. 온도를 조절하거나 수분을 가하여 비저항을 조절할 경우는 처리가스의 노점 이상으로 유지하지 않으면 부식이 일어난다. 고비저항 개선제로서 SO_3 외에도 황산, 암모니아, 소금, 소다회 등이 사용된다. SO_3나 NH_3가 퇴적된 분진에 흡착되어 전해질로 작용하므로 비저항이 감속한다. 그 외 집진면적이 증가하여 분진층의 두께를 감소시키거나, 타격빈도를 높여 집진층의 두께가 증가하는 것을 방지한다.

그림 3.84는 온도와 습기가 비저항에 미치는 영향을, 그림 3.85는 석탄의 유황함유량과 비산재 비저항을 나타낸 것이다.

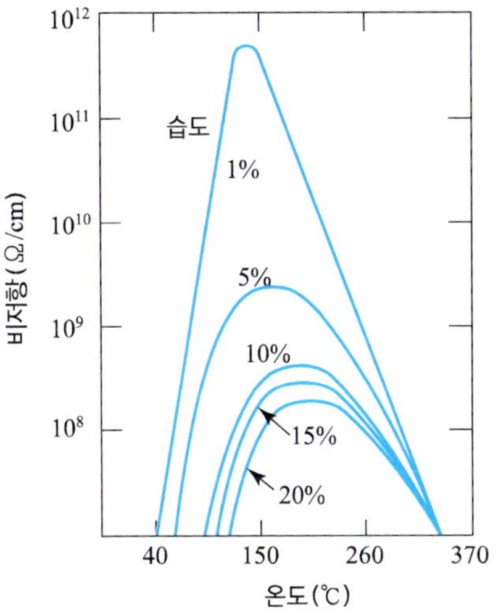

그림 3.84 온도와 습기가 비저항에 미치는 영향

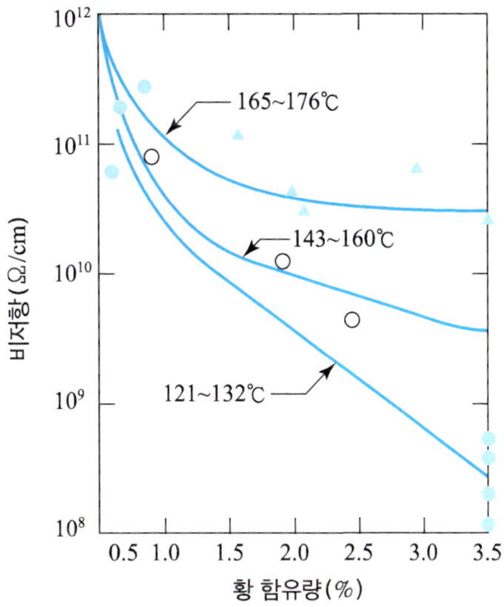

그림 3.85 석탄의 유황함유량과 비산재 비저항

② 비집진극면적

비집진극면적(specific collection area, SCA)은 집진기로 유입되는 처리가스량과 집진면적과의 비로 정의된다.

$$SCA = \frac{\text{총집진면적}(\mathrm{m}^2)}{\text{유입처리가스}(1{,}000\ \mathrm{m}^3/\mathrm{hr})} \tag{3.79}$$

일반적으로 전기집진기에서 비집진면적을 증가시키면 집진효율이 증가한다. 보통 전기집진기의 비집진극 면적은 20~25 m^2/(1,000 m^3/hr)이며, 이때 집진효율은 99.5%에 달한다.

③ 형상비

형상비(aspect ratio, AR)는 집진극의 높이와 길이의 비이다.

$$AR = \frac{\text{유효길이}}{\text{유효높이}} \tag{3.80}$$

전기집진실에서는 높이보다 길이를 크게 해주는 것이 바람직하다. 99.5%의 집진효율을 목표로 하는 전기집진기 설계에서의 형상비는 보통 0.5~2.0 범위이다. 실제로 전기집진기 설계 시 형상비는 1보다는 커야 한다.

④ 집진극의 길이

전기집진기에서 일정한 크기의 분진을 제거하기 위한 가스통로의 길이는 이동속도에 의하여 추정될 수 있다. 대전되는 시간을 제외하면 입자가 집진극으로 이동하는 데 소요되는 시간이 입자가 가스에 섞여서 전기집진기를 통과하는 데 걸리는 시간보다 짧아야 한다. 이들 두 시간이 같으면 주어진 크기의 분진 제거효율은 100%가 되며, 이때 요구되는 가스통로의 길이, 즉 집진극의 길이 L은 다음 식에 의하여 계산할 수 있다.

$$L = \frac{SV_o}{V_e} \tag{3.81}$$

여기서, L은 집진극의 길이(m), V_e는 분진입자의 분리속도(m/s), S는 방전극과 집진극 사이의 거리(m), V_o는 집진극 사이의 처리가스 속도(m/s, 대략 0.6~2.4 m/s임)이다.

5) 동력소비량

전기집진기의 주동력소비원은 가스의 압력강하와 코로나 방전이다. 그중에서 동력소비의 주원인이 코로나 방전이다. 가스의 압력강하는 낮지만(보통 2 cmH_2O 미만), 처리가스의 유량이 매우 크므로 전기집진기에 가스를 불어넣는 데 필요한 송풍력의 비용을 고려하여야 한다. 코로나 방전에 소비되는 동력은 식 (3.82)로 계산된다.

$$P_c = I_c V_{avg} \tag{3.82}$$

여기서, P_c는 코로나 동력(W), I_c는 코로나 전류(A), V_{avg}는 평균전압(V)이다.

전기집진기에는 고전압이 걸리지만, 가스이온의 이동에 필요한 전류는 매우 낮아, 동력소비량은 그리 크지 않다. 코로나 동력과 입자 분리속도 간의 관계는 다음과 같다.

$$V_e = \frac{kP_c}{A} \tag{3.83}$$

여기서, k는 보정상수(0.5~0.7), A는 집진극면적(m^2)이다.

식 (3.83)을 더치-엔더슨식 식 (3.77)에 대입하면, 코로나 동력은 집진효율과 관련된다.

$$\eta = 1 - \exp(-kP_c/Q) \tag{3.84}$$

전기집진 효율이 98.5% 이상에서는 그림 3.86에 나타난 것과 같이 코로나에 의한 동력소비는 효율증가에 따라 급속히 증가한다.

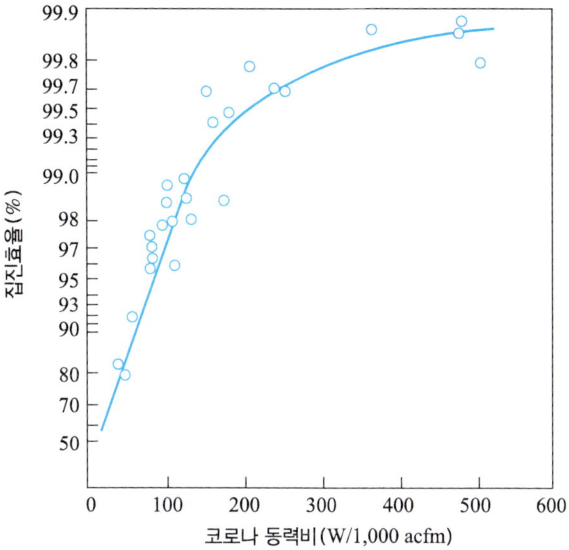

그림 3.86 **코로나 동력비에 의한 집진효율**

6) 전기집진기의 특징과 효율향상 조건

- 전기집진기의 장점과 단점 전기집진기의 장점으로는 성능이 우수하여 0.1 μm 이하의 미세입자까지 포집이 가능하며, 99.9%의 높은 효율을 얻을 수 있다. 압력손실은 건식일 경우는 10 mmH_2O, 습식일 경우는 20 mmH_2O으로 적어서 송풍기의 동력비가 적게 든다. 보수가 간단하여 인건비가 절약된다. 처리가스량이 클수록 경제적이어서 대용량 고성능 집진장치로서 사용이 가능하다.

  하지만 소요 설치면적이 크고, 설치비용이 비싸며, 주어진 조건에 따라 부하변동 적응이 곤란하다. 특정 물질(가스상 오염물질)의 제거가 곤란하고, 분진성상에 따라 전처리시설을 필요로 하며, 고압으로 인한 근무자 안전에 문제가 있을 수 있으며, 비저항이 큰 분진은 제거하기 어려운 단점이 있다.
- 전기집진기의 효율향상 조건 처리가스 속도가 빠르면 재비산이 일어나므로 보통 습식에서는 2~4 m/sec, 건식은 1~2 m/sec가 적당하며, 이 범위에서는 체류시간이 길수록 집진율을 높일 수 있다. 집진극은 열부식에 대한 기계적 강도, 포집분진의 재비산방지 또는 분진을 털어낼 때의 충격효과 등에 유의하여야 한다. 방전극은 코로나 발생 면에서 가늘수록 좋으나 단선방지가 중요하므로 진동에 대한 강도와 충격효과 등에 유의해야 한다. 전원은 유효전압, 방전기류가 충분히 공급되고, 운전 시 스파크에 대응하는 제어방식 또는 부하변동에 대한 전압·전류의 제어 등에 유의하여야 한다.

2 집진장치의 선정 및 기능

2.1 집진장치 선정요령

(1) 분진의 물리적 특성

1) 집진장치별 취급입경

집진장치의 종류를 선정할 때 처리입경에 맞는 집진장치를 선정해야 높은 집진효율을 얻을 수 있다. 입경이 10 μm 이상일 때 원심력 집진장치를 선정하고, 10 μm 이하일 때는 세정 집진 장치, 여과집진 장치, 전기집진 장치를 선정하는 것이 바람직하다. 특히, 전기집진기는 다른 집진기에 비해 입자충전에 의해 미세입자 집진에도 집진효율이 우수하다. 집진장치별 취급입경은 표 3.3에 나타내었다.

2) 분진의 비중

분진의 비중은 중력, 관성력, 원심력 집진장치에서 큰 영향을 준다. 분진의 겉보기비중은 식 (3.85)와 같이 나타낸다. 분진의 겉보기비중이 작아질수록 입자의 분리와 포집이 곤란해진다.

$$S_B = (1-\varepsilon)S \tag{3.85}$$

여기서, S_B는 겉보기비중, S는 진비중, ε는 공극률이다.

3) 분진의 함진농도

집진장치별 분진 함진농도와의 관계는 다음과 같다.

- 중력, 관성력, 원심력 집진장치는 장치입구의 함진농도가 높을수록 집진량은 증가한다. 그러나 입구와 출구의 분진 절대량이 동시에 증가하므로 집진효율에 큰 영향을 미치지 못한다. 즉, 거대입자가 미세입자 견인에 의해 집진효율이 약간 증가된다.
- 벤츄리 스크러버와 제트 스크러버는 함진농도가 크면 트롯(throat) 부위의 마모나 노즐의 폐쇄현상을 일으키기 때문에 함진농도를 10 g/Sm^3 이하일 때 사용하는 것이 바람직하다.
- 여과 집진장치는 함진농도가 낮을수록 효율은 증가한다. 함진농도가 높으면 압력손실이 커지므로 압력손실 변동이 작은 연속탈진 방식을 선택하는 것이 좋다.
- 전기집진 장치는 함진농도는 30 g/Sm^{3}이 적당하다. 전처리형태로 1차집진기에서 분진의 농도를 저하시킨 후, 2차집진 형태로 전기집진기를 사용함으로써 효율을 높인다.

4) 분진의 부착성

부착력은 분진의 성분, 전기저항, 입경 등의 영향을 받는다. 특히, 입경영향이 크게 작용한다. 먼지의 입경이 작아지면 관성력보다 점성이 커져 부착력이 증가하게 된다. 그림 3.87은 먼지 입경과 부착력의 관계를 나타낸 것이다.

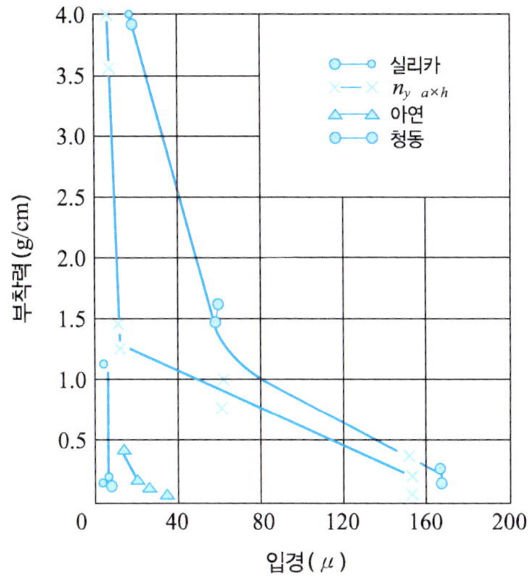

그림 3.87 먼지의 입경과 부착력의 관계

분진의 비표면적이란 구의 표면적에 대한 단위부피의 비를 의미하며, 식 (3.86)과 같다. 식의 결과에서 알 수 있듯이 입자의 직경이 작을수록 비표면적이 커진다.

$$S_v = \frac{\text{표면적}}{\text{단위부피}} = \frac{4\pi r^2}{\frac{4}{3}\pi r^3} = \frac{3\left(\frac{d_p}{2}\right)^2}{\left(\frac{d_p}{2}\right)^3} = \frac{6}{d_p} \tag{3.86}$$

여기서, r은 입자의 반경(μm), d_p는 입자의 직경(μm)이다.

부착력이 커지면 원심력 집진기에서는 원심력에 의해 분진이 집진기 표면에 부착되어 효율이 떨어진다. 여과집진기는 여과포의 눈막힘현상으로 인해 여포손상의 우려가 있다. 또한 전기집진기에서는 방전극이 비대해지고 집진극의 분진퇴적에 따른 방전문제로 인해 집진율이 떨어진다.

5) 분진의 전기저항

분진의 전기저항은 집진장치의 성능을 크게 지배하는데, 집진효율은 전기저항이 $10^4 \sim 10^{10}$ Ω · cm에서 가장 우수하다. 전기저항치는 온도와 수분의 양에 따라 변화되는데, 전기저항치는 온도 100~200℃ 사이에서 가장 높고, 수분을 가하면 분진저항은 낮아지게 된다.

6) 처리가스의 온도

고온의 배기가스 중에 함유된 수증기가 온도가 낮아지면 응축되는데, 이를 노점온도(dew point)라고 한다. 이 노점온도 미만이 되면 산성가스 등과 만나 산을 형성하여 보일러 등의 산부식의 원인이 된다.

따라서 건식 집진장치는 배출가스의 노점 이상 온도로 운전해야 한다. SO_3를 함유하는 가스는 노점온도가 높아 수분응축을 피하기 위해 배기가스의 온도를 그 노점온도보다 훨씬 높은 온도에서 운전해야 한다.

그림 3.88은 SO_3 함유 연소배기가스의 농도별 노점온도를 나타낸 것이다.

중력, 관성력, 원심력 집진장치에서는 온도가 증가할수록 가스점성계수가 커지고 분진부착도 증가하게 되어 집진효율이 떨어지게 된다.

세정 집진장치에서는 배출가스의 온도가 높으면 물이 증발하여 대기방출 후 응축되어 세정효과가 저하되기 때문에 가능한 낮은 온도로 운전되어야 한다. 여과집진장치는 여포의 내열온도 미만에서 운전하고 여포가 글래스 파이버일 경우 250℃ 이하, 그리고 기타 여포에는 80~150℃가 적당하다. 전기집진기에서는 겉보기 전기저항을 고려해 온도를 선정하고 사용온도를 500℃ 이하로 하는 것이 바람직하다. 그림 3.89는 다양한 열설비에서 발생되는 분진온도 변화에 대한 전기저항을 나타낸 것이다.

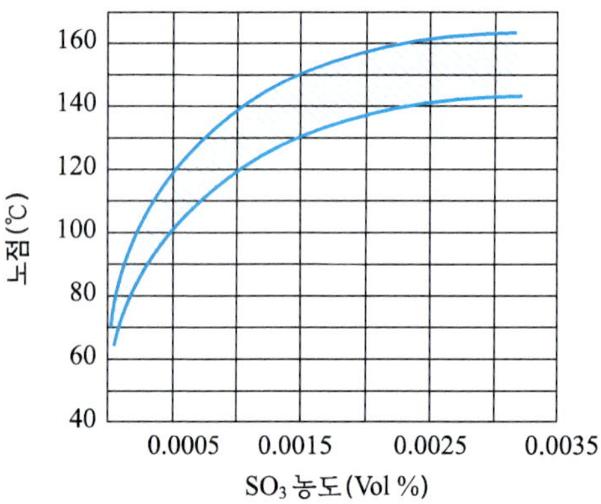

그림 3.88 보일러 배출가스 속의 SO_3 농도와 노점

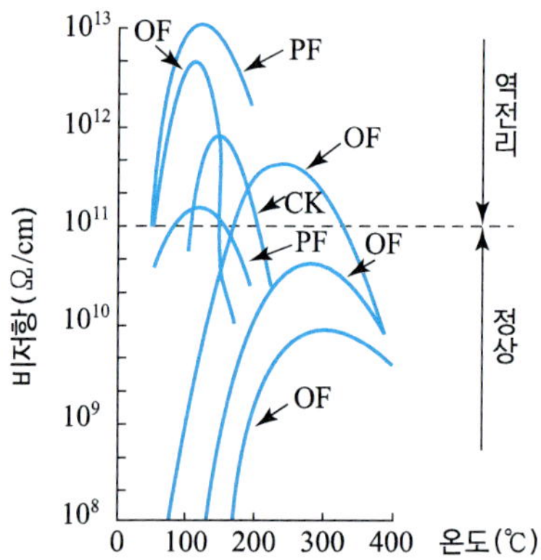

그림 3.89 분진의 처리가스 온도와 전기저항과의 관계

(2) 습식 집진장치 선택 시 고려사항

습식 집진장치를 선정할 때에는 다음과 같은 사항을 고려해야 한다. 먼저, 물의 사용이 용이해야 하며, 발생시설 규모가 작을 때 적합하다. 또한 점착성, 조해성 먼지와 동시에 유해가스 제거가 필요한 경우, 그리고 미세한 카본블랙 같은 것을 전기집진기로 완전히 포집하는 경우가 적합하다.

세정 시 고려사항으로는 가스온도 저하로 인한 대기확산 효과의 저하와 연무의 발생 및 미스트 낙하문제의 대책이 필요하고, 세정폐수 처리문제에 대한 대책도 필요하다.

(3) 배기성상에 대한 고려

배기가스 중에 일산화탄소 등 가연성가스의 농도가 높아 가연범위에 있을 때 폭발을 방지하기 위해 처리 전 산화처리한다. 그리고 열교환기를 이용한 간접냉각 또는 물분무에 의한 직접냉각으로 냉각 후 정전기적 응집작용을 크게 하여 처리효율을 높인다.

또한, 전기집진기를 사용할 경우 고저항분진의 경우에는 석탄연료를 고유황탄의 혼탄과 중유의 혼합연소와 함께 물, 증기, SO_3 등을 흡수제에 주입시켜 겉보기저항을 낮춰준다. 저저항분진의 경우 중유연료에 NH_3를 첨가한다.

2.2 집진장치의 기능

(1) 집진효율

분진농도는 단위부피의 가스에 포함된 분진의 중량을 말하며, 단위는 g/m^3 또는 mg/m^3 이다.

집진효율은 단위시간당 가스와 함께 집진장치에 유입하는 분진량 S_i(g/h) 중 장치에서 포집되는 양 S_c(g/h)의 백분율을 말하며, 식 (3.87)과 같다.

$$\eta = \frac{S_c}{S_i} \times 100(\%) = \frac{S_i - S_o}{S_i} \times 100(\%) = \left(1 - \frac{S_o}{S_i}\right) \times 100(\%) \tag{3.87}$$

여기서, S_o는 단위시간당 집진장치 출구로부터 가스와 함께 나가는 분진의 양(g/h)이다.

집진장치 입구에서 분진농도와 유량을 각각 $C_i(g/m^3)$와 $Q_i(m^3/h)$라 하고, 집진장치 출구에서 분진농도와 유량을 C_o와 Q_o라 할 때, 집진효율 식 (3.87)을 다음 식 (3.88)과 같이 나타낼 수 있다.

$$\eta - \left(1 - \frac{C_o \cdot Q_o}{C_i \cdot Q_i}\right) \times 100(\%) \tag{3.88}$$

또한, 집진장치의 입구와 출구의 가스유량이 중간에 누출이 없이 거의 동일하다면 집진효율은 식 (3.88)과 같이 단순하게 표현된다.

$$\eta = \left(1 - \frac{C_o}{C_i}\right) \times 100(\%) \tag{3.89}$$

예제 3.6 집진장치의 입구 처리가스량이 50,000 m^3/h, 분진농도가 2 g/m^3일 경우 출구로부터 방출되는 1일 분진의 양을 60 kg으로 하기 위해서는 집진효율을 얼마로 하면 되겠는가?

해설 입구가스량과 분진농도를 각각 Q_i와 C_i라 하고, 집진기입구와 출구의 분진량을 각각 S_i와 S_o로 하면 다음과 같다.

$$S_i = C_i \cdot Q_i$$
$$= 2\ g/m^3 \times 50{,}000\ m^3/h = 100{,}000\ g/h = 100\ kg/h$$
$$S_o = 50\ kg/day = \frac{50}{24}\ kg/h = 2.1\ kg/h$$

집진효율은 식 (3.86)에 의해 다음과 같이 구해진다.

$$\therefore \eta = \left(1 - \frac{S_o}{S_i}\right) \times 100$$
$$= \left(1 - \frac{2.1}{100}\right) \times 100 = 97.9\%$$

(2) 집진효율과 통과율

통과율(P)은 분진입자가 집진기에 포집되지 않고 그대로 가스와 같이 나가는 입자의 백분율(%)을 말하며, 식 (3.90)과 같다.

$$P = \frac{S_o}{S_i} \times 100 = 100 - \eta(\%) \tag{3.90}$$

예제 3.7 여과집진기에서 출구가스에 포함된 먼지농도가 0.02 lg/m^3이고, 분진의 통과율이 0.7%일 때 입구농도는 얼마인가?

해설
- 출구농도　$C_o = 0.021\ g/m^3$
- 집진효율　$\eta = 100 - P = 100 - 0.7 = 99.3\%$

처리가스량이 동일하므로 집진효율식 (3.88)을 이용하여 분진 입구농도 C_i를 구한다.

- 집진효율식　$\eta = \left(1 - \frac{C_o}{C_i}\right) \times 100$

$$99.3 = \left(1 - \frac{0.021}{C_i}\right) \times 100$$

- 입구 함진농도　$C_i = 3\ g/m^3$

(3) 부분 집진효율과 전집진효율

배기가스 중 포함된 분진 중 어떤 특정입경 범위의 대상입자의 집진율을 부분집진율(η_f)이라 하며, 전 입자를 대상으로 한 집진율을 전집진율(η)이라고 한다.

특정입경에 대한 부분 집진효율(η_f)은 식 (3.91)과 같이 나타낸다.

$$\eta_f = \left(1 - \frac{C_o f_o}{C_i f_i}\right) \times 100\,(\%) \tag{3.91}$$

여기서, C_i와 C_o는 집진기 입구와 출구의 분진농도(g/cm^3), f_i와 f_o는 집진기 입구와 출구의 특정입경 범위의 분진입자의 전입자에 대한 중량비를 나타낸다.

예제 3.8

집진장치의 입구와 출구에서 배기가스 중 분진의 농도가 각각 15 g/m^{3}와 0.15 g/m^{3}이었다. 또한, 입구와 출구에서 채취한 분진시료 중에 포함된 0∼5 μm의 입경분포의 것에 대한 중량백분율은 각각 10% 및 60%이었다. 다음 물음에 답하여라.

① 집진장치의 집진효율은 얼마인가?

② 이 집진장치의 0∼5 μm의 입경범위의 시료분진에 대한 부분 집진효율은 얼마인가?

해설

① 입구농도 C_i =15 g/Sm^{3}이고 출구농도 C_o =0.15 g/Sm^{3}일 때, 집진효율은 식 (3.88)에 의해 다음과 같이 구해진다.

$$\therefore\ \eta = \left(1 - \frac{C_o}{C_i}\right) \times 100 = \left(1 - \frac{0.15}{15}\right) \times 100 = 99\%$$

② 0∼5 μm 입자의 집진기 입구와 출구에서 f_i =0.1, f_o =0.6이므로 부분 집진효율은 식 (3.90)에 의해 구할 수 있다.

$$\eta_f = \left(1 - \frac{C_o f_o}{C_i f_i}\right) \times 100 = \left(1 - \frac{0.15 \times 0.6}{15 \times 0.1}\right) \times 100 = 94\%$$

예제 3.9

집진장치에서 포집되는 먼지의 입경범위별 중량분포와 그의 집진장치의 각각의 입경범위에 대한 부분 집진효율은 다음 표와 같다.

입경범위	0∼5	5∼10	10∼15	15∼20	20∼25	25∼30
분진중량 %(f_n)	5	25	30	20	15	5
부분집진 %(η_{fn})	92	94	96	98	99	99

이 집진장치의 전집진효율은 얼마인가?

해설

전집진효율은 다음 식 (3.91)에 의해 구한다.

$$\eta = f_1\eta_{f1} + f_2\eta_{f2} + \cdots + f_n\eta_{fn}$$

$$=(0.05\times92)+(0.25\times94)+(0.3\times96)+(0.2\times0.98)+(0.15\times0.99)+(0.05\times99)=96.3\%$$

전집진효율(η)은 식 (3.92)와 같이 나타낸다.

$$\eta = f_1\eta_{f1} + f_2\eta_{f2} + \cdots + fn\eta_{fn} = \sum_{n=1}^{n} f_n\eta_{fn} \tag{3.92}$$

(4) 1차집진과 2차집진

두 개의 집진기를 병렬로 연결하였을 때, 1차집진 장치의 집진율을 η_1, 2차집진 장치의 집진율을 η_2로 하면 총집진율 η_t는 식 (3.93)과 같이 나타낸다.

$$\eta_t = \eta_1 + \eta_2\left(1 - \frac{\eta_1}{100}\right)(\%) \tag{3.93}$$

예제 3.10

다음 글의 □ 속에 들어가는 적당한 수치는 얼마인가?
함진농도가 10 g/m^{3}인 분진을 처리하는 집진장치의 집진율이 90%의 경우 집진율 □%의 2차집진 장치를 직렬로 사용하면 출구 함진농도를 0.2 g/m^{3}로 할 수가 있다.

해설

- 1차집진 장치의 입구 분진농도가 C_i =10 g/m^{3}이고 2차집진 장치의 출구 분진농도가 C_o =0.2 g/m^{3}일 때, 총분진효율은 식 (3.88)에 의해 구해진다.

$$n_t = \left(1 - \frac{C_o}{C_i}\right) \times 100 = \left(1 - \frac{0.2}{10}\right) \times 100 = 98\%$$

- 2차집진기의 효율 η_2는 식 (3.90)에 의해 구해진다.

$$\eta_t = \eta_1 + \eta_2\left(1 - \frac{\eta_1}{100}\right)$$

$$98 = 90 + \eta_2\left(1 - \frac{90}{100}\right)$$

$$\therefore\ \eta_2 = 80\%$$

(5) 압력손실과 소요동력

집진장치의 중요한 성능으로는 집진효율와 더불어 압력손실과 소요동력이 있다.

- **압력손실** 집진장치 내에서 장치저항에 의해 손실되는 압력을 말하며, 식 (3.94)와 같다.

$$\Delta P = P_i - P_o \tag{3.94}$$

여기서, ΔP는 압력손실(kg$_f$/m^2), P_i는 집진기 입구의 평균압력(kg$_f$/m^2), P_o는 출구의 평균압력(kg$_f$/m^2)이다.

- **소요동력** 송풍기의 축동력(Shaft work)을 나타내는 것으로, 식 (3.95)의 송풍기효율로부터 구

할 수 있다.

$$\eta_b = \frac{Q\Delta P}{L} \tag{3.95}$$

여기서, Q는 처리가스의 유량(m^3/s), L은 송풍기의 축동력($kg_f\ m/s$)이다.

따라서, 식 (3.95)를 송풍기 축동력의 L에 의해 정리하고 단위를 환산해서 나타내면 식 (3.96)과 같다.

$$L = \frac{Q\Delta P}{102\eta_b}(kW) = \frac{Q\Delta P}{76\eta_b}(HP) \tag{3.96}$$

단위환산의 관계는 다음과 같다. $1\ kW = 10^2(kg_f\ m/s)$이고 $1\ HP = 76(kg_f\ m/s)$이다.

예제 3.11 집진장치의 압력손실이 240 kg_f/m^2, 처리가스의 양이 2,000 m^3/min, 송풍기효율이 65%일 때, 이 장치를 움직이는 데 필요한 축동력값은 얼마나 되겠는가?

해설

- 압력손실 $\Delta P = 240\ kg_f/m^2$
- 처리가스량 $Q = 2{,}000\ m^3/min = 2{,}000/60 = 33.3\ m^3/s$
- 송풍기효율 $\eta_f = 0.65$
- 송풍기 소요동력 $L = \frac{Q\Delta P}{102\eta_b} = \frac{33.3 \times 240}{102 \times 0.65} = 120.33\ kW$

04
Chapter

유해가스 처리기술

1. 가스처리 기술 및 장치
2. 황산화물의 처리
3. 질소산화물의 처리
4. 기타 유해가스의 처리

1 가스처리 기술 및 장치

1.1 흡수법

(1) 흡수이론

오염된 기체가 액체인 흡수액과 접촉되어 오염가스가 흡수액에 용해되거나 화학적으로 반응하는 성질을 이용하여 제거하는 방법을 흡수법이라고 한다.

흡수액은 특별한 경우를 제외하고는 물 또는 수용액을 사용하며, 물에 대한 기체의 용해도가 중요하다.

기체의 액체에 대한 용해도는 헨리의 법칙으로 설명될 수 있다. 헨리의 법칙은 일정온도에서 기체 중에 특정성분의 분압 P(atm)와 이에 접한 액상 중의 농도 C (kmol/m^3)는 비례한다는 법칙으로, 식 (4.1)과 같다.

$$P = HC \tag{4.1}$$

여기서, H는 헨리상수(atm · m^3/kmol)이다.

헨리상수값은 용해도가 적을수록 크다.

표 4.1은 각종 가스에 대하여 온도변화에 따른 헨리상수값을 나타낸 것이다. 모든 가스의 경우 온도가 감소함에 따라 헨리상수값이 감소하는데, 이는 식 (4.1)에서 알 수 있듯이 기체 중의 특정성분의 분압인 P가 감소하므로 용해도가 큰 것을 의미한다.

1) 평형분배 곡선

물질이동에 대해 논하기 전에 기상과 액상이 공존하는 상태에서 오염물 A의 평형상태를 나타내는 방법에 대해 알아보기로 한다.

표 4.1 각종 가스의 물에 대한 헨리정수(단위 : atm · m^3/kmol)

가스성분 \ 온도		30℃	70℃	가스성분 \ 온도		30℃	70℃
H_2	수소	7.2×10^4	7.61×10^4	C_2H_4	에틸렌	1.24×10^4	-
N_2	질소	9.24×10^4	1.25×10^5	CO_2	이산화탄소	1.86×10^3	3.9×10^3
CO	일산화탄소	6.2×10^4	8.45×10^4	H_2S	황화수소	6.09×10^2	1.19×10^3
O_2	산소	4.75×10^4	6.63×10^4	SO_2	이산화황	1.6×10^1	1.3×10^2
NO	일산화질소	3.10×10^4	4.38×10^4	HCHO	포름알데하이드	1.2×10^1	1.4×10^2
CH_4	메탄	4.49×10^4	6.66×10^4	HF	불화수소	3.0×10^{-3}	5.5×10^{-2}
C_2H_6	에탄	3.42×10^4	6.23×10^4	HCl	염화수소	2.0×10^{-6}	1.3×10^{-4}

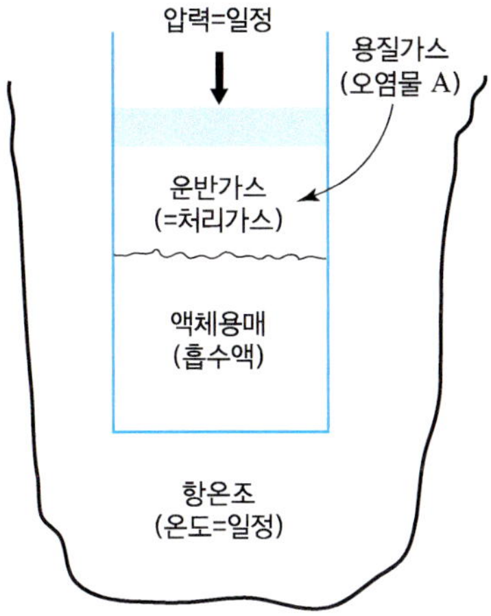

그림 4.1 유해가스 중 오염물 A의 흡수액 중 평형상태의 각각의 농도결정

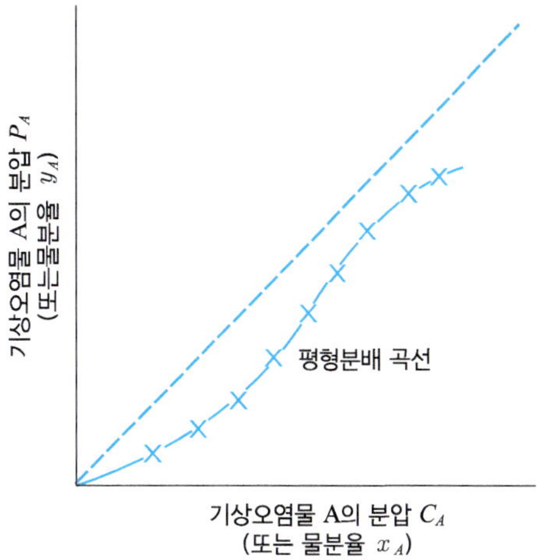

그림 4.2 평형분배 곡선의 예

그림 4.1과 같이 일정온도와 압력으로 유지되고 있는 상태의 항온조 용기를 고려해 보자. 용기 중에 흡수액에 해당되는 불활성 액체용매(inert liquid solvent)와 처리가스인 운반가스(carrier gas)가 공존하고 있는 상태에서 오염물 A에 해당되는 용질가스(solute gas)를 용기 내 운반가스 내로 주입한다. 용질가스는 일정시간이 지나 평형상태가 될 때까지 액체용매로 흡수된다.

용질가스의 양을 점차 변화시켜 가면서 농도를 측정하여 액상에서의 오염물 A의 농도 C(또는 액 중 몰분율 x_A)와 기상에서의 오염물 A의 분압 P(또는 기상 중 몰분율 y_A)를 구하여 도식화한 것이 그림 4.2의 평형분배 곡선(equivalence distribution curve)이다. 즉, 평행분배 곡선은 액상과 기상 사이에 분배된 특정오염물 A의 평형관계를 나타내는 곡선으로 특정온도, 압력, 용매 등에 대해 시험한 결과이다. $C_A(x_A)$는 평형곡선(점선)을 따라 어디에서나 $P_A(y_A)$와 같아야 하는 것이 아니다. 그림과 같이 평형분배 곡선이 평형곡선 하부에 있는 경우는 오염물 A가 흡수액에 해당되는 용매에 더 많이 흡수되어 있는 상태이다.

2) 이중경막설

흡수장치와 같이 흐르는 액체와 기체에서 물질이동이 일어날 경우 분자확신(molecular diffuson)과 난류이류(turbulent advection)의 효과를 별도로 결정하기가 쉽지 않다.

이중경막설(two-resistance theory)은 운반가스인 기상 유해가스 중에 포함되어 있는 오염물 A가 흡수액인 액상으로 물질전달이 일어날 경우 그림 4.3과 같이 기상-액상의 경계면(gas-liquid interface)이 이중경막을 이루어 진행된다는 학설이다.

따라서 각 상에 대한 물질이동량 N_A를 물질이동 계수 k와 각 상의 본체와 경계면에서의 농도에 근거한 추진력으로 표현하면 각각 식 (4.2)와 식 (4.3)과 같이 된다.

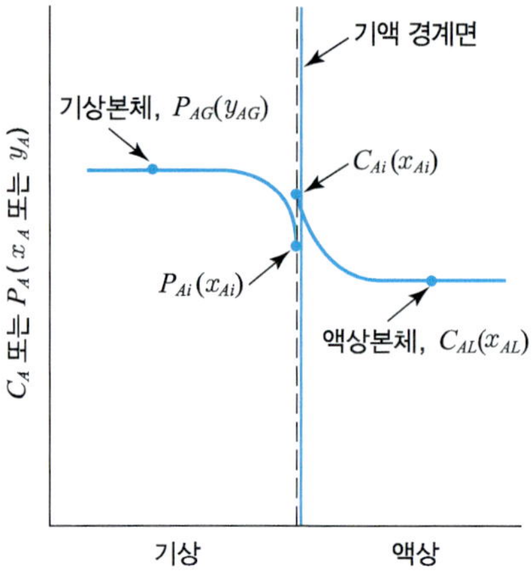

그림 4.3 **기액경계면 주위에서의 농도변화**

기상에 대한 물질이동량을 표현하면 다음과 같다.

$$N_A = k_G(P_{AG} - P_{Ai}) = k_y(y_{AG} - y_{Ai}) \tag{4.2}$$

여기서, N_A는 기상물질 이동량(moles/m^{2}s), k_G는 분압에 근거한 기상물질 이동계수(moles/atm · m^{2}s), P_{AG}는 기상본체 내 오염물 A의 분압(atm), P_{Ai}는 경계면에서 기상 내 오염물 A의 분압(atm), k_y는 몰분율에 근거한 기상물질 계수(moles/m^{2}s), y_{Ai}는 경계면 내의 기상 내 오염물 A의 몰분율, y_{AG}는 기상본체 내 오염물 A의 몰분율이다.

동일한 방식으로 액상에 대한 물질이동량은 다음과 같다.

$$N_A = k_L(C_{Ai} - C_{AL}) = k_x(x_{Ai} - x_{AL}) \tag{4.3}$$

여기서, N_A는 액상물질 이동량(moles/m^{2}s), k_L은 농도에 근거한 액상물질의 이동계수(m/s), C_{Ai}는 경계면에서 액상 내 오염물 A의 농도(moles/m^3), C_{AL}은 액상본체 내 오염물 A의 농도(moles/m^3), k_x는 몰분율에 근거한 액상물질 이동계수(moles/m^{2}s), x_{Ai}는 경계면에서 액상 내 오염물 A의 몰분율, x_{AL}은 액상본체 내 오염물 A의 몰분율이다.

흡수장치의 경우 기상 운반가스인 유해가스 중의 오염물 A가 액상 흡수액으로 물질이동이 일어난다. 따라서, 식 (4.2)는 기상본체에서 기상 경계면으로 오염물 A가 이동하는 양이고, 식 (4.3)은 액상경계면으로부터 액체본체로 흡수된 오염물 A가 이동하는 양을 표현한 식이다.

기체 흡수과정에서 오염물 A는 기상으로부터 기 · 액경계면을 통해 액상으로 확산해 나가야 한다. 또한, 기상과 액상의 두 상은 접촉면 상의 모든 점에서 평형이고 확산저항이 일어나지 않는 것으로 가정하는 것이 일반적이다. 따라서 식 (4.2)와 식 (4.3)에서 주어진 P_{Ai}와 C_{Ai}(또는 y_{Ai}와 x_{Ai}) 값은 그림 4.2에서 평형분배 곡선의 각 상에 해당되는 농도값과 관련지어질 수 있다.

즉, 기상물질 이동량 식 (4.2)와 액상물질 이동량 식 (4.3)에서 경계면의 농도 P_{Ai}와 C_{Ai}(몰분율 y_{Ai}와 x_{Ai})는 평형분배 곡선의 기상과 액상에 대한 각각의 농도 P_A와 C_A(몰분율 y_A와 x_A)를 사용할 수 있다. 그러나 기상과 액상의 본체 내의 농도 P_{AG}와 C_{AL}(몰분율 y_{AG}와 x_{AL})은 평형상태의 값이 아니다. 만약 이들이 평형상태의 값이라면 물질이동이 일어나지 않을 것이다.

그림 4.3은 상기의 내용을 도식화한 것으로, 오염물 A의 기상에서의 농도는 기·액경계면 근처에서 $P_{AG}(y_{AG})$로부터 $P_{Ai}(y_{Ai})$로 급격히 낮아지며, 경계면에서 평형상태의 값 $P_{Ai}(y_{Ai})$와 $C_{Ai}(x_{Ai})$를 가진 후 액체 본체 내 농도값 $C_{AL}(x_{AL})$에 도달할 때까지 다시 급격히 감소하는 것을 나타낸다.

하지만, 상기에 언급된 이중경막설에 의한 물질이동량 N_A를 구하는 것이 실제적이지 못하다. 즉, 실험자료 간에 일반적인 상관관계가 없기 때문에 각 상의 물질이동 계수인 k_x와 k_y를 구하기가 곤란하다. 또한 기·액경계면에서의 농도 $P_{Ai}(y_{Ai})$와 $C_{Ai}(x_{Ai})$의 값을 실험적으로 구하기 어려운데, 이는 경계면 근처에서 측정 프로브(probe)를 위치시킬 경우 두 유체 간의 평형상태가 교란되어 측정치 오차가 생기는 문제점이 발생되기 때문이다.

따라서 물질이동량을 구하기 위해서는 이중경막설을 약간 수정한 수학적 접근이 필요하다.

3) 총괄 이동계수

물질 이동속도가 비교적 적어서 물질이동에 대한 주저항이 경계면에서 일어나는 것이 아니고, 기상이나 액상 내에서 발생하는 경우 식 (4.2)와 식 (4.3)을 국부총괄 이동계수(overall mass transfer coefficient)로 표현할 수 있다.

기상 물질 이동속도 N_A는 식 (4.4)로 나타 낼 수 있다.

$$N_A = K_G(P_{AG} - P_{Ae}) = K_y(y_{AG} - y_{Ae}) \tag{4.4}$$

여기서, K_G와 K_y는 농도와 몰분율에 근거한 기상 국부총괄 물질이동 계수(moles/atm · m^2s 또는 moles/m^2s), P_{Ae}와 y_{Ae}는 평형상태에서의 분압농도와 몰분율(atm 또는 moles/m^2s)이다.

즉, P_{Ae}는 흡수액의 본체농도가 C_{AL}인 흡수액과 접촉하고 있는 기상 내 오염물 A의 평형상태에서의 분압을 나타낸다. y_{Ae}는 기상본체 내의 몰분율 x_{AL}인 액체와 접촉하고 있는 기상 내의 오염물 A의 평형몰분율이다.

또한, 액상물질 이동속도 N_A는 식 (4.5)로 나타 낼 수 있다.

$$N_A = K_L(C_{Ae} - C_{AL}) = K_x\ (x_{Ae} - x_{AL}) \tag{4.5}$$

여기서, K_L과 K_x는 액상 국부총괄 물질이동 계수의 농도와 몰분율(m/s 또는 moles/m^2s)에 대한 것이다. C_{Ae}와 x_{Ae}는 각각 평형상태에서 농도와 몰분율(moles/m^3 또는 moles/m^2s)로서, 기상의 본체농도(몰분율)가 $C_{AL}(x_{AL})$인 흡수액과 접촉하고 있는 액상 내의 오염물 A의 평형상태의 액중농도와 몰분율을 나타낸다.

4) 경막계수와 총괄 이동계수

① 기하학적 해석

국부총괄 계수에 대한 기상과 액상 간의 물질이동에 대한 기하학적 해석은 그림 4.4와 같이 표현할 수 있다. 점 A는 두 유체 각 상의 본체에서의 상태를 나타낸 것으로, 기상본체 농도(몰분율) $P_{AG}(y_{AG})$와 액상본체 농도(몰분율) $C_{AL}(x_{AL})$이다. 점 B는 기액경계면에서 평형인 상태의 기상농도(몰분율) $P_{Ai}(y_{Ai})$와 액상농도(몰분율) $C_{Ai}(x_{Ai})$이다.

식 (4.2)와 식 (4.3)에서 N_A를 소거하면 식 (4.6)과 같이 쓸 수 있으며, 직선 AB의 기울기는 $-\dfrac{k_L}{k_G}\left(\text{또는 } -\dfrac{k_y}{k_x}\right)$와 같다. 여기서, 음의 부호는 경사 기울기가 감소하기 때문이다.

$$\frac{P_{AG}-P_{Ai}}{C_{Ai}-C_{AL}}=\frac{k_L}{k_G} \quad \text{또는} \quad \frac{y_{AG}-y_{Ai}}{x_{Ai}-x_{AL}}=\frac{k_y}{k_x} \tag{4.6}$$

총괄물질 이동계수에서 주어진 정의대로 점 E는 평형분배 곡선 상에 위치해야 하며, 좌표점 $(P_{Ae},\ C_{AL})$이다. 점 A와 E 간의 거리는 식 (4.4)의 기상에서 오염물이 전달되는 추진력 $(P_{AG}-P_{Ae})$이다. 식 (4.4)는 경계면 상의 농도가 필요하지 않으므로 편리하다. 실험실에서 평형상태에서의 실험 데이터가 얻어지면, 흡수탑에서의 어떠한 농도에 대해서도 P_{Ae}값을 알 수 있다. 식 (4.4)는 물질이동에 대한 저항이 기상에 있는 경우로만 한정되는데, 이는 대기설비의 대부분에 해당된다. 즉, 흡수액의 선택은 주로 오염가스의 용해도에 의해 결정되는데, 가스가 잘 흡수되는 액체가 선택된다. 주된 물리적인 문제는 가스를 통하여 오염물을 경계면으로 확산시키는 것이다. 따라서 기상에 의해 이 과정이 지배된다.

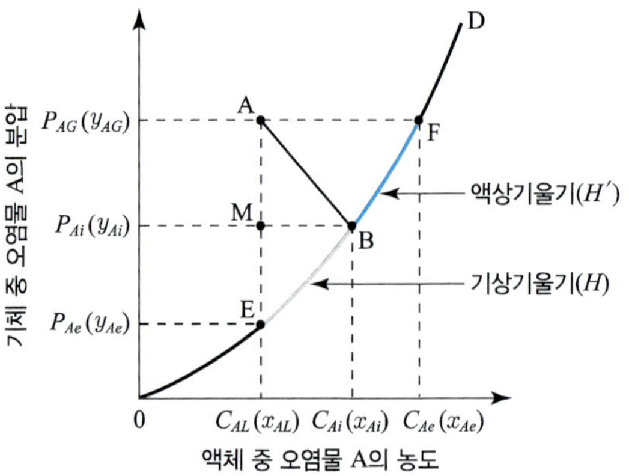

그림 4.4 물질이동의 기하학적 해석

액상에 의해 지배되는 경우를 살펴보면 다음과 같다.

총괄물질 이동계수에서 주어진 정의대로 점 F는 평형분배 곡선 상에 위치해야 하며 좌표점 $(P_{AG},\ C_{Ae})$이다. 점 A와 F 간의 거리는 식 (4.5)의 액상에서 오염물이 전달되는 추진력 $(C_{Ae}-C_{AL})$이다.

평형상태에서의 분압농도와 몰분율인 C_{Ae}, x_{Ae}, P_{Ae}, y_{Ae}의 값들은 가상적이라는 것에 유의해야 한다. 즉, 흡수과정의 어떠한 실제적인 조건에서도 나타나지 않는다. 그러나 이들의 값들은 각 조건에 있어서 이상계에 대한 평형자료를 통하여 하나의 유체본체 간의 실제농도와 관계를 지을 수 있다.

② 경막계수(k)와 총괄계수(K)의 관계

경막계수와 총괄계수의 관계는 그림 4.4에 나타난 기하학적 관계로부터 다음 식이 성립될 수 있음을 쉽게 알 수 있다.

기상추진력에 대하여 식 (4.7)과 같이 쓸 수 있다.

$$P_{AG}-P_{Ae}=P_{AG}-P_{Ai}+(P_{Ai}-P_{Ae}) \tag{4.7}$$

또한, B와 E를 연결하는 현의 기울기를 기상기울기 H라 하면 식 (4.8)과 같이 표현된다.

$$H=\frac{P_{Ai}-P_{Ae}}{C_{Ai}-C_{AL}} \tag{4.8}$$

식 (4.8)을 $P_{Ai}-P_{Ae}$에 대해 정리하여 식 (4.7)에 대입하면 다음과 같이 쓸 수 있다.

$$P_{AG}-P_{Ae}=P_{AG}-P_{Ai}+H(C_{Ai}-C_{AL}) \tag{4.9}$$

식 (4.9)의 첫째 항부터 순서대로 식 (4.4), 식 (4.2), 식 (4.3)을 각각 대입하여 정리하면 식 (4.10)과 같다.

$$\frac{1}{K_G}=\frac{1}{k_G}+\frac{H}{k_L} \tag{4.10}$$

이 관계식을 보면 이 이론이 왜 이중경막설로 보여지는지 그 이유를 알 수 있다. 왼쪽 항은 물질이동에 대한 총괄저항을 나타내고, 오른쪽의 두 항은 각각 기상과 액상의 저항을 나타낸다. 즉, 총괄저항은 연속된 저항의 합이다.

식 (4.10)과 같이 기상 저항지배에서 용해도가 큰 경우 H는 작게 되어 $\frac{H}{k_L}$은 무시할 수 있게 되어, $K_G \fallingdotseq k_G$로 물질이동 총괄저항이 기상저항과 거의 같게 되므로 가스 측 저항지배를 받게 된다.

이러한 경우는 액분산형이라고 하여 충전탑, 분무탑, TCA(turbulent contact absorber)탑, 사이클론 스크러버, 벤츄리 스크러버, 제트 스크러버 등이 해당된다.

또한, 액상추진력에 대하여 식 (4.11)과 같이 쓸 수 있다.

$$C_{Ae} - C_{AL} = C_{Ae} - C_{Ai} + (C_{Ai} - C_{AL}) \tag{4.11}$$

또한, B와 F를 연결하는 현의 액상 기울기를 H'이라 하면 식 (4.8)과 같이 표현된다.

$$H' = \frac{P_{AG} - P_{Ai}}{C_{Ae} - C_{Ai}} \tag{4.12}$$

식 (4.12)를 $P_{AG} - P_{Ai}$ 에 대해 정리하여 식 (4.11)에 대입하면 다음과 같이 쓸 수 있다.

$$C_{Ae} - C_{AL} = \frac{P_{AG} - P_{Ai}}{H'} + (C_{Ai} - C_{AL}) \tag{4.13}$$

식 (4.13)의 첫째 항부터 순서대로 식 (4.5), 식 (4.2), 식 (4.3)을 각각 대입하여 정리하면 식 (4.14)와 같다.

$$\frac{1}{K_L} = \frac{1}{H'k_G} + \frac{1}{k_L} \tag{4.14}$$

식 (4.14)와 같이 액상 저항지배에서 용해도가 작은 경우 H'은 크게 되어 $\frac{1}{H'k_G}$은 무시할 수 있게 되어, $K_L \fallingdotseq k_L$로 물질이동 총괄저항이 액상저항과 거의 같게 되므로 액체측 저항지배를 받게 된다. 이러한 경우는 가스분산형이라고 하여 단탑과 기포탑이 해당된다.

(2) 흡수장치

흡수장치는 조작방법에 따라 액분산형과 가스분산형으로 구별된다. 액분산형은 배출가스 중에 액을 분산시키는 방법으로 충전탑, TCA탑, 분무탑, 사이크론 스크레버, 벤츄리 스크레버, 제트 스크레버가 있고, 가스분산형은 액 중에 유해가스를 불어넣는 방식으로 단탑(포종탑, 다공판탑)과 기포탑이 있다.

흡수장치는 세정액으로 물 또는 석회유와 같은 혼합액이 사용된다. 이 세정액 선택 시 가장 먼저 고려해야 할 사항은 가스의 용해도이다. 가스의 용해도가 크면 흡수속도가 빨라져서 용매 사용량이 줄어들어 설비규모를 감소시킬 수 있어 경제적이다. 그 다음으로 세정액의 손실을 줄이고 추가적인 투입량을 줄이기 위해서 휘발성이 작아야 하며, 부식성이 작고, 플라딩(flooding) 현상을 방지하기 위하여 점도가 낮은 흡수액이 좋다. 안전을 위해 독성과 인화성이 작아야 하고, 겨울철에 대비해 응고점이 낮아야 한다.

1) 액분산형 흡수장치

① 충전탑

충전탑(packed tower)의 원리는 표면적이 큰 충전물을 채운 탑 내에 무거운 액상을 상부로부터 흘러내리고, 가벼운 가스를 하부에서 상부로 향류시켜 접촉·흡수하는 방식이다. 그림 4.5는 충전탑과 내부에 채워지는 충전물의 모양을 나타낸 것이다.

충전탑에 배출가스가 일정한 상태에서 액 유량이 증가하면 충전층의 액보유량이 증가되는데, 이를 홀드업(hold-up)이라고 한다. 가스유속을 증가시켜 홀드업이 증가되는 현상을 로딩(loading)이라고 하며, 이때 충전층에 일정액을 보유할 수 있게 된다. 그러나 일정한 속도 이상으로 가스유속이 과다하게 증가하게 되면 액의 홀드업이 현저히 증가하여 가스가 액중에 분산해서 범람하여 상승하게 되는데, 이를 플라딩(flooding)이라 한다. 이 현상이 발생되면 충전탑 조작이 불가능해지므로 플라딩 발생 시 가스속도의 약 70% 정도로 조절해야 한다.

충전탑은 일반적으로 구조가 간단한 편이고, 제작이 용이하고, 가스의 압력손실도 작은 장점을 가지고 있어 널리 이용되고 있다. 압력손실은 가스가 충전탑을 통과하면서 생기는 에너지손실로 인해 압력이 저하되는 것으로, 충전탑 입구와 출구의 압력차를 말한다. 이 압력손실이 작을수록 처리가스를 운반하는 송풍기의 동력비가 절감되어 운전비용을 줄일 수 있다. 충전탑의 압력손실은 100~250 mmH_2O 정도이며, 충전제밀도가 높고, 처리가스의 유량(또는 유속)이 증가하고, 단위가스 처리 시 필요한 세정액량을 나타내는 액·가스비가 높고, 충전제표면적이 크고, 충전제의 불규칙충전 시에 증가된다.

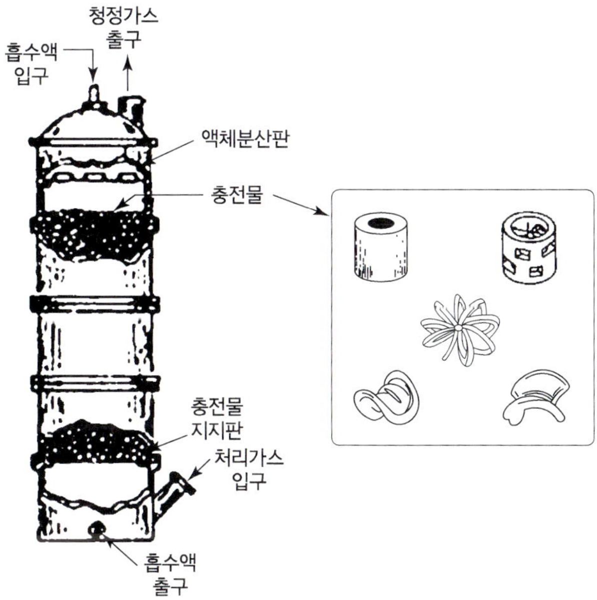

그림 4.5 충전탑

충전제의 구비조건으로는 단위용적당 표면적이 크고, 압력손실이 적고, 충전밀도가 커야 되며, 내식성이 있고, 액·가스의 분포가 균일하게 유지되어야 한다. 충전물충전법에는 무작위충전법과 규칙충전법이 있다. 무작위충전법은 비표적을 증가시켜 압력손실이 커지는 특징이 있고, 규칙충전법은 압력손실은 적지만 설치비가 많이 든다.

일정 처리가스의 양에 대한 흡수액이 필요량을 나타내는 흡수탑의 액가스비는 2~3 L/m^3이다.

② TCA 스크러버

TCA 스크러버(turbulent contact absorption scrubber)는 상부노즐로부터 세정수가 가압·분사되고, 합성수지 중공구(hollow ball)로 된 충전물이 탑 하부로 유입되는 유해가스에 의해 유동된다. 이로 인해 세정수액적과 충전물의 충돌로 인해 미세액적이 생성되고, 하부로 유입되는 유해가스는 충전물과의 충돌로 인해 난류가 형성되어 흡수가 잘 이루어지도록 한다. TCA 탑의 액가스비는 0.5 L/m^3이고, 압력손실은 50~300 mmH_2O이다.

탑 내에 막힘이 일어나지 않아 가스에 분진함유 시 적합하며, 흡수율이 좋아 탑을 소형화할 수 있는 장점이 있다. 그러나 처리가스의 유량변화가 큰 경우 유동화속도의 한계범위를 이탈해 사용이 부적합한 단점이 있다. 또한, 미스트의 생성이 많아 미스트 제거기가 필요하다.

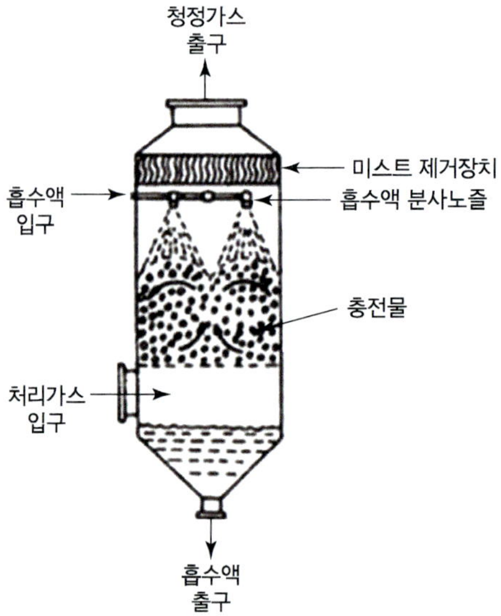

그림 4.6 TCA 흡수탑

③ 분무탑

분무탑(spray tower)은 하부로 유입되는 처리가스에 상부에서 노즐로 흡수액을 미세한 방울로 분무하는 대향류형태로, 유해가스를 흡수하는 장치이다. 압력손실이 10~50 mmH_2O로 다른 장치들에 비해 극히 적다. 그러나 상대적으로 흡수효율이 낮아 흡수가 잘되는 기체에 적합하며,

액가스비는 2~3 L/m^3이다. 먼지와 10 μm 이상의 액적을 다량제거 시 적합한 특징이 있지만, 액의 분무 시 상당한 펌프의 동력이 소요되는 단점이 있다.

④ 사이클론 스크러버

사이클론 스크러버(cyclone scrubber)는 유해가스를 함유한 처리가스가 원통상 탑 내를 하부에서 접선방향으로 유입하여 선회상승하고, 탑 중심의 수직관에 장착된 다수의 분무노즐로부터 반지름방향으로 분사된 미세액적과 접촉시켜 제거하는 방법이다. 액가스비는 0.5~1.5 L/m^3이고, 압력손실은 120~150 mmH_2O이다.

특징으로는 처리가스 유입이 수평으로 들어오므로 미스트의 발생이 적고, 구조가 간단한 장점이 있다. 그러나 분무노즐이 막히기 쉽고, 높은 수압이 필요하며, 원통의 지름이 클 때 효율이 감소하는 단점을 가지고 있다.

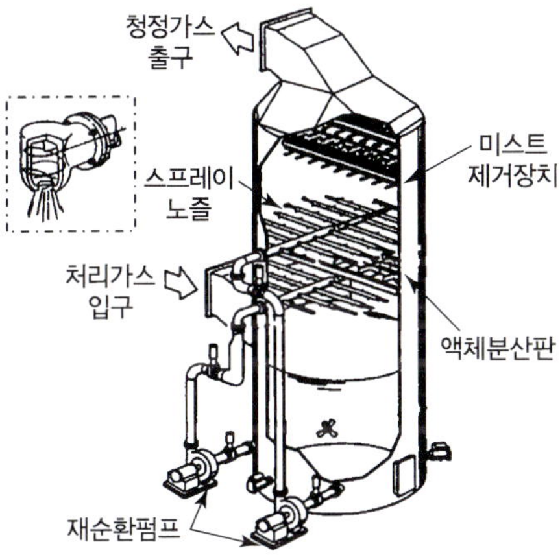

그림 4.7 **분무탑**

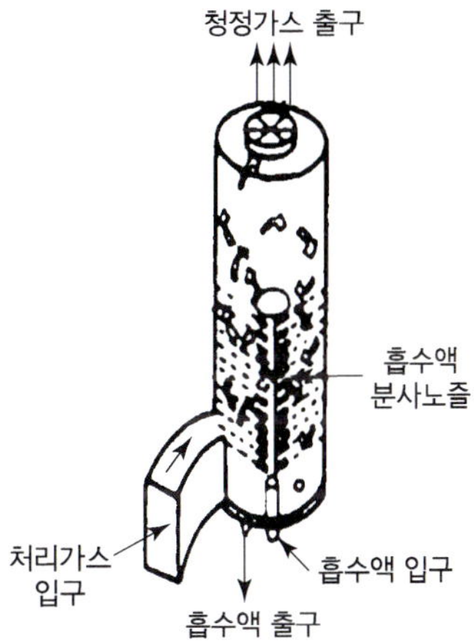

그림 4.8 **사이클론 스크러버**

⑤ 벤츄리 스크러버

벤츄리 스크러버(venturi scrubber)는 처리가스가 흐르는 유로의 직경을 좁힌 벤츄리 트롯(throat)부에 수직반경 방향으로 설치된 분사노즐에 의해 흡수액을 고압분사하는 방식이다. 이로 인해 유입가스 중 오염물이 분사액적과 상대 모멘텀(momentum)이 큰 상태로 충돌하게 되어 흡수효율을 크게 하여 제거된다. 액가스비는 0.3~1.0 L/m^3으로 작게 할 수 있고, 압력손실은 500~800 mmH_2O로 큰 편이다.

⑥ 제트 스크러버

제트 스크러버(jet scrubber)는 노즐로부터 분무되는 고압의 흡수액에 의해 국부적으로 부압이 형성되어, 처리가스가 유입구로부터 송풍기 없이 흡입되어 유해가스가 흡수액과 접촉되어 제거되는 방식이다. 액가스비는 10~100 L/m^3이고, 압력손실은 －100~－300 mmH_2O 이다.

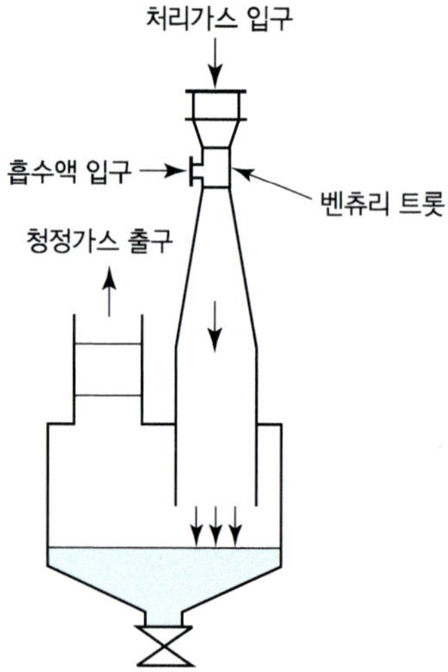

그림 4.9 **벤츄리 스크러버**

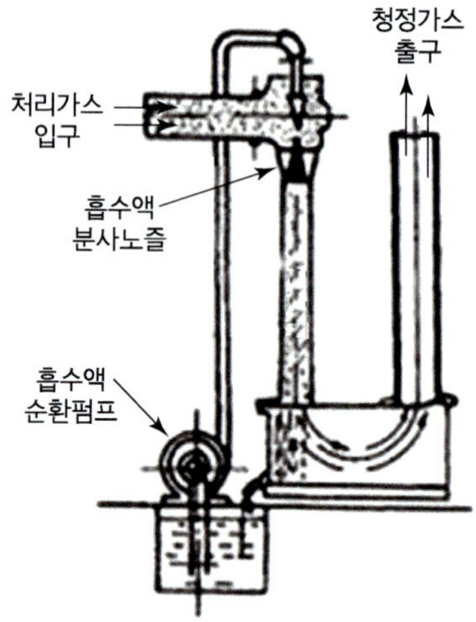

그림 4.10 **제트 스크러버**

2) 가스분산형 흡수장치

처리가스 중 유해가스가 흡수액에 흡수가 상대적으로 잘되지 않을 때 사용하는 장치로 단탑과 기포탑이 있다.

① 단탑

단탑은 탑 내에 흡수액이 일정량 보유한 여러 단으로 이루어져 순차적으로 흡수가 이루어지는 것으로, 포종탑과 다공판탑이 있다.

- **포종탑** 포종탑은 액체분산판(tray)을 탑 내에 다단으로 설치하고, 각 단에 여러 개의 포종캡(tray cap)으로 구성되어 액 중에서 액포를 형성하는 구조이다. 흡수액은 탑 상부에서 유입되어 각 단에서 일정양의 액이 보유되도록 하여 중력에 의해 각 단과 연결된 수직홈통을 통하여 하부로 흐르게 된다. 유해가스를 함유한 처리가스는 탑 하부에서 유입되어 각 단에 설치되어 있는 포종캡 가스통로를 통해 상부로 유입되어 액포를 형성하여 유해가스를 흡수액을 효과적으로 접촉시켜 처리하는 방식이다. 흡수액에 부유물질이 많은 경우, 희석열이 발생하는 경우, 온도변화가 큰 경우 등에 주로 사용된다.
- **다공판탑** 다공판탑은 구멍이 뚫린 다공판을 여러 단으로 하여, 상부에서 유입된 흡수액을 각 단의 다공판에 일정량을 보유한 후 중력에 의해 하강액체용 도관을 통해 하부로 낙하된다. 탑 하부에서 유입되는 처리가스는 기포탑의 구멍을 통하여 액 중 기포를 형성하여 유해가스를 효과적으로 흡수시킨다. 액가스비는 0.3~5 L/m^{3}이고, 압력손실은 100~200 mmH_2O이다.

  특징은 구조가 간단하여 가격이 저렴하고, 청소가 용이하고, 흡수열이 발생하는 경우에 적합한 장치이다. 그러나 포종탑에 비해 가스처리량 변동에 대한 유연성이 떨어지는 문제점이 있다.

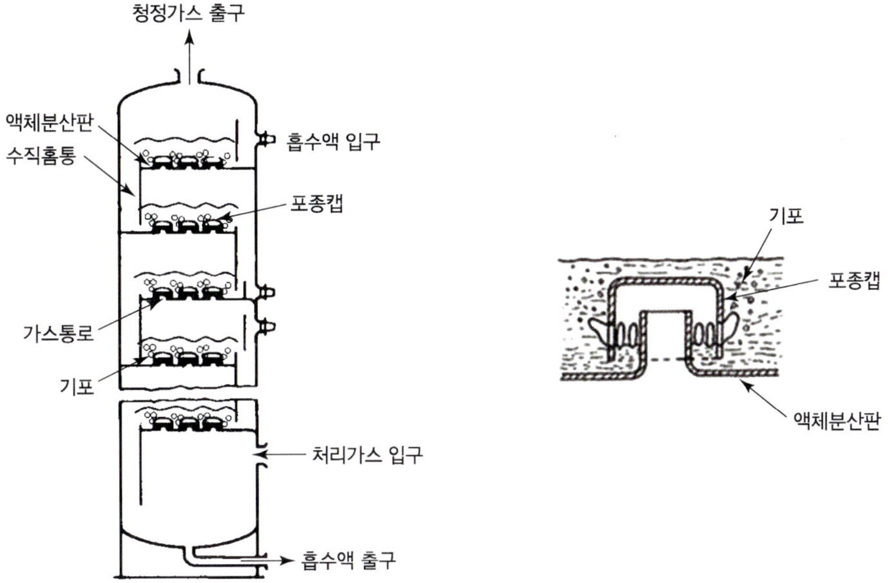

그림 4.11 **포종탑**

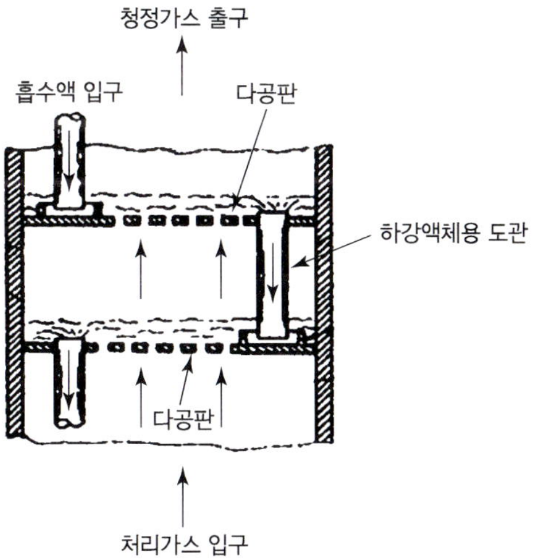

그림 4.12 **다공판탑**

② 기포탑

기포탑은 탑 내에 흡수액이 보유된 상태에서 흡수액 하부에 설치되어 있는 가스분산기(diffuser)에 의해 기포가 형성하여 유해가스를 흡수하는 방식이다.

기포탑은 이미 언급된 흡수장치에 비해 장치가 간단하지만, 장치에 작용하는 압력손실이 크게 작동된다. 그 압력손실은 흡수액의 수두압과 가스분산기의 공급압의 합이다.

1.2 흡착법

(1) 흡착이론

흡착이란 처리가스 내의 유해성분을 어떤 다공성 고상의 물질로서 선택적으로 제거하는 방법이다.

흡착법은 처리가스 중 유해가스 성분이 연소하기 어렵거나 비연소성인 경우, 공업적으로 회수가치가 충분하여 경제성이 있는 경우, 오염물 농도가 낮은 경우에 적용하기 적합하다.

1) 물리흡착과 화학흡착

① 물리흡착

기체분자들이 흡착제분자와 상호인력(Vander wales force)에 의해서 고체상 흡착제표면에 부착하게 되는 현상을 말한다. 흡착과정이 발열반응이며, 반응열은 2~20 kJ/g-mol로 이는 증기응축 엔탈피와 같다. 흡착제의 탈착이 가능한 가역과정으로, 흡착실의 압력을 낮추거나 온도를 높임으로써 재생할 수가 있다.

② 화학흡착

흡착제와 피흡착물의 화학적 상호작용에 의해 일어나는 흡착과정이다. 물리흡착보다 결합력이 강하다. 발열과정으로 반응엔탈피와 비슷한 200~400 kJ/g-mol의 수준이다. 비가역과정으로 화학흡착 시 탈착이 어렵다.

2) 흡착제

흡착제의 종류로는 활성탄(activated carbon), 활성알루미나(activated alumina), 실리카겔(silica-gel), 분자체(molecular sieves) 등이 있다.

활성탄은 석탄, 목재, 과일씨, 야자열매껍질 등을 무산소상태에서 열을 가하는 탄화와 수증기 공급을 하여 다량의 미세세공을 만드는 활성화가 연속적으로 이루어진 탄화-활성화공정에 의해 만들어진 것으로, 탄화수소를 잘 흡착한다.

활성알루미나는 백색분말의 산화알루미늄을 저온으로 탈수하여 정제상태로 한 것으로, 다공질이며 표면적이 크기 때문에 수분과 산을 흡착한다. 냉매나 공기의 건조제로 이용되며 150~200℃ 정도의 가열로 재생할 수 있다. 제습력은 염화칼슘과 실리카겔보다 강력하다.

실리카겔은 결정성규산으로 된 다공질(porous media) 고체로, 보통 입자상 또는 분말상으로 사용한다. 극히 미세한 내부표면을 갖고 있어, 각종 기체물질을 다량 흡착한다. 수분과 유기물 잘 흡착시킨다.

분자체는 SO_2, NOx, Hg의 제거를 위해 개발되었다. 장점으로 분자체가 선택성 또는 특이성을 갖고 있어 그것들의 결정구조를 적당한 크기로 만들어서 어떤 특정한 분자만 흡착시킬 수 있다. 하지만, 비용이 많이 들기 때문에 오염물의 회수가능성이 있는 경우에만 적용되는 사용 제한성이 문제점이다.

이러한 흡착제들은 선택 시 다음의 물리적인 특성을 고려하여야 한다. 처리가스의 흐름에 대한 압력손실이 적고, 흡착제의 재생과 회수에 용이하고, 비표면적이 커서 흡착량이 충분해야 하며, 오염물과 친화력이 커서 흡착효율이 우수하고, 흡착제의 강도가 잘 유지될 수 있어야 한다.

3) 등온흡착 곡선

일반적으로 흡착되는 물질의 양은 일정온도에서 농도의 함수로 나타내는데, 이를 등온흡착 곡선이라고 한다. 등온흡착곡선은 여러 가지 형태를 나타내고 있는데, 그중 대표적인 것을 그림 4.13에 나타내었다. Freundlich 등온흡착 그림 4.13(a)의 경우는 기상에서의 용질의 농도가 커져도 흡착된 양이 변하지 않으므로 아주 좋은 상태를 유지하고 있는 상태이며, Langmuir 등온흡착 그림 4.13(b)의 경우는 가스의 농도가 낮을 때 흡착된 양이 적으므로, 이러한 형태의 곡선을 나타내는 흡착제의 경우는 적용하기에 불리하다. B.E.T. 등온흡착 그림 4.13(c)의 경우는 변곡점이 존재하므로 재생을 위한 탈착과정이 존재할 때 나타나는 형태이다.

이미 언급된 바와 같이 흡착특성은 처리가스 중 오염물과 고체흡착제의 종류에 따라 등온흡착선의 모양이 바뀔 수 있으며, 이를 수학적 모델로 일반화시킬 수 있다.

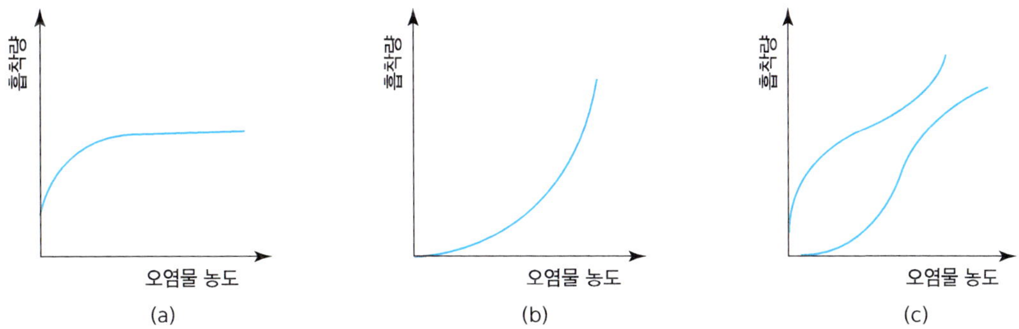

그림 4.13 등온흡착 곡선의 여러 가지 형태

① Langmuir 등온흡착식

흡착평형을 나타내는 가장 우수한 모델 중의 하나인 Langmuir 등온흡착식은 다음과 같다.

$$A = \frac{k_1 P}{k_2 P + 1} \tag{4.15}$$

여기서, A는 흡착제의 단위질량당 흡착된 오염물의 질량, P는 처리가스 중 오염물의 분압, k_1과 k_2는 상수이다.

② Freundlich 등온흡착식

Freundlich 등온흡착식은 실험식으로 식 (4.16)과 같이 나타낸다.

$$\frac{X}{M} = KC_o^{\frac{1}{n}} \tag{4.16}$$

여기서, M은 흡착제량, X는 흡착된 오염가스량(제거가스 농도 : $C_i - C_o$), C_o는 출구가스 농도, C_i는 입구가스 농도, K와 n은 상수이다.

그림 4.14는 활성탄에 흡착된 Freundlich 등온흡착곡선을 나타낸 예이다. 온도가 일정할 때, 흡착량은 오염물의 분압에 비례하고, 오염물의 분압이 일정할 때, 흡착량과 온도는 반비례한다. 또한 활성탄에서 벤젠이 아세톤보다 흡착량이 크다고 볼 수 있다.

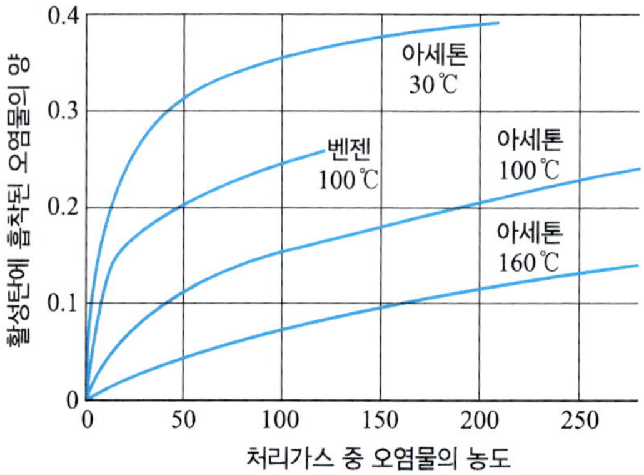

그림 4.14 **Freundlich 등온흡착 곡선의 예**

③ B.E.T. 흡착식

흡착실험에서 얻은 물리흡착 곡선을 나타내는 수식으로, B.E.T.는 Brunauer Emmett Teller의 약자이다.

$$\frac{V}{V_m} = \frac{CP}{(P_o - P)\{1 + (C-1)(P/P_o)\}} \tag{4.17}$$

여기서, V는 주어진 압력 및 온도에서 흡착된 양이 갖는 체적, V_m은 흡착된 물질이 흡착제의 표면에 단일분자의 두께로 차 있을 때의 체적(실험에 의해 구함), P_o는 흡착이 일어나는 온도에서 용질(오염물질)의 증기압, P는 기체 중 용질의 분압, C는 보조변수(실험에 의해 구함)이다.

식 (4.17)을 정리하면, 식 (4.18)과 같다.

$$\frac{1}{CV_m} + \frac{C-1}{CV_m}\left(\frac{P}{P_o}\right) = \frac{P}{V(P_o - P)} \tag{4.18}$$

식 (4.18)은 $y = ax + b$의 직선의 함수가 되므로, 이때 기울기 $a = \frac{C-1}{CV_m}$, 절편 $b = \frac{1}{CV_m}$ 이 된다. C와 V_m을 실험적으로 구해서 각각 a와 b를 구할 수 있게 된다. 이들을 식 (4.15)에 대입하면 V와 P의 관계를 구할 수 있다. 그림 4.15의 (a)는 실험을 통해 구해진 데이터 그래프이며, (b)는 B.E.T. 흡착식인 식 (4.18)에 의해 표현한 그림이다.

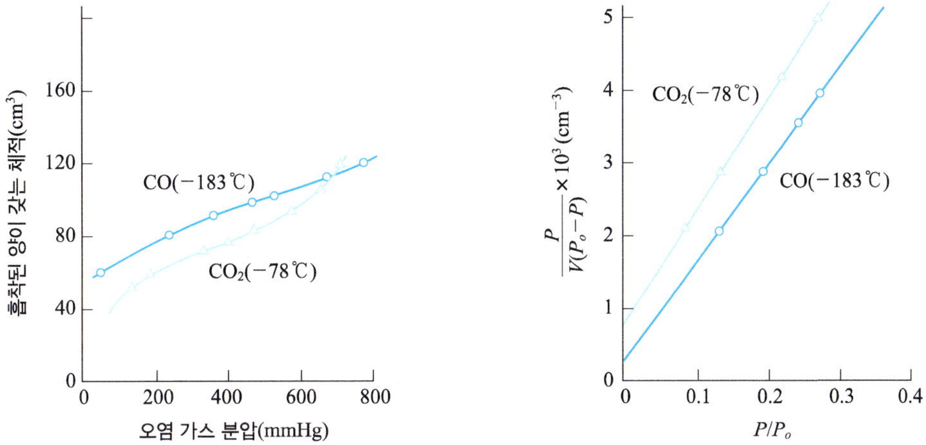

(a) 실험 데이터 (b) B.E.T. 흡착식

그림 4.15 실리카겔에 흡착된 CO 및 CO_2의 실험치

4) 흡착곡선의 형태

처리가스가 흡착층으로 유입되면서 오염물이 순차적으로 흡착되어 S자 형태를 보이는데, 이를 S커브 흡착곡선(adsorption wave)이라 하며, 흡착시간이 경과함에 따라 출구 쪽으로 이동된다. 이로 인해 오염물의 농도가 출구에서 처음으로 측정되는데, 이를 파과점(break-through point)이라 한다(그림 4.16(a)의 c 상태임).

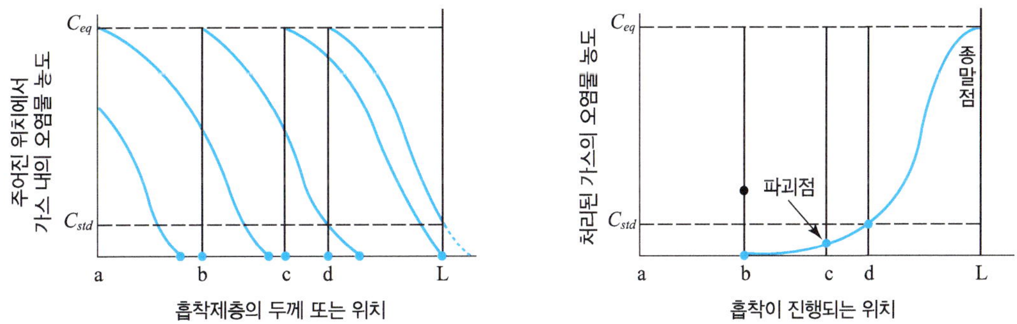

(a) S 커브 흡착곡선 (b) 처리가스 출구오염물 농도

그림 4.16 실제 흡착탑 내의 흡착제층에서 생기는 흡착특성(C_{eq} : 완전흡착량, C_{std} : 표준 배출기준 농도)

흡착률이 무한대일 경우는 흡착층 두께가 작은 경우로 S커브 흡착곡선이 수직형태를 띠고, 어떠한 순간에 파과점에 도달하게 되므로 제어측면에서 불리하다. 흡착층 전체가 포화될 때까지 일정층까지 흡착이 일어나므로 많은 오염가스의 흡착이 가능하므로 유리하다. 흡착률이 상대적으로 좋지 않아 S커브 흡착곡선이 아주 판판하게 된다. 이 경우는 흡착층 두께가 큰 경우로 흡착탑 내의 편류(channelling)현상 발생 시 두드러지게 나타난다. 파과점이 나타나는 시점에서도 많은 부분 불포화상태에 있게 된다. 제어측면에서는 유리하나, 흡착총량이 떨어지는 단점이 있다.

따라서 이러한 두 경우의 특징을 고려하여 실제 운전 시에는 흡착제의 75~80%가 포화될 때까지 파과점에 도달하지 않도록 해야 한다.

흡착의 대부분을 차지하는 물리흡착은 흡착과 재생을 반복하게 되는데, 이때 파과점 도달시간과 흡착제 재생시간을 다음과 같이 구할 수 있다.

파과점 도달시간은 식 (4.19)와 같다.

$$t_a = \frac{L - \sigma}{V_a \times 3,600} \tag{4.19}$$

여기서, t_a는 파과점 도달시간(h), V_a는 흡착영역의 이동시간(m/s), L은 흡착층 길이(m), σ는 S커브 흡착영역의 두께(m)이다.

흡착제 재생시간은 식 (4.20)과 같다.

$$t_r = \frac{L}{V_r \times 3,600} \tag{4.20}$$

여기서, t_r는 흡착제 재생시간(h), V_r은 탈착영역의 이동속도(m/s)이다.

(2) 흡착장치

흡착탑 내에 흡착제를 넣고 오염된 처리가스를 통과시켜 흡착제에 흡착하여 오염물을 처리하는 장치이다. 흡착장치는 흡착층의 위치변화에 따라 고정층, 이동층, 유동층 흡착장치로 구별된다.

1) 고정층 흡착장치

고정된 흡착탑 내에 입자상의 흡착제를 충전하여 충전한 층에 처리가스를 통과하여 흡착하는 방식이다. 그림 4.17은 고정층 흡착탑을 나타낸 그림이다. 흡착탑은 수직식과 수평식이 있으며, 대량의 가스처리 시에는 수평식이 사용된다.

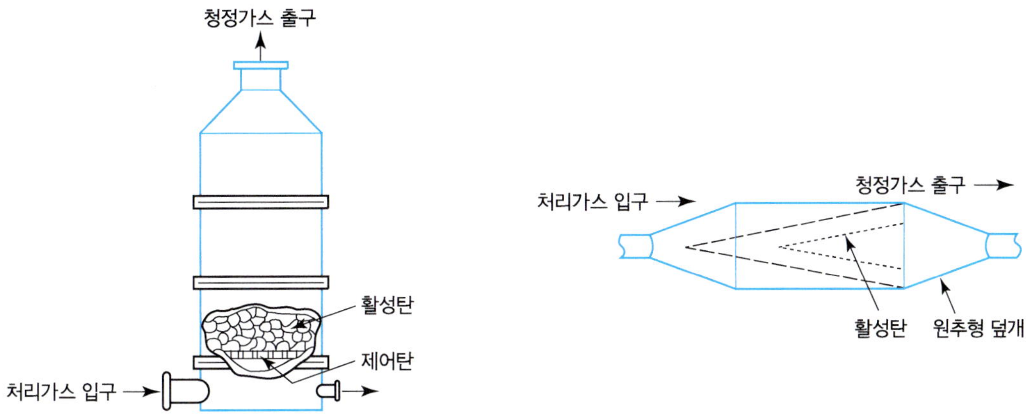

(a) 수직식 흡착탑 (b) 수평식 흡착탑

그림 4.17 **고정층 흡착탑**

그림 4.18은 고정층 흡착장치의 병렬구성을 나타낸 것으로, 흡착과 탈착의 상황이 실선과 점선으로 구분되어 있다. 스팀에 의해 탈착된 오염물함유 증기는 응축기에서 응축되어 액체분리기(decanter)에서 분리하여 처리된다.

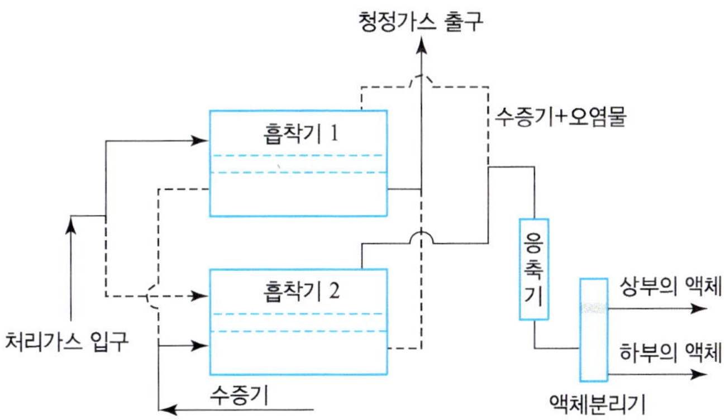

그림 4.18 **고정층 흡착장치의 구성도**

2) 이동층 흡착장치

흡착제를 충전상태로 상부에서 하부로 이동시켜, 가스를 밑으로부터 향류로 접촉시키는 방식이다. 흡착제는 연속적으로 흡착부에서 탈착부로 이동해서 탈착이 일어난다. 장점으로는 항상 포화된 흡착제를 탈착부로 이동시킬 수 있고, 흡착제가 단 시간에 운전하므로 사용량이 적게 들며, 탈착에 요하는 열량이 절약되므로 포화상태까지 흡착이 가능하다. 단점으로는 흡착제의 이동으로 인한 파손이 우려된다.

3) 유동층 흡착장치

흡착탑 하부에서 유입되는 처리가스에 의해 흡착제를 유동시켜 상대 모멘텀(momentum)을 크게 하여 흡착률을 높이는 방법이다.

따라서 고체와 기체의 접촉이 잘되어 흡착이 용이하므로 처리량을 증가시킬 수 있다. 이로 인해 흡착공간이 감소되어 장치를 소형화할 수 있으므로 장치비용 및 운전비용이 적게 드는 장점이 있다. 그러나 고체흡착제 유동에 의한 마모가 일어나고, 유동화폭이 좁아 처리가스 공급량변화에 대한 융통성이 적은 단점이 있다.

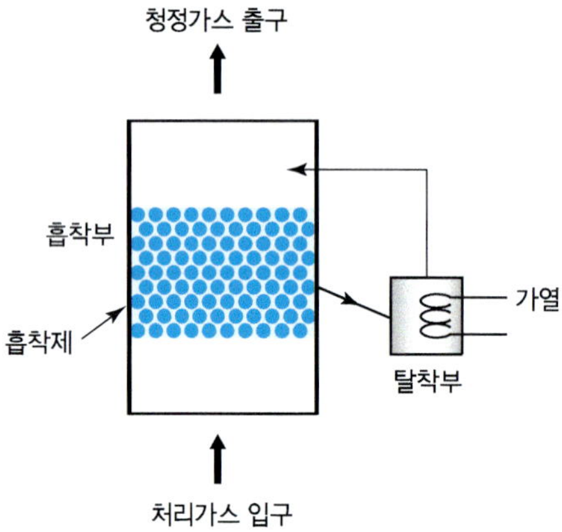

그림 4.19 이동흡착탑

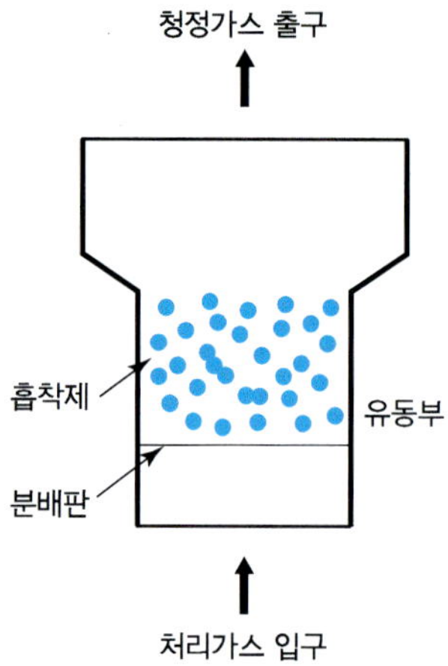

그림 4.20 유동층 흡착기

1.3 소각법

처리가스 중 가연성 오염물질을 함유한 유기성가스, 입자 또는 연무질(aerosols) 등의 연소에 의한 제거방법이다. 이들은 주로 정유공장, 화학 플랜트, 도색 등 산업공정 등에서 다량발생된다.

소각법은 연소장치를 적절히 설계 또는 조작 시에는 모든 가연성물질을 근본적으로 완전억제할 수 있고, 연소장치 효율의 감소 없이 안정된 처리가 가능하고, 규모가 큰 경우 폐열회수로 인한 에너지로의 활용도 가능하다. 또한, 기존 열설비시설의 배출허용 기준 강화로 인한 시설개조 시 보조 버너 또는 재열장치 설치를 통해 처리할 수 있다.

그러나 높은 시설비와 운영비가 필요하고, 가연성물질인 탄소(C)와 수소(H) 외에 염소, 질소, 황함유 화합물과 같은 다른 대기오염 성분의 원소가 존재 시 또다른 오염문제를 야기시킬 수 있으므로 전처리가 필요하다.

(1) 소각의 특징

① 연소한계치

연소한계치(flammability limits)는 화염이 전파되지 않을 정도로 가연성 물질의 농도가 희박하거나 높을 상태를 나타내는 지표이다. 즉, 인화하한(low flammability limits)은 가연물이 공기에 희석된 연료희박상태이며 발열량은 떨어지게 된다. 인화상한(upper flammability limits)은 가연물이 공기에 의해 희석되어 상대적으로 부족한 공기과잉의 상태이다. 가연성물질이 연소되는 인화하한과 인화상환의 사이의 범위를 가연범위라고 하며, 표 4.2와 같다.

② 소각기설계 시 고려사항

소각로 설계 시 고려사항은 3TO 즉, 시간(time), 온도(temperature), 혼합(turbulence) 그리고 산소(O)의 공급이 적절히 이루어져야 한다.

첫째, 시간은 연소반응 시간을 의미하는 것으로, 이를 위해서는 소각기 내에서 연소를 위한 충분한 체류시간을 가져야 한다. 이 경우 소각기의 크기가 커져야 하기 때문에 장치 및 운전비용이 증가하는 문제점이 있을 수 있다.

둘째, 온도는 연소반응 온도로, 소각기 연소로 내에서 폐가스가 자발화되어 연소 시 유지되는 온도이다. 연소반응 속도는 이 온도에 좌우되므로 가능한 연소로 열손실 최소화 등으로 연소로 온도를 높게 유지되도록 설계되는 것이 중요하다.

셋째, 난류는 오염물과 산화제인 산소를 함유한 공기와의 혼합을 촉진시키기 위한 유체유동의 상태를 의미한다. 이를 위해서는 버너에 선회를 주는 등 다양한 물리적 방법 등이 제안된다.

마지막으로 완전연소 조건으로 산화제인 산소가 충분히 공급된어 이미 언급된 바와 같이 오염물과 잘 혼합되어야 된다.

표 4.2 **각 연료별 가연범위**

연료의 종류		인화하한(%)	인화상한(%)
수소	H_2	4	75
황화수소	H_2S	4.3	45
일산화탄소	CO	12.5	74
메탄	CH_4	5	14
휘발유	C_8H_{18}	1.4	7.6
에틸에텔	$C_4H_{10}O$	1.9	48
에틸멜캅탄	CH_3CH_2SH	2.8	18

* 인화하한 또는 상한값 = 연료량/(연료량 + 공기량)

(2) 소각방법

가연성오염물을 소각하는 방법에는 직접화염 소각법(direct flame incineration), 열소각법(thermal incineration), 그리고 촉매소각법(catalytic incineration)이 있다.

1) 직접 화염소각법

초기시동을 제외하고 천연가스와 같은 보조연료를 사용하지 않은 상태에서 가연성 처리가스를 소각기 내에서 직접연소시키는 방법이다. 보조연료 없이 소각이 가능한 가스의 열량은 3,150~3,350 kJ/m^3 정도이다.

이 경우 화염온도가 1,250℃ 이상의 고온상태가 유지되어 열적 NOx(thermal NOx) 생성이 되는 문제가 있다.

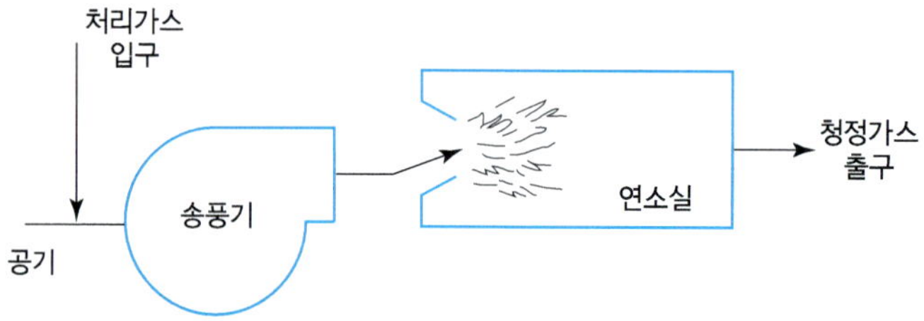

그림 4.21 **직접 소각장치**

직접 화염소각법의 일종인 플레어(flare)는 석유화학공장, 하수처리장, 정유공장에서 유기폐가스의 처리에 사용된다.

그림 4.22는 스팀 주입식 플레어로 일종의 개방형 연소기이다. 스택(stack) 하부에서 처리가스

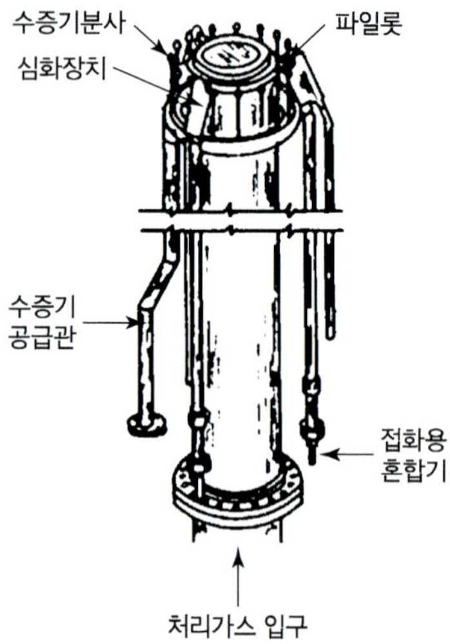

그림 4.22 **스팀 주입식 플레어**

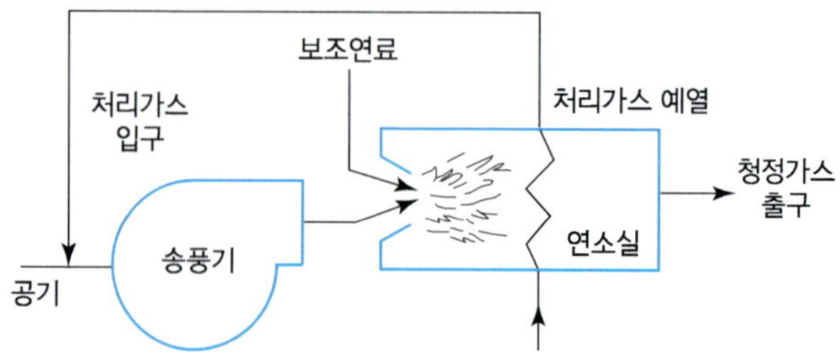

그림 4.23 **열소각장치**

인 오염물이 공급되어 스택 상단에서 주변의 공기와 혼합된 확산화염(diffusion flame)이 형성되어 연소된다. 이때 화염의 지속적인 유지를 위해 보조 파일롯 화염(pilot flame)이 연소된다. 이 경우 가스유량, 풍속 및 가연오염물 조성변화에도 지속적으로 화염을 유지할 수 있어야 한다.

스팀 주입은 탄소와 수소비(C/H)가 3 이상일 때 생성되는 검댕(soot)발생을 억제하기 위해 사용된다. 주입된 스팀은 화염근처에서 빨려들어오는 공기 중 산소와 가연성오염물과 난류접촉을 증진시켜 연소성을 향상시키는 역할을 한다. 또한, 화염 중 발생된 검댕이 주성분인 탄소(C)는 주입된 수증기에 의해 산화반응 식 (4.21)과 식 (4.22)의 연쇄반응에 의해 완전연소된다.

$$C + H_2O\,(g) \rightarrow CO + H_2 \qquad (4.21)$$

$$CO + \frac{1}{2}O_2 \rightarrow CO_2 \qquad (4.22)$$

2) 열소각법

처리가스중 가연성물질의 농도가 낮아 발열량이 낮은 경우(40~750 KJ/m^3)에 적합하다. 이 경우 오염물이 공기에 희석되어 있어 연료희박(fuel-lean)의 상태로 가연범위에 있지 못해 자체적으로 연소가 불가능하다. 따라서 기체 등의 보조연료를 사용하여 점화온도 이상으로 유지시켜 지속적 연소가 가능하도록 한다. 이 경우 보조연료의 절감을 위해 배기폐열을 적극적으로 활용한다.

3) 촉매소각법

촉매소각법은 열소각법과 같이 가연성오염물이 작업공정에서 공기와 희석된 연료희박의 상태일 때 사용된다. 이 방법은 촉매를 사용함으로써 처리가스의 가연범위를 확장시킬 수 있다.

촉매소각장치는 그림 4.24와 같이 촉매버너, 열회수기(heat recuperator), 예열 버너, 송풍기 등으로 구성된다.

촉매버너는 다공 플레이트(porous plate) 형상의 지지체인 알루미나에 산화촉매인 백금을 코

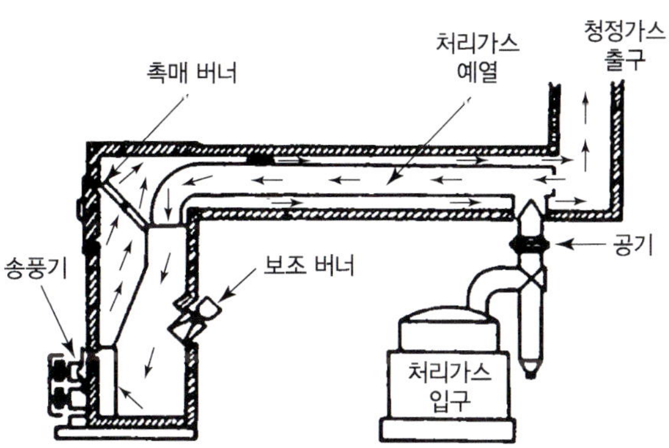

그림 4.24 **촉매소각 장치**

딩하여 만들어지며, 연소 시 플레이트 표면에 화염이 형성되어 연소하게 된다. 열회수기는 배기 폐열을 회수하여 저발열량의 유입 처리가스에 엔탈피를 증가시켜 연소성을 향상시킨다. 예열 버너는 초기시동 시 필요하며, 처리가스 오염물의 종류에 따라 촉매활성 온도가 다르므로 필요시 보조열원으로 사용된다. 송풍기는 예열된 치리가스를 촉매연소기로 보내는 장치로, 높아진 가스 온도에서 운전가능하도록 내열성재질을 사용해야 한다.

촉매 버너에 사용되는 촉매의 요구조건으로는 재질의 가격이 저렴하고, 내구연한이 길고, 요구 온도에서 정상적인 기능을 발휘해야 한다. 또한, 지지체의 경우 여러 가지 모양으로 성형이 가능해야 하고, 압력강하를 낮출 수 있는 것이 좋다.

촉매소각법의 특징은 연소화염의 온도가 낮아 열적 NOx(thermal NOx) 생성될 우려가 없고, 연소반응시간이 짧아 연소기를 컴팩트하게 할 수 있으며, 저칼로리 가스도 소각처리가 가능하다. 그러나 촉매가 비싸고, 철, 납, 실리콘, 인, 황산화물 등에 의해 촉매층에 해독이 우려되고, 갑작스런 온도변화에 촉매코팅이 손상될 여지가 있으며, 분진의 퇴적 시 촉매효과가 감소되는 문제가 있다.

2 황산화물의 처리

2.1 황산화물의 생성

황화합물은 발전소, 공장, 금속공업, 화학공업, 자동차 등 화석연료의 연소와 작업공정에서 발생된다. 황화합물은 SO_2, SO_3, H_2SO_3, H_2SO_4, 황산염($CuSO_4$, $CaSO_4$, $MgSO_4$ 등)을 포함하고 있다.

화석연료의 연소 시 연료 중 황(S) 성분이 산화되어 SO_2와 SO_3가 생성되는데, 이 두 성분을 합하여 SOx라고 한다. 연소 시 일반적으로 SO_2는 95% 정도, SO_3는 5% 정도 배출된다. 황 성분으로부터 SO_2와 SO_3의 생성되는 반응식은 다음과 같다.

$$S + O_2 \rightarrow SO_2 \tag{4.23}$$

$$SO_2 + \frac{1}{2}O_2 \rightarrow SO_3 \tag{4.24}$$

대기 중에 배출된 SO_2는 금속산화물, 분진, 질소산화물 등을 촉매로 하여 산화하여 삼산화황(SO_3)을 생성한다. 금속산화물과의 반응에 의한 황산염을 생성하며, 대기 중의 습도가 높을 때 수분에 의해 황산으로 생성된다. 각 경우에 대한 예를 아래 식으로 나타내었다.

• 촉매에 의한 산화

$$SO_2 + \frac{1}{2}O_2 \rightarrow SO_3 \tag{4.25}$$

• 금속산화물과의 반응

$$4MgO + 4SO_2 \rightarrow 3MgSO_4 + MgS \tag{4.26}$$

• 대기 중 수분과의 반응

$$2SO_2 + 2H_2O + O_2 \rightarrow 2H_2SO_4 \tag{4.27}$$

$$SO_3 + H_2O \rightarrow H_2SO_4 \tag{4.28}$$

2.2 황산화물의 처리기술

(1) 연소로 내 처리기술

연소로 내 처리기술(in-furnace technology)은 주로 기존설비의 개조개념으로 사용되는 기술로, 석회석주입법이 있다.

석회석주입법의 원리는 중유, 석탄 등 화석연료 연소 시 생성되는 SO_2를 제어하기 위해 석회석($CaCO_3$) 분말로 하여 연소로에 주입하여 제거하는 방법이다. 연소로 내에서는 소성, 흡수, 산화반응이 일어나며, 각각의 화학반응식 다음과 같다.

• 소성 $CaCO_3 \rightarrow CaO + O_2$ (4.29)

• 흡수 $CaO + SO_2 \rightarrow CaCO_3$ (4.30)

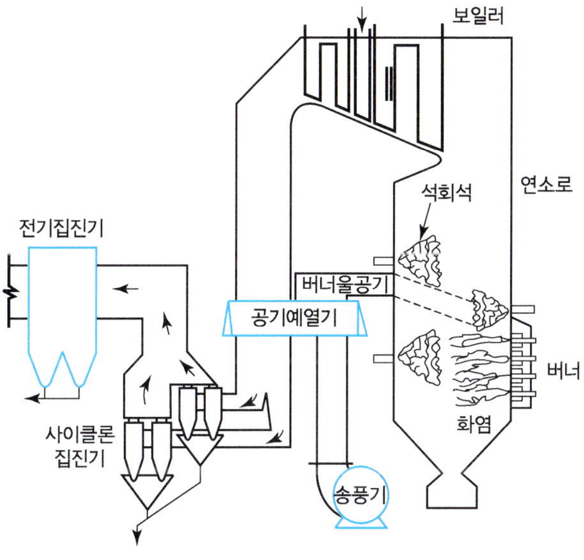

그림 4.25 석회석주입법

• 산화 $CaSO_3 + \frac{1}{2}O_2 \rightarrow CaSO_4$ (4.31)

석회석주입법의 장점은 석회석값이 저렴하여 재생 부대시설이 불필요하며, 소규모 보일러 및 노후한 보일러에도 사용가능하며, 건식법이므로 배기온도가 떨어지지 않는 특징이 있다. 단점으로는 연소로 내 짧은 체류시간으로 인해 SO_2의 석회분말 침투가 곤란하여 SO_2 제거효율이 낮으며, 석회석과 배기가스 중의 회(ash)분이 반응하여 연소로 벽을 부식시켜 내화벽돌을 손상시키고 열교환기에 부착되어 열전달을 낮추고, 압력손실을 증가시킨다. 또한 미반응 석회석분말에 의해 전기집진기 등의 후처리설비의 성능을 감소시킨다.

(2) 배연탈황

배연탈황(FGD : Flue Gas Desulfurization) 기술에는 습식탈황법, 건식탈황법, 산화법이 있다. 습식법에는 석회수세정법, 알칼리법(암모니아법, 소다법, 웰만법, 산화마그네슘법)이 있고, 건식탈황법에는 흡착법, 건식흡수법, 환원법, 그리고 산화법에는 접촉산화법이 있다.

1) 습식탈황법

① 석회수세정법

석회수세정법은 석회석 슬러리($CaCO_3 \cdot H_2O$) 또는 석회유($Ca(OH)_2 \cdot H_2O$)를 배기가스 중 SO_2와 반응시켜 석고($CaSO_4$)로 제거되는 방법이다. 석회석 슬러리는 석회석($CaCO_3$)이 물에 섞인 물질이고, 석회유는 소석회($Ca(OH)_2$)가 물에 용해된 물질이다. 소석회는 석회석에 열로 소성하여 생성된 생석회(CaO)에 물을 가하여 만들어진 물질이다.

석회수세정법의 장점은 액체난류에 의해 아황산가스(SO_2)와 잘 반응하여 흡수효율을 증가시키고, 습식반응으로 반응면적을 크게 할 수 있으며, 흡수제를 순환시켜 활용도를 높일 수 있다. 그리고 원료석회석의 가격이 저렴하여 경제적이고, 부생석고의 수요가 커서 반응생성물을 판매할 수 있는 특징이 있다. 하지만 흡수탑 등의 부식 및 장치 내 결정의 퇴적으로 압력강하가 생기고, 배기가스의 냉각으로 대기 중 가스의 확산문제가 생기는 단점을 가지고 있다.

석회수세정법은 석회석 슬러리 흡수탑 첨가법, 석회유 흡수탑 첨가법, 석회석 보일러 주입법, 알칼리-석회석법이 있다.

• 석회석 슬러리 흡수탑 첨가법 석회석 흡수탑 첨가법은 석회수세정법 중 가장 단순한 방법으로 그 공정은 그림 4.26과 같다.

세정액인 석회석 슬러리가 노즐에 의해 하부로 분사되어 미세액적을 형성되고, 하부로 아황산가스가 함유된 처리가스가 하부로 공급되어 석고로 처리된다. 석회석 슬러리는 석회석을 유출탱크에 공급하여 단순히 물에 혼합하여 생성된 슬러리로 저렴한 가격으로 손쉽게 만들 수

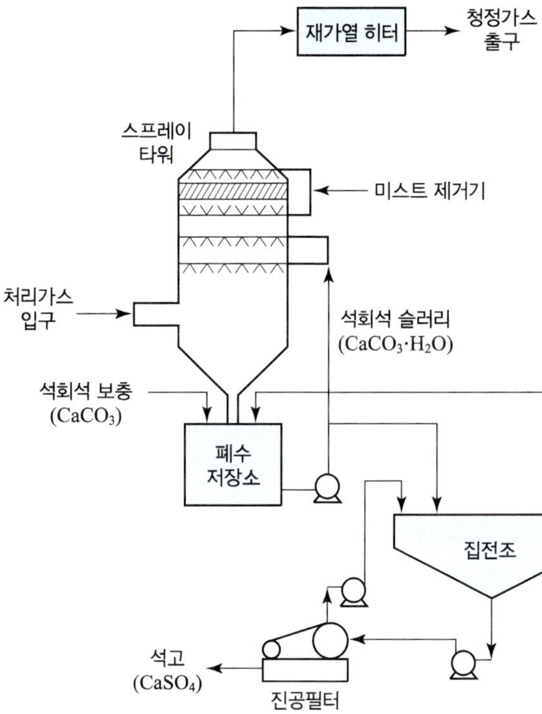

그림 4.26 석회석 슬러리 흡수탑 첨가법 공정

있어 유리하지만, 석회석의 분쇄가 곤란하고 노즐이 막힐 우려가 있고, 흡수반응이 느린 문제점을 가지고 있다.

- **석회유 흡수탑 첨가법** 생석회 흡수탑 첨가법은 석회석($CaCO_3$)을 소성로에서 생석회(CaO) 생성 후 유출탱크에서 석회유을 형성하여 흡수탑으로 공급된다. 흡수탑 하부로 공급되는 처리가스 중 아황산가스는 흡수액에 의해 석고로 처리된다. 석회석 슬러리 흡수탑 첨가법보다 효율은 좋고 노즐 막힘이 없지만, 소성과정의 추가로 에너지비용이 증가된다.
- **석회석 보일러 주입법** 석회석을 보일러에 공급하여 소성하고, 이때 생성된 생석회가 흡수탑으로 공급되어 아황산가스가 석고로 생성되어 침강조에서 분리된다. 보일러에서 소성과정이 이루어지므로 소성비용이 절감되는 장점을 가지지만, 흡수탑 내의 퇴적이 심하고, 유로상에서 막힘(fouling)현상을 일으키는 단점이 있다.

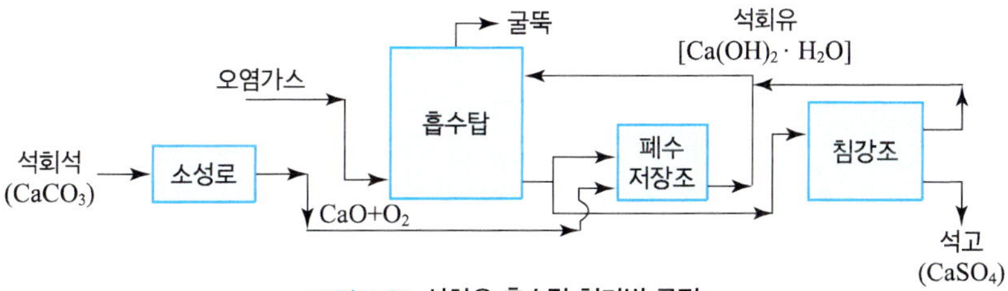

그림 4.27 석회유 흡수탑 첨가법 공정

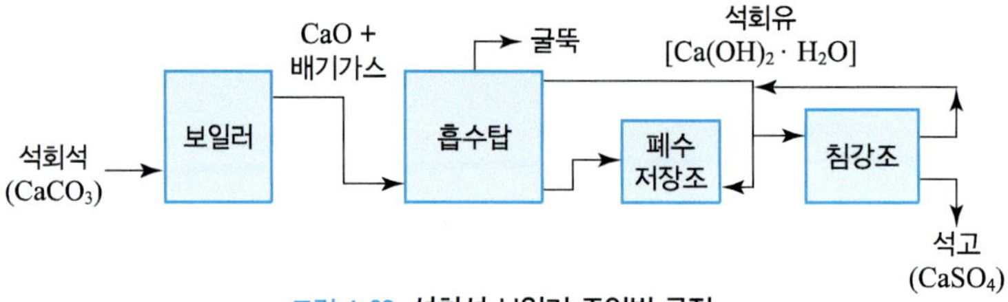

그림 4.28 **석회석 보일러 주입법 공정**

• 알칼리-석회석법 이중염기법이라고도 하며, 상기에 언급된 석회와 석회석 세정 방법들의 문제점인 흡수탑 내에서 물때와 막힘현상을 극복하기 위해 개발된 방법이다.

흡수제로서 알칼리염(Na, NH_4, K)을 사용하여 흡수탑에서 흡수효율을 얻고, 반응물은 흡수탑 밖에서 석회나 석회석과 반응시켜 알칼리를 재생하는 방법이다.

그림 4.29는 흡수제를 아황산나트륨(Na_2SO_3)을 사용한 예이다. 액 중에서 알칼리염인 Na^+ 이온이 형성되어 유입되는 SO_2와 결합되어 Na_2SO_3 또는 Na_2SO_4로 전환되고, 이는 유출탱크에서 석회석($CaCO_3$)과 반응하여 생성물인 석고($CaSO_4$)를 생성하고 염화물인 Na은 NaOH로 재생되어 다시 흡수탑으로 유입된다.

특징은 이미 언급된 바와 같이 높은 흡수효율을 얻을 수 있는 반면, Na_2SO_3(또는 Na_2SO_4)이 수용성으로 침전이 일어나지 않아 수질오염 문제를 야기시키는 문제를 가지고 있다.

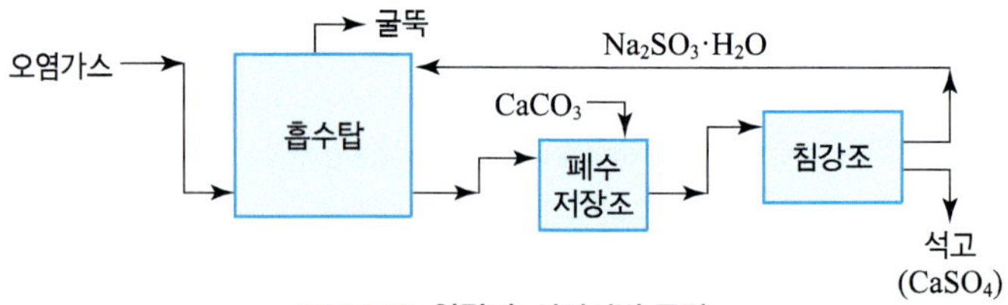

그림 4.29 **알칼리-석회석법 공정**

② 알칼리법

알칼리(alkali)는 산과 결합하여 강한 염기성을 나타내며, 나트륨, 칼륨, 칼슘 등의 화합물로 소석회($Ca(OH)_2$), 소다회(Na_2CO_3), 가성소다(NaOH) 등이 대표적이다.

알칼리법의 이러한 알칼리성물질을 이용하여 처리가스 중 아황산가스를 알칼리수용액과 반응시켜 제거하는 방법으로 제거효율이 좋고 찌꺼기나 퇴적물이 거의 없다.

알칼리법은 그 공정에 따라 다양한 방법이 있는데, 암모니아처리법, 소다처리법, 웰만-로드법, 산화마그네슘법 등이 대표적 기술이다.

• 암모니아처리법 암모니아처리법은 아황산가스를 암모니아 흡수액과 반응시켜 비료 원료인 황산암모늄($(NH_4)_2SO_4$)으로 만들어 처리하는 방법이다.

특징으로는 암모니아가 다른 알칼리화합물에 비해 값이 저렴한 것과 재생하기 쉽고 반응생성물의 처리가 용이한 장점이 있다. 반면에 증기압이 높아 압력손실이 큰 단점이 있다.

그림 4.30은 배기가스 중 아황산가스를 처리하기 위한 암모니아법 처리공정을 나타낸 것이다.

아황산가스를 함유한 처리가스는 흡수탑 하부로 유입되고 상부에서는 암모니아액이 하부로 주입되어 아황산암모늄($(NH_4)_2SO_3$), 아황산수소암모늄(NH_4HSO_3) 등으로 전환된다. 흡수탑 내의 대표반응은 식 (4.32)~(4.34)와 같다.

$$SO_2 + 2NH_4OH \rightarrow (NH_4)_2SO_3 + H_2O \tag{4.32}$$

$$(NH_4)_2SO_3 + SO_2 + H_2O \rightarrow 2NH_4HSO_3 \tag{4.33}$$

$$NH_4HSO_3 + NH_3 \rightarrow (NH_4)_2SO_3 \tag{4.34}$$

이들 생성물의 일부는 암모니아 재생에 사용되는데, 재생탑에서 암모니아증기로 된 후 냉각되어, 다시 흡수탑으로 보내져 순환된다.

그리고 흡수탑 생성물의 나머지는 고온고압이 유지되는 오토크레이브(autoclave)로 공급된 상태에서 황산을 첨가하여 최종부산물인 유안 즉, 황산암모늄($(NH_4)_2SO_4$)으로 회수하는 처리기술이다. 오토크레이브 유안생성 대표반응은 다음 식들과 같다.

$$2NH_4HSO_3 + H_2SO_4 \rightarrow (NH_4)_2SO_4 + 2SO_3 + 2H_2O \tag{4.35}$$

$$(NH_4)_2SO_3 + H_2SO_4 \rightarrow (NH_4)_2SO_4 + SO_2 + H_2O \tag{4.36}$$

$$3(NH_4)_2SO_3 + H_2SO_4 \rightarrow 3(NH_4)_2SO_4 + H_2O + S \tag{4.37}$$

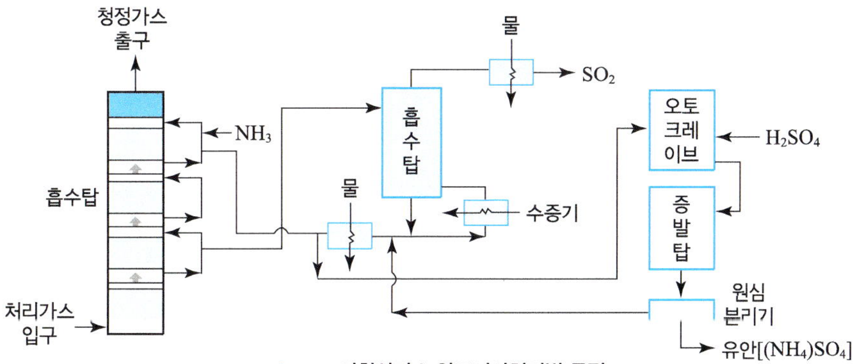

그림 4.30 **아황산가스 암모니아처리법 공정**

- **소다처리법** 일명 나트륨처리법이라고도 한다. 처리가스 중 아황산가스를 알루미늄산나트륨($NaAlO_2$), 탄산나트륨(Na_2CO_3), 수산화나트륨($NaOH$), 아황산나트륨(Na_2SO_3) 등과 같이 나트륨화합물과 반응시켜 제거하는 방법이다.

이 처리법은 수용액 중 양이온인 나트륨이 휘발성이 아니기 때문에 손실이 적은 점이 다른 알칼리법에 비해 좋다.

그림 4.31은 소다법 중 알루미늄산나트륨법의 공정도를 나타낸 것으로, 아황산가스를 처리하기 위해 흡수와 재생과정인 두 개의 TCA 스크러버로 구성되어 있다.

그중 흡수 TCA 스크러버는 처리가스 중 아황산가스를 흡수하고자 유동매체로 하여 난류접촉 유동에 의해 흡수가 이루어지는 공정이다. 이때 흡수제인 알루미늄산나트륨과 아황산가스의 흡수반응은 식 (4.38)과 같다.

$$2NaAlO_2 + SO_2 + \frac{1}{2}O_2 \rightarrow Na_2SO_4 + Al_2O_3 \tag{4.38}$$

그리고 이때 생성된 생성물을 재생하기 위해 재생 TCA 스크로버로 수소를 주입하여 알루미늄산나트륨으로 재생되고 황화수소가 부산물로 생성된다. 그 반응과정은 식 (4.39)와 같다.

$$Na_2SO_4 + Al_2O_3 + 3H_2 \rightarrow 2NaAlO_2 + H_2S + 2H_2O \tag{4.39}$$

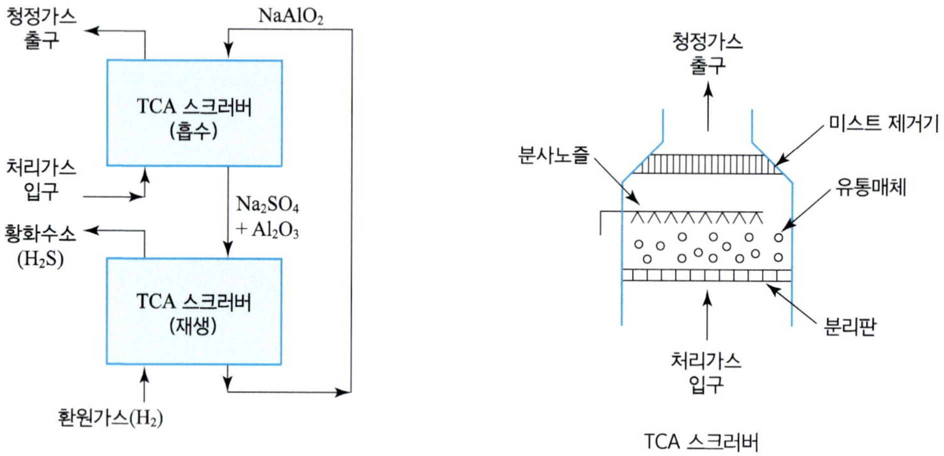

그림 4.31 **알루미늄산나트륨법 공정**

• 웰만 – 로드법Wellman-load Process 웰만-로드 공정은 크게 황산화물 흡수, 흡수액의 재생, 황산의 제조로 3가지 공정으로 이루어져 있으며, 그림 4.32와 같다.

흡수탑인 포종탑(tray tower)에서 탄산나트륨(Na_2CO_3) 흡수액을 이용하여 황산화물 흡수가 이루어진다. 황산화물의 대부분을 차지하는 SO_2와 SO_3는 각각 다음과 같은 반응에 의해 아황산수소나트륨($NaHSO_3$)과 황산나트륨(Na_2SO_4)으로 제거된다.

– 이산화황(SO_2)

흡수 : $Na_2SO_3 + SO_2 + H_2O \rightarrow 2NaHSO_3$ (4.40)

산화 : $Na_2SO_3 + \frac{1}{2}O_2 \rightarrow Na_2SO_4$ (4.41)

- 삼산화황(SO_3)

흡수 : $2Na_2SO_3 + SO_3 + H_2O \rightarrow Na_2SO_4 + 2NaHSO_3$ (4.42)

흡수탑에서 생성된 아황산수소나트륨은 수용성으로 증발결정판에서 가열에 의해 식 (4.43)과 같이 흡수제인 아황산나트륨으로 재생된다.

$$2NaHSO_3 \rightarrow Na_2SO_3 + SO_2 + H_2O \quad (4.43)$$

또한, 이때 생성된 아황산가스(SO_2)는 응축수분과 결합하여 황산으로 생산된다.

그리고 결정분리기에서는 흡수탑에서 생성된 난용성인 황산나트륨(Na_2SO_4) 슬러리를 원심분리하여 고형물은 건조되어 버려진다. 아황산수소(HSO_3)가 풍부한 원심분리액은 다시 흡수탑으로 재순환되어 이용된다.

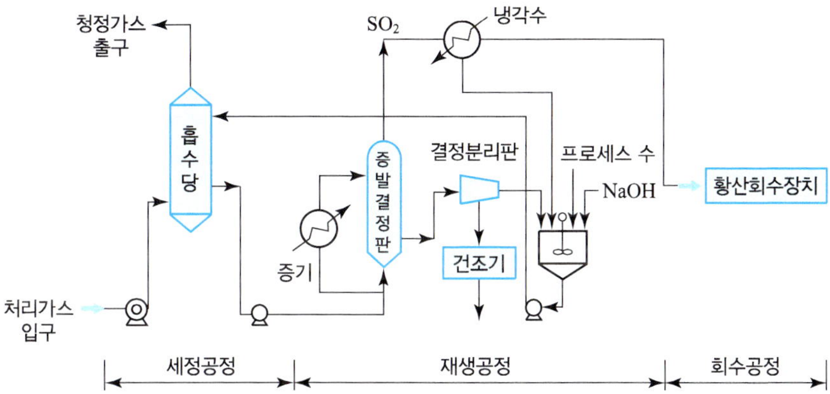

그림 4.32 **웰만-로드법 공정**

- **산화마그네슘법** 전체공정은 배연의 제진과 황산화물의 흡수 및 재생처리의 2단계로 이루어지며, 이를 케미코 2단 산화마그네슘법(chemico 2 staged magnesia method)이라고도 한다.

배기가스 중에 포함된 분진은 제1단 벤츄리 스크러버에서 제거되어 침강조에서 처리되어 폐기된다. 제진된 처리가스는 제2단 벤츄리 스크러버에서 황산화물이 산화마그네슘 수용액에 의해 제거된 후, 청정가스로 연돌을 통해 배출된다. 2단 스크러버에서 산화마그네슘과 흡수반응에서 제거된 아황산가스는 황산마그네슘($MgSO_4$) 용액으로 배출된다. 이는 원심분리기에서 물리적으로 탈수가 되고, 로터리 드라이어에서 가열건조된다. 그 다음 킬사이나에서 황산마그네슘 생성물이 소성에 의해 흡수제인 MgO로 재생되고, 아황산가스(SO_2)가 생성되며, 필요시 공정변화를 주어 황산과 고체황(S)으로 생산하기도 한다.

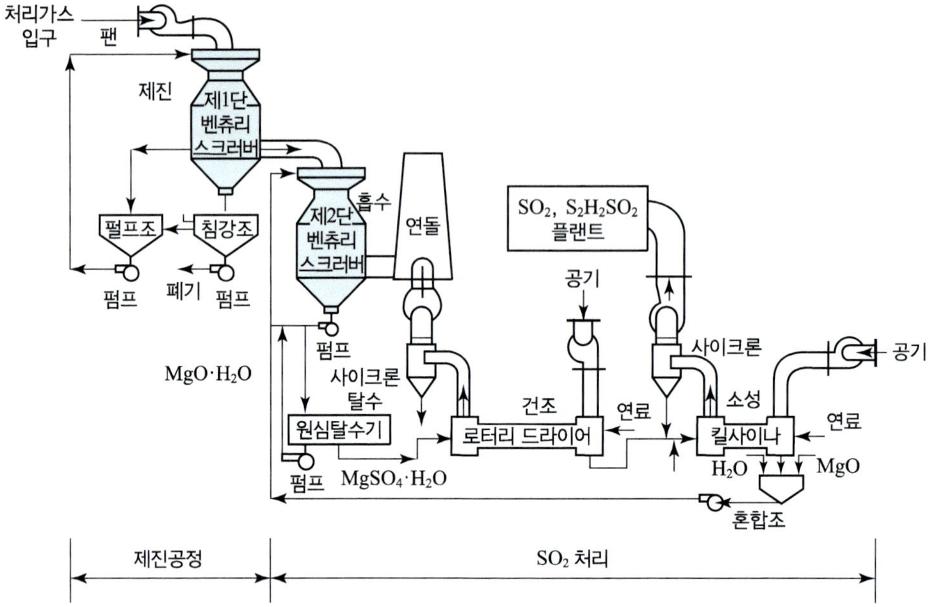

그림 4.33 **케미코 2단 산화마그네슘법 공정**

2) 건식 탈황장치

건식 탈황장치는 흡수액의 사용이 없이 기상의 상태에서 황산화물을 처리하는 방법으로, 흡착법과 건식흡수법으로 구분되어 진다.

① 흡착법

활성탄이나 기타 흡착제에 아황산가스를 흡착시켜 회수하는 방법이다. 아황산가스는 흡착제에 흡착된 후, 흡착제 자체가 촉매작용을 하여 SO_2가 SO_3로 산화되고, 생성된 SO_3는 배기 중의 수분과 반응하여 황산(H_2SO_4)으로 전환된 상태로 흡착제의 기공에 존재하게 된다.

따라서 흡착제의 재생을 위해서는 황산의 상태로 존재하는 흡착물을 제거하는 것이 중요한 관건이 된다. 흡착제에 생성된 황산을 제거하는 방법은 가열법과 세척법으로 구분할 수 있다.

가열법은 불활성기체에 의해 가열하는 방법과 열용량이 보다 큰 고체에 의한 직접가열방식이 있다. 세척법에는 흡착된 황산을 물에 의해서 탈착하는 수세탈리식 활성탄법과 고온수증기에 의해 탈착하는 수증기탈리식 활성탄법이 있다.

• 가열법

- 불활성기체 가열법 : 흡착탑에서 흡착된 흡착제는 스크린을 거쳐 분쇄잔류물을 분리처리하고 이용가능한 흡착제만 선별하여 재생을 위해 탈착탑으로 보내진다.

  재생은 불활성기체를 탈착탑에 활성탄 주입방향에 향류로 보내 가열하여 SO_2로 회수하는 방법이다. 활성탄(char-C) 표면에 흡착된 황산은 식 (4.44)와 같이 반응하여 이산화황과 이산화탄소로 전환되어 재생된다.

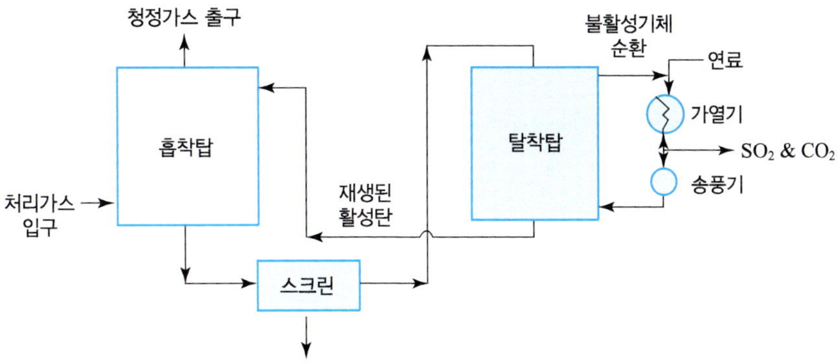

그림 4.34 **불활성기체 가열법 처리공정**

$$2H_2SO_4 + char - C \rightarrow 2SO_2 + 2H_2O + CO_2 \tag{4.44}$$

- 고체 직접가열법 : 황산화물을 포함한 처리가스는 흡착탑을 통과하면서 흡착되고 청정가스 상태로 배출된다. 흡착탑 하부에 포화흡착된 흡착제는 탈착탑으로 보내져 가열된 모래와 직접 접촉가열되어 탈착된다. 탈착된 흡착제는 체가름기에서 모래와 분리되어 흡착탑 상부로 재공급된다. 이 방법은 가열매체가 열용량이 큰 모래 등의 고체이므로 공급 등이 다소 어려우나 시스템 열효율이 상대적으로 불활성기체 가열법보다 우수하다.

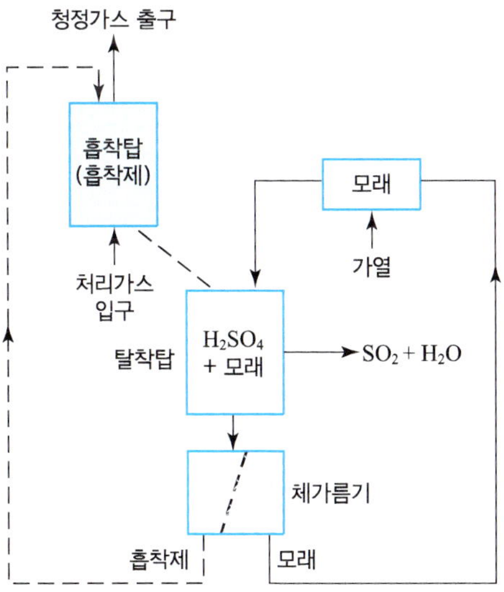

그림 4.35 **고체 직접가열법 처리공정**

• 세척법

- 수세탈리식 활성탄법 : 여러 개의 흡착탑이 병열로 설치되어 일부는 흡착이 일어나고 나머지는 수세탈리 공정이 동시에 이루어지는 방법이다. 즉, 흡착 시는 활성탄을 이용해서 황산화물을 제거하고, 탈착 시는 흡착제에 황산으로 존재하는 흡착물을 물에 의해 씻어내어 재

생하는 공정이다.

그림 4.36은 탈착 시 수세공정에서 흡착제에 생성된 황산을 물로 씻어 그대로 농축하여 황산으로 회수하는 방법을 나타낸 것이다. 물이 다량 포함된 약산은 농축관에서 증발농축되어 황산 쿠울러에서 냉각되어 여과기에서 찌꺼기를 제거한 후 최종 황산저장소에 저장된다.

그 외 황산을 2차제품인 석회나 암모니아를 사용하여 건축자재인 석고($CaSO_4$)나 비료원료인 유안($(NH_4)_2SO_4$) 등으로 공업적으로 회수하는 방법이 있다. 또한, 약산폐수를 가치가 없을 경우는 석회석($CaCO_3$) 등 알칼리(Na, Ca, K) 함유물질을 이용하여 중화시켜 폐기하는 방법이 있다.

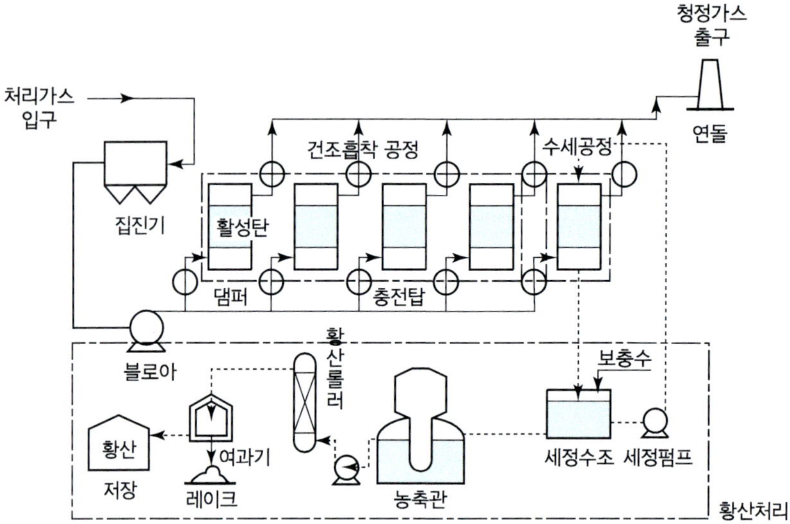

그림 4.36 **수세탈리식 활성탄법 공정**

- 수증기탈리식 활성탄법 : 수증기탈리식 활성탄법은 그림 4.37에 나타 낸 바와 같이 고정층 흡착장치인 두 개의 흡착기를 병열로 설치하여, 하나는 흡착공정을 다른 하나는 재생공정이 이루어지게 한 것이다.

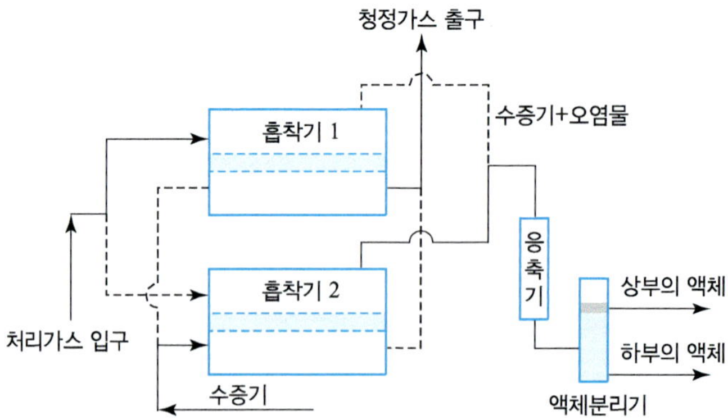

그림 4.37 **고정층 흡착장치 공정**

실선의 경우를 예를 들면 처리가스 중 아황산가스는 흡착기 1에서 흡착되어 청정가스로 배출된다. 이때 동시에 흡착기 2에서는 탈착이 진행되는데, 고온수증기에 의해 탈리된 가스는 응축기에서 응축되어 액체분리기에서 비중차에 의해 황산과 물로 분리된다. 흡착기 2는 탈착과정에서 고온이 되어 활성탄의 흡착능이 저하되므로 활성탄의 활성을 회복시키기 위해서 공기로 냉각처리를 하여 재생하게 된다. 이 공정이 끝나면 점선의 경우와 같이 반대로 흡착기 1은 탈착 재생공정이, 그리고 흡착기 2는 흡착공정이 동시에 이루어진다.

② 건식흡수법

• 활성산화망간법 건식흡수제인 분말상의 활성산화망간(MnO)이 체류시간이 충분히 확보되는 입상흡수탑에 공급되어 배기가스 중 황산화물과 만나 황산망간($MnSO_4$)으로 흡수제거된다.

이때 생성된 반응생성물은 물에 용해되어 재생공정인 산화탑으로 보내져 암모니아와 가압공기를 취입하여 산화되어 흡수제인 산화망간과 유안($(NH_4)_2SO_4$)용액으로 전환된다.

이들 두 물질은 여과기에서 분리되어 산화망간은 건조기에서 건조된 후 다시 재생되어 흡수탑으로 공급되며, 유안용액은 가열로를 거쳐 결정장치로 보내져서 비료연료로 사용가능한 유안의 결정이 부생물로 생산된다.

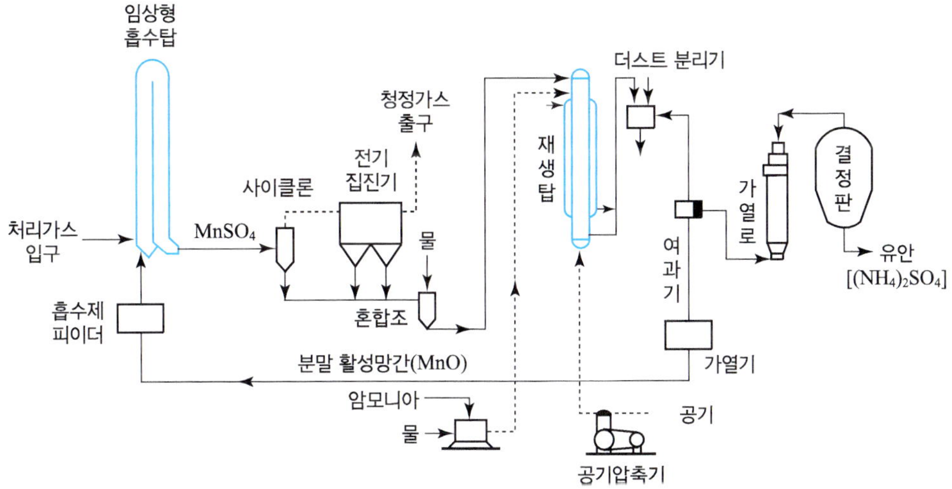

그림 4.38 **활성산화망간법 공정**

3) 산화법

산화법은 배출가스 중 이산화황(SO_2)을 삼산화황(SO_3)으로 산화시켜 처리하는 방법이다.

그림 4.39는 산화법의 일종인 접촉산화법을 나타낸 것이다. 전환기(converter)에서 촉매(V_2O_5, K_2SO_4)를 사용하여, 이산화황을 산화시켜 삼산화황으로 전환시킨 다음, 흡수탑에서 물을 순환하여 황산(H_2SO_4)으로 회수하는 방법이다.

이 방법은 전환기에서 촉매를 사용하기 때문에 전환효율이 높고, 촉매활성온도 유지를 위해 배기가스 폐열을 이용하므로 시스템 열효율이 좋다. 그러나 전체공정에서 발생하는 배기가스 전부를 그대로 처리하기 때문에 큰 장치를 필요로 하는 단점이 있다.

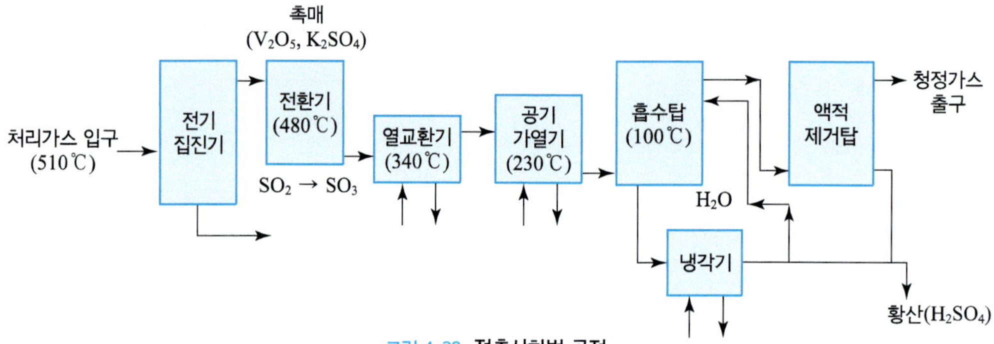

그림 4.39 **접촉산화법 공정**

(3) 중유탈황

중유탈황의 대표적인 공정으로 접촉 수소탈황이 있는데, 이는 직접탈황과 간접탈황으로 구분된다. 그 외에 금속산화물에 의한 흡착탈황, 미생물에 의한 생화학적 탈황, 방사선화학에 의한 탈황 등의 방법이 실험실 규모로 실험이 진행되고 있다.

중유의 특징으로는 아스팔트분을 다량 포함하고 있다. 아스팔트는 탄화수소가 주성분으로 상온에서 비휘발성이며, 변질되지 않으며, 가열 시 유동성을 가지고, 물에 용해되지 않으므로 방수제, 도로포장, 철의 부식방지 등에 쓰이는 물질이다. 또한 중유는 바나듐과 같은 금속산화물 및 거대분자를 포함하고 있다. 이 거대분자는 촉매유독과 접촉활성반응을 저하시키는 원인이 된다.

1) 직접탈황법

상압잔유에 전처리를 하지 않고 탈황하는 방법이다. 원유에 비독성촉매를 첨가하고 고온과 고압이 유지된 탈황장치에 수소를 첨가하여 황과 반응시켜 황화수소로 제거한다.

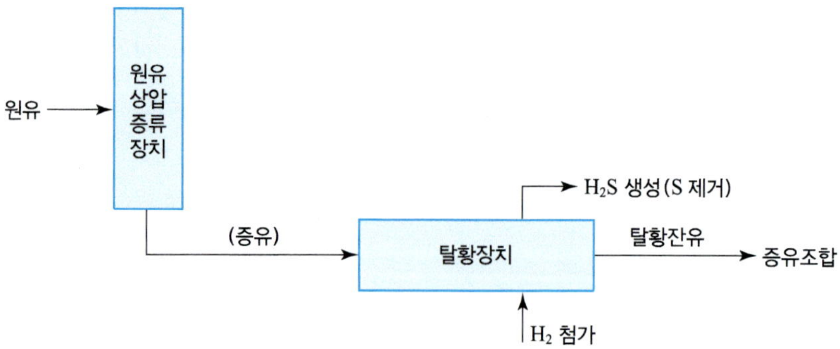

그림 4.40 **직접탈황법**

탈황률이 간접법에 비해 1.5~2배 높은 반면에, 많은 양의 수소가 필요하므로 수소제조장치가 필요하다. 또한, 독성이 강한 황화수소로 대기 중에 배출되지 않도록 처리장치가 필요하다. 공정 중에 발생된 암모니아를 유안($(NH_4)_2SO_4$)으로 전환시켜 회수하는 처리장치가 필요하다. 그림 4.40은 직접탈황법을 나타낸 것이다.

2) 간접탈황법

원유상압 잔유를 감압증류 장치에서 감압과 승온으로 증류시켜 양질의 감압경유를 생산한다. 이 감압경유는 탈황장치에서 탈황이 쉽고 촉매포함량을 감소시킨다. 그 후 감압중유 탈황과 감압 잔유와 재조합시켜 양질의 중유를 생산한다. 그림 4.41은 간접탈황법을 나타내었다.

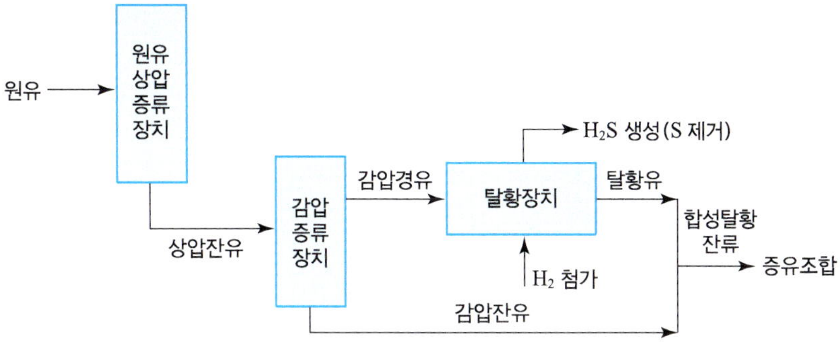

그림 4.41 간접탈황법

3 질소산화물의 처리

일반적으로 질소산화물이라고 할 때는 NO와 NO_2를 뜻하며, 통상 이 두 가스를 NOx라고 한다. 보통 화석연료 연소 시 열설비에서 발생되는 NOx는 대략 95%의 NO와 5%의 NO_2로 발생된다.

화석연료 연소 시 배출되는 NOx 배출방지 대책은 크게 3가지로 분류된다. 첫째 저질소연료를 사용하는 방법, 둘째 연소로 내 연소기술 개선에 의한 방법, 셋째 연소로 후단부 배기가스에서 제어하는 배연 탈질기술이 있다.

첫 번째 방법인 저질소연료 사용법은 연료 중의 질소성분이 적은 연료를 사용하는 것으로 기체연료, 액체연료, 고체연료 순으로 사용하는 것이 NOx 생성을 줄일 수 있다. 두 번째 방법인 연소로 내 연소기술에 의한 NOx 저감기술은 버너 및 연소방법의 변경에 의한 방법으로 가장 현실적이고 경제적인 방법이다. 세 번째 방법인 배연탈질기술은 경제적 문제와 기술적 이유 때문에 아직 널리 보급되지 않고 선택적 촉매환원법(SCR : Selective Catalytic Reduction)과 같이 특정기술만 한정적으로 적용되고 있으며, 공해물질의 배출규제가 엄격하여 연소로 내 제어기술로만 불충분할 때에 한하여 고려하는 것이 대부분이다.

연소 중 발생되는 NOx는 고온 NOx(thermal NOx), 연료 NOx(fuel NOx), 프롬프트 NOx (prompt NOx) 등이 있다. 고온 NOx는 1,500 K 이상의 고온에서 연소용 공기의 산소와 질소가 원자로 유리된 후 산화되어 생성되는 NOx이다. 연료 NOx는 연료에 존재하는 질소성분(fuel-N)이 연소과정에서 공기 중의 산소와 산화되어 생성되는 NOx이다. 프롬프트 NOx는 탄화수소연료 연소 시 공기 중의 질소가 연료 중의 탄소 또는 수소와 반응하여 시안화수소(HCN)와 암모니아(NH_3)가 생성된 후, 공기 중의 산소에 의해 산화되어 생성되는 NOx이다.

대부분의 연소장치에서는 고온 NOx가 생성되는 NOx의 대부분을 차지하지만 유기질소 화합물을 다량으로 포함하고 있는 중유나 석탄을 연소시킬 때는 연료 NOx가 중요한 NOx의 생성원이 된다. 특히, 비교적 낮은 온도조건에서 연소가 이루어지는 석탄의 유동층연소나 폐기물 스토커 소각의 경우에는 연료 NOx가 매우 중요한 요인이 된다.

프롬프트 NOx와 연료 NOx는 주로 연소영역이나 가스반응 영역으로부터 조금 떨어진 후류에서 생성됨에 반해 고온 NOx는 산소의 농도, 화염온도, 체류시간이 상당하기만 하면 고온영역 어디에서나 발생될 수 있다. 실제 연소장치에 있어서 고온 NOx는 고온의 화염 후류에서 연료가 희박한 연소상태에서 많이 발생한다.

고온 NOx의 생성량은 연소온도가 높고 연소영역에서의 산소농도가 높을 때 많아지며, 저감대책은 그 반대방향을 취하게 된다. 반면에 연료 NOx에 대해서는 그 생성기구조차 완전히 규명되어 있지 않아서 억제대책에 대해서도 뚜렷한 결론이 나오지 않은 상태이다. 현재는 주로 저질소 함유연료로 전환하거나 연료 NOx의 생성에 특히 영향을 미친다고 생각되는 연소영역의 산소농도를 저하시키는 방법이 사용되고 있다.

3.1 NOx 생성에 미치는 영향인자

연소 시 NOx 생성은 화염온도, 산소농도 및 연료 중 질소성분 등에 의해 영향을 받는다. 실제 열설비에서 이러한 NOx 생성조건에 영향을 미치는 인자는 공기의 예열, 과잉공기의 공급, 버너의 종류 및 특성, 연소로구조 및 형태, 연료의 종류 및 성상 등이 있다. 따라서 열설비에서 NOx를 잘 제어하고자 한다면 이들에 대한 생성특성 및 조건 등을 잘 고려하여야 한다.

(1) 공기예열

일반적으로 열시스템의 경우 폐열회수를 하여 시스템 에너지 효율을 올리고 연소성을 증가시키기 위해 배기폐열에 의해 연소용공기를 연소로로 유입 전에 예열한다. 그런데 공기예열은 화염 온도를 상승시켜 고온 NOx 생성을 증가시킨다. 그러나 연료 중의 질소화합물은 예열온도를 상승시킴에 따라 전환율이 감소하므로 연료 NOx는 다소 감소된다.

(2) 과잉공기

연료를 완전연소시키기 위해서는 연료와 산화제인 공기와의 혼합을 완전히 시키기 위해 이론적으로 필요한 공기량보다 더 많은 공기가 공급된다. 이 양을 과잉공기라 하는데, 이를 증가시킴에 따라 화염에서의 산소농도가 증가된다. 아울러 버너에 적정한 양이 공급될 경우 난류혼합이 잘 이루어져 화염온도가 증가되고, 더 증가하면 과잉공기에 의한 배기손실로 인해 다시 온도가 감소된다. 단순히 과잉공기 중 산소농도의 증가 측면에서 보면 모든 NOx 즉 고온 NOx, 연료 NOx 그리고 프롬프트 NOx가 증가된다. 그러나 화염온도 측면에서 보면 화염온도가 최대인 경우 고온 NOx가 최대를 보이며, 그 외의 NOx는 큰 변화 없이 산소의 농도에 지배를 받는다.

(3) 노의 크기 및 부하

일반적으로 같은 연소형식의 노에서 동일한 양의 연료가 공급될 때 노의 크기가 커짐에 따라 단위연료당 NOx 배출량은 감소된다. 그 이유는 노의 크기가 커짐에 따라 노벽으로부터의 복사에 의한 열전달이 잘되지 않기 때문이다. 즉, 노의 부피가 커지므로 단위부피당 열발생량이 감소하므로 고온 NOx 생성량이 감소된다.

일반적으로 연료의 부하가 증가함에 따라 연소온도와 연료 중 질소량이 증가되어 NOx가 많이 발생한다. 따라서 NOx 제거를 위해 낮은 부하로 조절할 수는 있으나 설계운전 조건이 맞지 않아 바람직하지 못하므로 가능하면 피하는 것이 좋다.

(4) 버너의 특성

NOx 생성에 가장 큰 영향을 미치는 것은 화염의 조건인데, 화염은 버너에서 형성되므로 버너의 특성은 매우 중요하다. 화염의 조건을 결정하는 인자들로는 연료투입방법, 버너노즐속도, 버너 출구의 기하학적 구조, 연소용공기의 분포, 연소용공기의 난류도 등의 설계변수들이 있다.

일반적으로 연소강도가 높을수록 NOx 배출도 많아진다. 따라서 NOx 배출을 억제하기 위해서는 연소강도를 줄이면서 안정된 화염을 유지할 수 있는 설계가 필요하다.

(5) 연소로의 연소형식

버너의 특성 다음으로 NOx 배출에 영향이 큰 것이 연소로의 연소형식인데, 발전용 연소로의 연소형식은 사용 노의 형태, 버너의 구성, 연소방식 등에 따라 결정되며, 이로 인해 연소 및 배출 특성이 달라지므로 NOx의 생성특성도 달라진다.

일반적으로 사용되는 연소방식은 단일벽 연소식 연소로(single wall-fired furnace), 대향-양쪽벽 연소식 연소로(horizontally opposed wall-fired furnace), 접선연소식 연소로(tangentially fired furnace), 사이클론 연소로(cyclone furnace) 등으로 분류된다. 그림 4.42는 각종 연소로 연소형식의 개략도를 보여주고 있다.

벽면연소식 연소로(wall-fired furnace)는 연소로 벽면에 버너를 수평으로 부착시킨 것으로, 한쪽 벽에만 버너를 설치한 것을 단일벽 연소식 연소로(single wall-fired furnace)와 양쪽 벽에 수평으로 마주보게 버너를 설치한 것을 대향-양쪽벽 연소식 연소로(horizontally opposed wall-fired furnace)라 한다. 이 연소방식은 연료 및 공기의 공급체계가 둘로 나누어져 있으므로 용량이 큰(250 MW 이상) 발전소에 사용된다. 접선연소식 연소로(tangentially fired furnace)는 연소로의 4개 모서리에서 연소로 중앙의 가상의 작은 원에 대해 접선 방향으로 연료 및 연소용 공기를 동시에 공급되어 하나의 화염이 형성되면 가장 가까운 화염과 접촉하여 재순환영역을 이룸으로써 화염의 안정화를 이루게 된다. 이때 연료 및 공기흐름의 난류도와 혼합은 대향-양쪽벽 연소식연소로보다는 약한데, 이는 팽창하는 연소가스의 흐름이 유선을 다른 혼합기의 흐름을 밀어냄으로써 난류영역이 지속되지 않는 데 있으며, 이로 인하여 NOx 배출이 작아지는 한 원인이 되기도 한다. 그러나 연소로 중앙의 재순환영역에서 커다란 와류(Vortex)를 형성하여 전체를 하나의 버너에 의한 운전상태로 유지함으로써 국부적인 연료/공기비의 정확한 조절이 불필요하며 화염 내에 존재하는 연료희박 영역과 과잉영역은 와류로 흡인되어 충분히 혼합되므로 효과적인 연소를 이룰 수 있다.

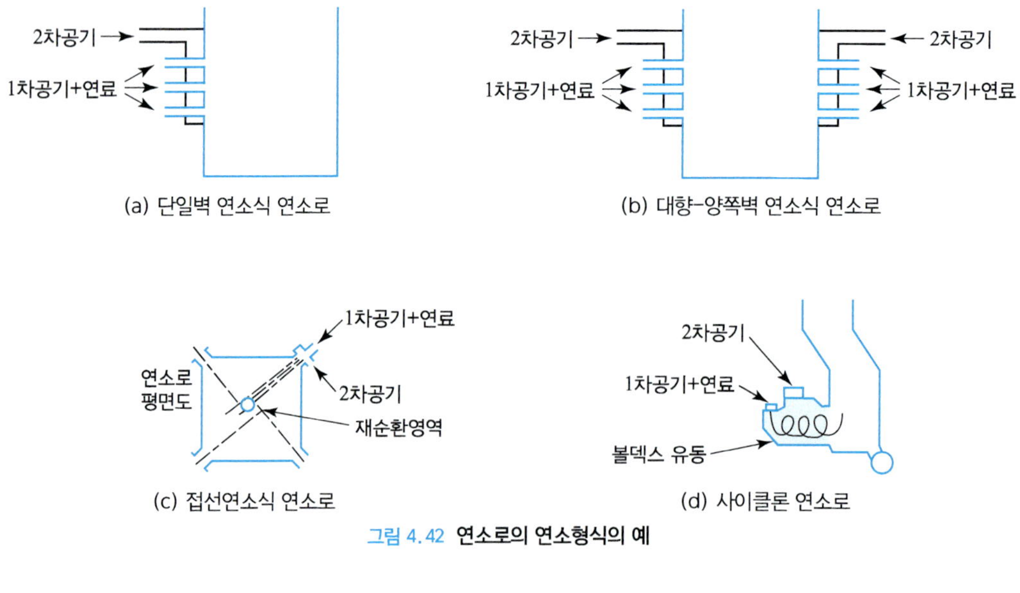

그림 4.42 **연소로의 연소형식의 예**

일반적으로 접선연소식 연소로의 NOx 배출량은 대향-양쪽벽 연소식 연소로의 1/2 정도로 알려지고 있는데, 이는 연료와 주입연소용 공기흐름 사이의 혼합률이 낮아서 연소로 중앙의 와류상의 화염영역에 이르기 전인 연소초기영역이 연료과잉상태로 유지되므로 연료질소의 휘발이 억제되어 NOx 생성이 줄어든다.

사이클론 연소로(cyclone incinerator)는 1940년대 초반 Babcock&Wilcox사에 의해 회분함량이 많고 회분의 용융점이 낮은 저질석탄을 연소시키기 위해 개발되었다. 처음에는 석탄의 연소를 위해 개발되었으나 현재는 오일, LNG, 나무껍질 등 고체폐기물, 코크스(coke) 등도 연소시킬 수 있는 설비들이 개발되었다. 연료 및 공기는 연소로에 대해 접선방향으로 유입되어 강한 와류를 형성하여 회전하는(20~30회/초) 화염을 이룸으로써 강도 높은 연소가 단속된다. 혼합기가 원심력을 부여받아 와류를 형성하므로 작은 공간에서 긴 체류시간(일반연소로의 100배)을 갖게 되어 입자가 큰 석탄을 연소시킬 수 있다. 따라서 석탄분쇄에 필요한 동력을 감소시킬 수 있어서 유리하다. 사이클론 연소로는 저질탄을 경제적으로 연소시킬 수 있으며, 구조가 간단하므로 설비의 신뢰도가 높다. 과잉공기비가 낮고(10~17%), 미연분으로 인한 상실이 작은 점 이외에도 슬래그(slag)로 제거된 재성분은 매립하기에 유리하며, 석탄분쇄에 드는 비용을 줄일 수 있고 다른 연료로의 전환이 용이한 점 등 많은 장점을 지니고 있다. 그러나 사용연료의 특성으로 인해 운전상의 탄력성이 제한되며, 노 내 압력강하가 크고 용융점이 높은 석탄사용 시에는 미연분에 의한 상실이 증가하는 등 단점도 있다. 무엇보다도 사이클론 연소로를 성공적으로 운전시킬 수 있는 모든 조건들이 NOx의 생성을 촉진하는 조건으로 작용하므로 어떠한 연소로보다 많은 양의 NOx를 배출하고 있다. 또한 재성분의 용융점이 낮은 석탄의 경우 대부분이 황함량이 많기 때문에 SOx 배출도 문제가 될 수 있다.

그림 4.43은 연소형식에 따른 NOx 배출농도 수준을 나타내고 있는데, 사이클론 연소로가 가장 높은 배출농도를 나타내고 접선연소식 연소로가 가장 낮은 온도를 보이고 있다.

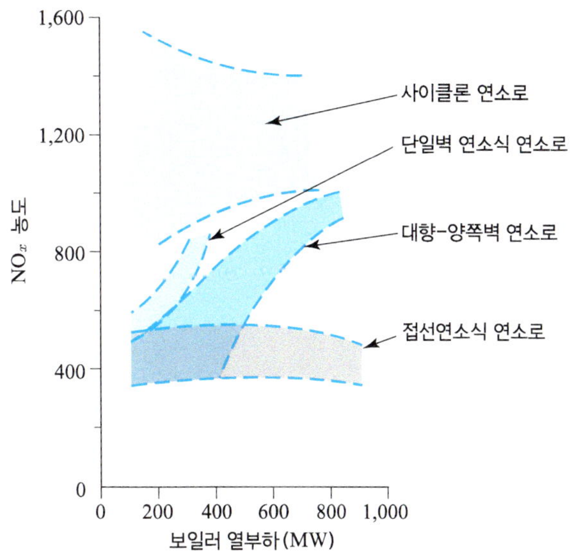

그림 4.43 연소형태에 따른 NOx의 영향

(6) 연료의 성상

연료의 성상은 주로 연료 NOx의 생성에 영향을 미치는데 특히 연료 중의 질소함유량, 질소화합물의 구성형태 등과 관계가 깊다.

가스연료 중 포함된 질소성분은 대부분 질소분자로 존재하므로 연료 NOx는 크게 문제가 되지 않는다. 그러나 액체 및 고체연료의 경우 질소성분의 휘발성이 매우 낮아 발전소연료로 주로 사용되는 중유에는 그 함유량이 높다.

표 4.3 연료 중의 질소성분 함유량

연료	종류	질소함유량
고체연료 (%)	석탄 코크스	0.7～2.2 0.6～1.4
액체연료 (%)	원유 등유 경유 A 중유 B 중유 C 중유	0.03～0.34 0.0005～0.01 0.004～0.006 0.005～0.08 0.08～0.35 0.2～0.4
기체연료 (g/Nm^3)	액화 천연가스 액화 석유가스 석탄가스(정제 전) 석탄가스(정제 후) 고로가스	- - 1～9 0.02～0.5 -

표 4.3은 여러 가지 종류의 연료 중에 포함된 질소함유량을 보여주고 있는데, 표에서 보듯이 질소함유량은 액체연료다 석탄과 같은 고체연료에 더 많이 포함되어 있다.

연료 중의 질소성분이 연소과정에서 전부 NOx로 전환된다고 가정하면, 질소성분 함유량이 0.1%일 때 생성되는 NOx는 연료조성에 따라 약간씩 다르지만 중유의 경우에는 약 155 ppm (0% O_2 환산농도)에 상당한다. 그러나 질소성분이 전부 NOx로 전환되지는 않고 일부만이 전환되는데, 그 전환율은 지금까지의 많은 연구에도 불구하고 10～90%의 광범위한 값을 갖는다.

그림 4.44는 연료 연소 시 연료 중의 질소량과 NOx 생성량과 전환율을 나타낸 것이다. 연료 중 질소량이 증가됨에 따라 NOx의 농도는 증가된다. 연료 중 질소의 양이 증가할수록 전환율은 감소하는 경향을 보여 질소함유량이 0.2～0.4wt.%에서는 40～60%의 전환율을 보인다. 연료 중의 질소함유량이 증가할수록 전환율이 감소하는 주된 이유는 역반응속도가 생성물의 농도에 비례해서 증가하기 때문이다. 즉, 생성물의 NO 농도가 낮으면, 연료 중의 질소가 더욱 많이 전환됨을 의미한다.

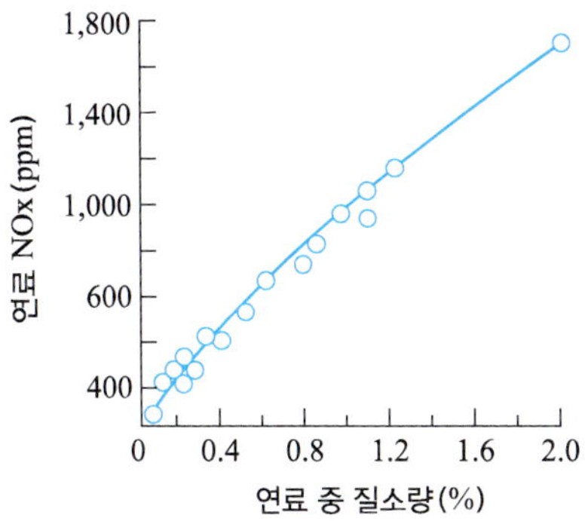

(a) 연료 NOx

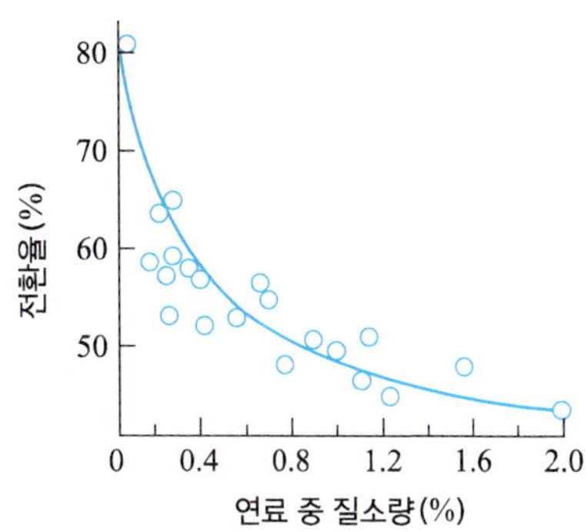

(b) 전환율

그림 4.44 **연료 중 질소성분 변화에 따른 연료 NOx 및 전환율**

3.2 NOx 방지대책

(1) 저질소연료 사용법

연료 중에 함유되어 있는 질소에 의해 생성되는 연료질소를 통제하기 위해 질소의 함량이 적은 연료로의 전환과 연료탈질이 필요하다. 연료전환의 경우 연료 중 질소성분(표 4.3 참조)이 적은 기체연료를 적극 사용한다. 그러나 가스연료는 생산 및 정제과정 등이 타 연료에 비해 복잡하여 연료비가 비싸다. 따라서 가스연료의 사용이 여의치 않을 때는 액체연료를 사용하고, 다음으로 고체연료를 사용한다. 그리고 기술과 비용의 문제가 없다면 연료 중 질소성분을 제거하거나 저감한 후 사용하면 효과적인 NOx 방지대책이 될 수 있다.

(2) 저 NOx 연소법

1) 운전조건 변경법

이 방법은 시설의 개조나 증설이 필요하지 않기 때문에 경제적 부담이 적은 이점이 있지만 대폭적인 저감효과를 기대하기는 어렵다. 운전조건 변경에 의한 NOx 저감법에는 과잉공기 조절, 열부하 변경, 공기 예열온도 조절 등이 있다.

① 과잉공기비 조절

일반적으로 과잉공기의 양을 줄이면 화염영역의 산소농도가 감소되므로 고온 NOx 및 연료 NOx의 생성이 억제된다. 이를 저 과잉공기비 연소(Low Excess Air Firing : LEA)라 한다. 이때 연소로 내로 유입되는 공기량이 감소되므로 배출되는 배기가스에 의한 열손실이 감소되어 전체적인 보일러 효율이 증가된다. 저 과잉공기 연소란 이와 같이 과잉공기를 완전연소에 필요한 최소한의 양으로 줄여 보일러의 증기온도를 유지하면서 NOx 생성을 억제하는 방법이다.

그러나 화염 내의 산소농도가 과도하게 낮아지면 배기가스 중의 일산화탄소 및 미연분의 배출량이 증가할 우려가 있다.

그림 4.45는 저 과잉공기 연소의 운전한계를 보여주기 위한 것으로, 그림에서 일산화탄소 및 미연분에 의한 매연의 발생이 지나치지 않은 범위, 즉 과잉공기 시작선인 점선 이상 영역에서 가능한 저 과잉공기 연소를 행하여야 한다. 과잉공기 시작선 미만에서는 공기량의 부족으로 미연분인 일산화탄소(CO)가 증가되며, 매연선(somke point)이하가 되면 연료 중 탄소가 고온에서 유리되어 매연이 급격히 발생된다.

② 열부하 변경

열부하는 투입되는 열량, 즉 연료의 공급을 조절함으로써 변경된다. 열부하를 낮추면 화염으로부터 열의 발생이 감소하여 화염온도가 낮아지므로 열적 NOx의 생성을 억제시키는 효과가 있지만, 연료의 유량감소로 인해 버너노즐에서 유체속도가 감소하여 연료와 공기의 혼합상태가 좋아지지 않아 연소성의 저감문제로 인해 일산화탄소와 매연의 방출이 증가하는 문제가 있다. 이런 문제점을 해결하기 위해 정상열부하 시에 투입되는 공기량 이상으로 공기유량을 증가시키는 수도 있다. 그러나 연소공기량을 증가시키는 것은 공급되는 산소량을 증가시키게 되어 연료 NOx의 생성을 촉진시키기도 한다. 따라서 고온 NOx의 감소와 연료 NOx의 증가에 상쇄효과(trade-off effect)로 인해 배기가스 중의 NOx의 농도는 변화가 없는 경우도 있게 된다.

또한, 열부하의 감소는 공기와 연료의 혼합상태를 좋게 유지하기 위해 과잉공기의 양을 변화시켜야 하므로 보일러 열효율의 감소를 초래한다. 열부하를 감소시키는 방법으로 보일러의 부피를 증가시키는 방법도 있는데, 이 방법은 과잉공기를 증가시킬 필요 없이 열부하량을 줄일 수 있기 때문에 신설 보일러로 상용할 수 있는 방법이다.

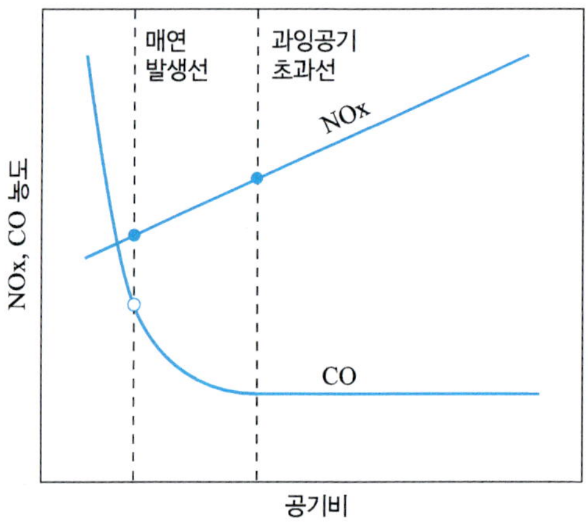

그림 4.45 **공기량변화에 따른 NOx와 CO 배출**

그림 4.46은 대표적인 네 가지 연소형식인 단일벽 연소식 연소로(single wall-fired furnace), 대향-양쪽벽 연소식 연소로(horizontally opposed wall-fired furnace), 접선연소식 연소로(tangentially fired furnace), 사이클론 연소로(cyclone furnace)에서 취하고 있는 석탄연소 보일러에서 부하변화에 따른 NOx 배출농도를 나타낸 것이다. 각 연소형식별로 농도차이는 있으나 전체적으로 부하가 감소함에 따라 NOx의 농도가 감소되는 것을 볼 수 있다. 즉, 모든 열설비에서 열부하를 감소시켜 NOx 배출을 억제시킬 수 있음을 알 수 있다.

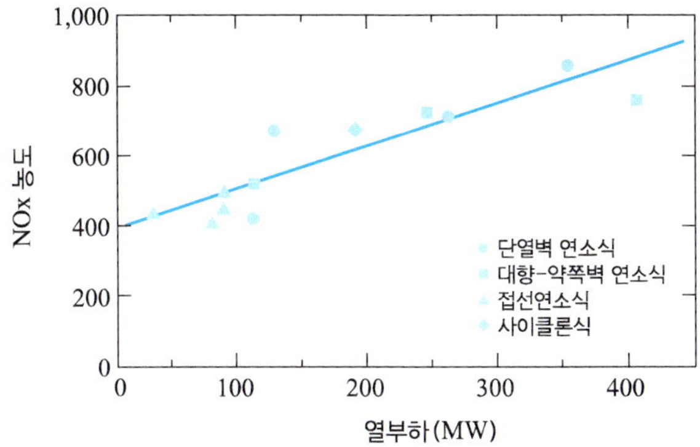

그림 4.46 **부하변화에 따른 연소형태별 NOx 배출특성**

③ 연소공기 예열온도 조절

배기가스의 온도가 높은 보일러에서는 열효율상승을 위해 공기예열기(air preheater)를 설치하여 연소용공기를 예열하는 경우가 많다. 연소공기의 예열온도 저하(Reduced Air Preheat : RAP)는 연소온도에 직접 영향을 주게 된다. 예를 들면 공기의 예열온도를 50℃ 낮추면 단열화염온도는 25℃ 정도 저하된다. 따라서 공기 예열온도 저하에 의해 고온 NOx를 감소시킬 수 있다.

그러나 예열온도를 낮추면 폐열회수량이 그만큼 감소되므로 보일러의 열효율은 감소된다. 유류연소 보일러의 경우 NOx 억제를 위해 공기예열온도를 낮출 때 배기가스의 온도가 50℃ 높아지면 효율은 약 2.5% 감소하게 되므로 공기 예열온도 저하에 의해 NOx 저감을 도모하려면 보일러의 효율을 고려하여야 한다. 즉, 절딘기(economizer)의 전열면적을 증가시킴으로써 폐열회수를 강화하여야 한다. 신설 보일러의 경우 절탄기의 증설은 기술적으로 가능하며 공기 예열기보다 경제적인 것으로 밝혀지고 있다.

그림 4.47은 가스와 오일을 연료로 사용하는 보일러에서 공기예열온도에 따른 NOx 배출농도의 변화를 실험적으로 고찰한 데이터이다. 그림에서 연료의 종류에 관계없이 유사한 비율로 NOx 저감이 가능함을 보여주고 있다.

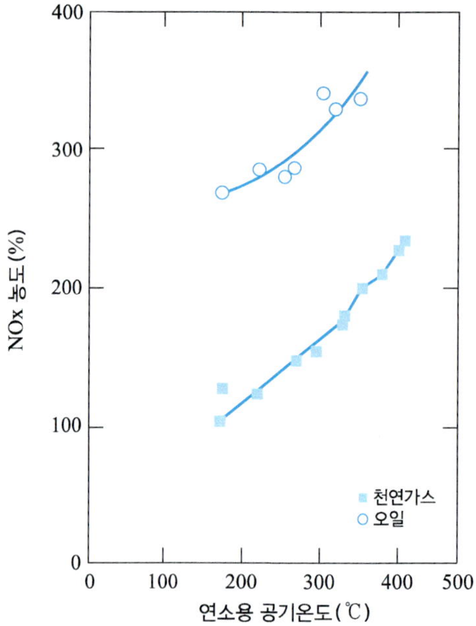

그림 4.47 연소용 공기 예열온도 변화에 따른 NOx 배출특성

공기 예열온도 저하에 의한 NOx 저감법은 고온 NOx 억제에 중점을 두고 있으므로 가스나 경질유를 사용하는 설비에 적합하다. 석탄을 사용하는 설비의 경우, 특히 미분탄 연소설비에서는 석탄의 수분에 의한 미분기 내에서의 석탄유착이 문제시되므로 1차공기의 예열이 필수적이다. 따라서 석탄연소의 경우 공기 예열온도를 낮추기는 운전상 불가능하므로 이 방법은 적절하지 않은 방법이다. 또한 석탄연소 시 생성되는 NOx의 50% 이상이 연료 NOx이므로 고온 NOx 억제에 역점을 둔 공기 예열온도 저하는 더욱 효과적이지 못하다.

2) 연소방법 변경법

종래의 연소설비는 에너지의 효율적 이용과 매연 등 눈에 보이는 환경오염 물질의 억제 및 설비규모 축소에 의한 투자비용 절약 등을 위해 연료 및 공기의 흐름에 난류도를 강화시켜 연소강도를 높이고 연소효율을 상승시킴으로써 연소로 등의 소형화에 주력해 왔으나 이와 같은 연소조건들은 연소온도를 높이고 연소초기의 산소농도를 높여 NOx의 배출을 촉진시키는 결과를 나았다. 따라서 최근의 연소설비는 연소효율에 손실을 주지 않고 일산화탄소나 미연분의 발생도 최대한으로 억제하며 NOx 배출을 줄이는 방향으로 설계가 이루어지고 있으며, 연소방법 변경이란 이와 같이 연소실의 구조를 변경하거나 설계를 전면적으로 바꿔 NOx 배출을 억제시키는 방법을 말하는 것이다.

이 방법은 시설을 부분적으로 개선하거나 증설이 불가피하므로 운전조건의 변경에 의한 억제방법보다 경제적 부담이 크지만 NOx 저감효과 면에서는 상대적으로 우수하다.

① 저 NOx 버너법

NOx 배출억제를 위한 방법의 일환으로, 연료와 공기가 혼합되어 화염이 형성되는 부분인 버너를 개조한 것이 저 NOx 버너이다. 저 NOx 버너 개발은 대부분 연료 및 공기의 혼합특성을 조절하여 연소강도를 낮추고 연소초기 영역의 산소농도와 화염온도를 낮추어 고온 NOx 및 연료 NOx의 생성을 억제시키는 방향으로 이루어지고 있다.

저 NOx 버너는 연료 분사방법과 연소용 공기공급 방법에 따라 혼합촉진형, 분할화염형, 자기 재순환형, 단계적 연소형으로 크게 4가지로 분류된다.

혼합촉진형과 분할화염형은 고온화염 영역대의 체류시간을 줄이거나 화염의 방열을 촉진하기 위해 화염표면적을 증가시켜서 고온 NOx를 주로 저감시킨다. 반면에 자기 재순환형과 단계적 연소형은 연소초기 영역을 연료과잉(Fuel-rich) 상태로 유지시켜 고온 NOx와 연료 NOx를 동시에 저감한다. 따라서 연료 중의 질소성분이 거의 없거나 적은 연료인 가스나 경질유 연소버너의 경우는 혼합촉진형이나 분해화염형 등 고온 NOx 저감에 역점을 둔 저 NOx 버너가 적합하며, 연료 중 질소성분이 많이 포함된 중질유나 석탄연료용 버너는 자기 재순환형 또는 단계적 연소형과 같이 혼합특성을 변경시키는 저 NOx 버너가 적합하다. 특히 최근에 개발되고 있는 발전용 보일러의 저 NOx 버너는 연료 NOx 억제에 역점을 둔 단계적 연소개념을 도입한 것이 대부분이다. 저 NOx 버너는 이미 설치된 장치에 대해서도 비교적 용이하게 적용될 수 있는 장점 때문에 현재 각 사회에서 여러 가지 구조의 버너를 개발하여 실용화되어 사용되고 있다.

- 혼합촉진형 버너 연소성을 결정짓는 가장 중요한 요인 중의 하나는 물리적 요소인 연소실 내 버너에서의 연료와 공기의 혼합특성이다. 이 혼합이 빨리 잘 이루어지면 연소가 일찍 종결되어 고온화염 영역에서 연소 반응가스의 체류시간이 단축되어 전체적으로는 고온 NOx 저감이 가능하다.

그림 4.48은 혼합촉진형 버너(mixing promoted burner)를 나타낸 것이다. 연소용 공기는 환

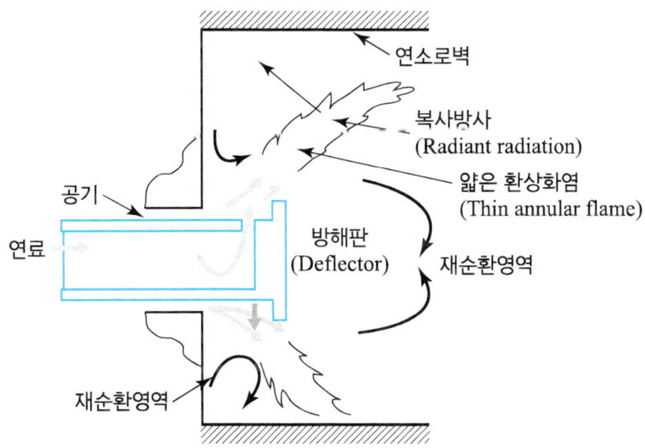

그림 4.48 혼합촉진형 버너

상의 통로 출구부의 중심노즐로부터 방사상으로 분출되는 반경 접선방향으로 유입되는 연료와 혼합되는 구조이다. 즉, 다수의 작은 구멍으로부터 분출되는 연료와 방해판(deflecter)에 의해 환상 반경방향으로 공급되는 공기가 급속혼합이 되어 균일 예혼합기류를 형성하고 곧 그 하류에서 연소가 개시된다. 이때 얇은 연료 막과 고속으로 진입되는 공기와의 충돌에 의해 형성되는 혼합기류의 층은 얇아지기 때문에 반응영역은 짧은 종모양의 극히 얇은 화염층을 갖는다. 따라서 연소 시 고온 연소영역에서 체류시간 감소와 추가적으로 화염면의 열방사로 인한 화염온도 감소로 인해 고온 NOx가 저감된다.

혼합촉진형 버너의 특징을 열거하면 다음과 같다. 첫째, 화염길이가 짧아지고 고부하연소의 방향에도 역행되지 않으므로 열효율의 향상도 기대할 수 있다. 둘째, 연소특성이 향상되므로 분진, 일산화탄소, 탄화수소 등의 미연분발생도 더불어 억제된다. 셋째, 화염직경, 화염길이도 공기/연료비와 부하의 영향을 그다지 받지 않는다. 넷째, 혼합의 촉진을 위하여 연소용 공기의 유속을 증가시켜야 하므로 버너노즐 팁의 공기압력 강하는 종래형보다 약간 높게 된다.

연료 NOx에 대해서는 연소 초기영역의 산소농도가 높아지므로 연료 중 질소의 전환율이 상승할 염려가 있지만, 실험결과 전환율이 30~40%의 범위로 종래의 버너와 크게 차이가 나지 않는다.

• 분할화염형 버너 분할화염형 버너(split flame burner)는 노즐출구의 모양을 변형시켜 화염을 여러 개의 독립된 작은 화염으로 분할함으로써 화염 면에서의 열방사성을 증가시켜 화염온도를 저하시킴으로써 고온 NOx의 생성을 억제시키게 된다.

그림 4.49는 분할화염형 버너를 대표하는 화염의 형태를 나타낸 것이다. 여러 개의 작은 화염으로 분할하는 방법, 연료노즐의 위치를 변경시켜 화염형성 영역을 분리시키는 방법, 그리고 화염층을 넓게 확산시켜 펼치는 방법 등이 있다.

분할화염형 버너에 의한 NOx 저감률은 18~40% 정도이다. 분할화염형 버너에서는 화염길이가 얇고 미연분의 발생도 적지만 그 억제원리가 혼합촉진 버너와 유사하므로 연료 NOx의 억제에 대해 큰 효과는 기대할 수 없다. 다만 연소용 공기의 흐름을 조절하여 혼합지연을 유도하는 단계적 연소개념을 도입한 버너의 경우 연료 NOx의 억제도 가능하리라 본다.

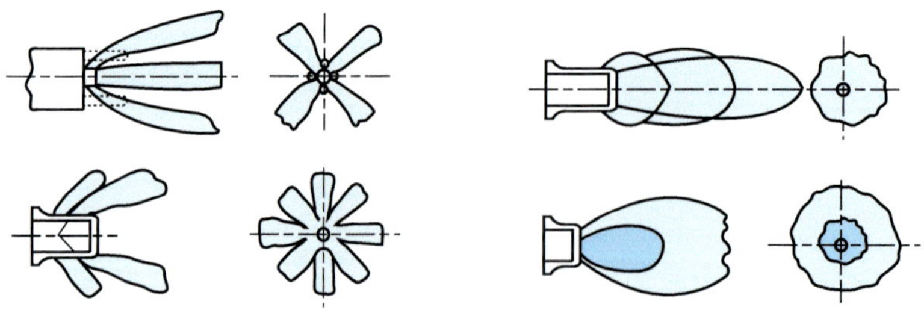

그림 4.49 **분할화염형 버너의 화염분할 형태**

• 자기 재순환형 버너 자기 재순환형 버너(self-recirculation burner)는 연소가스의 자기재순환이 일어나는 구조로 만들어진 버너이다. 즉, 연소가스의 재순환은 버너선단 연소초기 영역의 산소 농도를 낮은 상태에서 부분산화되어 연소온도가 낮아지는데, 이때 고온 NOx와 연료 NOx가 동시에 저감되는 원리이다.

그림 4.50은 자연통풍 연소식 가열로용으로 개발된 대표적인 자기 재순환형 버너의 원리를 보여준 것이다. 연료와 공기가 고속분출되어 연소가 진행된 후 화염대 후류에서 생성된 완전연소가스 일부가 자기 재순환으로 인해 버너 선단으로 재유입된다. 이로 인해 주입연료와 재순환가스 중 CO_2가 가스화가 됨에 따라 CO, H_2를 주성분으로 하는 저산소가스가 생성되고 연소가스 자체의 온도는 저하된다. 따라서 이때 생성된 환원영역의 형성으로 인해 NOx의 저감이 이루어진다. 그 후 재순환 영역에서 가스화에 의해 생성된 미연가스는 화염대 후류로 공급되는 2차공기에 의해 완전연소된다.

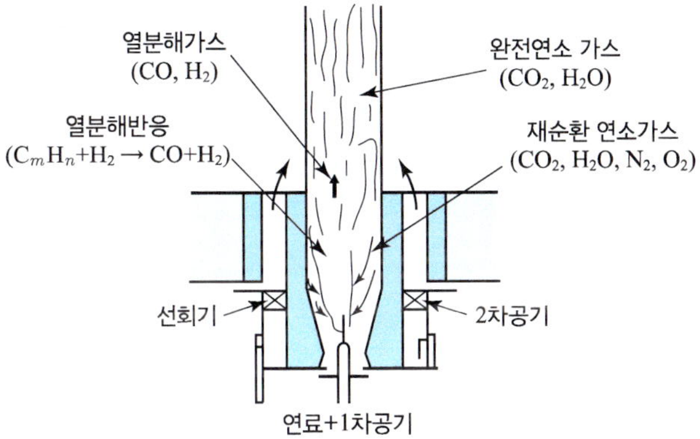

그림 4.50 **자기 재순환형 버너**

• 단계적 연소형 버너 단계적 연소형 버너(staged combustion burner)는 각종 연소로에 가장 활발히 도입되고 있는 연소개선 방법인 단계적 연소(staged combustion)의 개념을 버너에 도입하여 버너 자체가 NOx 저감특성을 갖도록 한 것이다. 즉, 연소 초기영역을 연료과잉 상태로 만들어 산소농도를 줄이고 후류영역에서 공기를 충분히 공급하여 완전연소를 이루어지게 하는데, 이와 같은 방법은 주로 1차와 2차공기(필요 시 3차공기)의 유량을 상대적으로 조절하여 연료와 공기의 혼합을 지연시킴으로써 이루어지며, 고온 NOx와 연료 NOx의 억제가 가능하므로 석탄 또는 중질유 연소용 버너에 활발히 도입되고 이다.

그림 4.51은 3차공기의 공급위치에 따라 구별되는 단계적 연소형 버너의 개념을 나타낸 것으로 3차공기의 공급구가 버너의 주변에 설치되어 화염외부로부터 3차공기가 유입되는 외부 단계적 연소형과 3차공기가 2차공기 공급구 주변으로 공급되면서 유속의 차이를 이용하여 혼합을 지연시키는 내부 단계적 연소형으로 나누어진다. 현재 유속조절이 간편하고 혼합지연 효과가

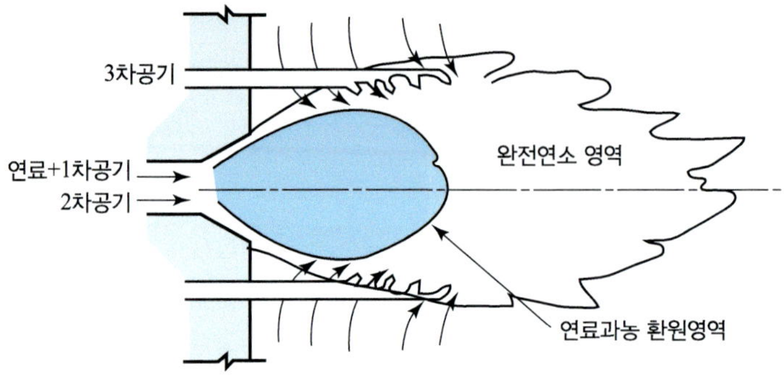

그림 4.51 **단계적 연소형 버너**

뛰어난 외부 단계적 연소형이 주종을 이루고 있으며, 그 대표적인 예가 DMB(Distrbuted Mixing Burner)이다.

② 배기가스 재순환법

배기가스 재순환(Flue Gas Recirculation : FGR)이란 연소로 내의 연소영역에 배기가스를 재순환시킴으로써 노 내 가스의 유량증가에 따른 열용량증가에 의해 노 내 온도를 낮추고 연소영역의 산소농도를 희석시켜 NOx 생성을 억제하는 방법이다.

이 방법을 이용하면 산소농도의 희석효과보다는 화염온도 저하효과가 크므로 연료 NOx보다는 고온 NOx의 감소효과가 더 크다. 따라서 고온 NOx의 저감을 최대한 얻기 위해서는 재순환되는 배기가스를 가능한 고온의 연소영역으로 분사시켜야 한다. 또한, 이 방법은 고온 NOx가 지배적인 가스, 경질유 등의 NOx 배출억제법으로는 매우 효과적이나 석탄, 중유 등과 같이 연료 중에 질소성분이 많은 연료에는 큰 효과가 없다. 이 배기가스 재순환법을 사용하여도 연소영역으로 공급되는 질소의 절대량은 변하지 않으므로 연료 NOx에 대한 억제효과가 거의 없기 때문이다. 그림 4.52는 배기가스 재순환 개념도이다.

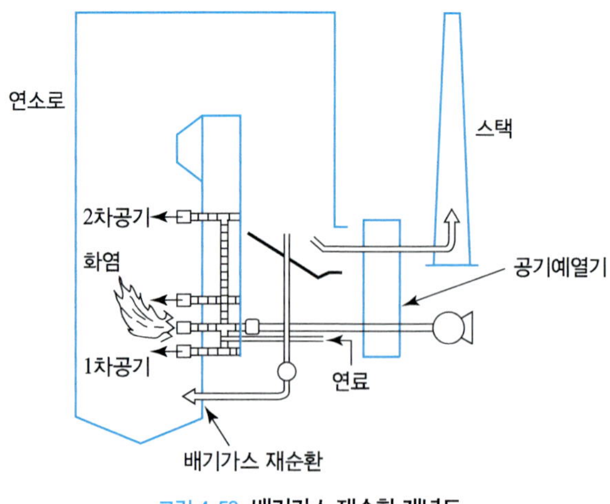

그림 4.52 **배기가스 재순환 개념도**

일반적으로 배기가스 재순환법은 배기가스의 일부를 가스순환 송풍기로 뽑아내어 연소용 공기에 혼합하는 방법과 연소로 하부를 통하여 공급하는 방법이 있는데, 주로 전자를 사용하고 있다. 배기가스 재순환율의 최댓값은 연소안정 한계에 의해 제한을 받게 되므로 통상 10~20%로 하고 있다. 여기서 배기가스 재순환율은 다음과 같이 표기된다.

$$\text{배기가스 재순환율}(\%) = \frac{\text{재순환 배기가스 유량}}{\text{연소용 공기유량}} \times 100 \qquad (4.45)$$

그림 4.53은 질소성분이 적은 경유를 연료로 사용하였을 때의 실험결과이다. 30%의 배기가스 재순환율로 고온 NOx가 75~85% 정도 감소되며, 연료 NOx는 10~20% 감소함을 알 수 있다. 이 실험에서 연료 NOx의 저감률을 평가하기 위하여 연료에 피리딘(pyridine)을 1 wt%로 첨가하였으며, 배기가스 재순환율을 증가시키면 질소성분의 전환율에 영향을 주고 산소농도가 감소되기 때문에 연료 NOx의 억제도 어느 정도 가능함을 보여주고 있다.

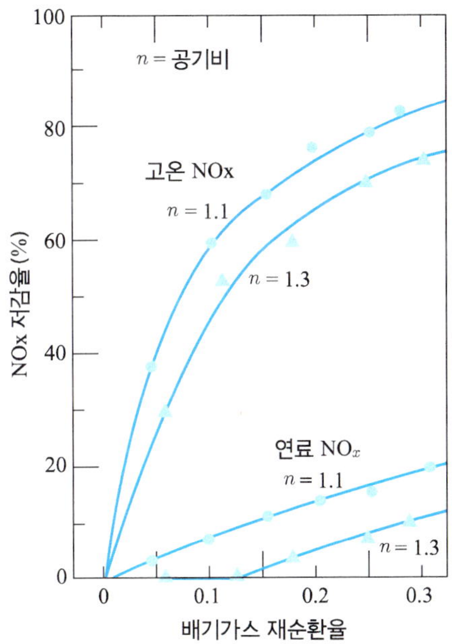

그림 4.53 배기가스 재순환에 NOx 저감효과

③ 단계적 연소법

단계적 연소법(staged combustion)이란, 연료 및 공기를 단계적으로 나누어 공급하여 우선 연료과잉 영역에서는 산소농도 감소에 따른 NOx의 생성억제 및 N_2로의 환원을 촉진시킨 후 충분한 공기를 공급하여 완전연소를 이룸으로써 연소효율의 저하 없이 NOx의 배출을 억제시키는 가장 대표적인 연소개선법이다. 이에는 공기를 단계적으로 공급하는 방법과 연료를 단계적으로 공급하는 방법이 있다. 전자는 2단연소(two staged combustion), 공기 스테이징(air staging), OFA (over fire air)이라 하고, 후자는 연료 단계적 연소(fuel staged combustion), 연료 스테이징(fuel staging), 리버닝(reburning)이라 부르기도 한다.

그 밖에 버너가 여러 개인 연소로의 경우 근접한 2개의 버너에서 하나는 연료과잉, 다른 하나는 공기과잉으로 운전하여 단계적 연소효과를 얻고 있는 비양론연소(off-stoichiometric combustion)도 단계적 연소법의 범주에 포함된다.

- 2단연소 2단연소(two staged combustion)란 연소용 공기를 둘로 나누어 1차연소 영역에 이론연소공기량의 80~100%를 공급하고, 이 1차연소 영역의 상부에 나머지 과잉공기를 공급하여 1차연소 영역에서 NOx 저감을 꾀하고 2차연소 영역에서는 1차연소 영역에서 넘어온 연료과잉 상태의 연소가스를 완전연소시키는 단계적 연소법의 하나이다.

  OFA란 용어는 Combustion Engineering사의 접선연소식 연소로(tangentially-fired furnace)에서 버너 셀(burner cell)의 최상부에 완전연소 및 증기온도 조절을 위하여 추가의 공기공급구를 설치한데서 비롯되었으나, 근래 2단연소를 행하는 경우 2단계의 공기공급구를 일반적으로 OFA 포트(또는 NOx 포트)라 칭하고 있다.

  그림 4.54는 석탄연소 보일러에 OFA를 적용한 예를 보여주고 있는데 1차연소 영역, 즉 연료과잉 환원영역(reduction zone)은 공기/연료비는 일반적으로 0.8~1.0 정도이며, OFA는 전체 공기량의 30%까지를 공급하는 방법을 취해 왔으나, 최근에는 1차연소 영역의 공기/연료비를 0.7까지 낮추고 OFA는 30~50%까지 공급하여 더욱 향상된 NOx 저감률을 이루고자 하고 있다. OFA 적용에 따른 NOx 저감효과는 1차연소 영역의 공기/연료비가 낮아질수록, 즉 1차연소 영역이 확장될수록 증가한다. 또한 OFA의 분사속도, 즉 혼합효과에 의해서도 영향을 받는다.

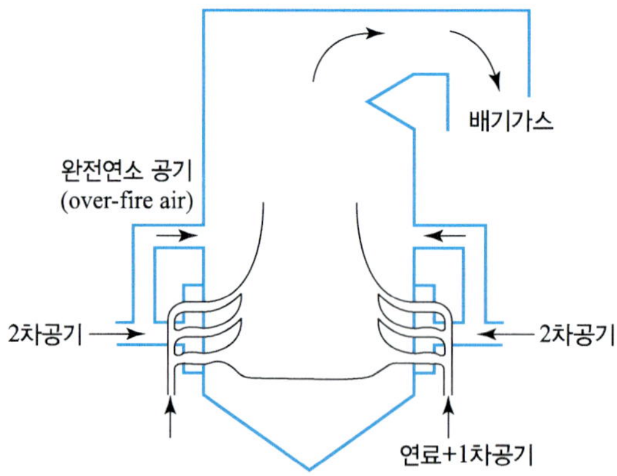

그림 4.54 **연소로에 OFA 적용**

- 연료 단계적 연소공급 연료 단계적 연소공급(fuel staged combustion)이란, 연소용 공기를 단계적으로 공급하여 연료과잉 영역에서 NOx 저감을 이루는 종래의 2단연소법과는 달리, NOx

와 탄화수소기의 반응에 의한 NOx의 환원을 유도하기 위한 첨가제로서 연료 중 일부를 주연소영역의 상부에 분사시키는 방법으로 리버닝(reburning) 또는 ICNF(in-furnace control of NOx formation)라고도 한다.

그림 4.55는 연료 스테이징(fuel staging)의 적용원리를 보여주고 있는데, 하부 버너에 전체 연료의 90%를 공급하고 나머지 10%는 NOx의 환원을 위한 첨가제로서 상부 버너에 공급한다. 이때 상부 버너는 공기 없이 연료만을 공급하거나, 모멘텀의 증가를 위해 배기가스를 재순환시켜 혼합하여 분사하기도 한다. 또한 완전연소를 위해 상부 버너의 위쪽에 OFA 포트로 완전연소 공기를 공급한다.

연료 스테이징은 종래의 단계적 연소법과는 달리 3단계로 이루어진다. 즉, 초기연소가 이루어지는 주연소영역, 2차연료 첨가에 의한 NOx 환원영역 및 OFA 공급에 의한 완전연소 영역으로 구성된다.

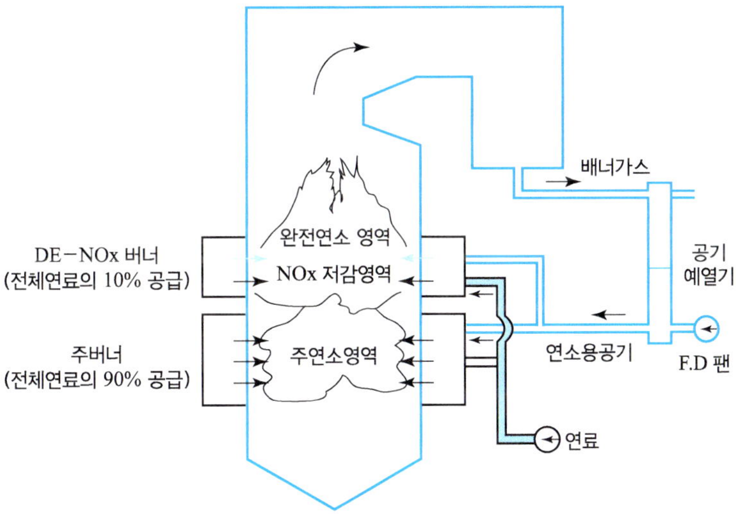

그림 4.55 **연소로에 연료 스테이징 적용**

NOx 환원영역에서의 2차연료의 반응은 다음과 같이 나타낸 수 있다.

$$C_mH_n + O_2 \rightarrow C_m{}' H_n{}'^{*} + CO + H_2O \tag{4.46}$$

$$NO + C_m{}' H_n{}'^{*} \rightarrow C_m{}'' H_n{}'' + N_2 + H_2O + CO \tag{4.47}$$

$$NO + C_m{}' H_n{}'^{*} -> C_m{}'' H_n{}'' + NH_i + H_2O + CO \tag{4.48}$$

위의 식에서 (*) 표시는 탄화수소기를 나타낸 것이다.

또한, 완전연소 영역에서 반응은 다음과 같이 표기된다.

$$C_{m}{}'' H_{n}{}'' + O_2 \rightarrow H_2O + CO_2 \tag{4.49}$$

$$CO + O_2 \rightarrow CO_2 \tag{4.50}$$

$$NH_i + O_2 \rightarrow N_2 + H_2O \tag{4.51}$$

$$NH_i + O_2 \rightarrow NO + H_2O \tag{4.52}$$

식 (4.52)와 같이 완전연소 영역에서도 NO가 생성될 수 있으나 ,전체 NOx 저감률에 미치는 효과는 크지 않아서 일반적으로 50% 이상의 NOx 저감률을 얻을 수 있다.

위의 식들을 종합하여 하나의 반응식으로 표기하면 식 (4.53)과 같다.

$$2NO + 2C_mH_n + \left(2m + \frac{n}{2} - 1\right)O_2 \rightarrow N_2 + 2mCO_2 + nH_2O \tag{4.53}$$

실험실 규모의 가스연소로에 연료 스테이징을 적용한 결과, 상기 반응들이 잘 진행되기 위한 조건들을 다음과 같이 제시하였다. 첫째, 1,200℃ 이상의 높은 온도가 필요하다. 둘째, 2차연소 영역의 체류시간이 0.1초 이상은 되어야 한다. 셋째, NOx 저감률은 초기 NOx 농도와 무관하다.

④ 증기/물분사법

이 방법은 화염 속으로 물 또는 증기를 분사함으로써, 화염온도를 낮추어 NOx를 억제하는 것이다. 물 또는 증기의 잠열을 이용하고, 또한 노 내 가스의 열용량이 증대되므로 발생열량은 동일해도 화염온도는 저하되는 원리이다. 배기가스 재순환법과 유사한 억제기구(mechanism)라고 생각할 수 있다. 주입방법으로서는 연소용 공기에 분사하는 경우와 유류의 분무제로서 첨가하는(버너 팁에서 첨가) 경우 등이 있으며, 화염 내에 직접분사하는 경우도 있다. 그림 4.56은 증기분사의 개략도를 보인 것이다.

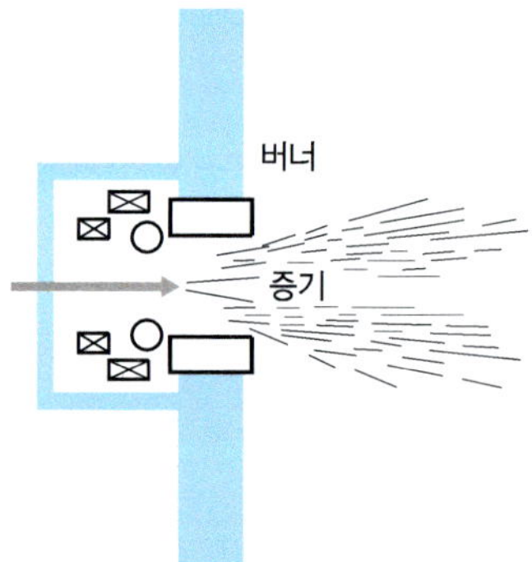

그림 4.56 **증기분사법**

3.3 배연탈질법

질소산화물의 대기 중 방출을 억제하는 소극적인 방법으로 질소화합물의 함량이 적은 연료를 사용하는 근본적인 방법과 운전조건 변경 및 연소설비 개선 등이 있으나, 질소산화물의 함량이 적은 연료를 사용하는 방법은 경제적 및 기술적인 문제가 있다. 운전조건 변경 및 연소설비 개선은 저감효율의 한계 등으로 인하여 한 가지 단일기술로는 예상되는 환경규제치 강화에 능동적으로 대처하기에는 미흡하다. 따라서 연소 후에 배출되는 가스 속에 혼합된 질소산화물을 처리하여 대기 중에 방출하는 능동적인 저감대책이 필요하다.

일반적으로 배기가스의 탈 NOx법은 NOx를 수용액에 흡착시키느냐 아니냐에 따라서 습식법과 건식법으로 크게 나눌 수 있다. 몇 가지 경우를 제외하면 건식법은 주로 NOx만을 제거하고 습식법은 NOx와 SOx를 동시에 제거한다. 현재까지는 경제적 및 공정의 간이성 등으로 인하여 건식법에 대한 연구가 많이 진행되고 있고 상업화된 공정도 건식법이 대부분이다.

(1) 습식법

습식법(wet processes)이란 NOx 제거를 위한 산화, 흡착, 환원 등의 공정에서 용액을 사용하는 공정을 말한다. 이 방법은 NOx와 SOx를 동시에 처리하는 공정들로서 건식법에 비해 다음과 같은 장점을 지니고 있다. 첫째 SO_2와 NOx를 동시에 제거하는 경우 상대적으로 경제적이다. 둘째 배기가스의 초기농도의 영향을 덜 받는다. 셋째 SO_2 제거효율이 약 95% 정도로 높다. 반면, 다음과 같은 단점이 있다. 첫째 NOx만 제거하는 경우에는 비경제적이다. 둘째 설치비가 많이 든다. 셋째 탈 NOx 효율이 낮다

습식법은 건식법에 비해 경제성이 떨어지고 수질오염의 문제 등으로 인해 연구개발된 것이 적으나, 최근에는 공정의 단순화 및 장치의 구조개선 등으로 문제점들이 많이 해결되어 머지않아 건식법에 필적할 만한 경제성을 갖추는 수준까지 개발될 것으로 기대된다.

1) 산화흡수법

흡수가 거의 안되는 일산화질소(NO)를 강한 산화제로 기체상태에서 산화시켜 알칼리 등에 흡수하는 방법과 액체상태에서 산화시켜 흡수하는 방법이 있다.

• 오존산화법 그림 4.57은 오존산화법 공정을 나타낸 것이다. 보일러 등의 열설비에서 고온으로 배출되는 배기가스는 냉각탑에서 가스의 온도가 저감된다. 산화탑에서 배기가스 중 NO는 오존발생기에서 생성된 오존(O_3)에 의해 다음과 같은 반응을 거쳐 흡수가 잘되는 오산화이질소(N_2O_5)로 전환된다.

$$NO + O_3 \rightarrow NO_2 + O_2 \quad (4.54)$$

$$2NO_2 + O_3 \rightarrow N_2O_5 + O_2 \quad (4.55)$$

위 식의 반응속도는 빠르지만 오산화이질소까지의 반응은 비교적 느리게 진행된다. 반응온도는 60~80℃, 반응시간은 5~10초, O_3/NOx(용적비)는 1.7~2.0이다.

탈질탑에서 스크러버에 의해 오산화이질소는 물에 흡수되어서 질산(HNO_3)으로 회수하게 된다.

$$N_2O_5 + H_2O_5 \rightarrow 2HNO_3 \quad (4.56)$$

과잉으로 존재하는 오존은 잔류오존 처리탑에서 아황산나트륨(Na_2SO_3)용액 등으로 환원처리한다.

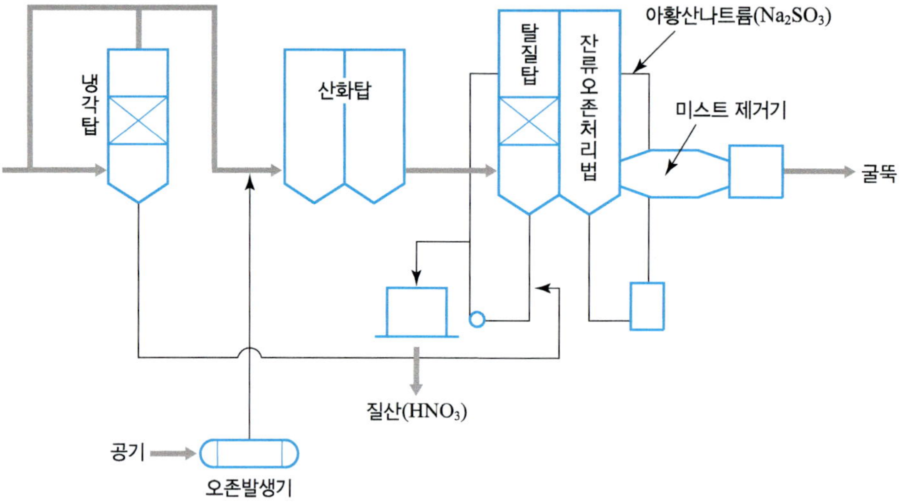

그림 4.57 **오존산화법**

2) 과망간산염법

과망간산염법의 과망간산칼륨(KNO_3), 아염소산나트륨($NaClO_2$)과 같은 염기성용액을 이용하여 NOx를 산화한 후 알칼리 수용액으로 흡수하여 처리하는 방법을 말한다.

그림 4.58은 과망간산칼륨법의 공정도이다. 탈질탑으로 주입되는 과망간산칼륨($KMnO_4$)의 액상용액으로 NOx를 다음과 같이 산화하여 질산염(KNO_3)으로 고정시킨다.

$$NO + KMnO_4 \rightarrow KNO_3 + MnO_2 \tag{4.57}$$

$$3NO_2 + KMnO_4 + 2KOH \rightarrow 3KNO_3 + MnO_2 + H_2O \tag{4.58}$$

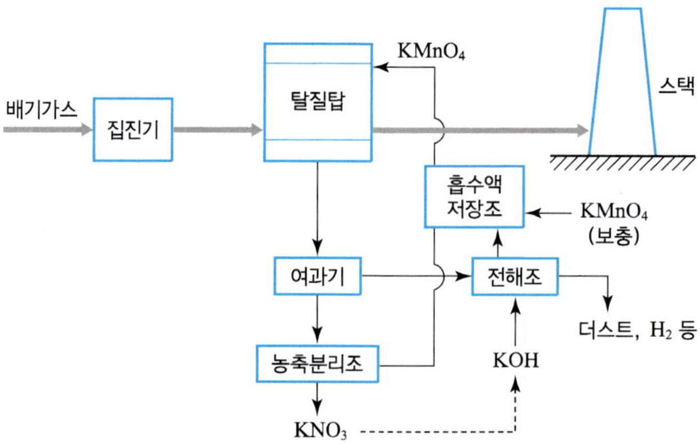

그림 4.58 **과망간산칼륨법**

상기 반응에 의해 생성된 이산화망간(MnO_2)을 여과분리해서 전해조로 유입시킨 후, 수산화칼륨(KOH)을 가하여 아래 반응에 의해 $KMnO_4$를 재생한다.

$$MnO_2 + KOH + H_2O \rightarrow KMnO_4 + \frac{3}{2}H_2 \tag{4.59}$$

(2) 건식법

건식법이란 NOx를 제거하는 공정 중에 흡착, 촉매, 전자빔 등과 같이 흡수용액을 사용하지 않고 처리하는 방법을 일컫는다. 흡착법, 촉매분해법, 촉매환원법, 비촉매환원법, 전자빔 방사법 등이 있다.

이 방법은 습식법에 비해 다음과 같은 장점을 지니고 있다. 첫째 투자비와 유지비가 저렴하다. 둘째 공정이 간단하다. 셋째 탈 NOx 효율이 높다. 넷째 폐수처리가 필요 없다. 반면에 다음과 같은 단점도 있다. 첫째 유입되는 분진의 양에 매우 큰 영향을 받는다. 둘째 암모니아(NH_3), 황산암모늄($(NH_4)_2SO_4$), 황산수소암모늄(NH_4HSO_4) 등의 미반응물질과 반응 화학물질의 유출가능성이 있다. 셋째 비교적 고온을 요구하므로 공기예열기 앞에 설치하거나 재가열을 필요로 한다. 공기예열기 앞에 설치될 경우 탈 NOx 공정이 전력 생산업계에 영향을 미칠 우려가 있다. 넷째 암모니아를 장기적 다량으로 사용하는 공정이 많으므로 암모니아 소비량이 많아진다.

1) 흡착법

흡착법(adsorption)은 처음에 SOx 제거를 목적으로 독일의 Bergbau-Forschung GmbH에 의해 발전되었다가 Foster Wheeler에 의해 발전된 공정으로 흡착부, 재생부, RESOX부의 3단계로 나누어지며 공정의 흐름도는 그림 4.59와 같다.

흡착부에서는 수직의 흡착탑(adsorber)을 활성탄이 위에서 아래로 이동하고 120~150℃의 배기가스가 반대방향으로 흐르며, NOx, SOx, O_2, H_2O 등이 활성탄의 기공으로 흡착된다. SO_2는

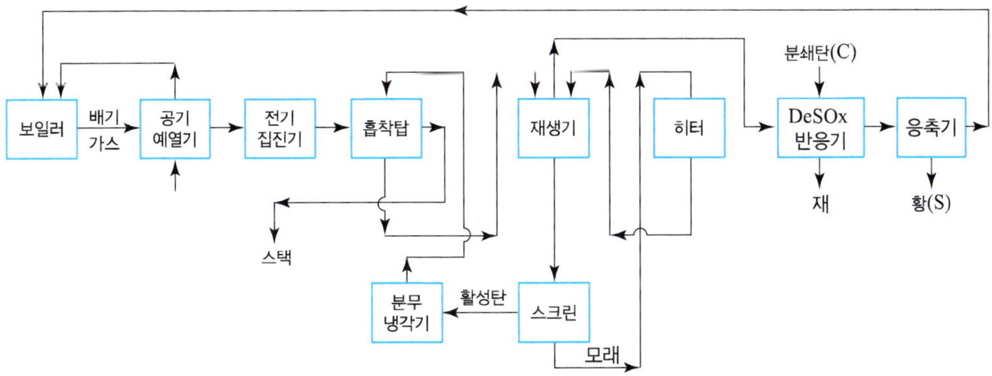

그림 4.59 **흡착공정**

흡착제 기공 내에서 O_2, H_2O와 다음과 같은 반응을 하여 황산으로 표면에 흡착된다.

$$SO_2(g) + H_2O(g) + \frac{1}{2}O_2(g) \rightarrow H_2SO_4(l) \tag{4.60}$$

다음은 재생단계로서 활성탄이 포화되면 약 650℃로 유지된 재생기(regenerator)로 보내져 모래에 의해 가열되어 탈착된다. 이때 모래는 가스보다 상대적으로 열용량이 커서 효과적이다.

재생기에서 탈착된 NO와 H_2SO_4는 650~820℃의 온도로 유지되는 DeSOx 반응기에서 무연분쇄탄과 다음의 반응을 일으키며 제거된다.

$$2NO(g) + C(s) \rightarrow CO_2(g) + N_2(g) \tag{4.61}$$

$$2H_2SO_4(l) + C(s) \rightarrow CO_2(g) + 2H_2O(g) + 2SO_2(g) \tag{4.62}$$

식 (4.61)의 SO_2 가스는 고온에서 식 (4.62)와 같이 황으로 제거된다.

$$SO_2(g) \rightarrow S(g) + O_2(g) \tag{4.63}$$

이 공정은 NOx와 SOx를 동시에 제거하는 공정으로 전력소모가 적고 설치공간이 적으며 상업성이 있는 황을 부산물로 얻는다는 장점이 있는 반면, 활성탄의 손실이 많고 고체 유동을 조절하기 어려우며 공정이 복잡하고 탈 NOx 효율이 낮다는 단점이 있다.

2) 촉매분해법

촉매분해법(catalytic decomposition)은 반응식 (4.64)와 같이 촉매를 사용하여 NOx를 무해한 N_2와 O_2로 직접분해하는 방법으로, 어려움이 없다면 NOx 제거기술 중에서 가장 바람직한 방법이다.

$$2NO \rightarrow N_2 + O_2 \tag{4.64}$$

이 반응은 저온에서도 열역학적으로 유리하지만 여러 가지 제안된 반응기구와 속도론에서 도출된 데이터들은 분해반응이 상당히 느리다는 것을 보여주고 있고, 이 분해를 가속화시키기 알맞은 촉매가 많은 연구자에 의해 상당한 연구가 진행되었음에도 불구하고 아직 뚜렷한 것이 발견되지 못하고 있다. 따라서 현재로서는 자동차 배출가스 제거에 국한되어 사용되고 있으나, NO 분자가 촉매표면에 결합하는 메카니즘과 NO 분자의 물리·화학적 성질에 대한 명확한 이해가 이루어진다면 매우 유망한 기술이라 보여진다.

3) 촉매환원법

① 선택적 촉매환원법

선택적 촉매환원법(SCR : Selective Catalytic Reduction)이란 촉매층에 배기가스와 환원제를 동시에 통과시키면서 배기가스 내의 NOx를 환원제와의 반응에 의해 질소와 수증기로 선택적인 환원을 시키는 방법이다. 이 방법은 현재 배출규체치가 가장 엄격한 일본에서 상업적 규율로 운전되고 있는 탈 NOx 공정의 대부분을 차지하고 있고, 가장 진보된 탈 NOx 공정으로 각광을 받고 있다.

암모니아를 선택환원제로 하여 혼합된 배기가스가 촉매층을 통과할 때 일어날 수 있는 예상반응들은 다음과 같다.

$$4NO + 4NH_3 + O_2 \rightarrow 4N_2 + 6H_2O \tag{4.65}$$

$$2NO_2 + 4NH_3 + O_2 \rightarrow 3N_2 + 6H_2O \tag{4.66}$$

$$6NO + 4NH_3 \rightarrow 5N_2 + 6H_2O \tag{4.67}$$

$$6NO_2 + 8NH_3 \rightarrow 7N_2 + 12H_2O \tag{4.68}$$

위의 반응들 중에서 반응식 (4.65), 식 (4.66)과 반응식 (4.67), 식 (4.68)의 차이는 산소가 반응에 참여하느냐 않느냐 하는 것인데, 많은 실험결과에서 산소농도가 1% 이상일 때는 산소가 직접 반응에 참여한다고 밝혀졌다. 한편 반응식 (4.67), 식 (4.68)은 450℃ 이상의 온도에서 반응이 시작된다고 알려져 있다. 따라서 발전소에서 배출되는 가스 내의 산소농도는 1% 이상이고 선택적 촉매환원 공정이 절탄기(economizer) 하류에 설치되는 점을 감안하면 식 (4.65), 식 (4.66) 반응이 주된 반응임을 알 수 있다.

환원제로 암모니아 이외에 CO를 사용한 경우와 H_2S를 사용하여 SOx/NOx를 동시에 제거하는 반응식은 다음과 같다.

$$2NO + 2CO \rightarrow 2CO_2 + N_2 \tag{4.69}$$

$$NO + H_2S \rightarrow S + \frac{1}{2}N_2 + H_2O \tag{4.70}$$

$$SO_2 + 2H_2S \rightarrow 3S + 2H_2O \tag{4.71}$$

선택적 촉매환원 공정의 기본 구성요소는 그림 4.60에서 알 수 있듯이 촉매반응기, 암모니아

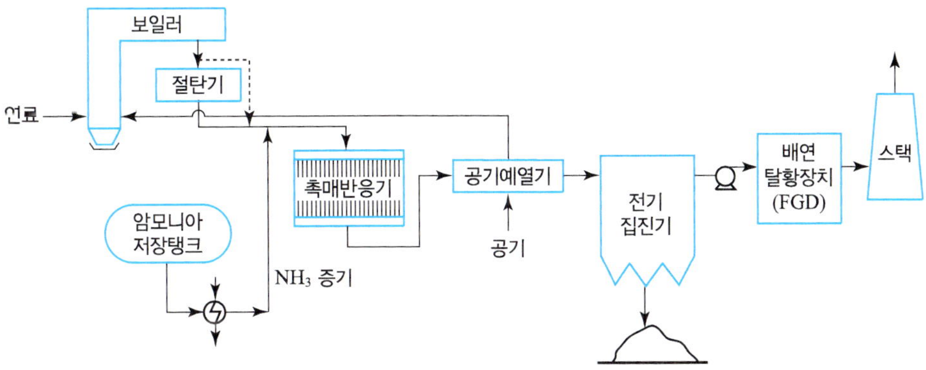

그림 4.60 선택적 촉매환원법 공정

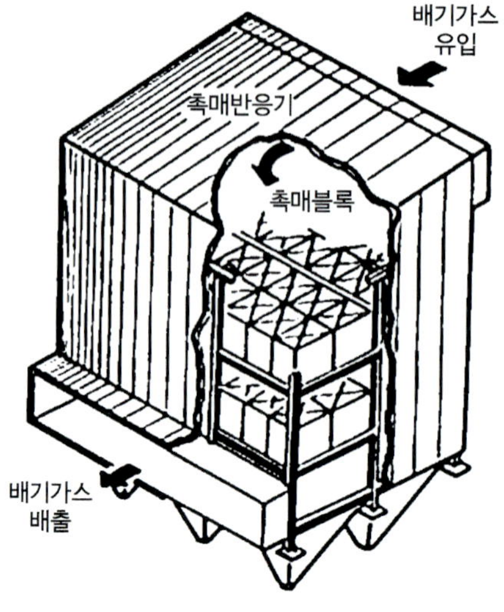

그림 4.61 촉매반응기

공급라인 등으로 구성되어 있다. 촉매반응기는 그림 4.61과 같이 허니컴 형태의 촉매 셀을 용량에 따라 여러 개의 블록으로 탑재하여 사용하는 고정층 평행류(parallel flow) 반응기가 많이 쓰인다.

② 비선택적 촉매환원법

비선택적 촉매환원법(NSCR : Non-Selective Catalytic Reduction)은 배기가스 중에 존재하는 수소, 일산화탄소 또는 저농도의 탄화수소를 환원제로 하여 산소가 희박한 상태에서 NOx를 저감하는 방법이다. 메탄을 환원제로 하는 경우 다음의 반응이 진행된다.

$$CH_4 + 4NO_2 \rightarrow 4NO + CO_2 + 2H_2O \qquad (4.72)$$

$$CH_4 + 4NO \rightarrow 2NO_2 + CO_2 + 2H_2O \qquad (4.73)$$

수소와 일산화탄소를 환원제로 하는 경우 다음의 반응이 진행된다.

$$2NO + 2H_2 \rightarrow 4H_2O + N_2 \qquad (4.74)$$

$$2NO + 2CO \rightarrow 2CO_2 + N_2 \qquad (4.75)$$

한편, 이와 경쟁적으로 다음의 반응이 빠르게 일어나 환원제의 소비를 증가시키므로 경제적인 운전을 위해서는 배기가스의 산소농도를 최대한 낮추어야 한다. 따라서 이 방법은 운전조건 변화 방법인 저산소연소와 병행하여 사용된다.

촉매는 주로 백금(Pt), 파라듐(Pd) 등의 귀금속촉매를 사용하고, 산화구리(CuO)와 같은 비귀금속촉매도 사용가능하다.

4) 선택적 비촉매환원법

선택적 비촉매환원법(SNCR : Selective Non-Catalytic Reduction)은 암모니아를 환원제로 하여 NOx를 질소와 수증기로 환원시키는 선택적 접촉환원법과 원리는 같으나 촉매를 사용하지 않는다는 점이 특징이다. 촉매를 사용하지 않으므로 930~980℃ 정도의 고온이 필요하다. 따라서 암모니아를 보일러 내 또는 화실(firebox)에 직접 첨가하여 다음 반응식 (4.76)으로 NOx를 저감시킨다.

한편 980℃ 이상에서는 NOx를 생성하는 부반응이 일어나기 시작해 1,100℃ 이상에서는 NOx가 오히려 증가하게 된다(식 4.77 참조). 이러한 이유로 해서 선택적 비촉매환원법에서는 암모니아 분사위치가 매우 중요하다.

$$4NO + 4NH_3 + O_2 \rightarrow 4N_2 + 6H_2O \tag{4.76}$$

$$4NH_3 + 5O_2 \rightarrow 4NO + 6H_2O \tag{4.77}$$

그러므로 보일러 운전변화 및 막힘(fouling)현상에 의한 화실(연소실)의 온도변화 등에 따라 암모니아 분사위치를 바꾸기 위해 암모니아 분사위치를 여러 군데 만들기도 한다. 연소조건의 변화에 따라 NOx 배출량과 온도분포가 달라지기 때문에 암모니아의 분사량과 분사위치의 제어가 필요하다.

그림 4.62는 대형보일러에 선택적 비촉매환원법을 사용한 예를 보여주고 있다. 반응부의 온도조절을 위해 플레이트히터가 설치되어 있고, 환원제인 암모니아의 분사를 위해 노즐이 배기가스 흐름방향으로 배열되어 있다. 이 노즐은 보일러 부하에 따라 적절히 이용할 수 있으므로 넓은 부하범위에서도 NOx 제거를 적절히 할 수 있다.

이 방법은 선택적 촉매환원 공정보다 설치가 쉽고, 설치비가 저렴하며 설치기간이 짧은 반면,

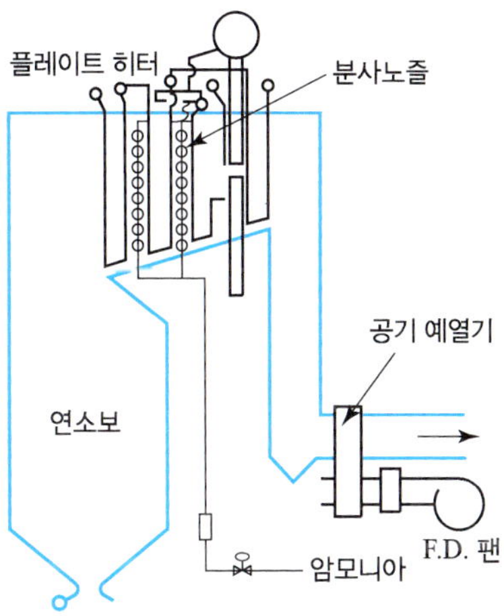

그림 4.62 **선택적 비촉매환원법**

탈 NOx 효율이 낮고 암모니아 화합물에 형성이 많은 단점이 있다. 이에 대한 대책으로는 암모니아 분사위치를 더욱 고온지역으로 옮겨 암모니아의 분해를 촉진시키거나 황산암모늄(ammonium sulphate)과 반응하는 제삼의 물질을 분사하는 방법이 있는데, 이는 탈 NOx 효율을 저하시키기도 하므로 실제로 이용하기는 어렵다.

5) 전자빔 방사법

전자빔 방사법(electron beam radiation)은 높은 에너지의 전자선에 의해 기체의 반응이 잘 일어난다는 사실에 착안하여 제안된 방법으로 NOx와 SOx의 동시제거가 가능하며, 그 공정은 그림 4.63과 같다.

반응기에 전력공급기에 의해 고전압이 인가되면 유해 배기가스에 전압이 인가되어 다량의 전자, 이온 라디칼 등이 발생되어 가스의 반응성이 증대된다. 즉, NOx와 SOx가 함유된 배기가스가 반응기에 유입되고 환원제인 암모니아(NH_3)가 추가적으로 공급되면, 환원반응성이 극대화되어 백색의 분말상태인 질산암모늄(NH_4NO_3)과 황산암모늄($(NH_4)_2SO_4$)으로 되어 전기집진기에서 포집된다. 포집된 암모니아 화합물을 불활성가스 존재 하에 생석회(CaO)와 물 등으로 스팀로스팅(steam roasting)하여 비료로 사용한다.

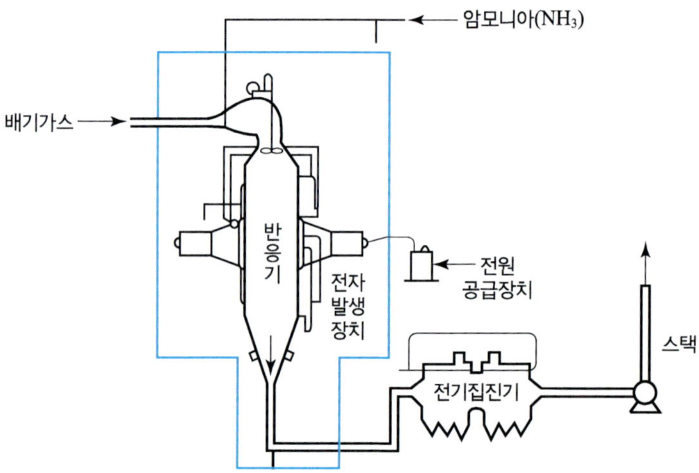

그림 4.63 **전자빔 방사법**

그림 4.64는 반응기 내의 온도가 각각 70℃와 90℃일 때 NOx와 SOx 제거율을 표시하였다. 여기서 전자선의 강도가 1.5~2.0 mrad일 때 가장 높은 탈 NOx 효율을 보였다. 그림에서 탈 SOx 효율이 탈 NOx 효율보다 더 전자선의 강도에 민감하고, 미반응 암모니아농도는 전자선의 강도가 클수록 감소함을 알 수 있다. 또한 70℃에서의 탈 SOx 효율과 탈 NOx 효율이 90℃에서보다 높다.

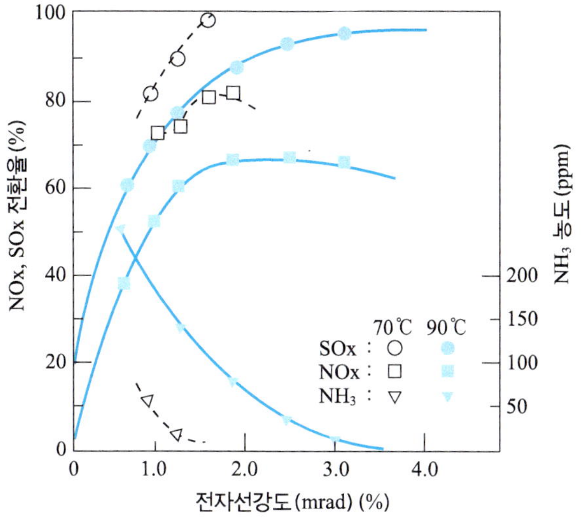

그림 4.64 NOx/SOx의 전환과 배기가스 중 NH_3 농도

4 기타 유해가스의 처리

4.1 염소와 염화수소가스

각 분야의 사업장에서는 염소와 염화수소를 비교적 다량사용하고 있으며, 그 상용법도 다양하다. 또한, 사용되지 않고 배출되는 경우도 많으며 배출패턴도 가스로 대기 중 누출 외에 미스트 등의 다양한 형태로 배출된다.

(1) 염소가스 처리

1) 물흡수법

물흡수제거법은 염소(Cl_2)가스가 물에 대해 용해도가 큰 성질을 이용한 방법으로, 그 공정은 그림 4.60(a)와 같다.

흡수액인 물이 배기가스 중에 함유된 연소가스와 흡수되어 식 (4.78)과 같이 반응하여 치아염소산(HClO)으로 변환된다.

$$Cl_2 + H_2O = HClO + H^+ + Cl^- \tag{4.79}$$

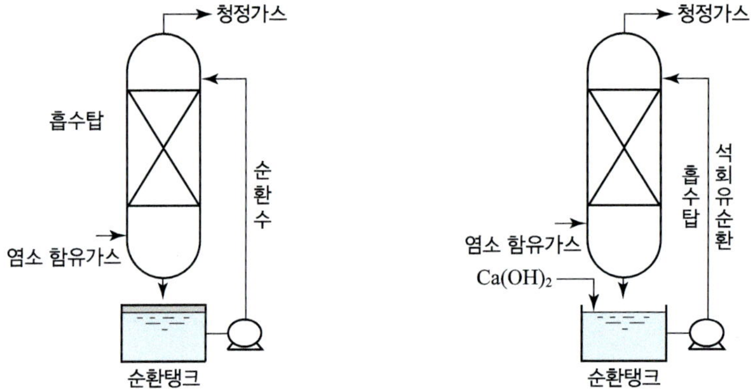

(a) 물흡수법 (b) 알칼리흡수법

그림 4.65 **염소가스 처리장치**

2) 알칼리흡수법

알칼리흡수법을 적용할 수 있는 공정은 우선 배기가스의 양이 많고 염소농도가 엷은 경우 사용할 수 있다. 반응물질로는 소석회(($Ca(OH)_2$), 가성소다(NaOH) 등을 이용할 수 있다.

그림 4.65(b)는 알칼리흡수법 중 소석회를 이용한 예이다. 흡수탑으로 유입되는 염소가스는 석회유에 의해 식 (4.80)과 같이 중화반응에 의해 제거된다.

$$2Cl_2 + 2Ca(OH)_2 = CaCl_2 + Ca(OH)_2 + 2H_2O \qquad (4.80)$$

또한, 알칼리 중화용액을 수산화나트륨으로 사용할 경우 염소가스는 흡수탑에서 수산화나트륨에 의해 식 (4.81)과 같이 반응되어 염화나트륨과 차아염소산나트륨으로 생성되어 제거된다. 수산화나트륨을 사용할 경우 발열반응이 일어나므로 45℃ 이하로 냉각시켜야 한다.

$$Cl_2 + 2NaOH = NaCl + NaOCl + H_2O \qquad (4.81)$$

(2) 염화수소가스 처리

염화수소가스 처리는 수세법과 알칼리흡수법이 있다.

수세법은 염화수소의 물에 대한 용해도가 큰 특성을 이용하여 세정액으로 특별한 물질을 첨가하지 않고 물을 이용하여 흡수제거하는 방법이다. 그림 4.66은 수세법의 공정의 예를 나나낸 것이다.

알칼리흡수법은 흡수액으로 수산화칼슘($Ca(OH)_2$), 수산화나트륨(NaOH)을 사용하여 염화수소를 중화흡수시켜 제거하는 방법이다.

흡수액으로 수산화칼슘을 사용할 경우 식 (4.82)와 같이 염화칼슘($CaCl_2$)으로 생성침전시켜 분리하고, 수산화나트륨을 사용할 경우 식 (4.83)과 같이 염화나트륨으로 침전분리된다.

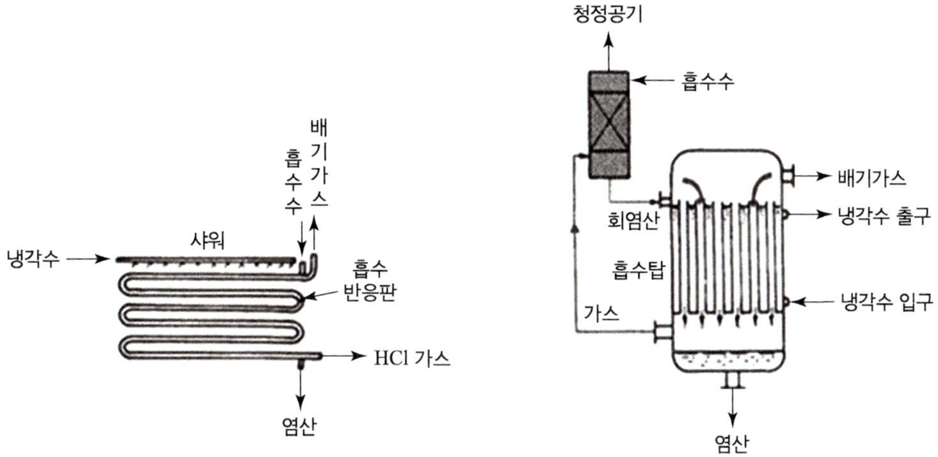

그림 4.66 **염화수소가스 수세처리 장치**

$$2HCl + Ca(OH)_2 \rightarrow CaCl_2 + H_2O \qquad (4.82)$$

$$HCl + NaOH \rightarrow NaCl + H_2O \qquad (4.83)$$

염화수소의 흡수분리 시 용해열로 인해 온도가 증가하여 염화수소의 분압이 감소하기 때문에 완전히 제거를 위해서는 냉각이 필요하다. 장치의 재질은 플라스틱류 등 부식성이 없는 물질을 사용하여 한다.

4.2 불소와 불화수소가스

불소가스 화합물은 법률에 의해 유해물질로 정해져 있으며, 그 독성이 널리 알려져 있다. 불소가스는 알루미늄공업, 인산비료공업, 유리도자기 공업 등이 주 발생원이다. 불화수소가스는 주로 정유공장, 제철공장, 비료공장, 도자기공장, 알루미늄공장 등에서 많이 발생된다.

(1) 불소가스 처리

불소가스는 물이나 알칼리용액에 대한 용해도와 반응성이 매우 양호하기 때문에, 불소처리를 위해 흡수액으로 물 또는 수산화나트륨(NaOH)이나 소석회($CaOH_2$) 등이 사용된다.

흡수액으로 수산화나트륨을 이용하는 것을 가성소다 석회법이라 하며, 그 공정은 그림 4.67과 같다. 세정탑에서는 불소가스가 수산화나트륨용액에 흡수되어 식 (4.84)와 같이 반응하여 불화나트륨이 생성된다. 흡수 제거효율은 pH에 큰 영향을 미치며, 운전 시 알칼리성으로 유지하면 그 제거율이 높아진다. 세정탑생성물은 중화탱크로 이동하여 식 (4.85)과 같이 수산화칼슘에 의해 중화되어 불화칼슘으로 침전되고 수산화나트륨은 흡수액으로 재생이용된다.

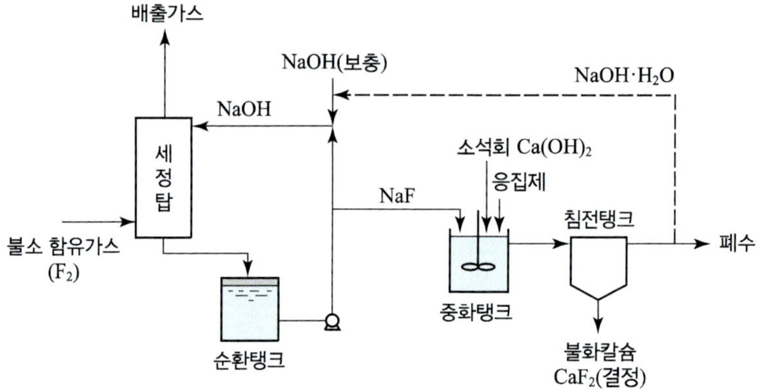

그림 4.67 **불소가스 처리장치**

$$F_2 + 2NaOH + 2H_2O \rightarrow 2NaF + 3H_2O \rightarrow \frac{1}{2}O_2 \tag{4.84}$$

$$2NaF + Ca(OH)_2 \rightarrow CaF_2 + 2NaOH \tag{4.85}$$

(2) 불화수소가스 처리

불화수소가스는 불소가스와 같이 알칼리용액에 대한 용해도와 반응성이 양호하기 때문에, 불화수소가스 처리를 위해 흡수액으로 물 또는 수산화나트륨(NaOH)이나 소석회($CaOH_2$) 등이 사용된다.

불화수소가스 처리방법에는 물로 세정하는 수세법과 가성소다 석회법이 있다.

수세법은 세정탑에서 반응식 (4.86)과 같이 불화수소를 물에 의해 세정하여 중화탱크에서 반응식 (4.87)과 같이 소석회($Ca(OH)_2$)에 의해 중화처리하여 불화칼슘(CaF_2)으로 침전분리 처리하는 방법이다.

$$HF + H_2O \rightarrow HF \cdot H_2O \tag{4.86}$$

$$2HF + Ca(OH)_2 \rightarrow CaF_2 + 2H_2O \tag{4.87}$$

가성소다 석회법은 흡수액으로 수산화나트륨을 이용하는 방법으로, 그 공정을 그림 4.68에 나타내었다.

세정탑에서 불화수소가 흡수액인 수산화나트륨과 반응식 (4.88)과 같이 반응하여 불화나트륨으로 전환된다. 이때 생성된 생성물은 반응식 (4.89)와 같이 반응하여 불화칼슘으로 생성되어 침전조에서 분리침전된다. 이때 생성된 폐수는 pH를 조절하여 방류해야 한다.

$$HF + NaOH \rightarrow NaF + H_2O \tag{4.88}$$

$$2NaF + Ca(OH)_2 \rightarrow CaF_2 + 2NaOH \tag{4.89}$$

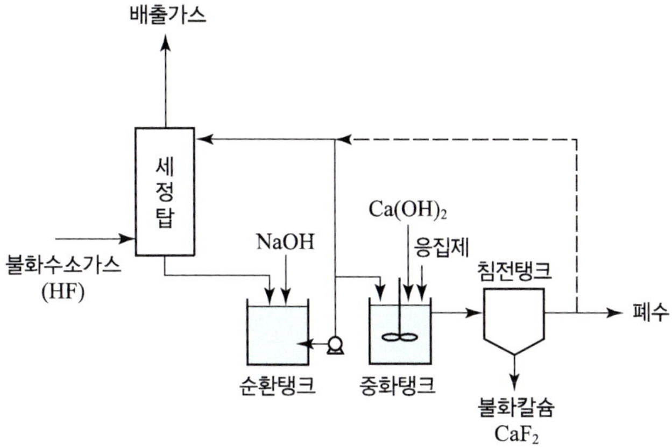

그림 4.68 **불화수소가스 처리장치**

05

Chapter

VOC와 악취처리 기술

1. VOC 처리
2. 악취처리

1 VOC 처리

각종 산업공정에서 유류 및 유기용제의 사용증대로 휘발성 유기화합물(VOC) 배출이 점차 증가하고 있어 이로 인한 오존오염, 악취발생을 비롯하여 환경 및 인체건강에 미치는 영향이 우려되고 있다.

VOC는 다수 화합물의 총칭으로, 광화학스모그 원인물질일 뿐만 아니라 발암성 등의 유해물질, 지구온난화와 성층권 오존층의 파괴 원인물질, 대기 중 악취물질 등 많은 환경문제에 관련되어 있다. 따라서 VOC는 대기 중에서의 반응특성과 규제·관리목적에 따라 종류별로 그룹화될 수 있다.

특히, 성층권 오존층의 파괴와는 반대로 대류권 오존의 증가는 그동안 산성비가 원인으로 주목된 삼림피해에 관여하고 있다는 연구가 보고됨에 따라 전 지구적인 환경문제로 주목을 끌게 되었다. 또한 오존의 특수성인 이동성 및 광역성에 의해 광화학오존은 한 특정지역 또는 한 국가만의 오염문제로 국한되지 않고 전 지구차원의 환경문제로 점차 등장하여 광역오염물(transboundary pollutants)로 고려되고 있다. 이에 따라 오존을 형성하는 데 기여하는 전구물질의 저감문제는 한 지역뿐만 아니라 근접국가 간에도 중요시되고 있는 상황이다.

1.1 기초이론

(1) VOC의 정의

휘발성 유기화합물은 그 수와 종류 및 영향정도가 다르기 때문에, 실질적으로 이를 명확하게 정의하는 것은 어렵다. 화학이라는 학문의 관점에서는 휘발성 유기화합물은 탄소를 함유하는 유기물질로, 높은 휘발성을 가진 것으로 의미한다고 볼 수 있다. 하지만 특정물질의 규제측면에서는 이와 같은 정의를 포함하는 물질은 자연계에 셀 수 없이 많기 때문에 무의미하다고 할 수 있다. 따라서 화학적인 측면에서의 휘발성 유기화합물을 다시 특정물성으로 구체화해야 한다. 규제를 위한 화학물질의 정의는 법 혹은 규정에 의해 정의되는 경우가 많으며, 이는 국가마다 약간의 차이를 보이게 된다.

국내의 경우 휘발성 유기화합물은 탄화수소류 중 레이드 증기압이 10.3 kPa(또는 1.5 psia) 이상인 석유화학제품·유기용제 기타 물질로서 환경부장관이 관계 중앙행정기관의 장과 협의하여 고시하는 물질(대기환경보전법 시행령 제39조 제1항)로 정의하고 있으며, 환경부 고시 제2001-36호(2001.3.8)에 따라 벤젠, 부타디엔, 휘발유 등 37개 물질 및 제품을 규제대상으로 하고 있다.

미국(EPA : CAA(Clean Air Act) Title I)의 경우는 대기 중에서 광화학반응에 참여하는 물질 중 일산화탄소, 이산화탄소, 탄산, 금속성 탄화물, 탄산염, 탄산암모늄을 제외한 모든 탄소화합물이라고 정의하고 있다. 광화학반응에 대한 영향이 무시될 정도인 유기화합물에 대해서는 법규제로부터 제외시키고 표준상태(20℃, 760 mmHg)에서 증기압이 0.1 mmHg 이상이 되는 유기화합물을 VOC로 간주한다.

(2) VOC의 종류

환경부장관이 관계 중앙행정기관의 장과 협의하여 고시한 VOC의 종류는 표 5.1과 같다.

표 5.1 VOC의 종류

연번	제품 및 물질명		분자식	CAS No.
1	아세트알데히드	Acetaldehyde	$C_2H_4O(CH_3CHO)$	75-07-0
2	아세틸렌	Acetylene	C_2H_2	74-86-2
3	아세틸렌디클로라이드	Acetylene dichloride	$C_2H_2Cl_2$	540-59-0
4	아크롤레인	Acrolein	C_3H_4O	107-02-8
5	아크릴로니트릴	Acrylonitrile	C_3H_3N	107-13-1
6	벤젠	Benzene	C_6H_6	71-43-2
7	1,3-부타디엔	1,3-Butadiene	C_4H_6	106-99-0
8	부탄	Butane	C_4H_{10}	106-97-8
9	1-부텐, 2-부텐	1-Butene, 2-Butene	$C_4H_8(CH_3CH_2CHCH_2)$, $C_4H_8(CH_3(CH)_2CH_3)$	106-98-9 107-01-7
10	사염화탄소	Carbon-Tetrachloride	CCl_4	56-23-5
11	클로로포름	Chloroform	$CHCl_3$	67-66-3
12	사이클로헥산	Cyclohexane	C_6H_{12}	110-82-7
13	1,2-디클로로에탄	1,2-Dichloroethane	$C_2H_4Cl_2(Cl(CH_2)_2\ Cl)$	107-06-2
14	디에틸아민	Diethylamine	$C_4H_{11}N((C_2H_5)_2NH)$	109-89-7
15	디메틸아민	Dimethylamine	C_2H_7N	124-40-3
16	에틸렌	Ethylene	C_2H_4	74-85-1
17	포름알데히드	Formaldehyde	$CH_2O(HCHO)$	50-00-0
18	*n*-헥산	*n*-Hexane	C_6H_{14}	110-54-3
19	이소프로필알코올	Isopropyl Alcohol	$C_3H_8O((CH_3)CHOHCH_3)$	67-63-0
20	메탄올	Methanol	$CH_4O(CH_3OH)$	67-56-1
21	메틸에틸케톤	Methyl Ethyl Ketone	$C_4H_8O(CH_3COCH_2CH_3)$	78-93-3
22	메틸렌클로라이드	Methylene-Chloride	CH_2Cl_2	75-09-2
23	엠티비이(MTBE)	Methyl Tertiary-Butyl Ether	$C_5H_{12}O(CH_3OC(CH_3)_2CH_3)$	1634-4-4
24	프로필렌	Propylene	C_3H_6	115-07-1

(계속)

연번	제품 및 물질명		분자식	CAS No.*
25	프로필렌옥사이드	Propylene Oxide	C_3H_6O	75-56-9
26	1,1,1-트리클로로에탄	1,1,1-Trichloroethane	$C_2H_3Cl_3$	71-55-6
27	트리클로로에틸렌	Trichloroethylene	C_2HCl_3	79-01-6
28	휘발유	Gasoline	–	86290-81-5
29	납사	Naphtha	–	8030-30-6
30	원유	Crude Oil	–	8002-5-9
31	아세트산(초산)	Acetic Acid	$C_2H_4O_2$	64-19-7
32	에틸벤젠	Ethylbenzene	C_8H_{10}	100-41-4
33	니트로벤젠	Nitrobenzene	$C_6H_5NO_2$	98-95-3
34	톨루엔	Toluene	C_7H_8	108-88-3
35	테트라클로로에틸렌	Tetra-chloroethylene	C_2Cl_4	127-18-4
36	자일렌(*o*-,*m*-,*p*- 포함)	Xylene	C_8H_{10}	1330-20-7 (95-47-6, 108-38-3, 106-42-3)
37	스틸렌	Styrene	C_8H_8	100-42-5

(*비고) CAS No(Chemical Abstracts Service Registry Numbers)는 미국화학회(ACS : American Chemical Society)에서 동질성을 가지는 물질 등에 부여한 고유번호를 말한다.

(3) VOC 배출현황

VOC 발생은 자연적 배출원과 인위적 배출원으로 나누어진다. 자연적 배출원은 습지 등 혐기성조건 하에서 박테리아의 분해를 통해서 메탄이 생성되어 배출되거나, 수목류로부터는 테르펜(terpene) 등이 배출되며, 초지(grass land)에서는 주로 에스터(ester)와 켑톤(ketone) 등이 배출된다. 그리고 배출량은 인위적 배출량과 거의 비슷하다. 인위적 배출원은 인간의 활동에 따른 다양한 고정발생원인 점·면 오염원과 이동오염원으로서 용제를 사용하는 도장시설, 석유정제 및 석유화학제품 제조시설, 정유사 및 저유소의 저장시설과 출하시설 및 주유소, 세탁소 및 인쇄소 등 면오염원에서도 일부분 배출된다. 또한 인간의 일상생활과 밀접한 관계가 있는 소비상품(예 : 실내공기 청정물질, 스프레이), 건축자재(예 : 페인트, 접착제) 등에서도 배출된다.

우리나라의 경우 휘발성 유기화합 물질의 배출오염원에 대한 배출량은 앞서 제시한 자동차 배기관 배출이 탄화수소라는 항목으로 매년 공식적으로 보고되고 있다. 그러나 기타 유기용제의 사용을 포함한 VOC 배출오염원에서의 조사는 매우 미비한 상태로 기존의 자료로 우리나라 휘발성 유기화합물질의 배출현황을 대표하여 제시하기는 문제가 있다. 다음 표 5.2는 1994년도 주요 VOC 배출오염원에 대해 산정된 배출량을 나타낸 것으로, 자동차 운행과 도장 등 유기용제 사용에서의 배출이 80% 이상을 차지하고 있다.

표 5.2 배출원별 VOC 배출량 현황(1994년도)

연도 \ 배출원		배출량(톤, %)
자동차 부문	배기관	150,400(33.7)
	증발	26,500(5.9)
	*Stage I	10,626(2.4)
	**Stage II	13,004(2.9)
도장산업		179,985(40.4)
인쇄산업		17,781(4.0)
유류 저장 · 출하시설*	저장	4,173(0.9)
	출하	16,212(3.6)
	소계	20,385(4.6)
세탁시설		12,097(2.7)
아스팔트		15,200(3.4)
종합		445,978

주 * Stage I : 탱크로리에서 중유소 지하탱크로 입고 시 배출되는 휘발성 유기화합 물질의 양
**Stage II : 자동차 휘발유 주입 시 주유기에서 배출되는 양을 나타냄. 단 유류저장과 출하시설은 국내 5개 정유사의 저장과 출하량을 이용하여 산정된 것임(외국의 대기오염 관리 성공사례 및 정책적 시사점, 강광규 KEI/1997).
자료 : 한화진 외, 대한석유협회, 1996

(4) VOC 제어기술 선택 시 고려사항

여러 가지 VOC 제어기술 중 제어하려는 VOC가 함유된 배기가스의 성상, 공정 등의 특성을 고려하여 최적의 제어기술을 선정하기 위해서 다음과 같은 항목을 고려해야 한다.

- 회수가능성 VOC의 회수는 부분적으로 설비투자비 회수의 기회를 제공한다. 회수한 물질이 공정에 재이용되거나, 장치의 세척용 용제로 사용될 수 있거나 상품으로 판매가 가능하다면 소각 같은 처리방법보다는 회수하는 방법이 일차적으로 고려되어야 한다. 회수방법으로는 흡착/탈착, 냉각응축, 증류방법 등이 있다.
- 휘발성분 배출량의 균일성 VOC를 함유하는 배기가스가 방출될 때, 유량 및 농도가 일정한가 아니면 수시로 변화하는가 또는 주기적인가는 처리방법을 선택할 때 세심히 고려되어야 한다. 회분식(batch type) 공정에서와 같이 유량과 농도의 변화가 심할 때는 처리장치의 마모도 커지고, 열회수효율도 낮아질 뿐만 아니라 실제 VOC 분해효율(DRE : Destruction and Removal Efficiency)도 낮아질 수 있다.
- VOC의 평균농도 VOC의 평균 배출농도는 여러 가지 공정의 적용가능성을 결정한다. 직접응축과 같은 회수공정은 고농도의 VOC 처리에 적합하다. 평균농도가 매우 낮은 VOC 배출원에 대해서는 경우에 따라 농축이 필요하기도 하다.

- **VOC 성분의 복합성** 성분이 다양하면 다양할수록 공정선택에 제약조건이 많아진다. 여러 가지 성분들이 혼합되어 있다면 우선 회수를 하더라도 뒤에 재분리 처리장치가 필요하다. 또한 처리방법 설계 시 분해효율(DRE)은 VOC 성분들 중 가장 분해가 힘든 물질을 기준으로 해야 한다.
- **최소 폭발한계 및 최대 폭발한계** VOC와 공기로 구성된 혼합물은 폭발한계로 특성지어질 수 있다. 최소 폭발한계(LEL : Low Explosion Limit)와 최대 폭발한계(UEL : Upper Explosion Limit) 사이에서의 운전은 매우 위험하다. 원칙적으로 모든 처리장치들은 LEL의 25% 이하로 희석시켜 처리하도록 설계되어야 한다. 또한 덕트의 구조나 처리장치의 초기가동, 종료 및 고장 시 어느 한순간이라도 농도가 LEL을 초과할 수 없도록 충분히 고려되어야 한다. 어떤 공정에서는 UEL을 초과하는 배출가스가 방출되기도 하는데, 이런 경우에는 냉각응축에 의한 회수방법이 주로 이용된다. 그러나 회수가 진행되면서 농도가 UEL과 LEL 사이로 떨어져 폭발가능하게 될 수 있기 때문에 공기 대신 질소나 탄산가스를 이용하여 희석시킨다.
- **배기가스 배출온도** 냉각응축이나 흡착법은 온도가 40℃ 이상이면 냉각시키기 전에는 비경제적일 뿐만 아니라 정상적인 흡착력도 기대할 수 없다. 반면에 배기가스의 온도가 높으면 높을수록 소각방법은 보조연료 소모량이 줄어들기 때문에 경제적일 수 있다. 생물학적 처리방법 역시 미생물들이 활동하기에 적절한 10~40℃를 유지시켜야 적절한 처리효율을 기대할 수 있다.
- **비휘발성 유기화합 물질** VOC가 아닌 성분들이 얼마나 존재하는지도 처리방법을 선택하는 데 있어 매우 중요하다. 분진이 많을 경우 흡착제나 촉매 등의 표면이 막혀 처리효율을 저하시키고, 또 납이나 황 성분 중 중금속이 있을 때는 촉매를 사용할 수 없다. 할로겐 화합물을 함유하는 휘발성 유기화합물을 소각시킬 때는 각 할로겐 원소에 해당하는 산들이 형성될 수 있기 때문에 흡수탑 같은 후처리장치가 필요하고, 장치 역시 내산재질로 제작되어야 한다.
- **설치장소** VOC 배출원이 여러 군데에 있을 경우 설치장소의 유무에 따라 소규모 처리장치를 여러 군데 설치할 수도 있고, 아니면 배출원들을 하나의 덕트로 연결시켜 하나의 큰 장치로 처리할 수 있다.
- **유지관리** 유지관리하는 데 있어서 시간적, 기술적 요건 및 연간 소요비용 등은 꼭 검토해야 할 사항이다. 소각의 경우에는 보조연료 소모량 및 내화물 교체반도, 흡착탑이라면 흡착제의 용량 및 교체주기, 흡수탑인 경우 화학약품 소모량 그리고 촉매를 쓸 경우 촉매의 수명 및 교체비용 등이 비교검토되어야 한다.

1.2 VOC 처리기술

VOC를 처리하기 위한 제어기술로는 연소처리 기술, 흡착처리 기술, 흡수처리 기술, 응축처리 기술, 생물여과 처리기술 등이 있다. 그러나 이 기술들은 적용가능한 공정조건(배출원, 유량, 필요한 유틸리티, 전처리 등), VOC 특성(성분, 농도, 저해물질 등), 기타조건(2차오염, 유지관리

표 5.3 VOC 처리기술의 일반적인 특성

방지기술 \ 특성	자본비	운영비	공정유동성	대용량 처리능력	저농도 오염물질 적용가능성
연소	고	고	○	○	×
흡착	고	중	○	○	○
흡수	저	중	×	○	○
응축	고	중	×	×	○
생물여과	중	저	○	×	○

등)이 각각 다르므로 이에 따라 적절히 선정되어야만 한다. VOC 처리 대표기술의 일반적인 특징은 표 5.3과 같다.

(1) 연소처리 기술

연소처리 기술은 다양한 가연성 물질의 혼합물인 VOC를 연소처리하는 방법으로, 고온에서 충분한 산화제와 시간만 주어진다면 가연성 유기물질이 완전히 산화될 수 있는 특징을 가지고 있다. 소각기술의 종류로는 직접연소법, 촉매연소법, 축열식 연소법이 있다.

1) 직접연소법

직접연소법(TO : Thermal Oxidation)은 VOC가 다량함유한 오염가스로 가연범위 내에 존재하여 외부 보조연료 및 에너지의 도움 없이 고온으로 산화연소시켜 처리하는 방법이다. 이 방법은 넓은 범위의 유기물질 연소를 가능하게 하고 온도, 체류시간, 완전혼합의 세 가지 조건을 만족시킬 겨우 99% 이상의 분해가 가능한 신뢰성 높은 VOC 분해 시스템이다. 그렇지만 연소 온도가 높기 때문에 적절한 폐열회수 대책이 따르지 않으면 연료소비량이 많아 운전비용 면에서 문제가 있다.

직접 연소장치는 그림 5.1과 같이 연소기, 버너, 열교환기로 구성되어 있다. 연소실은 내화벽돌로 구성되어 있으며 열방출을 제어하고, 버너는 VOC 연소와 보조연료 연소에 이용되고, 열교환기는 배기폐열을 대기로 방출하기 전에 VOC 포함 오염가스를 열회수(recuperative heat)하기 위한 장치이다.

보조연료는 초기시동이나 VOC 성상의 변화로 인해 열량이 낮아질 때 간헐적으로 공급되는 연료이다.

직접연소에서 연소온도 이외에 VOC 분해효율에 영향을 미치는 요인으로는 체류시간과 혼합 정도이다. 체류시간은 VOC가 완전산화되는 데 필요한 시간을 나타내며, 보통 0.5~1초 정도이다. 만일 염소와 불소 등 할로겐 화합물이 존재하면 조금 긴 체류시간이 필요하다. VOC와 연소

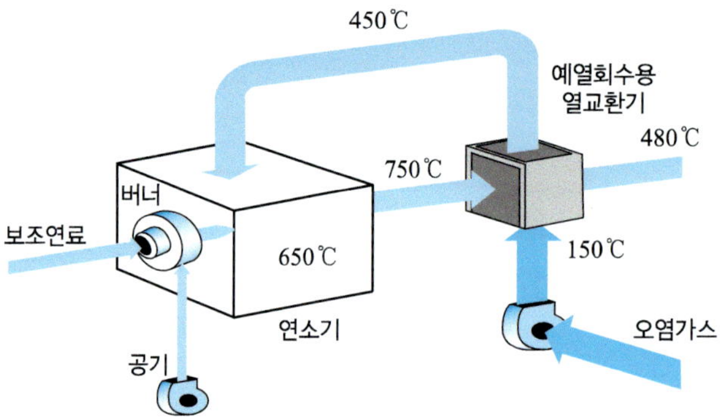

그림 5.1 **직접연소법**

용 공기의 혼합이 잘 이루어지면 VOC를 완전히 산화시킬 수 있어 분해효율이 높아진다.

VOC의 발열량이 높아 연소 시 고온에서 발생되는 고온 NOx 발생과 할로겐 화합물을 처리할 경우 추가의 세정장치가 필요하다.

2) 촉매연소법

촉매연소법(CO : Catalytic Oxidation)은 VOC 함유 오염가스가 가연범위 밖의 희박한 저열량의 상태일 때 유리한 방식이다. 이 방식은 그림 5.2와 같이 연소기 내에 촉매 플레이트에 의해 연소에 필요한 활성화 에너지를 낮춤으로서 비교적 저온에서 연소가 가능하도록 하는 방식이다. 대개 직접연소의 경우 연소실의 온도를 800~900℃를 유지하여야 하나 촉매를 이용하면 이 온도를 300~400℃로 낮출 수 있어 경제적이다. 여기서 보조연료는 초기시동과 VOC 불균일 문제시 화염유지용으로 사용된다. 또한, 열교환기는 VOC 함유 오염가스 배기폐열을 열회수(recuperative heat)하기 위한 장치이다.

하지만 촉매독에 의한 관리의 어려움과 제한적인 VOC의 적용한계와 제한적인 사용주기로 인하여 비싼 촉매를 주기적으로 교환할 경우 유지비가 커지는 단점이 있다. 또한 먼지나 점착성 타르 등에 의한 촉매성능 저하가 생길 수 있으므로 필터 등 전처리 설비가 필요하다. 설비비도 비싸

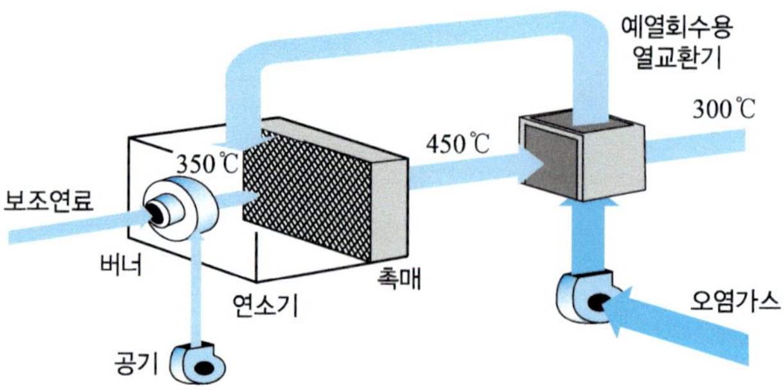

그림 5.2 **촉매연소법**

표 5.4 각종 가스성분에 대한 활성금속의 산화활성 서열

가스성분	산화활성 서열
메탄	Pd > Pt > Co > Cr > Mn > Cu > Ce > Fe > V > Ni > Mo > Ti
프로판	Pt > Co > Cr > Pd, Mn > Cu > Ni > Fe > Ce, Th
프로필렌	Pt > Pd > Ag > Co > Cu > Mn > Cr > Cd > V, Fe, Ni > Ce > Al > Th
수소	Pd > Pt > Ru > Ag > Co > Au > Ni > Cu > Mn > Fe > Cr > V
일산화탄소	Pt, Pd > Mn > Co > Cd > Ag > Cu > Ni > Sn > Zn > Ti > Fe

서 처리가스량이 적은 경우 주로 사용되고 있다. 이 공정에 사용되는 전형적인 촉매로는 백금과 파라듐, 크롬, 망간, 구리, 코발트, 니켈 등과 같은 금속과 Cr_2O_3/Al_2O_3, CO_3O_4, $CuO\text{-}Mn_2O_3$ 등의 금속산화물이 포함된다. 이들 촉매는 최소한의 압력강하를 갖는 구조배열로 된 지지대에 코팅되어져 있다. 촉매는 양호한 반응성과 낮은 압력강하를 보여야 할 뿐 아니라, 마모에 견뎌야 하고 갑작스런 고온에도 견뎌야 하며 오랫동안 사용할 수 있어야 한다. 촉매의 평균수명은 2~5년인데, 이는 저해물질(inhibitors)이나, 분진에 의한 막힘, 그리고 열노화(thermal aging) 등에 의해 촉매활성이 떨어지기 때문이다. 촉매활성도란 촉매가 없을 때의 반응과 비교하여, 화학반응속도의 증가정도를 나타낸다. VOC에 포함되어 있는 대표적인 가연성분에 대한 각종 촉매의 활성서열을 표 5.4에 나타내었다.

3) 축열산화식 연소법

축열산화식(RTO : Regenerative Thermal Oxidation) 연소는 최근에 허니컴 방식의 세라믹 축열재가 개발되어 고온(1,000℃)에서 직접 열교환이 가능해져서, 800~1,000℃까지 연소온도를 높일 수 있게 되어 모든 VOC 및 대부분의 악취까지도 완벽한 처리가 가능해졌다. 또한 고온으로 연소된 뒤 배출되면서 축열재를 통과하면서 가지고 있던 열을 축열시킨 후 입구온도보다 50℃ 부근의 더한 온도로 배출된다. 이때 축열된 열은 VOC 가스가 공급되면서 열을 흡수하고 연소실에 도달하게 된다.

축열식 소각의 기본원리는 배기가스의 폐열을 최대한 회수하여 이를 흡기가스 예열에 이용하는 것이며, 이 폐열회수를 극대화하기 위하여 열교환기를 사용하지 않고 표면적이 넓은 세라믹을 지접가열과 재생(regeneration)하는 방법을 사용한다. 일반적으로 배기폐열의 열회수(recuperative heat)에 사용되는 열교환기, 즉 투관형(shell and tube) 또는 평판형 열교환기(plate heat exchanger)의 경우 입출가스 온도차가 50~80℃ 정도이며, 사용온도 범위가 제한적이다. 그러나 축열 세라믹의 경우 최고 사용온도가 950℃ 로 매우 높고 재생 시 온도차를 30℃ 내외로 관리할 수 있어 열회수율이 98%에 달한다.

축열식 열교환의 경우 폐열회수 열교환기를 사용한 장치 등과 비교하여 다음과 같은 특징을 갖고 있다. 높은 열회수효율을 얻을 수 있고, 연료소비량이 매우 절약된다. 고온에서 직접 연소와

축열재 표면에서의 접촉연소로 완전히 산화분해되고 가스의 양, VOC 성분농도의 변동 등에 따라, 축열재의 온도가 변화하지 않아 안정된 연소가 가능하다. 열산화에 비해서도 강하며 장기수명을 유지, 정비비도 저렴하다. 구조가 간단, 압력손실도 비교적 적고, NOx 발생이 적다.

축열산화식 연소방식은 축열된 열을 회수하는 방식에 따라 왕복식(그림 5.3)과 회전식(그림 5.4)의 두 가지 방식이 있다.

- 왕복식 축열회수 방식 두 개의 축열실을 갖고 있고, 가스유로의 교대교환이 행해져, 그 중앙부에 연소실을 갖추고 있으며, 축열재는 금속이나 세라믹이 충진되어 있다.

  그 원리를 보면 먼저 그림 A-1에서 VOC 가스가 좌측의 축열재를 통과하면 선예열된 후 직접산화되어 정화된 고온가스는 우측 축열재에 의해 에너지가 축열되고 대기 중으로 방출된다. 다음 트리거 타이머에 의해 댐퍼(damper)의 교환이 행해져 A-2에서처럼 VOC 가스는 우측에서부터 축열된 열을 회수하여 연소실로 유입되어 연소성이 증대되어 완전연소되어 청정가스로 대기로 방출된다. 그러나 이 방식은 A-1 상태에서 A-2 상태로 바꾸어질 때, 좌측의 덕트와 축열재 내부에 미분해 VOC 가스가 잔류하고 있어, 사이클 교체 시 순간적으로 미처리 가스가 배기되어 급격한 효율저하 및 압력변화에 의한 맥동이 발생하여 생산공정에 악영향을 초래하는 문제점을 가지고 있다.

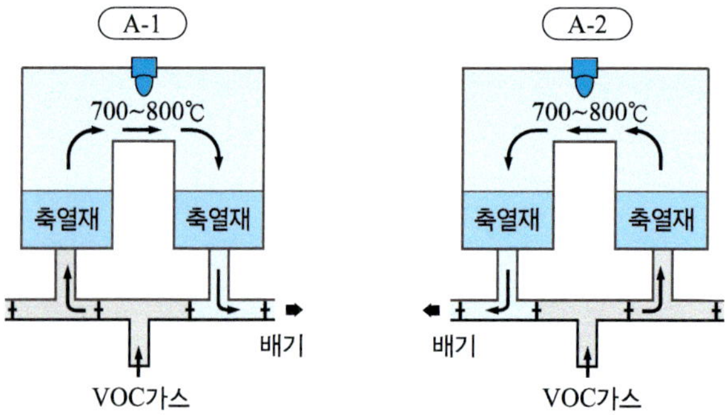

그림 5.3 **왕복식 축열회수 방식**

- 회전식 축열회수 방식 기존 축열방식을 탈피하여 가스 유동방향의 전환을 댐퍼가 아닌, 로타리 윙(rotary wing)의 회전에 의하여 원형으로 분할된 가스의 유로로 연속적인 흐름이 이루어져 항상 축열층의 절반은 예열되고, 반쪽은 열을 회수하는 역할을 연속적으로 수행하여 완전연소를 이루게 한다.

  이 방식은 로타리 RTO(Rotary RTO)라고도 하는데, 구조는 그림 5.4에서 알 수 있듯이 처리가스가 통과하는 유입실, 가스의 흐름을 유도하는 분배실, 예열과 축열이 이루어지는 축열층, 버너가 장착된 상부의 연소실, 분배실 및 유입실의 중앙에 위치한 가스의 흐름을 유도하는 로터리 윙과 이를 소정의 속도로 회전시키도록 하는 구동수단으로 구성되어 있다.

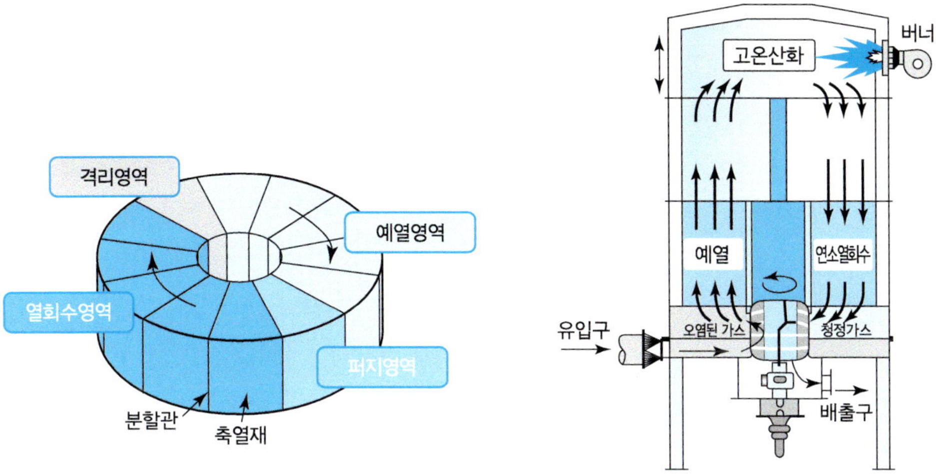

그림 5.4 **회전식 축열회수 방식**

축열층 및 분배실은 여러 개의 부채꼴 셀로 나누어져 있으며, 로타리 윙이 회전하면서 연속적으로 반쪽은 예열영역 나머지 절반은 열회수영역 역할을 순차적으로 한다. 이때 예열영역과 냉각영역 사이에 격리영역을 두어 처리 전 오염가스와 청정가스의 혼합을 방지하고, 미처 처리되지 않은 처리 전 가스는 예열에서 열회수로 전환되기 전에 공기퍼지(air purge)를 통해 산화 처리한다.

(2) 흡착처리 기술

흡착처리 기술(adsorption technology)은 VOC를 다공성 물질인 흡착제에 접촉시켜 표면에 흡착 포집되는 것으로 배출가스 내의 많은 유기화합물을 회수하거나 감소 시킬수 있는 효율적인 수단이다.

- 흡착법 오염가스 중 VOC가 확산에 의해 흡착제 표면으로 이동하고, 흡착제의 외부표면에서 내부의 기공으로 침투되어 흡착제의 활성표면에 부착함으로써 이루어진다. 흡착장치는 흡착 및 재생이라는 과정을 연속적으로 운전하여 VOC를 제어한다. 흡착된 오염물질은 증기나 뜨거운 공기를 이용하여 분리한다.
- 흡착제 활성탄, 제올라이트, 실리카겔, 알루미나 등이 있다.

활성탄 제조원료로는 나무, 석탄, 코코넛 열매와 같은 탄소함유 물질을 사용하며, 종류로는 입상탄, 분말탄 그리고 섬유상 활성탄 등이 있다. 활성탄 흡착제는 휘발성의 비탄소성분을 제거하거나 표면적을 증가시키기 위해 특수 조건 하에서 고온으로 원료물질을 가열해 줌으로써 활성화시켜 제조한다. 이중 입상활성탄은 충분히 넓은 표면적을 가지며, 압력강하가 적고 흡착된 VOC를 비교적 쉽게 회수할 수 있어 가장 널리 사용되고 있다. 분말탄은 값은 싸지만 입상

활성탄보다 질이 떨어지고 충전탑에 사용할 때 압력강하가 너무 크기 때문에 사용에 많은 제한이 있다. 또한 분말활성탄은 거의 재생할 수 없어 사용 후 폐기하여야 한다. 섬유상활성탄은 최근 많은 각광을 받고 있는 흡착제이다. 섬유상활성탄은 기공(pore) 크기가 미세공으로만 이루어져 있으며, 흡착부분이 섬유표면으로부터 직접 미세공으로 연결되어 있어 흡착과 탈착속도가 빠르다. 그리고 벌집구조나 판형 등 여러 모양으로 만들 수 있어 표면을 최대한 사용할 수 있는 장점이 있다. 활성탄 흡착제에는 휘발성이 높은 VOC(분자량이 40 이하)는 흡착이 잘 안되며 비휘발성 물질(분자량이 130 이상이거나 비점이 150℃ 보다 큰 경우)은 탈착이 잘 안되기 때문에 효율적이지 못하다. 탑 내의 과도한 열축적을 피하기 위해서 활성탄 흡착탑에는 농도가 10,000 ppm을 초과하지 않는 것이 좋다.

제올라이트는 활성탄 흡착제보다 다양한 특성을 갖는 대체물로 점차 각광받고 있다. 제올라이트는 화산암으로부터 자연적으로 얻거나 인공적으로 합성할 수 있는 수화실리케이트(hydrous silicate)이다. 제올라이트를 이용해 VOC를 처리하기 위해서는 배출가스 중 수분보다 VOC를 더 잘 흡착할 수 있도록 친수성에서 소수성으로 변형시켜 사용한다. 또한, 제올라이트는 비가연성이어서 흡착된 VOC 간에 있을 수 있는 발열반응으로 인한 영향에도 강하다. 마지막으로 제올라이트는 높은 흡착력 때문에 활성탄 흡착제보다 저농도와 높은 유속에서도 성능이 우수하다.

• 흡착탑의 종류　고정층, 이동층 그리고 유동층 형식이 있다.

고정층 흡착탑은 보통 2개나 그 이상의 흡착탑으로 구성되어, 연속운전을 위해서는 한 흡착탑에서는 흡착공정을 하며 다른 하나에서는 탈착공정을 수행한다. 탈착은 흡착탑의 흡착능력을 재생시켜 주며, 탑의 사용기간(보통 2~5년)을 유지시켜 주기 위한 것이다. 탈착공정은 보통 1~1.5 시간이 걸리며 흡착제 재생, 건조, 냉각의 3단계로 되어 있다. 흡착제 재생은 스팀을 사용하여 탑의 온도를 높여주거나 진공에 의해 흡착되어 있는 휘발성 물질을 탈착시켜 주는 것이다. 탈착된 물질은 냉각시켜 액상으로 모아 분리하여 재사용하거나 폐기한다.

이동층 흡착탑는 한 층이 이동하면 동시에 흡착과 탈착이 진행되므로 같은 용량의 고정층 흡착탑에 비해 흡착제 요구량이 훨씬 적다. 탈착은 탑 밑에서 이루어지며 재생된 흡착제는 기계적으로 탑 위로 이송한다.

유동층 흡착탑은 동일 장치에서 흡착과 탈착이 동시에 일어나도록 되어 있어 탑이 하나로 되어 있다. VOC를 함유한 오염가스는 탑의 하부로 유입되며 흡착제는 운송가스에 의해 탑상부로 운송되어 배출가스와 향류로 접촉하면서 VOC를 흡착한다. VOC가 제거된 가스는 탑정으로 배출되며 VOC를 흡착한 흡착제는 탈착을 위해 탑하부로 내려온다. 유동층에서는 흡착제의 혼합효과로 인해 국부적인 온도상승이 없으며, 오히려 흡착열이 배출가스에 의해 제거되어 흡착열에 의한 흡착능력의 저하를 막을 수 있다. 그러나 흡착제가 계속 유동되면서 파쇄되기 쉬워 보다 단단한 흡착제가 필요하다.

(3) 흡수처리 기술

- 흡수기술(absorption technology) 기체와 액체가 향류 또는 병류로 접촉해서 VOC 함유 오염기체로부터 VOC가 액상흡수제로 전달되는 공정이다. 물질전달의 구동력은 기체와 액체 간의 VOC 농도구배이다.
- 흡수제 물, 가성소다 용액, 수산화나트륨 용액 등이 있다. 흡수제의 선택은 VOC의 특성에 따라 달라지는데, 예를 들면 VOC가 수용성이면 물이 좋은 흡수제가 될 수 있다.
- 흡수장치 충전탑, 분무탑, 벤츄리 스크러버, 다단탑 등이 주로 사용되고 있다.

충전탑은 탑 내에 금속, 세라믹 또는 플라스틱 재료로 된 불규칙충전물이나 규칙충전물로 채워져 있다. 액체는 기체와의 접촉면적을 크게 하기 위해 탑상부에서 노즐에 의해 고르게 분산시켜주며, 분산된 액체는 충전층에 체류하여 충전물의 표면에 얇은 필름을 형성하면서 아래로 흐르게 된다. VOC를 함유한 기체는 탑 하부로 보내 액체와 접촉하면서 VOC가 액상으로 전달되면서 탑을 빠져나가게 된다. 충전탑을 설계할 때는 배출가스 중의 입자상 물질에 의해 막히거나 오염되어 유효표면적이 작아지지 않도록 해야 한다.

분무탑은 충전물 등을 사용하지 않고 VOC 함유기체가 액체흡수제의 아주 작은 액적과 접촉되면서 물질전달이 일어난다. 이때 작은 액적은 VOC가 흡수되는 데 필요한 표면적을 최대로 해준다. 분무탑은 기체와 액체의 접촉시간이 짧아 암모니아나 이산화황같이 물에 대한 용해도가 큰 기체를 처리하는 데 적합하다. 벤츄리 스크러버는 벤츄리 노즐에서 VOC 함유기체와 흡수제를 강제로 접촉시켜 VOC를 처리하는 방법이다. 벤츄리 스크러버도 기체와 액체의 접촉시간이 짧기 때문에 분무탑과 비슷하게 대부분의 VOC보다는 액체에 대한 용해도가 큰 기체를 처리하는 데 적합하다. 다단탑은 접속시간이 비교적 길고 각 단에 있는 액체에 기체가 고르게 분산되어 상대적으로 용해가 어려운 VOC 흡수용 흡수탑으로 많이 사용되고 있다.

(4) 응축처리 기술

- 응축기술(condensation technology) 냉각조작에 의해 비응축성 가스로부터 VOC를 분리해 주는 공정이다. 냉각응축은 일정한 압력에서 온도를 낮추거나 또는 일정한 온도에서 압력을 높여줌으로써 일어나게 할 수 있다.
- 응축기 크게 2가지 형태로 구분된다. 첫째 직접응축기는 응축시켜야 할 기체가 냉매와 직접 접촉 혼합되면서 열적, 물리적 평형이 이루어지는 것으로 분무탑형이나 단탑형이 있다. 둘째로 간접응축기는 주로 다관식 열교환기 형태로 관내로 냉매를 통과시켜 관 외부를 지나는 가스를 응축시켜 준다. VOC를 응축시키는 데 사용되는 냉매는 주로 냉수, 브라인, 염화불화탄소(CFC), 저온유체 등이 있으며, 이들 냉매의 사용온도는 보통 냉수는 7℃, 브라인은 －35℃, 염화불화탄소는 －68℃ 등이다. 질소나 이산화탄소와 같은 저온유체는 온도를 －195℃까지 내릴 수 있다.

- **응축기의 특징** 장점은 소요공간이 적고, 순수 응축물질을 회수할 수 있으며, 간접 접촉식 응축 장치에서 냉각제로 사용된 물은 오염된 가스와 접촉하지 않으므로 냉각 후에 재이용이 가능하다. 그러나 단점으로는 제거효율이 낮고, 냉각제의 비용이 고가일 수 있으며, VOC의 농도가 낮을 경우 적용이 어려운 문제점이 있다.

(5) 생물여과 처리법

- **생물여과 처리기술(biological filter technology)** 미생물을 이용해서 VOC를 이산화탄소, 물 그리고 무기질로 변환시켜주는 공정이다.
- **바이오필터** 모든 바이오필터는 VOC를 무해한 물질로 변환시켜 주는 미생물을 포함하고 있는 흙이나 퇴비를 충전제로 사용한 장치이다. 탑은 대기와 밀폐되어 있거나 개방되어 있으며, 하나 또는 여러 개의 탑이 사용될 수 있다. 바이오필터 장치에서 VOC 함유기체는 먼저 먼지를 제거하고 냉각시킨 후 필요하면 가습시켜 송풍기에 의해 탑저로 유입시킨다. 탑에는 배양된 미생물들이 있으며 활성탄, 알루미나 등을 포함할 수 있다. 여기서 사용되는 미생물은 처리하고자 하는 VOC의 종류에 따라 달라지며, VOC 분해속도 역시 VOC 종류에 따라 다르다. VOC 함유 오염기체는 먼지를 제거하고 냉각과 가습을 시켜주어야 하는데, 이런 전처리 조작은 탑의 운전에 매우 중요하다. 오염가스 중의 먼지는 탑 내에 공극을 막아 VOC 분해효율을 감소시킨다. 가장 중요한 전처리인 가습은 탑의 균열 및 미반응 VOC가 대기 중으로 빠져나가는 것을 막아준다. 탑 내의 충전제선정은 조업조건에 따라 달라진다. 흙은 퇴비보다 공극률이 작아 오염가스를 처리하는 데 투과성이 적어 퇴비를 충전재로 사용하는 경우보다 탑의 크기가 커야 한다. 혼합물 충전제는 투과율이 크기 때문에 큰 유속에 적당하며, VOC가 쉽게 생분해되는 기체를 처리할 때 효율적이다.
- **바이오필터의 특징** 다른 처리기술과 비교하여 작동비용이 매우 저렴하고, 운전이 간단하며, 2차오염의 염려가 없는 장점이 있다. 그러나 배출가스 성분이 불완전할 경우 여과상의 크기가 부적절하게 결정될 수 있으며, 독성가스 존재 시 미생물이 무기력해지고, 분진 존재 시 슬러지를 형성하여 막힘현상을 야기하는 단점이 있다.

2 악취처리

맛과 냄새는 특별한 물질에 접촉할 때 일어날 수 있는 생리적 반응으로 인간의 오감 중 화학적으로 일어나는 감각이다. 냄새의 특징은 생소한 냄새는 감지가 쉽고, 익숙한 냄새에 비해 불쾌감을 더 많이 유발하고, 한 종류의 냄새와 오래 접촉되면 익숙해지고, 그 농도가 변할 때에 감지할 수 있다. 향기는 냄새가 좋은 것과 나쁜 것으로 구별되지만, 악취는 냄새가 나쁜 것이다.

냄새의 감지는 코 내에서 물리적 및 화학적 과정을 포함하고 있으며, 후각세포에서 물리적 진동이 존재하고, 화학적인 성분은 외부로부터 들어간다.

- 후각 메커니즘

첫째, 냄새물질은 휘발성이고 연속적으로 대기 중으로 분자를 휘발시킨다.

둘째, 휘발분자 일부가 콧속으로 유입되어 후각세포에 도달한다.

셋째, 후각기관에 도달하여 적절한 면적 위에 흡착한다.

넷째, 흡착에 따라 발열과정으로 에너지가 변화한다.

다섯째, 에너지 변화로 전기적 충격을 일으키고, 후각신경이 뇌로 전달된다.

여섯째, 뇌가 냄새를 감지하게 된다.

- 최소 감지농도(threshold concentration) 냄새가 사람의 후각에 감지되기 시작하는 최소농도를 말한다. 공기 중 대표 악취물질별 최소 감지농도는 표 5.5와 같다. 또한, 질소화합물의 최소감지농도를 표 5.6에 나타내었다.

표 5.5 악취의 공기 중 최소 감지농도

물질명	최소 감지농도(ppm)	물질명	최소 감지농도(ppm)
식초산	1.0	황화2페닐	0.0047
아세톤	100.0	포름알데히드	1.0
메틸아민	0.021	황화수소	0.00047
삼메틸아민	0.0021	메탄올	100
암모니아	46.8	염화메틸렌	214
이황화탄소	0.21	페놀	0.047
염 소	0.341		

표 5.6 질소화합물의 최소 감지농도

화합물	농도(ppm)	화합물	농도(ppm)
삼메틸아민	0.00021	아닐린	1.0
니트로벤젠	0.0047	암모니아	46.8
피리딘	0.21	아메틸포름알데히드	100.0

2.1 냄새의 화학·물리적 특성

(1) 냄새의 화학적 특성

냄새를 일으키는 물질과 냄새의 화학적 구성 및 분자구조는 밀접한 관계가 있다. 몇 가지 냄새의 종류를 분류하면, 향긋한(spicy) 냄새는 클로버, 꽃(flowery) 냄새는 제라늄, 과일(fruity) 냄새는 오렌지기름, 수지(resinous) 냄새는 송진, 탄(burnt) 냄새는 타르(tar), 불쾌한(foul) 냄새는 유화수소로 분류할 수 있는데, 이들은 각각 다른 화학적 특성을 가지고 있다.

(2) 냄새의 물리적 특성

냄새는 물리적 특성인 증기압, 용해도, 적외선 흡수도, 라만효과 정도, 흡착능 등에 대해 영향을 받는다.

- 증기압 증기압이 높은 물질일수록 더 많은 분자를 후각에 제공하여 냄새의 강도가 크다.
- 용해도 물과 지방질에 잘 녹는 물질이 강한 냄새물질이다. 이는 후각기관의 점액층에서 잘 용해되기 때문이다.
- 적외선 흡수도 냄새를 크게 일으키는 물질은 적외선을 강하게 흡수한다. 이로 인해 물질에 흡수된 광선의 주파수와 같이 분자 내 진동이 발생되어 강한 냄새를 발생하게 된다.
- 라만효과 라만변이(Raman shift)는 빛이 어떤 물질에 의해 분산되어 파장이 변하여 파장의 차이를 갖는 현상이다. 파장변화에 따라 분자내부의 진동이 변화되는 것을 척도로 냄새강도를 판단하고 있으며, 파장의 차이가 클수록 진동도 커지게 되므로 냄새강도가 커진다. 즉, 냄새는 분자내부의 진동에 의존하기 때문에 라만변이가 클수록, 즉 진동이 커질수록 후각기관을 크게 자극하게 된다.
- 흡착능 흡착능이 좋으면 후각 표피세포 표면에 흡착이 잘되어 냄새감지가 강해진다.

2.2 악취발생원 및 판정법

(1) 악취발생원

1) 자연적 발생원

악취는 자연적인 미생물에 의한 단백질분해 또는 물질자체가 가지는 고유한 냄새 등으로 그 종류와 양이 대단히 많은 것으로 알려져 있다. 예를 들어, 황화수소의 자연발생량은 1~3억 톤, 암모니아는 37억 톤에 달하는 것으로 추정된다. 자연발생량의 경우 비록 그 발생량은 많으나, 넓은 지역에서 저농도로 발생하므로 악취를 느끼지 못하는 경우가 대부분이다. 그러나 일부 국지적으로 악취를 유발하는 경우가 있는데, 하천 등에서 용존산소가 부족하여 혐기성분해가 일어날 때 발생하는 황화수소(H_2S), 메탄(CH_4) 및 암모니아(NH_3) 가스 등이 복합되어 나는 냄새가 악취로 느껴지며, 우물물 등에서는 조류나 세균류에 의한 곰팡이 냄새가 나기도 한다.

2) 인위적 발생원

악취의 인위적 발생원으로는 축산시설, 사료·비료제조, 음·식료품 제조, 화학, 섬유·피혁, 도장 등의 제조시설, 도축장, 쓰레기·폐수·분뇨처리 시설, 자동차정비 시설 등의 일부 서비스업 등이 있으며, 이러한 시설 이외에도 자동차·트럭 등의 이동오염원, 건설작업 현장, 쓰레기 집하장, 개인주택 등 많은 시설에서 악취가 발생된다. 악취는 주로 물질의 발효·부패에 따른 분해가스의 배출과 염소, 염화수소, VOC 등 악취를 유발하는 화학물질의 누출, 물질의 불완전 연소에 따른 소각가스 등에서 발생하는 경우가 많으며, 이로 인해 주변 주민들로부터 민원을 야기시킨다.

발생원별 주요 악취물질을 살펴보면 축산시설, 분뇨·하수처리장, 사료공장, 펄프제조 등 물질 부패가 예상되는 시설에서는 황화수소, 메틸메르캅탄류 등이 주로 발생되며, 합판제조, 도료제조, 인쇄·잉크제조, 도장시설 등 유기용제의 사용이 많은 시설에서는 벤젠, 톨루엔, 스티렌, 자일렌 등의 탄화수소류와 알데히드, 에스테르계 물질이, 비료제조 시설, 소각시설 등에서는 염소·염화수소 등이, 식료품제조 시설에서는 아민류 등의 물질이, 드라이클리닝·세탁시설에서는 트리클로로에틸렌, 테트라클로로에틸렌 등이 주로 배출된다. 일본 등 선진국에서 조사된 주요 사업장별 악취물질은 다음 표 5.7과 같다.

표 5.7 주요 악취발생 사업장 및 악취물질

공장·사업장 \ 물질		황화수소	메틸메르캅탄	황화메틸	이황화메틸	암모니아	트리메틸아민	아세트알데히드	스티렌	탄화수소류	케톤·알데히드	알콜류	에스테르류	질소화합물	황화합물	저급지방산류	기타
축산농업	양돈업	●	●	◎	◎	◎										●	
	양우업	●	●	◎	◎	◎										●	
	양계업	●	●	◎	◎	●	●							◎		◎	
사료·비료제조공장	복합비료 제조공업	◎	◎	○	○		○										
	생선뼈처리장	●	●	◎	○	○					◎	○		◎		○	
	동물뼈처리장	●	●	◎	○	○					◎	○	◎			○	
	닭분뇨건조장	●	●	◎	◎			◎								○	
	패더처리장	●	●	◎	◎	◎	◎	◎			●	○		◎			

(계속)

공장 · 사업장 (구분)	공장 · 사업장 \ 물질	황화수소	메틸메르캅탄	황화메틸	이황화메틸	암모니아	트리메틸아민	아세트알데히드	스티렌	탄화수소류	케톤·알데히드	알콜류	에스테르류	질소화합물	황화합물	저급지방산류	기타
식품 제조 공장	커피 제조공장	○	●	○	○			○			○				●		
	축산식품 제조공장	◎	○			○					○	○				○	
	수산식품 제조공장		○			◎	●							◎			
	조미료 제조공장	○	○								○	○	○		●		
	반찬공장	◎															
	빵 · 과자 제조공장																
	차 제조공장		○								◎	◎	◎	◎	◎		
	전분 제조공장													◎		●	
화학 공장	석유 제조공장	◎	●	◎	◎	◎				●					◎		
	코크스 제조공장	◎				◎		◎		◎	◎						페놀, 크레졸류
	펄프 제조공장	●	●	●	●					●					◎		
	셀로판 제조공장	●															
	화학비료 제조공장					●											
	무기화학 공업제품 제조공장	○				○									○		
	석유화학계 기초제품 제조공장	○	○	○				●		●	●	●	●				
	발효공장	◎	○								◎	◎	◎				
화학 공장	플라스틱 제조공장									◎	◎	◎	◎				DOP
	합성고무 제조공장								●	●	◎	◎	◎		◎		
	레이온 제조공장	●													○		
	유지가공 제조공장	◎	○			○				◎	○	○	◎			◎	
	도료 제조공장									●	●	●	●				
	인쇄잉크 제조공장							◎		●	●	●	●				
	의약제품 제조공장	◎	◎			◎				◎	◎	◎			○		
	접착제 제조공장									●	●	●	●				
	칠공장																무기산
	폐플라스틱 재생공장							◎	◎	◎							무기산
	FRP제품 제조공장								●	◎							
기타 제조 공장	섬유공장	◎				◎									◎	◎	
	목재 · 목기품 · 가구 제조공장									●	●	●	●				

(계속)

공장·사업장 \ 물질		황화수소	메틸메르캅탄	황화메틸	이황화메틸	암모니아	트리메틸아민	아세트알데히드	스티렌	탄화수소류	케톤·알데히드	알콜류	에스테르류	질소화합물	황화합물	저급지방산류	기타
기타 제조공장	인쇄공장							●		●	●	●	●				
	도장공장							●		●	●	●	●				
	담배 제조공장	◎				◎	●	◎	◎	◎	●	◎	◎	●	◎		
	피혁 제조공장	◎	○			◎										○	
	주물 제조공장					◎	◎				◎			◎			페놀, 크레졸류
	제철공장	◎						◎		◎				◎	○		페놀류
서비스업·기타	폐기물처리장	●	◎	◎	○	◎		◎	○	◎	◎	◎	◎	◎	○	○	
	하수처리장	●	●	◎	○	◎				◎	◎			◎			
	분뇨처리장	●	●	●	◎	●							◎	◎			
	화장장	◎	○	○	○	◎	●	◎	◎	○	○	○	◎	◎			
	도축장	●	●	◎	○	◎	◎				○		◎	◎		◎	
	사육처리장	●	●	◎	○	◎	◎	◎			◎	○	◎	◎		◎	
	병원·진료소 등	◎				◎						○					
	클리닝점·세탁공장																TCE, PCE
	음식점	○				○		◎									
	사진관·현상소					○											
	주유소									●							
	프로판가스 충전소									◎					●		부취제, 고비점탄화수소류
	여관·호텔	○				○											
	미장원·이발소					●											
	폐품회수업	◎	○			◎				◎		○				○	
	자동차 수리공장									●	●		●				
건실작업 현장										○	◎						페놀, 크레졸류 (아스팔트 브랜트)
하수·용수		●	○	○	○	○											
쓰레기집하장		◎	◎	○	○	◎	◎	◎		◎	◎	◎	◎			◎	
개인주택		◎	◎	○	○	◎	○	◎									

(비고) ◎ (측정에서 검출된 물질), ○ (검출될 가능성이 있는 물질), ● (악취의 원인이 되고 있는 물질)

(2) 악취판정법

악취는 다양한 산업시설과 공정, 그리고 생활주변에서 광범위하게 발생함에 따라, 문제발생 여지가 큰 대기오염 물질 배출시설에 대해서는 배출허용 기준을 정하여 엄격하게 관리하고 있다. 또한, 대기오염 물질 배출시설 이외의 일정 사업장을 생활악취 규제대상 시설로 규정하여 관리하고 있으며, 아울러 악취발생 물질의 소각에 대해서는 소각기준을 만족시키는 시설에서만 소각하도록 규정하고 있다.

악취를 측정하는 방법에는 직접관능법, 공기희석 관능법, 기기분석법의 3가지 방법이 있다.

직접관능법은 사람이 쉽게 판별할 수 있도록 6단계로 구분하며, 배출원의 부지경계선 또는 피해지점에서 건강한 후각을 지닌 5인 이상의 판정원 중 다수가 감지한 악취도를 기준으로, 3도 이상일 경우를 배출허용 기준 초과로 규제하고 있다. 악취도를 구분하여 판정하는 기준은 표 5.8에 나타나 있다.

표 5.8 악취판정표(직접관능법)

악취도	악취판정 구분	
0	무취(취기를 전혀 감지하지 못하는 상태)	-
1	감지 취기(약간의 취기를 가진 감각)	최소 감지농도
2	보통 취기(보통 정도의 취기를 감각)	최소 인지농도
3	강한 취기(강한 취기를 감지)	-
5	극심한 취기(아주 강한 취기를 감지)	-
6	참기 어려운 취기(견딜 수 없는 취기)	-

공기희석 관능법의 경우 부지경계선 또는 배출구에서 악취시료를 채취하여 이를 희석시켜 가면서 냄새가 나지 않을 때의 희석배율값을 기준으로 하여 악취배출을 규제하고 있다.

기기분석법은 암모니아, 메칠메르캅탄, 황화수소, 황화메틸, 이황화메틸, 트리메틸아민, 아세트알데히드, 스티렌의 8개 물질이 악취발생의 주요원인으로 밝혀진 경우에는 부지경계선상에서 이들 물질의 성분을 분석하여 규제하는 방법이다.

위에 설명한 세 가지 방법에 따른 생활악취의 배출허용기준은 표 5.9에 나타나 있다.

표 5.9 생활악취 배출허용 기준

측정방법	배출허용 기준
직접관능법	악취도 2도 이하
공기희석 관능법	가. 배출구
	1) 공업지역 내의 사업장 : 희석배율 1,000 이하
	2) 기타지역 내의 사업장 : 희석배율 500 이하

(계속)

측정방법	배출허용 기준		
직접관능법	악취도 2도 이하		
공기희석 관능법	나. 부지경계선		
	1) 공업지역 내의 사업장 : 희석배율 20 이하		
	2) 기타지역 내의 사업장 : 희석배율 15 이하		
기기분석법	악취물질	공업지역 내의 사업장	기타지역 내의 사업장
	암모니아	5 ppm 이하	2 ppm 이하
	메칠메르캅탄	0.01 ppm 이하	0.004 ppm 이하
	황화수소	0.2 ppm 이하	0.06 ppm 이하
	황화메틸	0.2 ppm 이하	0.05 ppm 이하
	이황화메틸	0.1 ppm 이하	0.03 ppm 이하
	트리메틸아민	0.07 ppm 이하	0.02 ppm 이하
	아세트알데히드	0.5 ppm 이하	0.1 ppm 이하
	스티렌	2 ppm 이하	0.8 ppm 이하

지금까지는 사람의 후각에 의해 악취를 현장에서 바로 측정하는 직접관능법 위주로 악취배출원을 관리하여 왔다. 이는 악취오염이 사람의 후각을 자극하여 생활을 불편하게 하는 감각공해라는 특성에 부합하고, 측정이 신속하게 이루어질 수 있다는 데 기인한 것이다. 그러나 점차 다양하고 복잡한 악취오염 사건의 발생 등으로 인해 사람의 후각으로 현장에서 바로 악취를 측정하는 직접관능법만으로는 악취오염원을 효율적으로 관리하는 것이 어렵다는 것을 인식하게 되었다. 따라서 배출구악취와 같이 부지경계선상에서는 쉽게 감지되지 않으나 확산되어 주택지에 악취를 유발하는 경우에는 배출구에 대한 공기희석 관능법을 병행하여 활용하고 있으며, 간이 악취측정기 · 악취가스 검지관 등도 보완적으로 활용하여 악취관리의 과학화를 도모하고 있다.

2.3 악취관리 및 제어방법

(1) 악취관리 방법

방시시설의 설치 없이 또는 방지시설과 병행하여 악취를 줄일 수 있는 대책으로는 악취물질의 증발방지 대책, 건물 등의 악취누출 방지대책, 대기확산 및 희석에 의한 대책, 악취가 적은 물질로의 전환 등을 들 수 있다.

1) 악취물질의 증발방지 대책

유기용제 등 휘발성이 높은 악취물질은 저장시설, 보관용기 등에서 증발 · 누출되지 않도록 충분한 대책을 마련할 필요가 있다. 특히 온도가 높은 장소에서는 증발·누출이 보다 활발해지므로 누출여부를 세밀하게 확인하는 것도 중요하다. 또한, 악취물질을 사용하는 기기 및 장치의 누출 부분을 밀폐하거나, 악취발생이 심한 원료 또는 용제를 필요량 이상으로 보관하지 않는 것도 악취대책의 하나라 할 수 있다.

2) 건물 등의 악취누출 방지대책

사업장, 건물 내에서 발생하는 악취는 후드나 덕트, 에어커튼 등을 설치하여 창문, 출입구 등 건물의 개방부분에서 악취물질이 누출되는 것을 줄이도록 한다. 또한, 건물 내 보관 중인 원료나 폐기물이 원인이 되거나 폐수처리장이 문제되는 경우도 많으므로, 이러한 경우 적절한 시트를 씌우거나 시설을 복개하고 포집된 악취물질을 처리하는 대책 등도 강구되어야 할 것이다. 일부 사업장에서는 악취발생이 심한 작업을 실외에서 실시하는 경우도 있는데, 이러한 작업은 배기시설이 갖추어진 실내에서 수행해야 하며, 발생된 악취물질은 방지시설 등에 연결하여 처리하도록 한다.

3) 대기확산 및 희석에 의한 대책

유해가스 대책과 다르게 악취대책은 기본적으로 악취를 최소감지농도 이하로 줄이면 되는 것으로, 이를 위해서는 대기확산 및 희석에 의존하는 것도 악취대책으로 유용하게 작용하는 경우도 있다. 예를 들어 악취배출구 위치를 높게 하든가, 배출구의 방향을 바꾸는 등의 대책을 들 수 있다. 이 방법은 초기투자비용도 비교적 적고, 유지관리비도 들지 않는다는 점에서 장점이 있다. 다만, 이러한 조치는 근본적으로 악취를 제거하는 것이 아니므로 대기정체 등으로 충분한 확산이 이루어지지 않는 경우 민원을 계속 발생시킬 우려가 있으며, 일부 악취물질을 최소 감지농도 이하로 희석시킨다고 하더라도 주변의 다른 물질과 혼합되는 경우 악취가 발생할 우려가 있다. 또한, 현행법에서는 대기오염 물질 배출시설의 희석행위를 금지하고 있으므로, 이에 해당되는 시설에서는 동 방법을 적용하기 곤란하다. 이에 따라 동 대책은 소량의 악취물질을 발생시키는 일반시설을 중심으로 제한적인 적용이 검토될 수 있다.

4) 악취가 적은 물질로의 전환

유기용제 등 화학물질 사용으로 악취문제가 발생하는 경우, 문제가 되는 화학물질을 악취가 비교적 적은 대체가능한 다른 물질로 바꿀 수 있는가를 검토하는 것도 필요하다. 예를 들어, 드라이클리닝에서는 석유계의 터벤, 테트라클로로에틸렌(Tetrachloro-thylene) 등이 사용되고 있지만, 이들 물질은 악취문제를 야기시키고 있다. 이 때문에, 이들 용제를 대신하여 냄새가 덜 나고 독성도 적은 n-파라핀(n-Parapine)계의 n-데칸(n-Decane) 및 n-운데칸(n-Undecane)이 이미 개발되어 보급되고 있다.

표 5.10 드라이클리닝에서의 악취측정 결과

비 고	악취농도		비 고	악취농도	
	터벤	n-데칸		터벤	n-데칸
건조공정(초기)	–	320	건조공정(후기)	5,500	550
건조공정(중기)	7,300	910	작업실 내	310	31

표 5.10은 종래 터벤을 사용하고 있는 사업장과 n-데칸을 사용하고 있는 사업장에서의 배기가스 악취농도 측정결과를 나타낸 것이다. 악취발생이 적은 물질로의 대체 예로는 이외에도 인쇄·도장시설에서 유기용제를 대신한 수성잉크, 수성도료 등의 사용검토가 추진되고 있으며 가까운 장래에 많은 분야에 이용될 것으로 예상된다.

(2) 악취제어 기술

1) 흡착법

공기에 의해 희석된 악취를 포집·제거하기 위해 흡착기술이 적용될 수 있다.

흡착법은 인쇄의 용재사용, 플라스틱, 발효공업, 식품공업, 피혁공장 등에서 발생되는 악취의 제거에 사용된다.

흡착제로는 활성탄, 알루미나, 보크사이트, 실리카겔, 분자체(molecular sieve), 점토, 이온교환수지 등이 쓰인다. 활성탄은 용제나 취기를 가진 분자의 흡착에 우수하고, 무극성으로 수분 존재 시에도 흡착능력이 우수한 특징을 가진다. 흡착성능의 주요인자로는 표면적기공률, 화학적 성분, 불순도 등이 있다.

흡착장치는 주로 고정층 흡착기가 많이 사용된다. 조작방법은 흡착기를 여러 개를 병렬로 연결하여 연속운전이 가능하도록 하는데, 흡착기 1기는 흡착을 하고, 2기는 탈착하여 흡착제를 재생시킨다. 처리가스의 유속은 30~50 m/s가 적당하며, 폭발하한은 약 25~40%이다.

악취가 흡착된 흡착제를 재생하는 방법에는 스팀 또는 고온의 공기로 가열한 후 냉각·건조하여 재생하는 방법이 있다.

2) 흡수법

세정액에 대해 가용성 특징을 가진 악취 가스상 오염물질 제거에 유용하다. 비용, 부식성 및 휘발성이 적고, 점성처리 면에서 용이하므로 세정액으로서 물이 가장 적당하다. 가스상 악취 오염물질이 HCl과 같이 산성물질일 경우에는 알칼리 수용액을 사용하며, H_2S일 경우는 에탄올, 아민 수용액으로 흡수처리한다. 악취의 농도가 충분히 높고, 회수가치가 있을 때는 농축분해하여 활용한다.

흡수장치는 용해도가 높은 악취가스에 적용가능한 액분산형과 용해도가 낮은 경우 적용하는 가스분산형 장치로 구분된다. 액분산형 장치는 흡수액을 액막으로 하여 제거하는 장치와 액적을 만들어 제거시키는 장치로 구분되며, 액막을 형성하는 장치에는 충전탑, 젖은벽탑이 있으며, 액적을 형성하는 장치에는 스프레이탑, 사이클론 스크러버, 벤츄리 스크러버, 원심가스흡수기가 있다. 가스분산형 장치에는 기포탑, 단탑(다공판탑, 포종탑)이 있다.

3) 응축법

오염가스 중 악취의 농도가 높은 경우 적용하며, 혼합기체를 노점 이하로 냉각시켜 제거하는 방법이다. 응축시키는 방법에는 간접적인 방법과 직접적인 방법이 있다. 간접적인 방법은 해수, 드라이아이스 등의 냉매를 사용하여 열교환장치를 이용하는 방법이고, 직접적인 방법은 용제와 냉매가 혼합되지 않는 경우에 충전탑 등에 직접냉각시키는 방법이다. 간접방식보다 효율이 우수한 장점이 있지만, 물을 오염시키고, 폐수방류 시 냄새가 나는 단점이 있다.

4) 연소산화법

악취물질 중 가연성분을 가진 가스에 적용되는데, 특히 육류의 훈제, 지방정제, 니스가열, 혈액검사 등의 악취물질에 대해 적용한다.

악취성 오염가스의 발열량에 따라 연소산화 방법이 다르다. 오염가스가 가연범위에 있는 주로 발열량이 높은 가스의 경우 직접연소법이 사용되는데, 이는 보조연료 없이 자체소각이 가능한 방법이다. 오염가스가 가연범위보다 발열량이 낮은 경우는 보조연료가 사용되는 열연소산화법이 사용된다. 최적 연소산화를 위해서는 연소로의 온도는 600~800℃ 유지되고, 산소가 충분히 공급되어야 한다. 그리고 혼합이 잘 이루어져야 하고, 체류시간을 충분히 유지시켜야 한다.

또한, 촉매 연소산화법의 경우 역시 저발열량의 악취처리에 효과적이다. 백금이나 금속산화물 등의 산화촉매로 유기악취를 250~450℃ 정도 낮은 온도에서 처리가 가능한 방법으로 연료비가 25~40% 절약되고, 재료부식이 적고, 고온 NOx가 저감되는 장점이 있지만 촉매독으로 인한 기능저하라든가 촉매비용이 큰 단점이 있다.

5) 화학산화법

악취를 산화제(O_3, $KMnO_4$, NaCl, ClO_3)를 이용하여 산화시켜 저감시키는 방법이다. 대표적인 악취물질인 메르캅탄(mercaptane)을 산화제로 산화시키면 식 (5.1)과 같은 반응식이 된다.

$$CH_3SH + \text{산화제} \rightarrow SO_2 + CO_2 + H_2O \tag{5.1}$$

메르캅탄의 냄새한계치는 1 ppb이므로 감지가 쉽게 되는 물질이다. 그러므로 산화시켜 CO_2와 SO_2로, 즉 냄새가 없는 물질로 전환시키게 된다. SO_2는 냄새한계치가 1 ppm으로 메르갑탄보다 훨씬 높으므로 혼합되어 있을 경우는 SO_2에 의해 메르캅탄 감지가능성이 적어진다.

6) 위장법

위장법(masking)은 고전적인 소극적 방법으로, 좋은 냄새가 품기는 향료를 첨가하는 방법이다. 일례로 화장실에 디클로로로벤젠이나 나프탈렌으로 위장법을 사용하는 경우가 있다. 그러나 어떠한 농도에서도 인체의 건강에 영향이 미치지 않게 유의하여야 한다.

06

Chapter

환기와 통풍기술

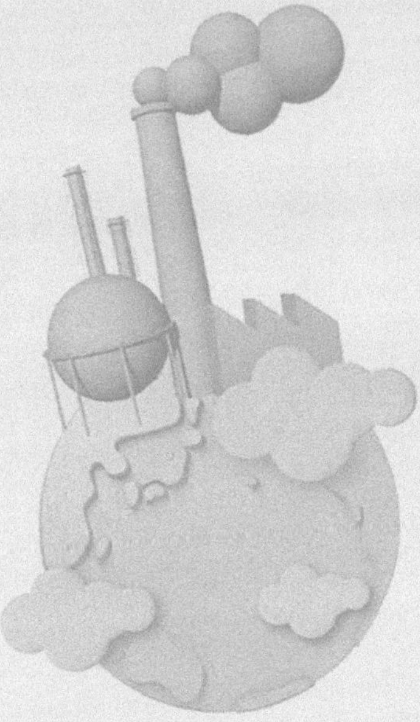

1. 환기장치
2. 통풍장치

1 환기장치

환기장치는 대기오염 물질이 발생되는 작업장에서 분진 또는 유해가스가 함유되어 비산되는 공기오염물을 회수하거나 제거하는 국소환기(local ventilation) 장치를 말한다. 이 장치의 구성은 오염물을 포집하는 후드(hood), 포집된 오염물을 이송하는 관인 덕트(duct), 오염물을 포집하여 이송하는 동력원인 송풍기(ventilation)로 구성되어 있다.

1.1 후드

후드(hood)는 작업장에서 작업 시 국소적으로 발생되는 오염물을 포집하는 장치로, 오염물의 종류와 특성에 따라 여러 종류가 있다.

(1) 후드의 종류와 특징

후드의 모양에 따라서 포위식 후드(enclosure hoods), 외부식 후드(exterior hoods), 수형 후드(eeceiving hoods)로 구분된다. 표 6.1은 후드의 종류와 각각의 특성을 나타낸 것이다.

후드의 재료 구비조건은 부식성 먼지가 발생할 때에는 내식성 재료나 내식성 페인트를 사용하며, 마모성 먼지가 발생할 때에는 내마모재료를 사용한다. 후드 내압이 높을 때, 또는 대형후드에는 판에 보강재를 설치하거나 강도가 강한 두꺼운 재료를 써야 한다.

표 6.1 후드의 종류와 특징

형 식		형식기호	적용작업의 예와 특징
포위식 후드 (Enclosure hood)	커버 타입(Cover type) 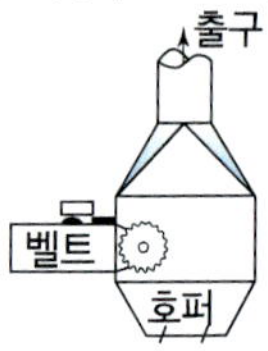	EE	• 분쇄, 혼합, 교반건조 등에서 이용되는 국소 배기장치로, 발생원을 빙 둘러싸는 방법이다. • 틈이나 보는 곳에 손만을 넣어 간단한 작업을 할 수 있는 작은 구멍 정도를 제외하고 둘러싸는 방법이며, 후드로서는 가장 큰 효과가 기대된다.
	글로브 박스 타입 (Glove box type) 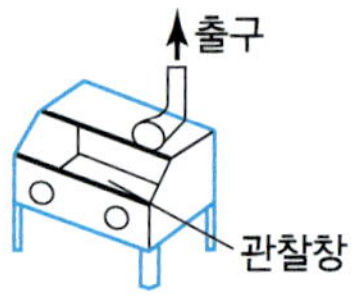	EX	• 독성인 가스물질이나 동위원소를 취급하는 데 필요한 시설이다. • 앞면 상부는 유리창으로 하여 들여다볼 수 있고 속에 양손을 넣을 수 있게 상자에 구멍을 뚫어 놓은 형태인 상자로, 하부에는 손을 넣고 작업하여 구멍 내측에는 불침수성의 합성고무로 된 장갑을 붙여 밀폐시킨 것이다.

(계속)

형 식		형식기호	적용작업의 예와 특징
포위식 후드 (Enclosure hood)	부스 타입(Booth type) 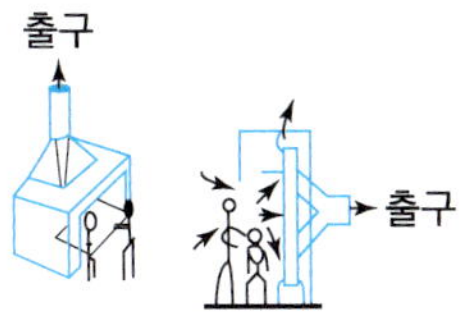	EB	• 작업구인 일면만을 제외하고 발생원의 둘레를 둘러싼 형태로, 작업자는 개구면에 서서 배후에서 오는 깨끗한 공기를 쏘이면서 속을 향하고 작업을 할 수 있게 되어 있다. • 통상 전면이 개방되어 있으며, 연마작업이나 포대에 넣는 작업, 화학분석이나 실험 및 산세척처리 분무도장작업에 필요한 시설의 후드라 볼 수 있다. • 유입계수(Ce) = 0.82, 유입손실계수(F) = 0.49
외부식 후드 (Enerior hood)	슬롯 타입(Slot type) 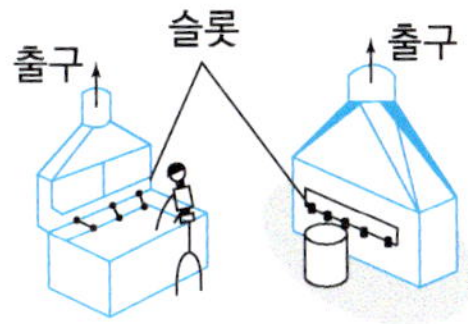	OS	• 작업의 성질상 포위식이나 부스 타입으로 할 수 없을 때 부득이 발생원에서 격리시켜 설치하는 형태인 후드이다. • 외부의 난기류에 의하여 후드의 효과가 많이 감소되는 단점이 있고, 슬롯 타입은 도금탱크의 작업대 끝에 붙인 가늘고 긴 개구를 가진 것이다(도금세척, 용해, 체질, 절단, 분무도장 모래털기 등).
	루버 타입(Louver type) 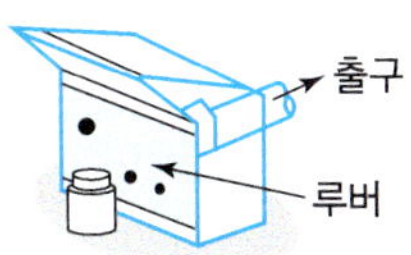	OL	• 발생원 옆에 설치한 문과 같은 개구를 가진 것으로, 주물 등의 해체작업에서 모래털기에 사용된다.
	그리드 타입(Grid type) 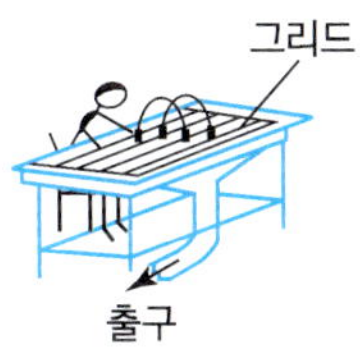	OG	• 도장이나 분쇄도장 주형털기 등에서 필요로 하는 후드이다.
	프리 스탠딩(Free standing) 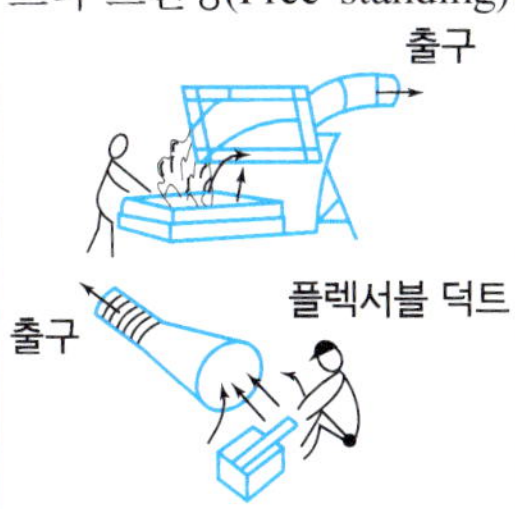	OR	• 용접, 혼합, 체질, 용해, 분쇄, 목공 기계포대에 넣는 작업 등에 필요한 후드이다.
수형식 후드 (Receiving hood)	캐노피 다입(Canopy type) 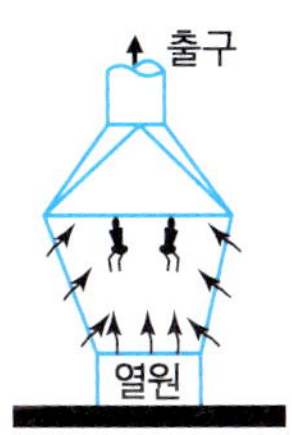	RC	• 발생원의 상방에 뚜껑과 같은 것을 단 자립형 후드로, 발생원에서 열부력에 의한 상승기류 회전에 의한 관성기류가 있을 때 그 기류방향에 따라서 오염공기를 받아들이도록 한 것이다. • 작업자가 개구의 아래에서 얼굴을 넣고 작업할 경우 더럽혀진 공기를 호흡하기 쉬우므로 사용에 주의를 요한다. • 단조, 용융 등의 작업에 이용된다. • 유입계수(Ce) = 0.82, 유입손실계수(F) = 0.49

(계속)

형 식		형식기호	적용작업의 예와 특징
수형식 후드 (Receiving hood)	그라인더 커버 (Grinder cover) 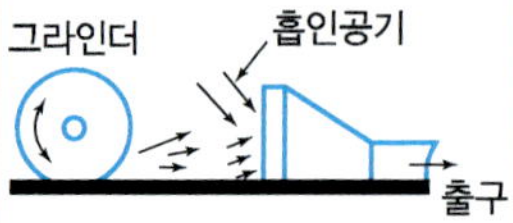	RE	• 로나 그라인더 등의 공정에서 회전에 의해 발생되는 유해물질의 관성속도벡터를 그 방향에 따라 흡인하는 형태이다. • 유입계수(Ce)=0.79, 유입손실계수(F)=0.60

(2) 후드 설치요령 및 흡인방법

1) 후드 설치 및 흡인요령

흡인하는 후드는 어떤 특정된 지점에 대하여 일정한 속도 이상의 공기를 흡인하도록 설치를 해야 하지만, 설치위치와 형식 그리고 구조에 따라 충분치 못할 때가 있다. 즉 후드 개구부가 발생원으로부터 일정한 거리에 있는 경우 그 거리가 멀어짐에 따라 기류가 적어져서 개구편의 직경과 같은 거리의 전방에서는 거의 흡인력을 잃게 된다.

이러한 이유 때문에 흡인구의 기류특성을 파악해야 하며, 다음과 같은 방법으로 정리할 수 있다.

- 후드를 발생원에 근접시켜 흡인한다(잉여공기 흡입이 줄어들수록 포착속도는 커짐).
- 주발생원을 대상으로 한 국부적인 흡인방식으로 한다(적은 흡입량으로 충분한 포착속도를 가짐).
- 후드의 개구면적을 좁게 하여 흡인속도를 크게 한다.
- 장애물 등으로 인해 필요시 에어 커튼(air curtain)을 이용한다.
- 충분한 포촉속도를 유지한다(먼지의 입도와 비중 등을 고려함).
- 배풍기(exhauster)에는 충분한 여유(약 30%)를 둔다.

2) 후드의 성능저하 요인

후드의 성능은 다음과 같은 요인에 의해서 저하된다.

첫째 포착속도 저하 및 후두 선단부압이 감소함에 따라 풍량이 부족할 경우, 둘째 발생원으로부터 개구면까지의 거리가 멀어 포착속도 저하와 외기영향을 받을 경우, 셋째 처리시설 내 압력손실에 따른 규정된 풍량이 나오지 않을 경우, 넷째 걸레, 종이 등 이물질에 의한 후두가 폐쇄될 경우 등이다.

(3) 흡인유량과 후드의 압력손실

1) 달라 벨리 근사식

달라 벨리 (J.M.Dalla Valle : 미국)는 원형과 장방형 후두에서 연기실험(smoke test)을 통하여 식 (6.1)과 같은 근사식을 얻었다.

$$\frac{y}{100-y}=\frac{0.1A}{X^2} \tag{6.1}$$

여기서, y는 거리 X에서의 속도백분율($=100\,V_x/V$)(%), A는 개구면면적(m^2), X는 개구면으로부터의 거리(m), V_x는 거리 X에서의 속도 또는 제어속도(m/s), V는 개구면속도(m/s)이다.

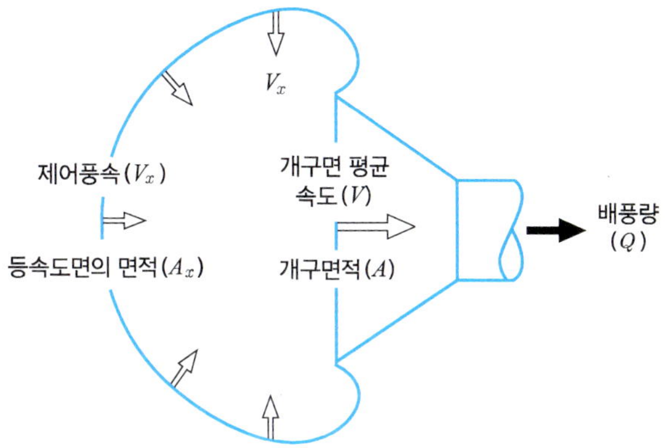

그림 6.1 외부식 후드의 기류

2) 등속도면 면적

등속도면 면적(A_x)은 거리 X에서의 등속도면의 면적을 말하며, 플렌지가 없는 경우와 있는 경우로 나타낼 수 있다. 플렌지가 없는 경우에는 달라 벨리식(식 6.1 참조)에 $y=100\,V_x/V$와 $Q=VA=V_xA_x$를 대입하여 정리하면 A_x를 식 (6.2)와 같이 나타낼 수 있다.

$$A_x=10X^2+A \tag{6.2}$$

플렌지가 있는 경우에는 달라 벨리의 실험결과 A_x가 25% 정도 감소되므로, 식 (6.3)과 같이 나타낼 수 있다.

$$A_x=0.75(10X^2+A) \tag{6.3}$$

3) 흡입유량

외부식 후드 개구면을 통과하는 유량은 연속방정식에 의해 등속도면을 통과하는 기류의 양과 같으며, 식 (6.4)와 같이 나타낸다.

$$Q = VA = V_x A_x \tag{6.4}$$

식 (6.4)에 등속도면 면적(A_x)식인 식 (6.2) 또는 식 (6.3)을 각 경우에 따라 대입하면 외부식(원형 또는 장방형) 후드의 필요 흡인유량을 구할 수 있다.

• 플렌지가 없는 경우

$$Q_e = V_x(10X^2 + A) \tag{6.5}$$

• 플렌지가 있는 경우

$$Q_e = 0.75 \times V_x(10X^2 + A) \tag{6.6}$$

4) 후드 압력손실

후드의 압력손실은 가속손실(acceleration loss)과 유입손실(entry loss)의 형태로 나타난다.

가속손실은 정지하고 있는 오염공기가 흡입에 의해 움직일 때 정압이 동압으로 변화하여 에너지손실이 발생되는 것을 말하며, 식 (6.7)과 같이 나타낸다.

$$\Delta P_{acc} = 1.0 \times P_v \tag{6.7}$$

유입손실은 공기유입 시 후드형상에 의한 저항에 의해 발생되는 난류가 공기의 유연성을 방해함으로써 생기는 에너지손실이며, 식 (6.8)과 같이 나타낸다.

$$\Delta P_{en} = F \times P_v \tag{6.8}$$

여기서, F : 유입손실 계수로 각각의 형상 즉 후드의 종류에 따라 다르다. 일부 후드에 대해 표 6.1에 나타내었다.

따라서 후드의 전체 압력손실(P_s)은 가속손실(식 (6.7))과 유입손실(식 (6.8))을 합한 것으로 식 (6.9)과 같다.

$$P_s = -(\Delta P_{acc} + \Delta P_{en}) = -(1.0 + F)P_v \tag{6.9}$$

상기 식 (6.9)의 값을 구하기 위해서는 동압(P_v)과 유입손실계수(F)를 구하여 대입하여야 한다. 동압은 다음 식 (6.10)과 같다.

$$P_v = \frac{\Upsilon V^2}{2g} \tag{6.10}$$

그리고 유입손실 계수는 아래 과정을 거쳐 식 (6.15)와 같이 구한다.

유입계수(entry coefficient) C_e의 정의는 실제 후드 내로 유입되는 유량과 이론상 유입되는 유량의 비로 나타낸다. 실제유량과 이론 최대유량은 각각 다음과 같이 나타낸다.

- 실제유량(Q)

$$Q = AV = A\sqrt{\frac{2gP_v}{\Upsilon}} \tag{6.11}$$

- 이론 최대유량(Q_{max})

정압이 손실 없이 완전히 동압으로 변환될 때(즉, $F=0$)의 유량이다. 이 경우 식 (6.9)에 의해 $P_v = -P_s$ 이므로, 이론 최대유량은 식 (6.11)에서 P_v 대신 $-P_s$로 대체하면 식 (6.12)와 같이 쓸 수 있다.

$$Q_{max} = AV_{max} = A\sqrt{\frac{2g(-P_s)}{\Upsilon}} \tag{6.12}$$

따라서 실제유량과 이론 최대유량에 의해 유입계수는 식 (6.13)과 같다.

$$C_e = \frac{Q}{Q_{max}} = \sqrt{\frac{P_v}{-P_s}} \tag{6.13}$$

식 (6.9)를 식 (6.13)에 대입하면 식 (6.14)와 같이 나타낼 수 있다.

$$C_e = \sqrt{\frac{1}{1+F}} \tag{6.14}$$

즉, 유입손실 계수(F)는 식 (6.14)를 F에 대하여 정리하여 식 (6.15)과 같이 나타낸다.

$$F = \frac{1-C_e^2}{C_e^2} \tag{6.15}$$

(4) 포촉속도

포촉속도(capture velocity)는 제어속도 또는 제거속도라고 하며, 오염공기를 후드 내에 유도하기 위하여 필요한 흡인 공기속도를 말한다.

포촉속도는 그 크기가 클수록 후두가 오염물을 잘 흡입하는 것을 의미한다. 이를 무차원화하여 표현하면 식 (6.1)의 y값으로, 식 (6.16)과 같다.

$$개구면속도 = \frac{V_x}{V} \times 100\ (\%) \tag{6.16}$$

여기서, V는 개구면에서의 평균속도(m/s), V_x는 거리 x에서의 속도(m/s)이다.

Air Pollution Prevention Technology

표 6.2 발생원에 대한 포촉속도

오염물의 발생조건	예	포촉속도(m/sec)
조용한 대기 중에 실제상 거의 속도가 없는 상태로 비산하는 경우	액면에서 발생하는 가스, 증기, 흄 유지용해	0.25~0.5
비교적 조용한 대기 중에 저속도로 비산하는 경우	도장작업, 저속 콘베어, 용접작업, 도금작업	0.5~1.0
활발히 비산하는 경우	고압 도장작업, 통조림작업, 콘베어의 낙하구, 분쇄기	1.0~2.5
초고속으로 비산하는 경우	연마작업, 블라스트 작업, 암석 연마작업	2.5~10.0

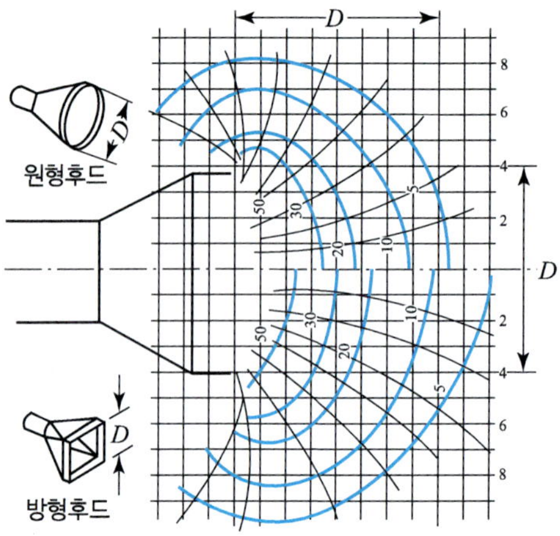

그림 6.2 **후드의 등속선**

그림 6.2는 원형후드와 방형후드에 대한 개구면속도를 나타낸 것이다. 개구면속도의 경우 방형후드의 경우가 더 멀리에서 높은 값을 가지므로 원형후드보다 더 포집이 잘된다는 것을 의미한다.

또한 그림 6.3은 방형후드의 측장비가 1 : 1과 1 : 2인 경우 개구면속도를 나타낸 것이다. 측장비 1 : 2와 같이 클수록 개구면속도가 멀리 영향을 미쳐 오염물의 포집이 더 잘되는 것으로 알려져 있다. 또한, 플랜지가 붙은 경우가 없는 경우보다 등속선이 멀리까지 영향을 미칠 수 있다.

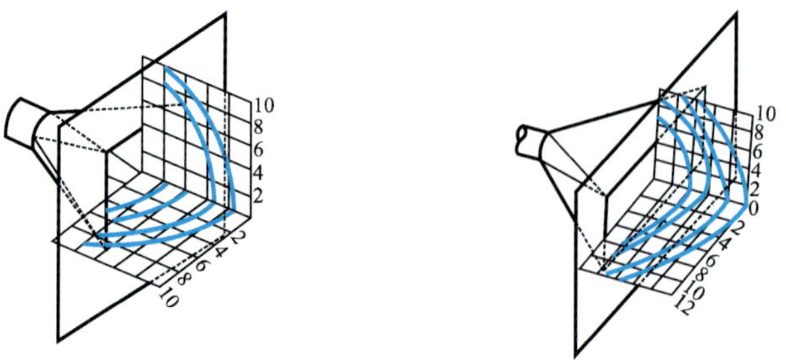

(a) 측장비 1 : 1 (b) 측장비 1 : 2

그림 6.3 **방형후드의 등속선**

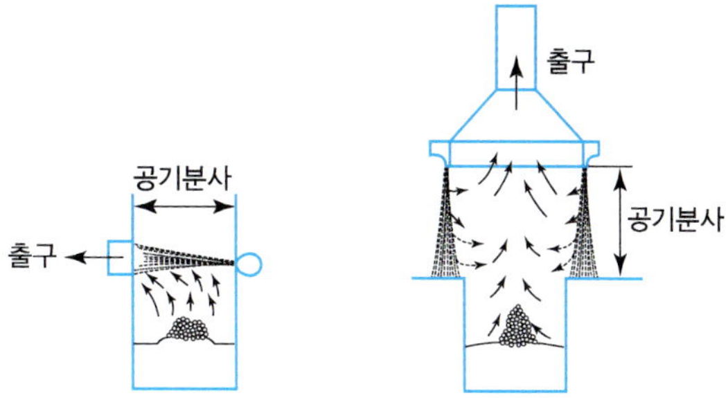

그림 6.4 에어 커튼을 이용한 후드의 예

일반적으로 후드(표 6.1 참조)는 오염물을 흡입에 의해 제거한다. 그러나 작업 시 오염물발생원 근처에 다양한 지속적 작업으로 인해 기존의 후드형태가 곤란할 때 그림 6.4와 같이 에어 커튼(air curtain) 방식이 사용된다.

이 경우 공기분류를 일으켜서 분류의 양축에 공기를 차단하고 국부적으로 부압발생으로 인해 흡인하는 후드로서 에어 커튼을 이용한 푸쉬 풀(push pull) 방식이라고 한다.

1.2 덕트

후드에 의해 포집된 오염가스를 이송하는 관을 덕트(duct)라 하며, 주로 원형과 방형이 사용되고 있다.

(1) 반송속도

덕트 내에 먼지가 쌓이지 않게 하기 위해 먼지를 집진장치까지 운반하는 데 필요한 최소의 가스 속도를 반송속도(travel velocity)라고 한다. 먼지의 종류에 따라 그 속도가 다른데, 다음 표 6.3에 나타내었다.

표 6.3 먼지의 종류에 따른 반응속도

오염물	예	반송속도(m/sec)
가스, 증기, 미스트(mist)	각종 가스, 증기, 미스트	5~10
흄(fume), 매우 가벼운 미세먼지	나무먼지 및 솜, 고무, 플라스틱먼지, 산화아연, 산화알루미늄, 산화철들의 퓸	10
가벼운 건조먼지	털, 곡분, 고무먼지, 목면, 경금속먼지	15
일반공업 먼지	대팻밥, 글라인더 작업 시 발생 먼지(chip), 내화벽돌 가루	20
무거운 먼지	납, 선반 및 주조작업 발생 먼지	25
무겁고 젖은 먼지	젖은 납 먼지, 젖은 주조작업 발생 먼지, 누설된 철분	25 이상

(2) 덕트의 압력손실

압력손실은 후드에서 흡인된 함진 공기를 집진장치를 통해 덕트 내 마찰손실, 기류의 방향전환, 덕트의 수축확대로 인한 에너지손실로 발생된다. 이러한 압력손실은 속도압에 비례하는데, 속도압(velocity pressure) P_v는 베르누이 방정식(Beronoulli's eqn)에 의해 식 (6.17)로 타나낼 수 있다.

$$P + \frac{\gamma V^2}{2g} + \gamma z = \text{일정} \tag{6.17}$$

$$P_v = \frac{\gamma V^2}{2g} \tag{6.18}$$

여기서, P는 정압(N/m^2), P_v는 속도압(N/m^2), V는 가스유속(m/sec), γ는 가스비중량(N/m^3), g는 중력가속도(m/sec^2)이다.

속도압을 구하는 다른 방법으로 그래프를 이용하는 것이 있다. 그림 6.5는 표준공기의 속도와 속도압과의 관계를 나타낸 것이다.

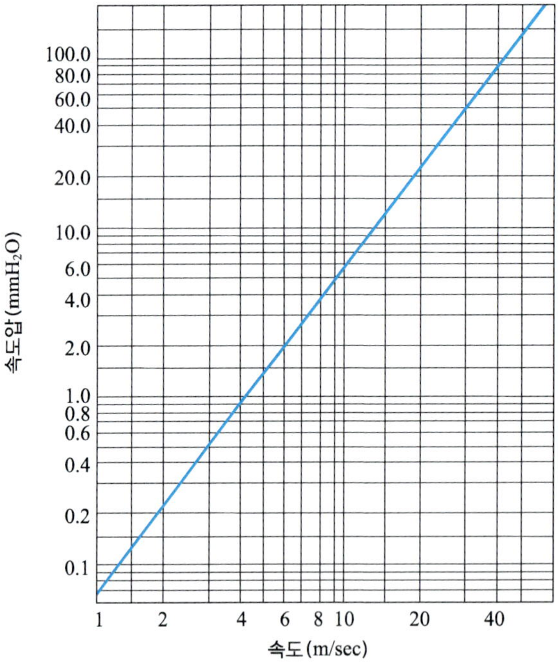

그림 6.5 표준공기의 속도와 속도압과의 관계

1) 직선 덕트의 압력손실

원형 덕트의 기류에 대한 압력손실은 달시 바이스바흐(Darcy Weisbach)식으로부터, 식 (6.19)로 나타낼 수 있다.

$$\Delta P = CP_v \tag{6.19}$$

여기서, ΔP는 압력손실(mmH$_2$O)이고, $C = 4f\frac{L}{D}$이다. 이 식을 다시 표현하면 다음 식 (6.20)과 같이 나타낼 수 있다.

$$\Delta P = 4f\frac{L}{D}\frac{\gamma V^2}{2g} \tag{6.20}$$

여기서, f는 마찰계수, L은 덕트의 길이(m), D는 덕트의 직경(m)이다.

마찰계수는 덕트의 표면 거칠기와 유체의 유동상태를 나타내는 무차원수인 레이놀즈수(Reynolds number)의 관계로 표현된 다음 그림 6.6에 의해 구할 수 있다.

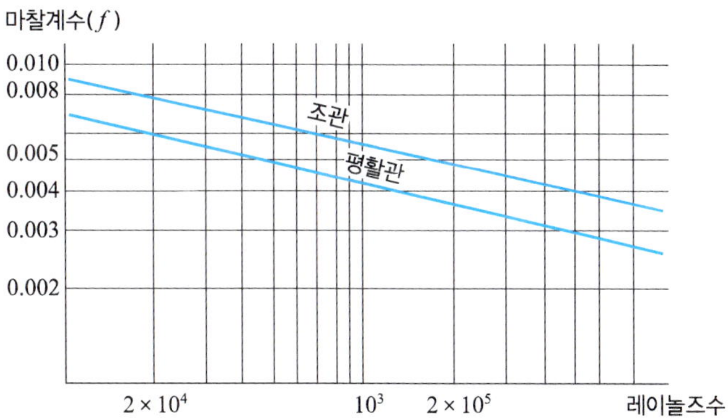

그림 6.6 **레이놀즈수와 마찰계수의 관계**

레이놀즈수는 다음 식 (6.21)과 같다.

$$Re = \frac{\rho VD}{\mu} = \frac{VD}{\nu} \tag{6.21}$$

여기서, μ는 유체의 점성계수(kg/m · s), ν는 유체의 동점성계수(m^2/s)이다.

원형 덕트관의 압력손실은 식 (6.20)에 의해 구하기도 하지만, 그림 6.7과 같이 덕트의 직경과 유체의 유속이 주어진 상태에서 압력손실과 유량을 구할 수 있다.

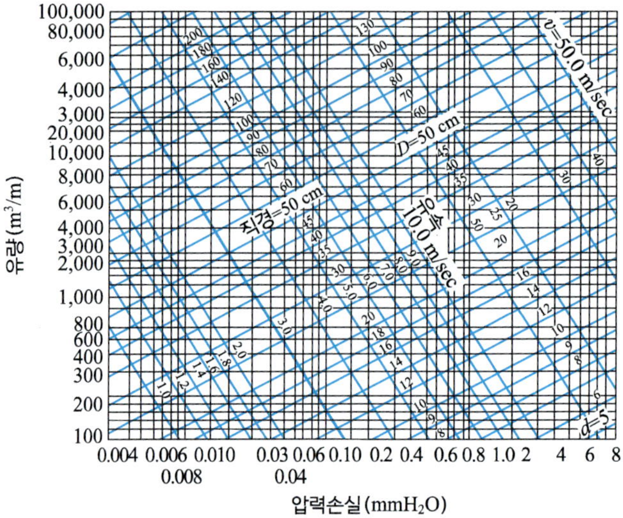

그림 6.7 **원형 덕트의 압력손실과 유속, 직경과의 관계**

덕트는 원형 덕트 외에 장방형 덕트가 많이 사용되고 있는데, 형상이 다르기 때문에 압력손실도 다르다. 장방형 덕트의 압력손실은 식 (6.22)와 같이 나타낼 수 있다.

$$\Delta P = f\frac{L}{D_e}P_v = fL\left(\frac{a+b}{2ab}\right)\frac{\gamma V^2}{2g} \tag{6.22}$$

여기서, D_e는 등가직경이며, 식 (6.23)과 같다.

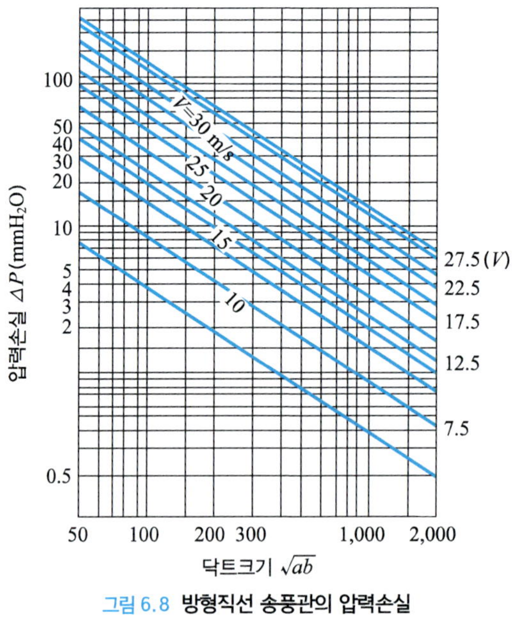

그림 6.8 **방형직선 송풍관의 압력손실**

$$D_e = \frac{4F}{U} = \frac{4(ab)}{2(a+b)} = \frac{2ab}{a+b} \tag{6.23}$$

여기서, F는 유체통과 단면적(m^2), U는 유체흐름이 접촉한 주변길이(m), a와 b는 덕트 한 변의 각각 장단부의 길이(m)이다.

그리고 장방형 덕트의 압력손실을 속도와 덕트의 장단부 길이값을 알 경우 그림 6.8에 의해 구할 수 있다.

2) 곡관 덕트의 압력손실

곡관 덕트의 압력손실은 식 (6.24)에 의해 구해지며, 원형과 장방형의 덕트의 구분에 따라 압력손실계수값이 차이가 있다.

$$\Delta P = \zeta \times P_v \tag{6.24}$$

여기서, ζ는 압력손실 계수를 나타내며, 원형과 장방형에 대해 각각 다음 방법에 의해 구할 수 있다.

원형곡관의 반경비에 따른 압력손실계수는 표 6.4에 의해 구해진다. 장방형 곡관 덕트의 압력손실계수는 표 6.5에 나타낸 바와 같이 반경비(r/d)와 형상비(w/d)에 따라 구할 수 있다.

표 6.4 원형곡관의 압력손실 계수

r/d	압력손실계수(ζ)	r/d	압력손실계수(ζ)
1.25	0.55	2.25	0.26
1.50	0.39	2.50	0.22
1.75	0.32	2.75	0.20
2.00	0.27		

표 6.5 장방형곡관의 압력손실 계수

	압력손실계수(ζ)					
r/d \ w/d	1/4	1/2	1	2	3	4
0.0	1.50	1.32	1.15	1.04	0.92	0.86
0.5	1.36	1.21	1.05	0.95	0.84	0.79
1.0	0.45	0.28	0.21	0.21	0.20	0.19
1.5	0.28	0.18	0.13	0.13	0.12	0.12
2.0	0.24	0.15	0.11	0.11	0.10	0.10
3.0	0.24	0.15	0.11	0.11	0.10	0.10

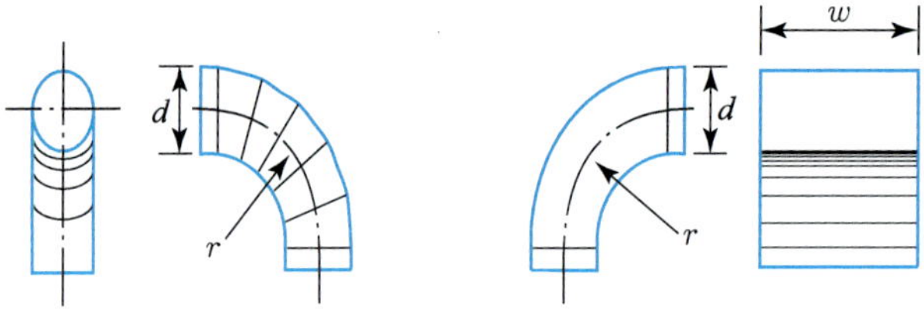

d : 직경 혹은 깊이　　반경비$=r/d$
w : 폭　　형상비$=w/d$
r : 중심선반경

그림 6.9 곡관의 반경비와 형상비

그림 6.9는 원형과 장방형곡관 덕트의 반경비와 형상비를 나타낸 것이다.

3) 확대관 덕트의 압력손실

원형 확대관 덕트의 압력손실은 식 (6.25)와 같이 나타낼 수 있다.

$$\Delta P = \zeta(P_{v1} - P_{v2}) \tag{6.25}$$

여기서, P_{v1}은 주관 덕트의 속도압, P_{v2}는 지관 덕트의 속도압이다.

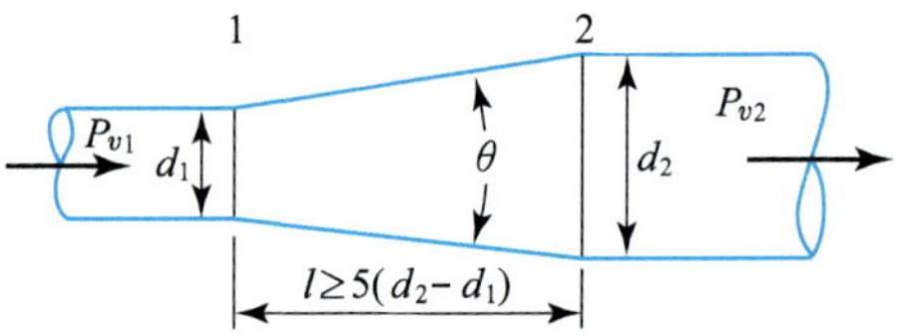

그림 6.10 원형확대관

표 6.6 원형확대관의 압력손실 계수

확대각(θ)	압력손실 계수(ζ)
5°	0.17
7°	0.22
10°	0.28
20°	0.44
30°	0.58
40°	0.72
50°	0.87
60°	1.00

4) 축소관 덕트의 압력손실

원형 축소관 덕트의 압력손실은 식 (6.26)과 같이 나타낼 수 있다.

$$\Delta P = \zeta(P_{v2} - P_{v1}) \tag{6.26}$$

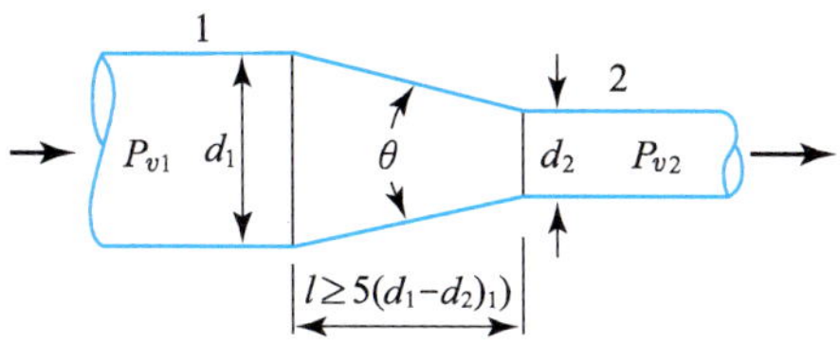

그림 6.11 원형 축소관

표 6.7 원형축소관의 압력손실 계수

확대각(θ)	압력손실 계수(ζ)
10°	0.05
20°	0.06
30°	0.08
40°	0.10
50°	0.11
60°	0.13
90°	0.20
120°	0.30

1.3 송풍기

송풍기는 후드에 의해 포집된 유해분진 및 가스를 덕트에 이송시키고자 할 때 필요한 유체기계이다. 송풍기는 토출압력에 따라 분류하는데, 1 mAq(0.1 kg_f/cm^2) 이하를 팬(fan)이라 하며, 1~10 mAq(0.1~1 kg_f/cm^2)는 블로어(blower)라고 한다. 또한, 10 mAq(1 kg_f/cm^2) 이상을 압축기(compressor)라고 한다.

(1) 송풍기의 기초

송풍기의 크기는 유체유량과 송풍기압력으로 표시된다. 유체유량은 후드의 유입유량(식 (6.5)와 식 (6.6))에 의해 구해진다. 그리고 송풍기압력은 주어진 양의 유체를 이동시키기 위하여 송풍기가 발생시키는 풍압의 크기로 계산된다. 송풍기가 내는 풍압에는 유효전압, 유효정압 등이 있으며, 그림 6.12와 같다.

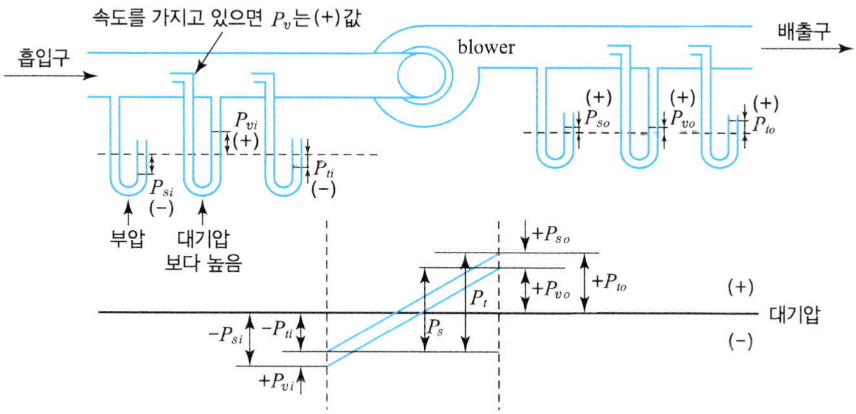

그림 6.12 송풍기의 전압과 정압과의 관계

송풍기 배출구와 흡입구의 전압은 각각의 동압과 정압의 합으로, 식 (6.27)로 나타낼 수 있다.

$$P_{to} = P_{so} + P_{vo}\ ;\ P_{ti} = P_{si} + P_{vi} \tag{6.27}$$

여기서, P_{to}와 P_{ti}는 배출구와 흡입구의 전압(mmH$_2$O), P_{so}와 P_{si}는 배출구 및 흡입구의 정압(mmH$_2$O), P_{vo}와 P_{vi}는 배출구와 흡입구의 동압(mmH$_2$O)이다.

송풍기의 전압은 송풍기가 유체에 가해지는 에너지의 총합으로, 식 (6.28)로 나타낼 수 있다.

$$\begin{aligned} P_t &= P_{t_o} - P_{ti} = (P_{so} + P_{vo}) - (P_{si} + P_{vi}) \\ &= (P_{so} - P_{si}) + (P_{vo} - P_{vi}) \end{aligned} \tag{6.28}$$

여기서, P_t는 송풍기전압(mmH$_2$O)이다.

송풍기의 정압은 총에너지에서 송풍기 배출구에 있어서 동압을 뺀 것으로, 식 (6.29)로 나타낼 수 있다.

$$\begin{aligned} P_s &= P_t - P_{vo} \\ &= (P_{so} - P_{si}) + (P_{vo} - P_{vi}) - P_{vo} \\ &= (P_{so} - P_{si}) - P_{vi} \\ &= P_{so} - (P_{si} + P_{vi}) = P_{so} - P_{ti} \end{aligned} \tag{6.29}$$

여기서, P_s는 송풍기의 정압(mmH$_2$O)이다.

송풍기에서는 일반적으로 출구에서 동압(P_{vo})이 정압(P_{so})에 비해 상대적으로 작고 무시할 수 있기 때문에 송풍기정압을 전압 대신 풍압이라고 한다.

(2) 종류 및 특성

송풍기는 크게 원심송풍기(centrifugal blower), 축류송풍기(axial blower)로 분류할 수 있다. 원심송풍기는 터보송풍기(turbo blower), 익형송풍기(airfoil blower)(또는 날개형송풍기(air wheel blower)), 한정부하송풍기(limit loaded blower), 다익송풍기(mutiblade blower)(또는 시로코우송풍기(sirocco blower)), 평판깃송풍기(straight blade blower)(또는 레이디얼송풍기(radial blower))로 분류하고, 축류송풍기는 프로펠러송풍기(propeller blower), 터보송풍기(tube blower), 베인송풍기(vane blower)로 분류한다.

표 6.8은 각 송풍기의 종류와 특징이다.

표 6.8 송풍기의 종류와 특징

종류		원심송풍기					축류송풍기(프로펠러 송풍기)
		터보송풍기		익형송풍기	한정부하 송풍기	다익송풍기	
		보통형	사일런트형				
날개의 형성		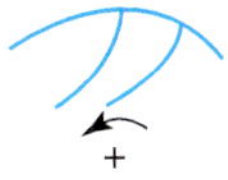	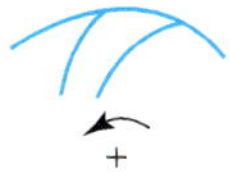	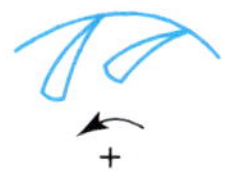	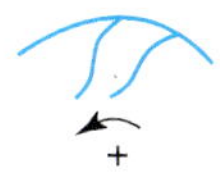	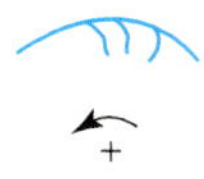	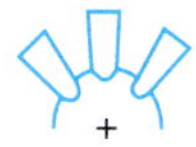
특성		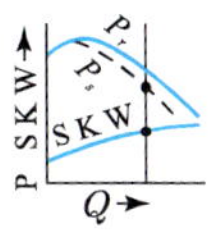	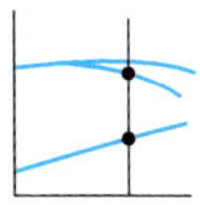	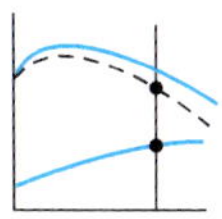	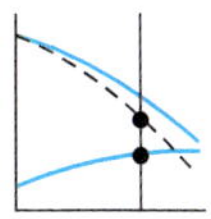	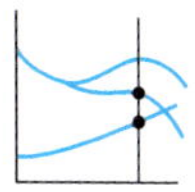	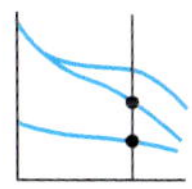
비교	크기	⑤	최대 ⑥	④	③	②	최소 ①
	축동력	④	최소 ①	②	⑤	최대 ⑥	③
	소음	③	최소 ①	②	⑤	④	최대 ⑥
정압(mmH_2O)		30～1000	100～250	100～250	10～150	10～150	0～50
효율(%)		60～70	70～85	70～85	55～65	45～60	50～85

1) 원심송풍기

원심송풍기(centrifugal blower)는 이동공기가 반경방향으로 유입되어 회전깃(impeller)에 의해 유입방향과 직각방향으로 공기를 밀어 원심력을 부여한다. 이때 발생된 원심력에 의해 하우징 벽으로 밀린 공기는 압축을 받아 정압을 얻게 되고, 이 압력이 덕트 내 유체공기를 이송하는 힘이 된다. 하우징의 구조는 출구 쪽을 확대(diverging)하여 공기의 동압을 정압으로 전환시켜주는 구조로 되어 있다. 원심력송풍기의 종류를 그림 6.13에 나타내었다.

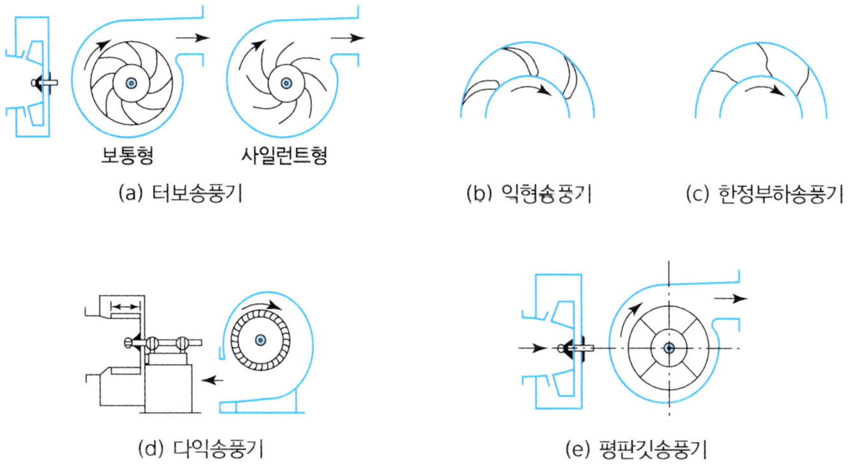

그림 6.13 원심력송풍기의 종류

2) 축류송풍기

축류송풍기(axial blower)는 공기를 이동시키는 회전깃이 고정회전축에 수평으로 흡입되어 방향을 바꾸지 않고 그대로 회전축에 평행으로 이동한다. 주로 원심력이나 난류유동 에너지를 정압으로 변환시키기는 힘을 얻는 형태이다. 축류송풍기의 종류를 그림 6.14에 나타내었다.

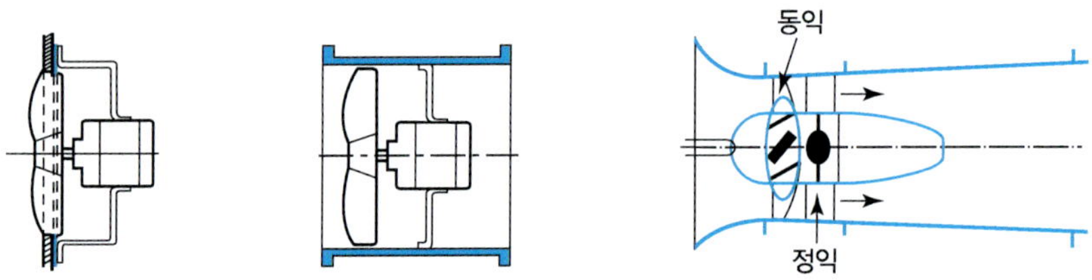

(a) 프로펠러송풍기 (b) 튜브송풍기 (c) 베인송풍기

그림 6.14 **축류식송풍기**

(3) 소요동력 및 효율

1) 소요동력

먼저 공기동력을 구한 후 송풍기의 효율을 참작하며, 공기동력은 전압 공기동력과 정압 공기동력을 구한다. 전압 공기동력은 식 (6.30)으로 나타낼 수 있다.

$$L_{at} = Q_s P_t \tag{6.30}$$

여기서, L_{at}는 전압 공기동력(kgf m/min), Q_s는 흡입유량(m^3/min), P_t는 전압(kg_f/m^2)이다.

전압 공기동력을 각각의 단위에 대해 표현하면 식 (6.31)과 식 (6.32)와 같다.

$$L_{at} = \frac{Q_s P_t}{60} \ \text{(kgf m/s)} \tag{6.31}$$

$$L_{at} = \frac{Q_s P_t}{102 \times 60} \ \text{(kw)} \tag{6.32}$$

$$= \frac{Q_s}{6,120}[(P_{so} - P_{si}) + (P_{vo} - P_{vi})]$$

그리고 정압 공기동력은 식 (6.33)으로 나타낼 수 있다.

$$L_{as} = \frac{Q_s P_s}{102 \times 60}$$

$$= \frac{Q_s}{6120}[(P_{so} - P_{si}) - P_{vi}] \ \text{(kW)} \tag{6.33}$$

여기서, 마력 HP로 구할 때는 위의 식 (6.32)와 식 (6.33)에 102대신 75로 대체한다.

2) 전압효율와 정압효율

전압효율(η_t)과 정압효율(η_s)은 각각 다음과 같이 나타낼 수 있다.

$$\eta_t = \frac{\text{전압 공기동력}}{\text{축동력}} = \frac{L_{at}}{L} \tag{6.34}$$

$$\eta_s = \frac{\text{정압 공기동력}}{\text{축동력}} = \frac{L_{as}}{L} \tag{6.35}$$

여기서, L_{at}는 전압 공기동력(kW), L_{as}는 정압 공기동력(kW), L은 축동력(kW)이다.

축동력은 송풍기가 유체공기에 전달하는 동력이고, 공기동력은 축동력이 공기의 저항을 받아 일부 에너지손실이 되어 공기에 실제 전달되는 동력이다.

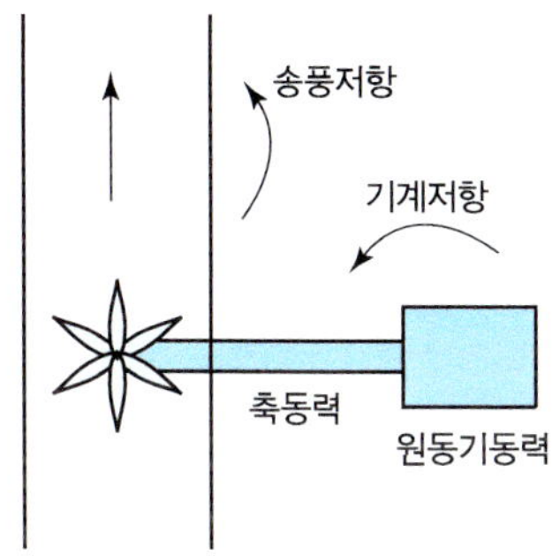

그림 6.15 **송풍기의 동력전달**

송풍기의 축동력(kW)은 다음과 같다.

$$L = \frac{L_{at}}{\eta} = \frac{Q_s P_t}{102 \times 60 \times \eta_t} \tag{6.36}$$

따라서 실제 사용히고자 하는 송풍기의 원동기동력은 다음과 같다.

$$\text{원동기동력(kW)} = L \times \alpha \tag{6.37}$$

여기서, α는 송풍기의 여유율을 나타낸다. 사용되는 송풍기별 여유율을 보면 다익송풍기는 1.15 ~1.25, 터보송풍기는 1.10~1.15, 평판깃송풍기는 1.15~1.25의 여유율을 갖는다.

(4) 송풍기 풍량조절 방법

1) 성능곡선

성능곡선(performance curve)은 송풍기 전반의 성능 및 작동상태를 판단할 수 있도록 나타낸 선도이다.

① 송풍저항

후드에서 포집된 오염가스가 덕트를 거쳐 이송될 경우 후드와 덕트의 에너지손실로 인해 고유의 송풍저항을 받게 된다. 이 송풍저항은 풍속과 관계가 없는 정적저항(R_s)과 풍속의 제곱에 비례하는 동적저항(R_d)이 있다. 송풍을 원활하게 하기 위해서는 이와 같은 저항($R_s + R_d$)을 이길 만한 압력이 필요하며, 이 압력을 송풍기가 발생해야 한다.

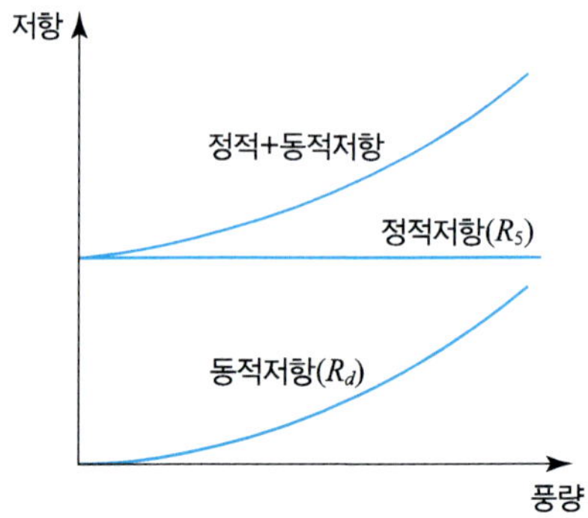

그림 6.16 **송풍저항 곡선**

② 송풍저항과 송풍기정압과의 관계

송풍기는 각각의 종류에 따라 송풍기특성(표 6.8 참조)이 다르다. 그림 6.17은 다익송풍기를 가정하여 송풍기의 송풍정압과 송풍저항의 관계를 나타낸 것이다.

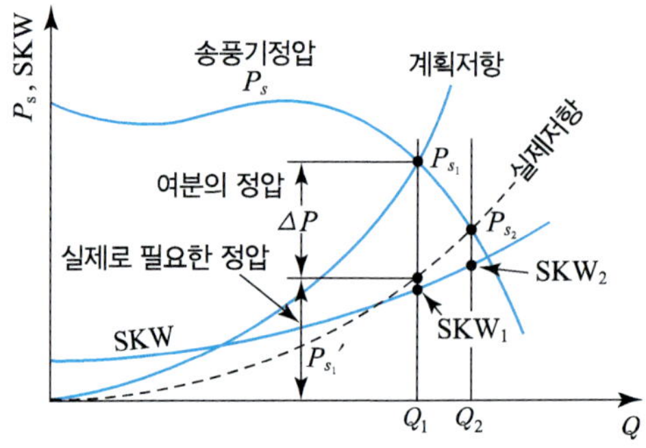

그림 6.17 **송풍기특성의 예**

송풍 시 특정유량(Q_1)에서 실제 필요한 정압과 여분의 정압을 합한 계획저항이 송풍기정압과 같은 상태로 실제 운전 시 요구되는 상태이다. 그러나 송풍유량이 Q_2와 같이 증가될 경우 실제 저항과 송풍기정압이 동일하여 후드나 덕트의 추가 압력손실 요인이 발생될 때 문제가 발생되므로 이 이상의 유량에서는 운전이 어렵다.

그리고 송풍기 소요동력(SWK)은 운전유량이 증가됨에 따라 증가된다.

2) 송풍량 조절방법

송풍기를 운전할 때 필요유량과 맞지 않는 유량이 유입된다면 송풍기의 유량조절이 필요하다. 유량을 조절하는 방법은 회전수변환법(revolution control), 안내깃조절법(vane control), 댐퍼조절법(damper control)을 들 수 있다.

- 회전수변환법 유체의 유량을 크게 바꿀 때 적합한 방법으로 송풍기의 회전수를 변환하면 유량이 증가된다.
- 안내깃조절법 송풍기의 케이싱 흡입구에 방사성의 6~8매의 가변 안내깃을 부착하고, 그 각도를 변환시켜 풍량조절을 한다. 함진공기 흡입 시 문제가 있어서 대형 집진용에는 적합하지 않다.
- 댐퍼조절법 댐퍼의 각도를 다순조절하여 풍량을 변경시키는 가장 쉽고 일반적인 방법으로, 주로 다익팬이나 소형 송풍기에 사용한다. 댐퍼에 의한 압력손실이 상대적으로 크게 발생되고 운전효율이 낮다.

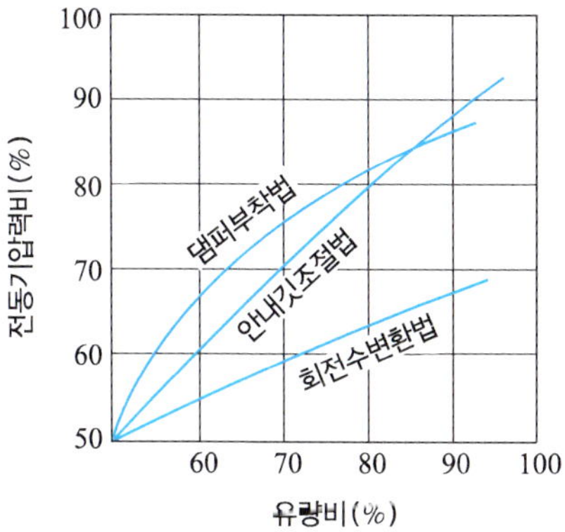

그림 6.18 **송풍량조절 방법별 운전효율**

(5) 송풍기 상사법칙

송풍기유량(Q)과 풍압(P), 동력(L)은 송풍기의 크기(D)와 회전수(N), 유체밀도(ρ)가 일정할 경우 다음과 같은 상사법칙이 성립한다.

1) 제1법칙

송풍기의 크기(D)와 유체밀도(ρ)가 일정할 때, 유량, 풍압, 동력은 송풍기의 회전속도에 의해 각각 아래와 같은 식이 성립되는 것을 송풍기 제1상사법칙이라고 한다.

유량은 송풍기의 회전속도의 비례한다.

$$Q_2 = Q_1 \times \left[\frac{N_2}{N_1} \right] \tag{6.38}$$

풍압은 송풍기의 회전속도의 2승에 비례한다.

$$P_2 = P_1 \times \left[\frac{N_2}{N_1} \right]^2 \tag{6.39}$$

동력은 송풍기의 회전속도의 3승에 비례한다.

$$L_2 = L_1 \times \left[\frac{N_2}{N_1} \right]^3 \tag{6.40}$$

2) 제2법칙

송풍기의 회전수(N)와 유체밀도(ρ)가 일정할 때, 유량, 풍압, 동력은 송풍기의 크기에 따라 각각 다음과 같은 식이 성립되는 것을 송풍기 제2상사법칙이라고 한다.

유량은 송풍기 크기의 3승에 비례한다.

$$Q_2 = Q_1 \times \left[\frac{D_2}{D_1} \right]^3 \tag{6.41}$$

풍압은 송풍기 크기의 2승에 비례한다.

$$P_2 = P_1 \times \left[\frac{D_2}{D_1} \right]^2 \tag{6.42}$$

동력은 송풍기 크기의 5승에 비례한다.

$$L_2 = L_1 \times \left[\frac{D_2}{D_1} \right]^5 \tag{6.43}$$

3) 제3법칙

송풍기의 유체밀도(ρ)가 일정할 때, 유량, 풍압, 동력은 송풍기 크기와 회전수에 따라 각각 다음과 같은 식이 성립되는 것을 송풍기 제3상사법칙이라고 한다.

유량은 송풍기 크기의 3승, 회전수에 비례한다.

$$Q_2 = Q_1 \times \left[\frac{D_2}{D_1}\right]^3 \left[\frac{N_2}{N_1}\right] \tag{6.44}$$

유량은 송풍기 크기의 2승, 회전수의 2승에 비례한다.

$$P_2 = P_1 \times \left[\frac{D_2}{D_1}\right]^2 \left[\frac{N_2}{N_1}\right]^2 \tag{6.45}$$

유량은 송풍기 크기의 5승, 회전수의 3승에 비례한다.

$$L_2 = L_1 \times \left[\frac{D_2}{D_1}\right]^5 \left[\frac{N_2}{N_1}\right]^3 \tag{6.46}$$

(6) 선택상 주의점

송풍량과 송풍압력을 완전히 만족시켜 예상되는 유량의 변동범위 내에 과부하가 걸리지 않고 안전한 운전이 되도록 하고, 송풍기에 흡인되는 입자농도와 마모성을 고려하여 송풍기형식과 내마모구조를 택하고, 먼지와 함께 부식성 가스를 흡인하는 경우 송풍기의 자재선정에 유의해야 한다.

흡인과 배출구 쪽 배관방향에 따라 송풍기 자체의 성능에 악영향을 미치지 않도록 한다. 송풍기와 배관 간에 플렉서블 바이패스(flexible bypass)를 끼워 진동을 차단시키고, 덕트의 중량을 송풍기에 가중시키지 말고, 회전깃의 교환, 기타 보수에 편리한 위치에 배치해야 한다.

2 통풍장치

연소장치 내부에서 연소로 인한 배기가스를 제거하고, 새로운 연소용 공기를 공급하기 위해 내부에 통기를 하는 장치가 통풍장치이다.

2.1 통풍형식

통풍의 형식은 그림 6.19에 나타낸 바와 같이 자연통풍과 압인, 유인, 평형통풍에 의한 강제통풍으로 분류한다.

자연통풍은 연소가스와 주위 대기가스와의 온도차에 의해 굴뚝작용에만 의존하는 방식이다.

강체통풍 중 압인통풍은 연소공기를 송풍기에 의해서 강제로 연소실로 압입하여 통풍하는 방식으로, 유입공기는 송풍기의 흡입부에 있는 밸브를 통해서 조절한다. 효율이 좋은 터보형 송풍기를 사용한다. 흡인통풍은 연소가스를 연소실 출구에서 송풍기로 흡입하여 굴뚝 하부로부터 배기가스를 배출하는 방식이다. 로 내를 항상 부압으로 유지가 가능하고, 송풍기에 의한 배기가스의 배출이 가능하다. 부식성의 고온가스를 흡인하고, 최고사용온도는 450℃ 정도이므로 배기가스 온도에 주의를 요한다.

평형통풍은 압인통풍과 유인통풍을 병용한 방법이다. 주로 대형 연소장치에서 사용되며, 연소로 전단부와 후단부에 각각 설치된다. 로의 연소실 압력조절이 자유롭지만, 송풍기 2대가 필요하므로 설비비가 높다.

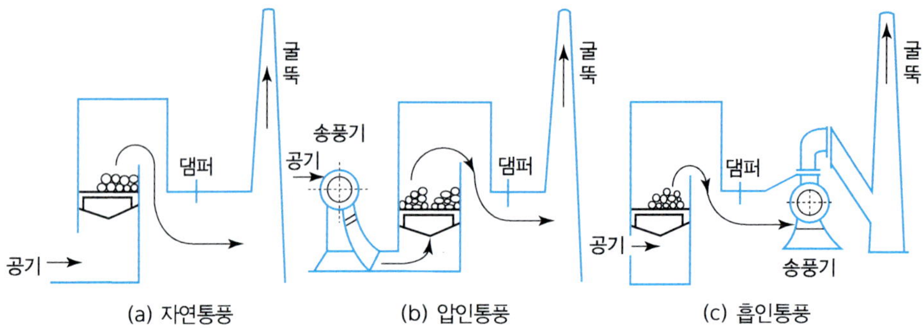

그림 6.19 **통풍의 형태**

표 6.9 **통풍의 형식**

구 분	자연통풍	강제통풍		
		압인통풍	흡인통풍	평형통풍
통풍방식	굴뚝작용에 의한 통풍	압입송풍기에 의한 통풍	유인송풍기에 의한 통풍	압인·유인 송풍기에 의한 통풍
압력	로 내 부압	로 내 정압	로 내 부압	로 내 대기압
특징	-	• 터보송풍기 사용 • 고온가스 분출우려	• 로벽 기밀주의 • 평판깃송풍기 사용 (고온부식 주의)	• 설치비증가(송풍기 2대 사용) • 열소실 내 압력조절 유리

2.2 유효통풍력

통풍력은 연소실에서 연소된 연소가스가 연돌을 통해 배출되는 힘을 말하며, 이 힘이 연소설비 내의 저항을 이기고 나가야 한다.

(1) 연돌단면적

연돌의 단면적은 연소가스량과 가스속도에 관계가 있다. 연기가 주위로 충분히 확산되도록 설계해야 하므로 연돌상부 단면적에 대하여 일정한 한계가 존재한다. 이 면적을 상부단면적(m^2) F라고 하고 식 (6.47)로 나타낼 수 있다.

$$F = \frac{G(1+0.0037t)}{3,600w} \tag{6.47}$$

여기서, G는 전 연소가스량(Nm^3/h), t는 출구가스 온도(℃), w는 출구가스 속도(m/s)이다.

가스속도는 일반적으로 로의 수가 1~3대일 때는 w = 4~5 m/sec이고, 4~6대일 때는 5~7 m/s를 취한다.

(2) 통풍력

1) 통풍력의 정의

굴뚝 내에 배기가스가 정체되어 있다고 가정하면, 이 고온 배기가스 기둥의 밑면에 미치는 압력(P_g)과 동일한 높이의 외기기둥이 밑면에 미치는 압력(P_a)과의 차와 동등한 압력을 통풍력(P)이라고 한다.

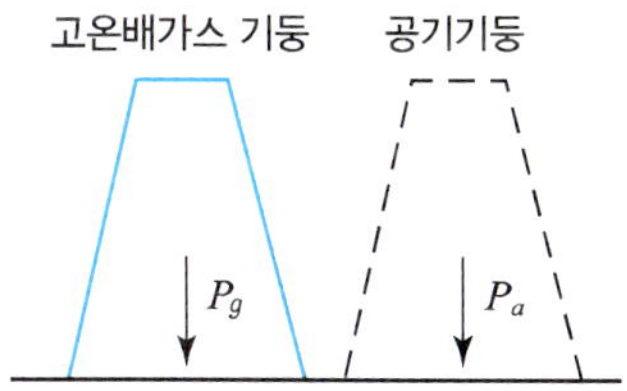

그림 6.20 **통풍력**

통풍력의 정의에 의해 식 (6.48)로 나타낼 수 있다.

$$P = P_a - P_g = \gamma_a H - \gamma_g H \tag{6.48}$$

여기서, P는 통풍력(kg_f/m^2), γ_a는 공기의 비중량(kg_f/m^3), γ_g는 가스의 비중량(kg_f/m^3), H는 굴뚝의 높이(m)이다.

2) 통풍력의 계산

자연통풍 시 통풍력은 식 (6.49)로 타나낼 수 있다.

$$p = (\gamma_a - \gamma_g)H \ \ (kg_f/m^2) \tag{6.49}$$

비중량과 온도가 주어질 때의 통풍력은 식 (6.50)과 같다.

$$P' = 273\left(\frac{\gamma_a}{273+t_a} - \frac{\gamma_g}{273+t_g}\right)H \tag{6.50}$$

여기서, t_a는 주위가스의 온도(℃), t_g는 연돌 내 가스온도(℃)이다.

식 (6.50)에 의해 계산된 통풍력은 자연통풍력이다. 따라서 강제통풍력을 계산하기 위해서는 자연통풍력에 송풍기에 의한 송풍력을 추가하여야 한다.

3) 연돌 내 가스온도

연돌 내 가스온도는 식 (6.51)로 나타낼 수 있다.

$$t_g = \frac{t_1 - t_2}{2.3\log\dfrac{t_1}{t_2}} \tag{6.51}$$

여기서, t_1은 굴뚝의 입구온도(℃), t_2는 굴뚝의 출구온도(℃)이다.

(3) 유효통풍력

유효통풍력(EP)은 통풍력에서 통풍손실을 뺀 값으로, 이 값이 커야 통풍이 이루어지며, 식 (6.52)로 나타낼 수 있다.

$$EP = P' - P_{loss} \tag{6.52}$$

여기서, P'는 통풍력(kg_f/m^2), P_{loss}는 통풍손실(kg_f/m^2)이다.

2.3 통풍손실

(1) 발전 시스템

화력발전 시스템에서 통풍손실을 알아보기 위해 우선 시스템에 적용되는 각각의 장치는 다음 그림 6.20에 나타내었다. 물을 가열하여 스팀을 생성하는 절탄기, 보일러, 과열기가 있고, 연소용 공기를 예열하는 공기예열기, 그리고 연소가스 중 분진을 포집하는 전기집진기가 있다. 이들은 연소가스가 배출될 경우 장애를 주어 압력손실의 주원인이 되는 장치설비들이다.

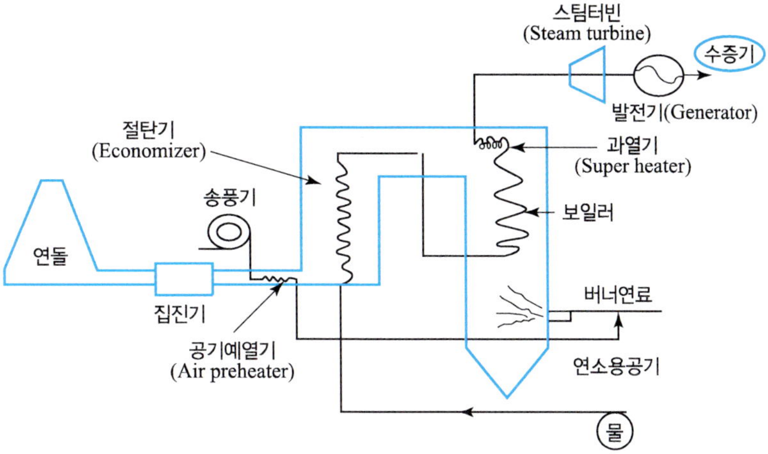

그림 6.21 발전 시스템

(2) 통풍손실

통풍력은 장치 및 유로의 방향변환, 통과면적의 확대와 축소, 가스의 흐름에 의해 손실이 발생하며, 이러한 통풍손실(P_{loss})은 식 (6.53)로 나타낼 수 있다.

$$P_{loss} = \Sigma P_f + \Sigma P_d + \Sigma P_s + \Sigma P_b \tag{6.53}$$

여기서, ΣP_f는 장치에 의한 손실(예 : 과열기, 보일러, 절탄기, 공기예열기, 집진기), ΣP_d는 유로의 방향변환에 의한 손실, ΣP_s는 유로의 축소, 확대에 의한 손실, ΣP_b는 굴뚝의 가속 및 마찰손실이다.

07

Chapter

자동차 배기가스 처리

1. 자동차 배출가스 발생
2. 배출가스 대책

1 자동차 배출가스 발생

이동배출원에는 자동차, 선박, 항공기 등이 있는데, 이중 자동차의 지속적인 증가로 도시에서는 이로 인한 대기오염이 심각해지고 있다.

환경보존법에서는 자동차의 배출가스, 매연 등의 배출허용기준은 자동차 종류별로 정하고 있다. 또한 자동차를 제작하는 자는 자동차 배출농도기준에 적합하도록 제작하며 이를 근거로 하여 시행령에는 배출가스농도 기준이 되는 설정항목을 일산화탄소(CO), 탄화수소(HC), 질소산화물(NOx), 매연(PM)으로 정하였다. 표 7.1은 국내 자동차 종류별 오염물의 배출현황이고, 그림 7.1은 자동차 부위별 오염물의 배출분포를 나타낸 것이다.

표 7.1 **자동차 종류별 오염물의 배출현황**

비산먼지 제외/식생 제외 (단위 : ton)

배출원	배출원 중분류명	CO	NOx	SOx	PM_{10}	VOC
도로이동 오염원	소계	520,386	382,226	798	15,255	74,785
	승용차	174,843	32,906	288	22	22,308
	택시	28,688	6,303	212	0	1,198
	승합차	5,674	9,881	19	642	1,220
	버스	13,576	29,653	15	330	9,407
	화물차	77,829	268,051	208	10,890	18,297
	특수차	1,321	2,439	3	123	340
	RV[1)]	39,279	29,808	37	3,249	3,375
	이륜차	179,177	3,184	16	0	18,641

출처 : 국립환경과학원 대기오염 물질 배출량; [1)] Recreational Vehicle

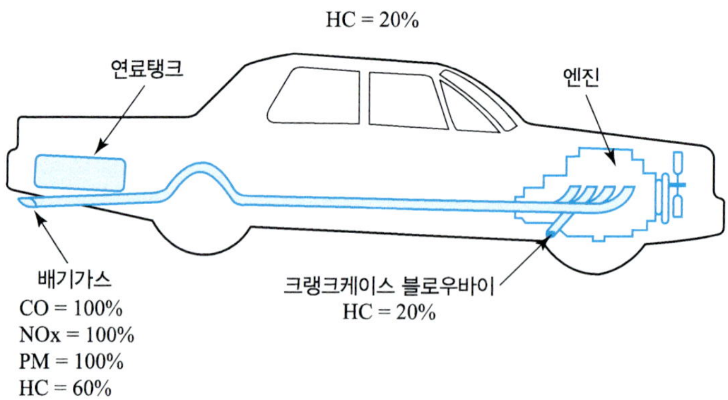

그림 7.1 **자동차의 배출가스 분포**

표 7.2 주행조건에 따른 자동차별 배출가스

연료	운전조건	CO(ppm)	탄화수소(ppm)	NO_2(ppm)
휘발유	Idling	4.0~10.0	300~2,000	50~1,000
	가속(0~40 km/h)	0.7~5.0	300~600	1,000~4,000
	정속(40 km/h)	0.5~4.0	200~400	1,000~3,000
	감속(40~0 km/h)	1.5~4.5	1,000~3,000	50~55
LPG	Idling	2.0~5.0	150~1,000	40
	가속	0.7~2.5	190~350	120~2,000
	정속	0.4~1.0	120~200	4,500
	감속	1.5~4.0	2,000~4,000	60
경유	Idling	0	300~500	50~70
	가속	0~0.1	200	800~1,000
	정속	0	90~150	200~1,000
	감속	0	300~400	30~55

오염물질은 자동차의 주행조건에 따라 배출량이 달라지게 된다. 휘발유, LP가스, 경유연료 자동차의 경우로 나누어 볼 수 있다. 표 7.2를 보면 휘발유와 LPG의 경우 아이들링(idling) 상태에서 CO 가스의 배출량이 많다. 탄화수소는 휘발유와 LPG는 감속 시에, 경유는 아이들링과 감속 시에 많이 방출된다. 또한, NOx의 방출량은 휘발유, LPG, 경유 모두의 경우 가속과 정속 시에 많다.

1.1 엔진의 작동원리

자동차는 연소 시 밀폐된 연소실 내에서 폭발 이상연소가 진행되는 내연기관(internal engine)이 탑재되어 있다. 이 폭발에너지에 의해 왕복운동을 하고 다시 회전운동의 기계적 에너지 전환에 의해 자동차가 이동을 하게 된다. 이때 이미 언급된 바와 같이 엔진 내 연소 시 폭발의 비정상 연소가 이루어지므로 대기오염물이 다량 발생하게 된다. 따라서 이에 대한 발생 메커니즘을 이해하기 위해서는 엔진의 구조, 작동원리, 열역학적 특성 등에 대한 이론적 습득이 필요하다.

엔진의 사용연료에 따라 여러 종류가 있지만 가솔린엔진(gasoline engine)과 디젤엔진(deisel engine)을 기본으로 하여 응용·적용된 것이므로 여기서는 두 엔진만 언급하기로 한다.

(1) 가솔린엔진

가솔린엔진은 1876년에 오토(Otto)라는 사람이 고안한 것으로, 불꽃점화에 의해 폭발연소가 진행된다.

가솔린엔진을 열역학적으로 해석하기 위해 작동유체는 일정한 비열을 가진 이상기체 공기로 가정하고 해석된다. 이때 공기표준 사이클을 오토사이클이라 하며 실제 사이클과 유사하게 해석된다.

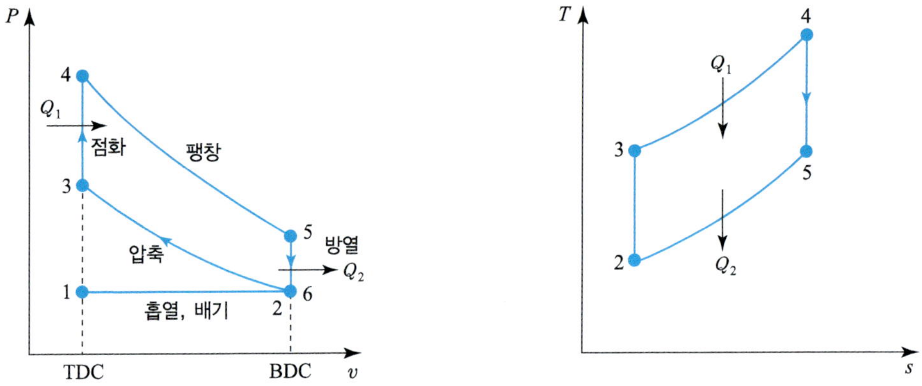

(a) $P-v$ 선도 (b) $T-s$ 선도

그림 7.2 **공기표준 오토사이클**

오토사이클은 정적 사이클이며 고속 압축점화기관에 적용된다.

공기표준 오토사이클에서 점화가열과 방열배출 시 두 경우 모두 정적과정이므로 다음과 같이 가열량과 방열량을 나타낼 수 있다.

$$\text{가열량(점화)} \quad Q_1 = mc_v(T_3 - T_2) \tag{7.1}$$

$$\text{방열량(발열)} \quad Q_2 = mc_v(T_4 - T_1) \tag{7.2}$$

여기서, m은 공기의 질량(kg), c_v는 정적비열(kJ/kg·℃ 또는 kcal/kg·℃)이다.

그리고 이론효율은 식 (7.3)과 같다.

$$\begin{aligned} \eta_0 &= \frac{\text{가열량} - \text{방열량}}{\text{가열량}} = \frac{Q_1 - Q_2}{Q_1} \\ &= 1 - \frac{Q_2}{Q_1} = 1 - \frac{mc_v(T_4 - T_1)}{mc_v(T_3 - T_2)} = 1 - \frac{(T_4 - T_1)}{(T_3 - T_2)} \end{aligned} \tag{7.3}$$

이 교재에서는 엔진에서 배출되는 대기오염물의 발생에 관심이 있으므로 이론적 공기표준 사이클보다 실제 엔진작동, 연소상황 등의 관점에서 가솔린엔진의 운전 사이클을 설명하고자 한다.

가솔린엔진은 엔진 헤드에 스파크 점화플러그가 장착되어 있다. 그리고 흡입구로 연료와 공기가 예혼합되어 유입되는 구조로 되어 있다. 그 연소과정은 그림 7.3에 나타낸 것과 같이 4행정으로 흡입, 압축, 팽창(점화), 배기로 되어 있다. 피스톤이 상사점(top dead center, TDC)에서 흡입밸브가 열리면서 연료와 공기의 혼합기가 흡입되고, 하사점(bottom dead center, BDC)에서 흡입구와 배출구가 닫힌 상태에서 혼합기는 압축된다. 압축된 혼합기는 상사점에 도달되어 고온·고압이 유지된 상태에서 점화 플러그에 의해 점화되어 되어 폭발·팽창하여 하사점에 도달되고, 배기구가 열린 상태에서 다시 상사점으로 이동하여 연소가스가 배출된다.

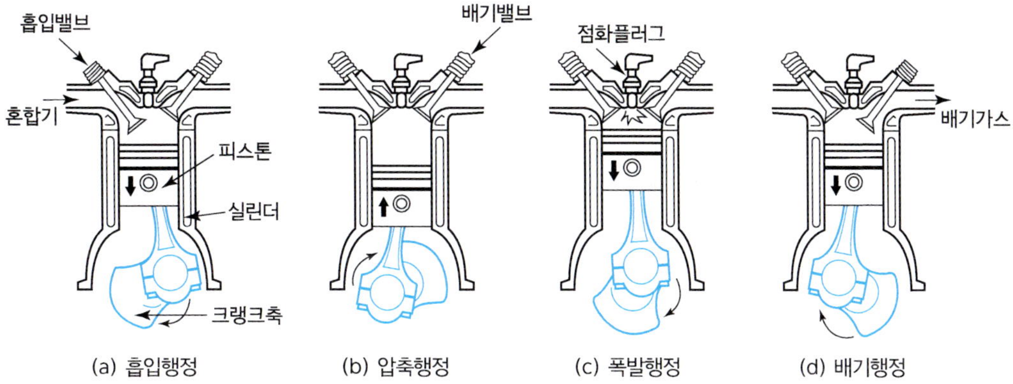

그림 7.3 **가솔린엔진의 4 행정 사이클**

이상적인 오토사이클에서 압축과 팽창이 가역적으로 단열적인 상태 즉 등엔트로피 과정으로 가정되는 것이다. 그러나 실제로는 열손실 등으로 단열과정이 되지 못한다. 즉, 실제 오토사이클의 열효율은 압축비에 따라 결정이 되며, 식 (7.4)와 같이 나타낼 수 있다.

$$\eta = 1 - \frac{1}{\gamma^{k-1}} \tag{7.4}$$

여기서, γ는 압축비, k는 비열비(1.4)이다.

압축비는 연소 전에 동작유체를 압축하는 정도를 나타내는 것으로, 식 (7.5)와 같이 정의한다. 이 압축비가 높으면 혼합기의 밀도가 높아져 동일한 연료라도 연소성이 높아져 높은 폭발력을 얻을 수 있다.

$$\gamma = \frac{V_c + V_h}{V_c} = 1 + \frac{V_h}{V_c} \tag{7.5}$$

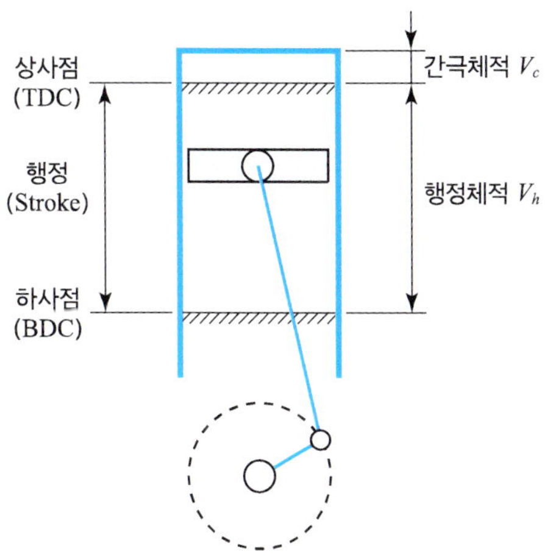

그림 7.4 **엔진에서의 용어정의**

(2) 디젤엔진

디젤엔진은 1892년에 R.Diesel이 고안한 4사이클 내연기관이다. 디젤 공기표준 사이클은 그림 7.5와 같이 두 개의 단열과정과 각각 정압과 정적 사이클로 이루어져 있다. 이 사이클은 압력이 일정한 상태에서 연소가 이루어지므로 정압 사이클이라고도 하며, 오토사이클에 비해 저속 압축점화기관이다.

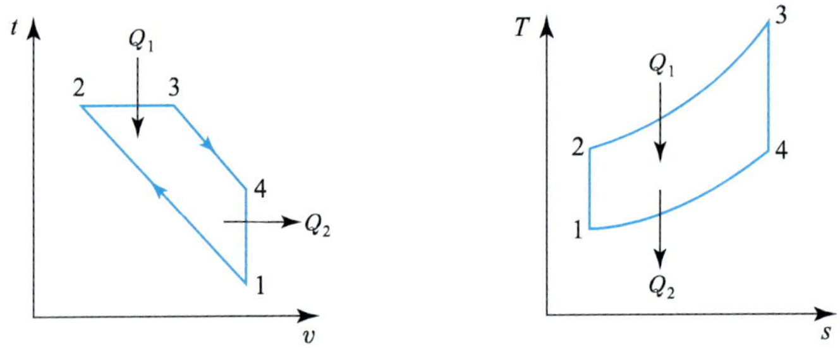

그림 7.5 **공기표준 디젤사이클**

공기표준 디젤사이클에서 점화가열은 정압과정이고, 방열배출은 정적과정이므로 다음과 같이 가열량과 방열량을 나타낼 수 있다.

$$\text{가열량(점화)}\quad Q_1 = mc_p(T_3 - T_2) \tag{7.6}$$

$$\text{방열량(발열)}\quad Q_2 = mc_v(T_4 - T_1) \tag{7.7}$$

여기서, m는 공기의 질량(kg), c_p는 정압비열(kJ/kg·℃ 또는 kcal/kg·℃)이다.

그리고 이론효율은 식 (7.8)과 같다.

$$\begin{aligned}\eta_0 &= \frac{\text{가열량} - \text{방열량}}{\text{가열량}} = \frac{Q_1 - Q_2}{Q_1} \\ &= 1 - \frac{Q_2}{Q_1} = 1 - \frac{mc_v(T_4 - T_1)}{mc_p(T_3 - T_2)}\end{aligned} \tag{7.8}$$

디젤엔진은 가솔린기관과 같이 엔진 헤드에 연료분사 노즐이 장착되어 있다. 그리고 흡입구로 공기만 공급되는 구조로 되어 있다. 그 연소과정은 그림 7.6에 나타낸 바와 같이 4행정으로 흡입, 압축, 팽창(폭발), 배기로 되어 있다.

우선 흡입구가 열려 공기가 흡입되어 하사점까지 이동된다. 그 후 흡입구와 배출구가 닫힌 상태에서 공기가 상사점까지 압축되는데, 이때 공기가 고온·고압의 기체가 되어 기폭온도(primming temperature) 이상 올라간다. 이때 연료분사 노즐로 연료가 분사되어 미세액적으로 무화(automization)되면서 기화되어 폭발하게 된다. 이때 고온에 의해 팽창된 연소가스에 의해

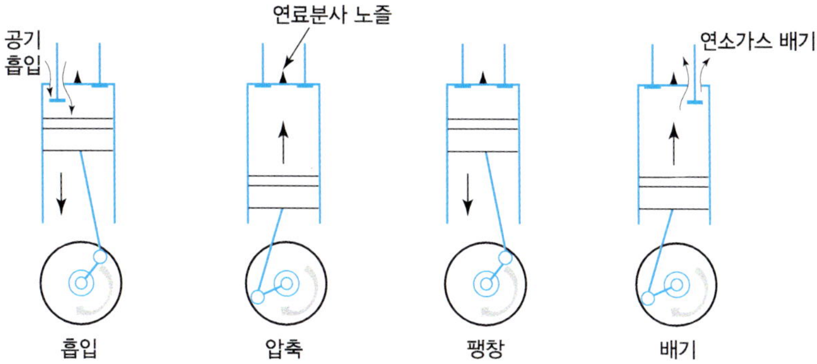

그림 7.6 디젤엔진의 4 행정 사이클

피스톤이 하사점으로 이동된 후 배기구가 열려 연소가스가 다시 상사점으로 이동되면서 배출되는 과정으로 되어 있다.

디젤사이클의 열효율은 압축비와 팽창비에 따라 다르고 식 (7.9)와 같다. 디젤엔진은 높은 압축비로 작동되며(오토엔진은 7. 디젤엔진은 17), 자동점화되기 때문에 값싼 연료로 사용할 수 있다. 실제 디젤엔진의 효율은 약 32~40%로 가솔린엔진보다 다소 높다.

$$\eta = 1 - \frac{1}{\gamma^{(k-1)}}\left[\frac{\sigma^k - 1}{k(\sigma - 1)}\right] \tag{7.9}$$

여기서, γ는 압축비, σ는 차단비(cut off ratio), k는 비열비(1.4)이다.

1.2 자동차엔진 연소과정

(1) 가솔린엔진 연소과정

오토기관의 실린더 내에서 연료(또는 혼합기)의 연소과정은 점화지연(ignition delay), 화염전파(flame propagation) 그리고 후연소(after burning)의 3단계로 나누어 생각한다.

1) 점화지연기간

스파크 플러그 전극에서 스파크(spark)가 발생되어 스파크가 지속되는 동안에 스파크의 열에너지가 혼합기로 전달되어 혼합기로부터 화염핵이 형성되고, 형성된 화염핵이 점차적으로 발달하여 모터링 압력선도로부터 압력상승이 되기까지의 기간을 점화지연 기간이라 한다.

점화지연기간은 연소실의 온도와 점화에너지의 크기, 공기연료비에 따라 다르다. 일반적으로 분자의 구조상 적은 에너지로도 분해되는 연료는 점화지연 기간이 짧아 점화성과 연소성이 좋다. 반대로 분해가 어렵고 비열이 큰 연료일수록 점화지연 기간이 길다.

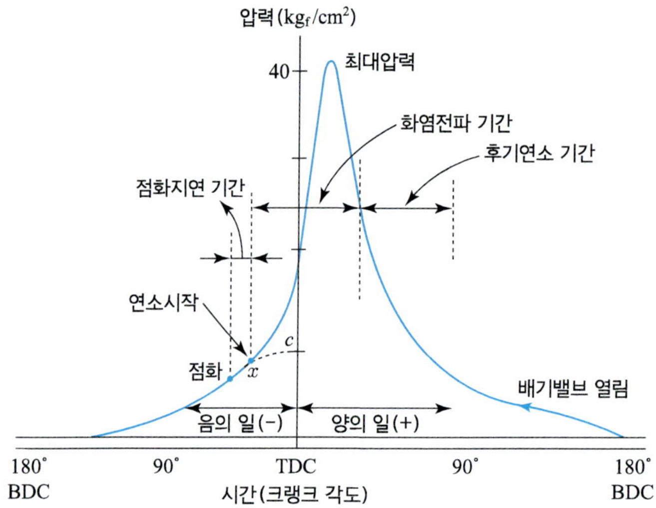

그림 7.7 **가솔린기관의 연소과정**

2) 화염전파 기간

점화과정에서 출현한 화염핵이 점차 발달하여 화염면(flame front)을 형성하면서 스파크 간극을 벗어나 연소공간으로 확산되는 주 연소과정을 화염전파 과정이라 한다.

연소가 진행되고 있는 얇은 층을 화염면이라 하고, 화염면의 후방을 가연가스(burned gas), 화염면의 전방을 미연가스(unburned gas)라 한다.

화염전파 과정은 온도파에 의한 화염전파와 압력파에 의한 화염전파로 나누어 생각할 수 있다.

온도파에 의한 화염전파는 연소초기에 혼합기가 비교적 낮은 온도 하에서 연소될 때 나타나는 형태로, 화염면이 미연가스로 전파될 때 열전달에 의해 미연가스가 화염면의 열을 흡수하여 점화온도까지 가열되고, 점화되면서 또 앞쪽으로 연소열을 전달하여 화염면이 순차적으로 진행하는 경우를 말한다. 이때의 화염전파는 층류로 이루어지며, 그 속도는 혼합기가 정지해 있을 경우는 대략 2∼6 m/s 정도이나, 실린더 내에서는 와류의 영향으로 약 15∼50 m/s 정도의 속도를 갖는 것으로 알려져 있다.

압력파에 의한 화염전파는 정적연소과정 중에 발생되는 현상으로 연료가 연소되면 화염의 중심압력은 급상승하고, 이 중심압력은 주위를 향해 음속에 가까운 속도(약 300 m/s 정도)의 압력파를 발생시킨다. 압력파의 진행속도가 화염면의 진행속도보다 훨씬 빠르므로 미연가스는 화염면이 도달되기 이전에 벌써 압력파에 의해 압축되어 압력이 급상승하게 된다. 미연가스가 압축되면 열전달 없이도 온도는 상승하고 적은 양의 에너지 공급만으로도 신속히 착화되므로, 그만큼 화염전파를 가속시키는 결과가 된다. 압력파가 확산되면서 실린더 내의 압력상승과 난류증가에 의해 열전달이 촉진된다. 따라서 연소가 진행될수록 화염전파 속도는 급속히 빨라진다.

그리고 실제 기관의 실린더 내에서는 유입혼합기 자체의 와류와 피스톤운동에 의한 난류가 존재하므로, 화염면의 표면적이 증가하여 연소가 촉진된다. 따라서 스파크 플러그로부터 반대측 연소실의 끝부분까지의 화염전파는 천분의 수초 내에 완료된다.

3) 후연소과정

화염면이 연소실의 끝까지 진행한 이후에도, 즉 화염전파 과정이 완료된 후에도 연소실 내부의 화염은 모두 소멸되지 않는다. 따라서 연소실 내부의 압력은 화염전파 과정이 완료된 후에도 상당시간에 걸쳐 계속 상승하며, 피스톤이 하향행정을 할 때까지도 계속된다. 이것은 화염의 후면에서 연소가 계속되고 있거나 또는 연소실 내의 관찰되지 않은 어떤 부분의 화염이 존재함을 의미한다.

후연소의 주원인은 공기와 연료의 혼합상태 불균질 때문에 발생된다. 공기·연료혼합기가 균일하다면 화염전파가 종료됨과 동시에 연소도 완료되겠지만 실제 기관에 도입되는 혼합기는 불균일하다.

따라서 화염전파가 종료된 후에도 기연가스에는 산소부족에 의해 불완전연소 생성물이 국부적으로 존재하여 미연가스가 산소와 재반응하여 후연소가 진행된다.

4) 정상연소와 이상연소

정상연소(normal combustion)란 과도한 압력상승률로 인해 기관의 운전장해가 발생되지 않는 범위 내에서 기관의 성능이 최대로 될 때의 연소형태를 말한다.

온도파 화염전파와 경미한 압력파 화염전파가 정상연소로 취급된다. 일반적으로 스파크 플러그의 반대편 끝까지 화염이 진행하여 연소가 완료되는 것을 정상연소로, 취급한다.

이상연소(abnormal combustion)란 정상연소에 대응되는 개념으로, 급격한 압력파의 누적에 의해 충격적으로 연소가 이루어져 기관의 운전장해와 출력저하를 초래하는 연소형태를 말하고, 자기착화(self ignition)에 의해 충격적인 타음을 동반하게 되는데, 이것을 노킹(knocking)이라 한다.

노크는 가속노크(acceleration knock)와 고속노크(high speed knock)로 분류하고, 가속노크는 저속에서 가속페달을 끝까지 밟아 가속할 때 발생하는 노크로, 연료의 리서치 옥탄가가 낮거나 점화시기가 너무 빠를 경우에 주로 발생된다.

고속노크는 전부하 고속으로 일정속도로 주행할 때 발생하는 노크로, 운전자가 노크음을 들을 수 없는 경우가 대부분이다. 고속노크는 연료의 모터가 옥탄가(mon)가 너무 낮거나 연료의 옥탄가 감도(RON과 MON의 차)가 너무 클 경우에 주로 발생한다.

기관의 노크발생은 연소실 형상, 연소실의 퇴적물, 혼합기의 질, 흡기 다디관의 형상, 옥탄가, 공기밀도 그리고 기관의 온도에 따라 변화한다.

기관의 노크는 점화시기와 밀접한 관계를 가지고 있으며, 최대토크를 발생시키는 점화시기

(MBT : Minimum spark advance of Best Torque)는 노크가 발생되기 시작하는 점화시기 부근에 있으므로 현재의 전자제어엔진은 노크센서로부터 받은 신호로부터 점화시기를 노킹발생 한계까지 진각시키도록 제어한다.

폭발(detonation)이란 압력파의 누적에 의해 말단가스(end gas)가 보통의 압력파의 진행속도보다 훨씬 빠른 속도로 연소되는 현상 그 자체를 말한다.

조기점화(pre-ignition)란 스파크 플러그부터의 불꽃에 의한 점화에 앞서 혼합기가, 또는 스파크 플러그에 의한 정상점화가 이루어진 후에도 정상화염이 도달되기 전에 말단가스(end gas)가 실린더 내의 다른 어떤 고온표면(hot spot)에 의해서 점화되는 현상을 말한다.

(2) 디젤엔진 연소과정

디젤기관은 공기만을 압축하고 분사노즐을 통하여 연로가 분사되면 압축된 고온의 공기는 분사된 연료에 열에너지를 전달하여 연료의 증발과 공기와 혼합에 의해 착화된다. 디젤기관의 연소과정은 연료가 분사되어 착화될 때까지의 착화지연기간, 분사된 연료 모두가 연소되는 화염전파기간, 연료의 분사와 동시에 연소하는 직접연소 기간, 직접연소 기간에 연소되지 못한 연료가 연소하는 후연소기간의 4단계로 분류하여 생각할 수 있다.

1) 착화지연 기간

분사노즐에 의해서 분사된 연료의 입자가 공기의 압축열에 의해서 증발하여 연소를 일으킬 때까지의 기간으로, 분사된 연료 중에 화염핵이 형성되고 형성된 화염핵이 점차적으로 발달하여 모터링 압력선도로부터 압력상승이 되기까지의 기간을 착화지연 기간이라 한다.

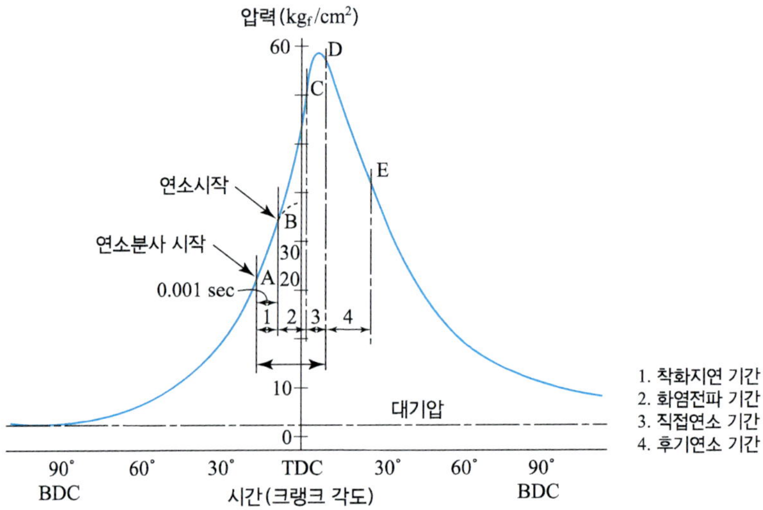

그림 7.8 디젤기관의 연소과정

착화지연 기간이 길게 되면 착화지연 기간 동안 분사된 연료가 일시적으로 연소되므로 압력상승률이 급격하게 증가되어 디젤노킹이 발생된다. 디젤노킹은 가솔린기관과 다르게 착화지연 기간에 의해 지배된다.

2) 화염전파 기간

분사노즐에 의해서 분사된 연료의 입자가 착화되면 착화지연기간에 분사된 연료의 모두에 화염이 전파되어 동시에 연소되는 기간으로, 폭발적으로 연소하기 때문에 실린더 내의 압력과 온도가 상승한다. 화염의 전파는 실린더 내에서 공기와 연료의 혼합상태, 실린더 내에서 공기의 와류, 사용연료의 성질 등에 따라서 좌우되며 가솔린의 화염전파 기간과 동일하며 혼합연소라 한다.

3) 직접연소 기간

분사노즐에 의해서 분사되는 연료입자는 화염전파 기간에서의 화염 때문에 연료가 분사와 거의 동시에 공기와 혼합되지 않고 연소되므로 확산연소라 한다.

직접연소 기간에 참여하는 연료가 많아지면 불완전연소에 의한 매연의 발생이 증가하게 되므로, 매연의 발생량을 줄이기 위해서는 직접연소 기간에 참여하는 연료량을 줄이도록 연료의 분사율을 제어해야 한다.

4) 후기연소 기간

연료의 분사가 종료되면 직접연소기간에 연소하지 못한 연료가 연소하는 기간으로, 후기연소 기간이 길어지면 배온과 배압이 상승하고 열효율이 저하된다.

5) 가솔린노킹과 디젤노킹의 차이점

구 분	가솔린노킹	디젤노킹
발생원인	• 미연가스가 연소 말단에서 자기착화 • 열점에서 점화시기 전의 조기점화	• 분사된 다량 연료의 일시적 연소
방지대책	• 자기착화 온도가 높은 연료사용 • 착화지연 기간이 긴 연료 • 연소속도가 빠른 연료 • 점화시기를 늦게 한다. • 압축비를 낮춘다 • 연소실의 온도를 낮춘다. • 화염전파 거리를 짧게 한다. : 구형연소실(중심부에 점화플러그 설치) • 옥탄가가 높은 연료사용	• 세탄가가 높은 연료사용 • 자기착화온도가 낮은 연료사용 • 분사시기를 늦게 한다. • 압축비를 높인다. • 연소실의 온도를 높인다.

1.3 자동차의 배출가스

자동차는 이미 언급된 바와 같이 밀폐된 용기에서 순간적으로 점화·폭발되어 비정상연소되는 엔진이다. 따라서 정상적으로 연소되는 연소기보다 인체에 유해한 각종 대기오염 물질이 배출된다.

그 오염물을 살펴보면 우선 완전연소 생성물인 CO_2, H_2O, SO_2이 있고, 불완전연소 생성물인 CO, 알데하이드(HCHO), H_2, 미연 탄화수소, 매연(smoke)이 있다. 그리고 가솔린기관의 희박연소엔진과 디젤엔진의 경우 과잉공급 공기로 인해 배출되는 N_2, O_2가 있다.

(1) 가솔린기관의 배출가스

1) 일산화탄소

대기의 일산환탄소(CO) 농도에 가장 큰 영향을 주는 CO는 연료 연소 시의 공연비(AFR)에 직접적인 영향을 받고 있다. 가솔린기관의 이론공연비는 14.51이나, 실제의 기관에서는 최대출력을 얻기 위해서 공연비를 12~13 정도로 연료의 농도를 크게 하고 있다.

여기서 가솔린연료인 휘발유(C_7H_{13})의 이론공연비(AFR : air fuel ratio)는 식 (7.10)과 같이 계산된다.

$$C_7H_{13} + 10.25O_2 + 38.5N_2 \rightarrow 7CO_2 + 6.5H_2O + 38.5N_2 \qquad (7.10)$$

$$12\times7+13 \quad 10.25\times(16\times2) \quad 38.54\times(14\times2) = 97 = 328 = 1{,}080$$

$$AFR = \frac{\text{공기의 분자량}}{\text{연료의 분자량}} = \frac{328+1{,}080}{97} = 14.5$$

그림 7.9에서의 공연비가 이론공연비보다 적어지면 CO는 급격히 증가되고, 그 반대로 공연비가 큰 상태에서는 CO 농도가 현저하게 감소하나 완전연소라고 할 수 없고, CO는 여전히 발생한다. 이는 공기가 충분이 공급되더라고 엔진 구조상 국부적으로 완전혼합이 어렵기 때문이다.

LPG를 사용하면 기화·혼합이 매우 양호하므로 공연비를 크게 할 수 있어 CO의 배출량이 적다. 또 디젤엔진에서도 공연비가 매우 크므로 CO는 본질적으로 배출량이 적다.

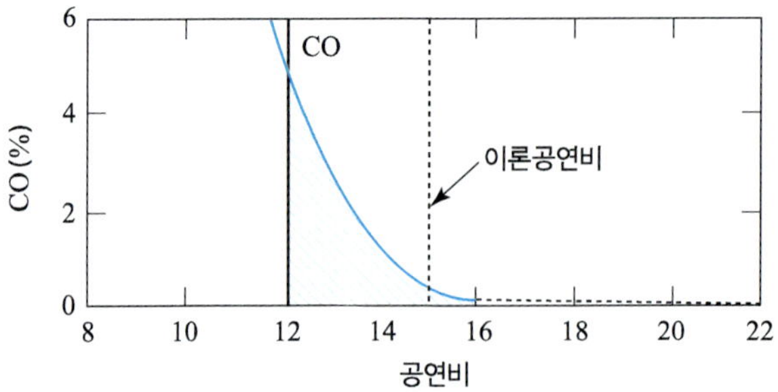

그림 7.9 공연비와 CO의 관계

2) 탄화수소

탄화수소(hydrocarbon : HC)가 배출되는 원인은 공기비, 점화시기, 냉각효과에 의한 온도영향 등 여러 요인이 있다.

그림 7.10에서와 같이 공연비가 커짐에 따라 14.5까지는 HC가 감소하여 최솟값을 가진 후, 공연비가 14.5를 지나면 HC 배출량이 증가한다. 그 이유는 14.5보다 낮은 공연비에서는 연료과농의 산소부족으로 인해 충분한 연소가 이루이지지 못해 불완전연소에 의해 HC가 발생되며, 14.5보다 큰 경우는 과잉공기로 인해 배기손실이 증가되어 엔진 내 연소실의 온도가 하강하기 때문에 연소성이 감소되기 때문이다.

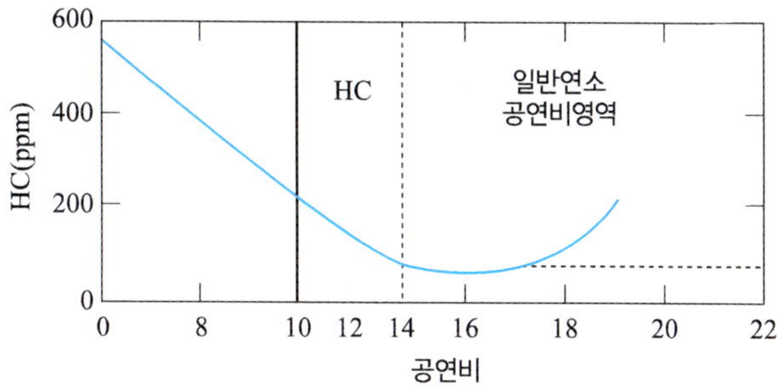

그림 7.10 **공연비와 HC의 관계**

점화시기는 그림 7.11과 같은 영향을 준다. 점화시간이 짧아지면 연소시간이 길어져서 연소실 온도가 상승하여 연소성이 증가하게 된다. 따라서 연료소비율이 감소하고 HC의 발생량도 줄어들게 된다. 일반적으로 연료의 경제성을 고려하여 약간 점화시기를 빠르게 하고 있다.

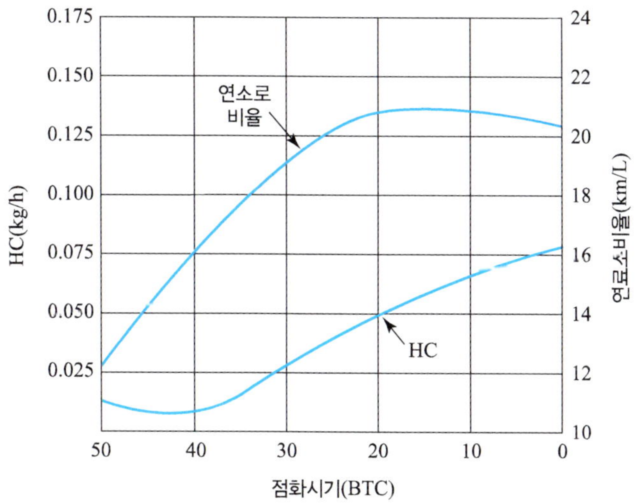

그림 7.11 **점화시기와 HC와의 관계**

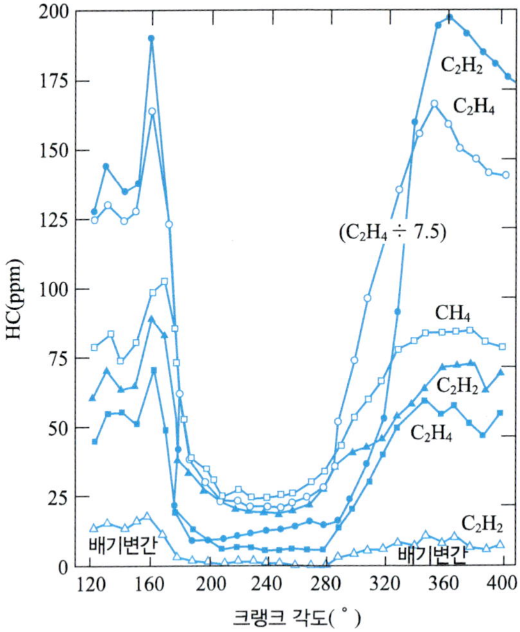

그림 7.12 **배기행정 중의 HC 농도변화**

연료의 미연소에 의한 HC 발생 원인으로는 냉각효과(quenching : 점화된 불꽃이 피스톤, 실린더 헤드, 연소실 벽면으로 퍼져나가는 현상)가 있다. 가솔린엔진의 연소실은 점화된 불꽃이 피스톤과 실린더 헤드로 형성되는 연소실 내에서 퍼져나가 피스톤과 실린더 헤드 그리고 내벽에 가까워지면서 온도는 내려가는 냉각효과 때문에 연소되지 않고 HC가 발생된다. 이때 생성된 HC는 그림 7.12에서 보듯이 배기행정 중의 일정량의 존재 하에 하사점과 상사점부근에서 더 많은 양이 배출되는 것을 알 수 있다.

3) 질소산화물(NOx)

그림 7.13은 공연비와 NOx의 관계를 나타낸 것이다.

NOx는 이론공연비인 14.5보다 다소 큰 값에서 최대치를 보이는데, 이는 연료와 연소용 공기가 엔진으로 흡입 전 혼합이 되는 구조이나 물리적으로 완전혼합이 어려워 이론값보다 다소 큰 공연비에서 완전혼합이 이루어진다. 이때 연소성이 가장 좋아 연소온도가 최대를 보이므로 NOx가 최대치를 보인다.

그리고 NOx값이 최대를 나타내는 공연비보다 작으면 공기부족으로 인해 불완전연소가 발생되어 온도가 낮아져 NOx가 감소하며, 이 공기비보다 높으면 과잉공기로 인한 배기손실이 증가되어 온도가 낮아져 역시 NOx가 감소된다.

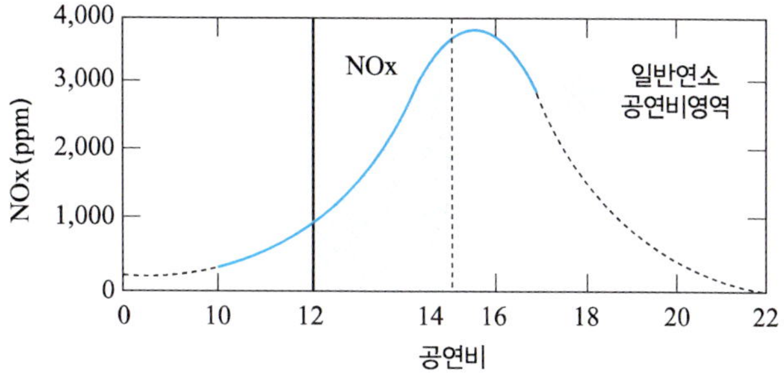

그림 7.13 공연비와 NOx의 관계

엔진에서의 NOx의 발생은 연료에 의한 연료 NOx도 일부 발생되지만, 거의 대부분은 엔진 내에서 연소할 때 발생되는 고온에 의해 발생되는 고온 NOx이다.

따라서 엔진 내에서 NOx의 발생은 연소온도에 크게 영향을 미치는 점화시기와 압축비에 관련이 있다. 그림 7.14와 같이 점화시기가 빠를수록 온도가 올라가 NOx가 크게 되고, 그림 7.15와 같이 공기비가 16 부근에서 압축비가 높을수록 연소성이 좋아져 온도가 증가되어 NOx가 증가된다.

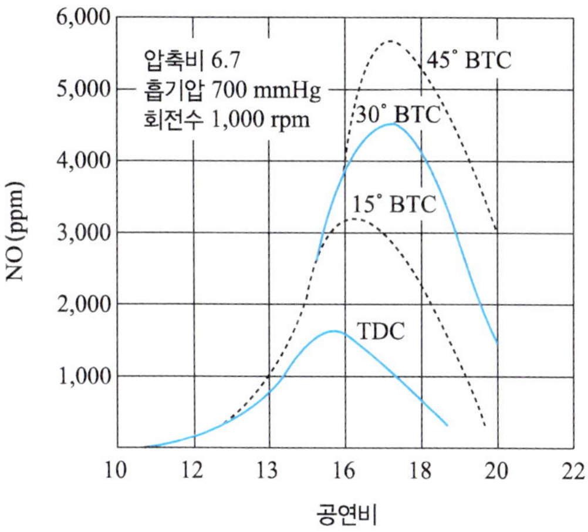

그림 7.14 점화시기와 NOx와 관계

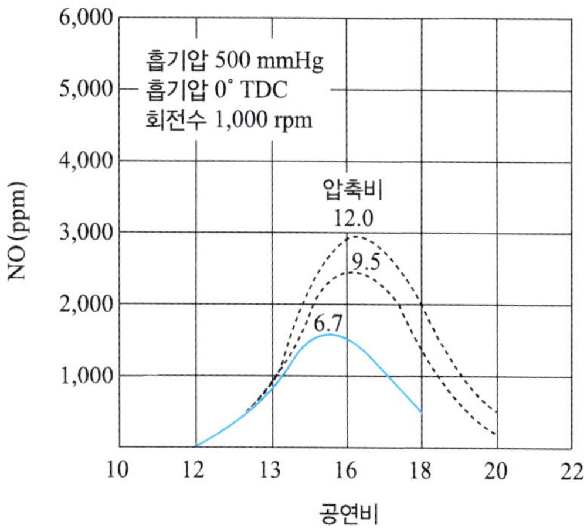

그림 7.15 압축비와 NOx와 관계

4) 블로우바이가스

엔진의 연소실인 실린더와 크랭크 케이스(crank-case) 사이는 피스톤링(piston ring)으로 연소가스를 차단·유지되나, 압축행정과 폭발행정 시 실린더 벽과 피스톤링 사이로 연소된 유해가스가 크랭크 케이스 쪽으로 새어나가는 가스를 블로우바이(blow-by)가스라고 한다. 이 가스는 미연소가스가 80~85%, 완전연소가스가 15~20%로 구성되어 있다.

블로우바이가스로 소모되는 휘발유의 양은 전체소비량의 2~3% 정도이다. 블로우바이가스는 크랭크 케이스 안에 있으면 그 산성도 때문에 기관을 부식시키고, 또한 엔진오일을 희석하고 슬러지를 생성하므로 어떤 방법으로든지 크랭크 케이스 안은 환기가 필요하다.

5) 증발가스

연료계(연료탱크, 연료분사기, 연료펌프 등)에서의 연료의 증발은 주로 휘발성이 강한 HC가 주된 배출원이 되고 있다. HC의 배출량은 배출가스의 15~25% 정도로 많은 양이 배출된다고 볼 수 있다.

6) 납화합물

가솔린 에진에서 휘발유의 옥탄가를 높이기 위해 납화합물 특히 4에틸납($Pb(C_2H_5)_4$)(tetra ethyl lead, TEL)을 첨가하였다. 이 4에틸납의 사용으로 도시에서는 중금속인 납의 농도가 증가하여 대기환경문제가 야기되었다.

따라서 국내에서는 대기환경보전법(1991년 2월 공포)에 의해 무연휘발유(납성분이 없거나 매우 낮은 휘발유) 사용이 의무화되었다. 4에틸납의 대체를 위한 옥탄가증진 첨가제로 MTBE (metyhl tertiary butyl ether)을 사용한다. 특징으로 옥탄가를 높이며, 비점과 증기압이 낮고, 휘발유에 완전용해되며, 방향족, 올레핀 성분이 없는 것이 특징이다.

노킹(Knocking)은 실린더 안의 연소에 따라 엔진이 과열되거나 압축비가 커서 압축 혼합가스의 온도가 높아져 정상적인 점화 이전에 아직 연소하지 않은 혼합가스의 온도가 착화온도 이상으로 올라가 자기착화를 일으키는 현상을 말한다. 이 노킹이 발생되면 불완전연소가 되어 유해가스 발생이 많아진다.

(2) 디젤기관의 배출가스

디젤엔진에서 발생되는 오염물은 가솔린기관과 거의 유사하지만, 디젤엔진의 경우 엔진 구조상 상대적으로 매연이 많이 발생된다. 또한 고온연소가 이루어지므로 NOx 발생이 높다.

1) 공기비와 매연 등 배기가스 농도의 관계

매연은 고온불꽃에서 탄화수소 연료가 열분해 또는 탈수소반응을 받아 2중결합으로 탄소입자단을 형성하며, 그것이 팽창·응집한 것이다. 이들은 대부분 인체에 유해한 PM2.5 미만의 초미세입자로 구성되어 있다.

디젤엔진에서는 공기비가 낮으면 매연발생이 많아진다. 이론적으로 공기비가 1.1~1.3일 때 완전연소에 의해 매연발생이 작아진다. 그러나 실제로는 공기만 흡입된 상태에서 엔진헤드에서 연료가 노즐에 의해 분사되어 국부적으로 연료과잉이 존재하여 매연이 많이 발생된다.

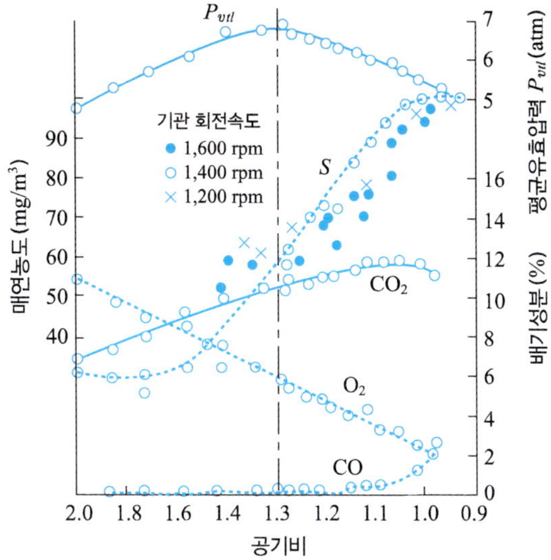

그림 7.16 **공기비와 배기가스 농도의 관계**

그림 7.16은 디젤엔진에서 공기비변화에 따른 매연 등 배기가스의 농도를 나타낸 것이다. 공기비는 매연형성에 크게 영향을 주고 있는데, 공기비가 낮아질수록 매연농도를 증가되고 있는 것을 알 수 있다. 또한, 공기비가 증가할수록 산소의 농도는 증가한다. 그러나 이산화탄소와 일산화탄소의 농도는 과잉공기에 의해 희석되어 감소된다.

2) 디젤엔진의 배출가스 성분 및 농도

공연비(AFR : air fuel ratio)가 작으면 공기량이 작아지므로, 매연, CO, HC 배출량이 늘어난다. 그림 7.17은 같은 공연비에서 CO 농도에 비하여 매연의 농도가 매우 높고, 공연비 18 정도에서 매연농도가 큰 것을 알 수 있다.

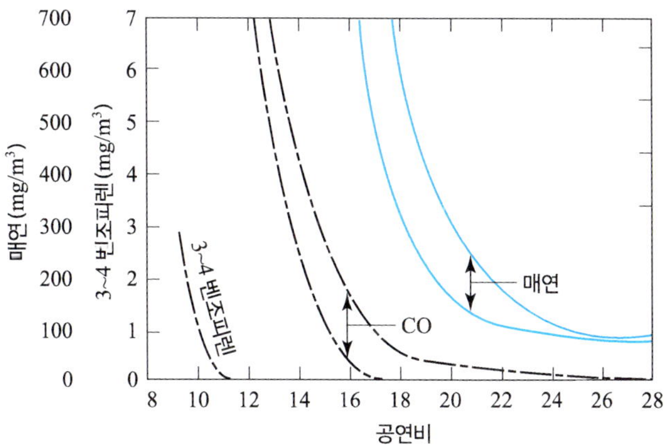

그림 7.17 **디젤엔진의 배출가스 성분 및 농도**

디젤엔진에서는 대체로 공기과잉 상태에서 운전되므로 배출가스의 HC는 더욱 낮다. HC는 전체의 양에 비하면 적으나, 연료의 성상으로 보면 그 성분상의 종류는 많고, 3~4-benzpyrene 등의 유해성분 및 악취의 원인이 되는 자극적인 성분인 포름알데히드(HCHO)가 함유되어 있다.

2 배출가스 대책

자동차 배출가스에 의한 공해의 저감 또는 방지에는 자동차의 엔진에서 유해성분의 발생을 억제하는 방법, 엔진에서 발생한 유해성분을 후단부에서 다시 처리하여 정화하는 방법, 연료의 개선, 새로운 엔진의 개발 등이 있다.

2.1 엔진에서 유해가스를 억제

엔진 내에서 유해가스를 제어하는 방법은 희박연소 방식, 터보차저-인터쿨러 방식, 연소실개선 방식인 성층급기엔진과 CVCC(Compound votex controlled combustion) 등이 있다.

(1) 희박연소 방식

희박연소(lean burn) 방식의 궁극적인 목적은 연소효율의 향상을 통해 엔진성능의 손실 없이 대기오염가스 저감 및 연비를 개선하는 것이다. 희박연소엔진은 일본의 Toyota, Honda, Mitsubishe, Nissan, Mazda, 한국의 현대자동차 등에서 개발을 완료하여 양산하고 있으며, 그 비중을 확대해 나가고 있다.

희박연소 방식은 일반 가솔린 엔진의 이론 공연비인 14.7보다 다소 농후한 상태에서 연소하는데 비해, 이 방식은 훨씬 희박한 공연비 22인 상태에서 운전하기 때문에 희박연소엔진이라 한다.

희박연소엔진은 흡기 매니폴드(manifold)에 스로틀(throttle) 밸브를 달아 린번(lean burn) 제어영역에서는 한쪽 밸브를 닫음으로 인한 빠른 유속에 의해 연소실 내에 와류를 생기게 한다. 연료분사 시기를 흡기행정 중의 적절한 시기에 조절하여 분사된 연료가 와류에 의해 점화 때 플러그 주위에 더 모이게 하여, 이 지역의 공연비가 국부적으로 13~14 정도로 일반 연소엔진과 유사하게 짙게 형성되게 한다. 따라서 전체적으로는 공연비가 희박한 상태지만 국부 농후한 혼합기에 의해 초기 점화화염을 강하게 하여 연소를 급속도로 이루어지게 하는 방식이다.

희박연소엔진은 일반엔진 대비 동일한 출력을 얻기 위하여 많은 양의 공기가 필요하며, 이를 위해서는 스로틀 밸브의 개도를 크게 해야 한다. 이에 따른 공기저항이 작기 때문에 펌프손실이 줄어들 수가 있으며, 또한 일반엔진보다 연소실온도가 낮아 실린더벽 등으로 빼앗기는 열이 적고, 연소온도가 낮으니 열해리와 배기의 손실도 적어진다. 따라서 연비는 일반엔진보다 약 10% 정도 좋아지고 엔진에서 나오는 배출가스인 NOx는 약 80% 정도 줄어들게 된다.

희박연소 시 배출되는 가스 중 일산화탄소(CO)와 탄화수소(HC)는 충분한 공기가 공급된 상태에서 충분한 연소가 이루어지므로 감소될 수 있다.

질소산화물(NOx)은 내연기관의 연소실 안에서 산소와 질소분자 간의 높은 온도에 의한 열반응에 의해 생성된다. 현재 배출가스 저감을 위해 적용되는 후처리장치인 삼원촉매도 기본적으로 질소산화물을 줄이는 데는 효과적이지 못하다. 연소과정 중에 생성되는 질소산화물의 수치는 연소실 내의 공연비와 연소가 발생하는 연소온도 양쪽에 모두 좌우되며, 약 14~17의 공연비 하에서 발생하는 질소산화물의 최고가 된다.

질소산화물을 줄이기 위한 최선의 방법은 연소실 안의 연소온도를 낮추거나 산소의 농도를 줄이는 것이다. 연소실 내의 산소의 농도를 낮추기 위한 방편으로 연료를 농후하게 분사하는 방법은 질소산화물의 생성을 억제할 수는 있으나, 반대로 불완전연소로 인한 연비의 저하와 HC, CO의 증가를 불러온다. 따라서 공연비를 20 가까이로 더 높이 취하고 대용량의 촉매(lean NOx catalyst)를 적용함으로서 희박연소엔진은 NOx의 감소를 가져올 수 있게 되었다.

반면, 희박연소의 단점은 연소불안정 및 착화성저하(토크 변동증가) 그리고 희박공연비 영역과 이론공연비 영역 간의 천이 시 구동력감소에 따른 주행감의 저하 등이 있다.

(2) 터보차져-인터쿨러 방식

터보 인터쿨러는 가압 후 고온이 된 공기를 인터쿨러에서 냉각시켜 공기밀도를 크게 함으로써 실린더로 보급되는 흡입공기의 절대량을 늘려 엔진출력을 향상시키는 장치이다. 터보 인터쿨러 엔진을 사용할 경우 자연흡기엔진에 비해 출력이 30% 가까이 향상되어 탁월한 동력성능을 발휘하고, 저속에서도 동일출력을 내며, 엔진수명이 오래가는 장점이 있다. 또한 진동과 소음, 배기가스 등이 감소되고, 연비 또한 좋아진다고 한다. 원래 터보 인터쿨러 엔진은 항공기에 사용된 것으로, 공기가 희박해지는 높은 고도에서도 엔진 내에 일정한 공기압을 유지해 주기 위해 개발된 것을 자동차 엔진에 응용한 것이다.

자동차 엔진은 원래 자연흡기 방식의 엔진이었는데, 엔진의 출력증강과 연비의 개선, 매연의 감소 등 여러 가지 개선사항을 충족시키기 위해서 디보엔진(터보차저)이 개발되었다. 자연흡기 방식은 공기를 흡입하는 구멍이 있고 그 구멍과 엔진 사이에 에어클리너가 있으며 아무런 저항 없이 공기가 들어오는 대로 흡입하는 방식으로, 엔진은 배기량만큼 혼합기를 흡입해야 하는데 실제 배기량의 80% 정도밖에 흡입할 수 없다.

따라서 2,000 cc 엔진도 1,600 cc분의 혼합기밖에 흡입하지 못한다. 이 흡입량을 늘리기 위해 밸브 수를 늘리거나 밸브 직경을 크게 하기도 하지만, 또 하나의 방법으로 터보차저를 사용하여

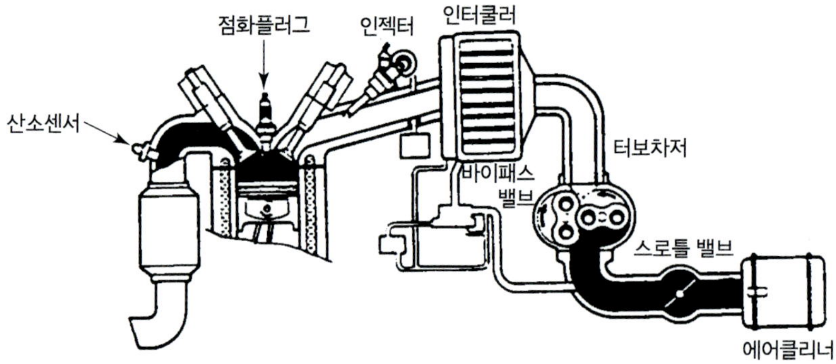

그림 7.18 **터보차저-인터쿨러**

터빈이나 펌프를 강제적으로 돌려 공기의 압력을 1.5배 가하면 많은 공기가 실린더 내로 들어가 가솔린의 양도 많아지면서 파워도 상승한다.

터보차저-인터쿨러(그림 7.18)는 배기가스의 압력에 의해서 고속으로 회전하여 공기를 가압하는 임펠러(impeller), 배기가스의 열에너지를 회전력으로 변환시키는 터빈(turbine), 터빈축을 지지하는 플로팅 베어링(floating bearing), 과급압력이 규정 이상으로 상승되는 것을 방지하는 과급 압력조절기, 과급된 공기를 냉각시키는 인터쿨러(inter cooler), 분사시기를 조절하여 노킹(knocking)이 발생되지 않도록 하는 노킹방지 장치 등으로 구성되어 있다.

그리고 터보차져(turbo charger)는 배기가스의 추력을 이용하여 흡입되는 공기를 압축시켜 공기 중에 산소의 양을 높여 연소성의 향상과 함께 CO, HC의 양을 감소시키지만, NOx의 양은 증가한다. 따라서 인터쿨러(intercooler)에 의해 흡입공기를 냉각시켜 연소용 공기온도를 낮추어 연소온도를 내려 고온 NOx의 발생량을 줄인다.

결과적으로 터보차저-인터쿨러는 엔진의 출력을 향상시키고 아울러 CO, HC, NOx를 동시에 저감시킬 수 있다.

(3) 연소실의 개선

엔진의 성능과 대기오염물 배출의 제어를 위해 연소실을 개선하는 여러 방법이 제안되어 있는데, 여기에서는 미국 포드사에서 개발한 것으로 성층연소엔진(stratified charge engine)과 일본 혼다사에서 개발한 CVCC(compound votex controlled combustion) 에 대해 설명하기로 한다.

1) 성층급기엔진

성층급기엔진은 포드사에서 개발한 것이므로 FCP(Ford Combustion Process)라고도 한다. 휘발유엔진과 디젤엔진의 중간적 연소방법이다.

흡입구로 연료와 공기가 혼합된 희박혼합기로 유입되는 상태에서 점화플러그가 장착된 흡입

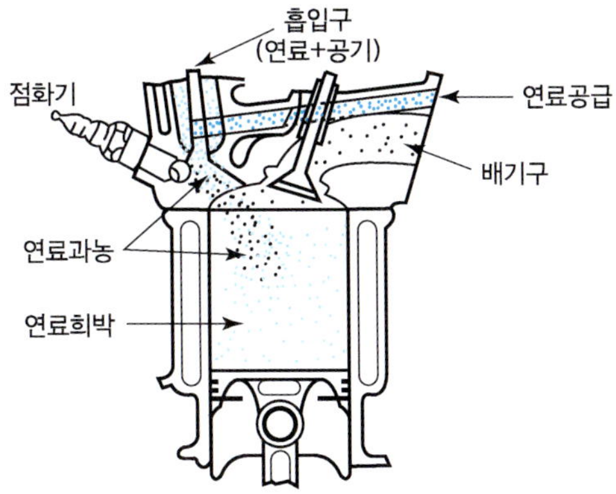

그림 7.19 성층급기엔진

구 근처에 연료를 분사하는 구조로 되어 있다. 이로 인해 혼합기가 점화플러그 근처가 농후한 상태에서 점차적으로 희박하게 성층화된 혼합기가 유지되게 된다. 따라서 점화기 근처에서 혼합기가 점화하기 쉬운 농후한 혼합기를 형성하여 점화한 후, 피스톤 헤드 쪽의 희박한 혼합기로 점차적으로 연소되게 하여 완전연소시키는 방법이다.

연소가 순차적으로 잘 이루어지므로 불완전연소 성분이 감소되어 연료소비를 줄일 수 있는데, 기존의 가솔린엔진보다 약 30~40% 절감할 수 있다고 알려져 있다.

또한, 대기오염물인 CO, HC, NOx도 기존의 엔진에 비해 다소 감소한다. CO, HC는 성층연소의 연소성 증대로 인해 감소되며, NOx는 국부 최대온도 감소로 인해 고온 NOx가 감소된다.

2) CVCC

CVCC(Compound votex controlled combustor)엔진은 일본의 혼다사가 개발한 것으로, 오토(Otto)에 의해 제안된 정적 사이클을 개량에 성공한 경우이다. 이것은 엔진의 점화 플러그 주위에 작은 보조연소실이 있고 또 한 개의 여분의 흡입구(intake-valve)를 가지고 있다.

연료에 대하여 과잉의 공기를 가하여 엔진을 작동하면 주요 오염물질의 배출량은 감소시킬 수 있으나, 혼합가스가 희박하면 점화플러그로 점화가 어려워진다. 따라서 CVCC 엔진은 보조연소실에 의해 희박혼합기 점화문제를 보완한 방법이다.

그림 7.20에 나타낸 바와 같이 먼저 연료가 풍부한 혼합가스는 작은 보조연료실로 들어가고, 연료가 희박한 혼합가스는 통상의 연료실로 들어간다. 그 결과 비교적 연료가 풍부한 혼합가스가 작은 보조연료실의 출구에서 주 연료실에 이르는 곳에 생긴다. 점화하면 연료가 풍부한 혼합가스가 먼저 연소하고, 최후에 연료가 희박한 혼합가스가 연소한다.

이와 같이 3단계의 연소가 계속하여 일어나므로 보통엔진에서 볼 수 있는 혼란은 일어나지 않고 혼합가스의 절반을 차지하는 연료가 희박한 혼합가스가 서서히 연소한다. 그 결과 대기오염물질의 생성이 적게 된다. 그러나 연료소비량은 보통의 엔진보다 다소 많다.

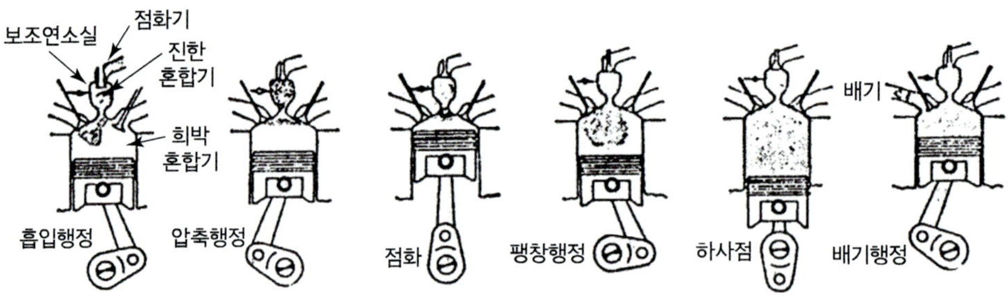

그림 7.20 CVCC 엔진의 연소행정 과정

2.2 배출가스의 처리방법

배출가스의 처리방법은 엔진에서 발생되는 오염물을 배기구 후단부에 설치하여 그 오염물을 저감하는 방법이다.

그 대표적인 기술을 보면 직접화염 촉매변환기(catalytic converter), 배기가스 재순환(EGR), 후연소버너(direct flame after burner), 디젤분진필터(DPF)가 있다.

(1) 촉매변환기

촉매변환기(catalytic converter)는 촉매를 사용하여 배출가스 중의 불완전한 연소물(CO, HC), NOx 등을 전환제거하는 후처리장치이다.

촉매로서는 귀금속인 백금(Pt), 코발트(Co), 니켈(Ni), 망간-크롬(Mn-Cr), 구리(Cu), 철(Fe), 로듐(Rh) 등이 있다. 이들 촉매는 일반적으로 알루미나(Al_2O_3), 실리카(SiO), 산화마그네슘(MgO) 등의 내열성 산화물을 담체로 하여 만들어진다. 촉매의 구비조건으로는 먼저 낮은 온도에서 활성이 크고, 진동에 대하여 기계적 강도가 크고, 배출가스로 침해되지 않을 것, 내열성이 높을 것, 가격이 저렴할 것 등이 요구된다. 촉매의 수명은 촉매가 변환기의 가장 중요한 성능 중의 하나이다. 대체로 사용 중의 성능의 감퇴는 진동에 의한 촉매의 파손, 연소생성물에 의한 촉매유효 표면적의 감소, 노킹방지(anti-knocking)제 등에 의한 오염 등으로 생각할 수 있다.

그림 7.21은 삼원촉매장치의 오염물 저감과정을 나타낸 것이다. 오염가스 CO, HC, NO는 성질상 그림과 같이 산화와 환원의 2중 촉매장치가 필요하다.

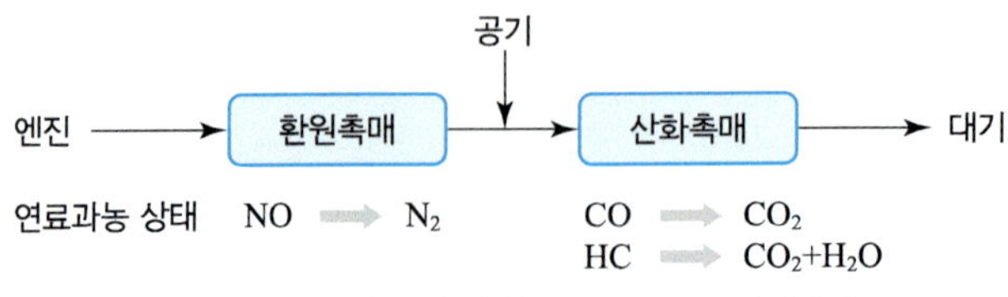

그림 7.21 삼원촉매에 의한 NO, CO, HC 저감과정

가솔린엔진과 같이 혼합기가 연료과농의 상태로 연소되면 이때 생성된 배기가스에는 산소의 농도가 거의 없는 환원상태로 존재한다. 따라서 2중촉매 중의 제1촉매는 환원촉매인 로듐이 사용되어 NO를 N_2로 환원시킨다. 그 후 제2촉매인 백금과 파라듐의 산화촉매는 환원성 분위기에서 많이 존재하는 미연성분인 CO와 HC를 CO_2와 H_2O로 전환시킨다.

그림 7.22는 가솔린엔진에서 삼원촉매 장치에서 주요 3가지 오염물의 공연비변화에 대한 전환율을 나타낸 것이다. 가솔린을 연료로 사용 시 NO는 이론공연비보다 낮은 영역에서 전환율이 높고, CO와 HC는 이 값보다 높은 영역에서 전환율이 우수하다. 따라서 이 세 가지 오염물인 CO, HC, NO를 동시에 저감하기 위한 공연비의 범위가 매우 좁음을 알 수 있다.

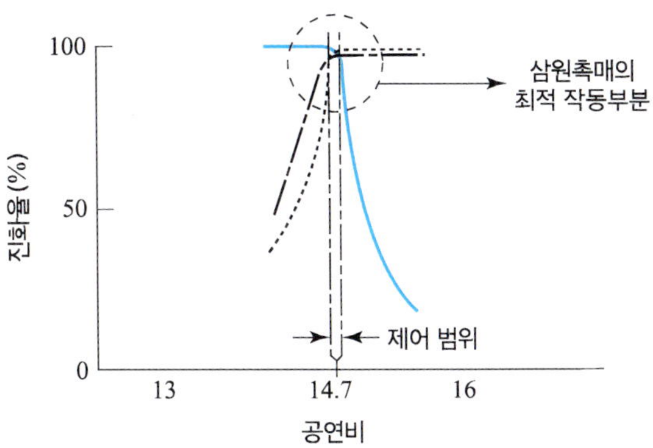

그림 7.22 **삼원촉매 장치의 오염물질 전환율**

(2) 배기가스 재순환장치

배기가스 재순환(EGR : Exhaust Gas Recirculation)은 NOx를 저감시키고자 하는 후처리장치로, 배기가스의 일부를 흡기계통에 흡입하여 엔진 내부에 재흡입 시키는 방법이다. 이로 인해 불활성의 열용량이 큰 배기가스를 실린더 내부로 재공급하여 연소실 내의 연소온도 저하는 물론이고 산소농도가 떨어지도록 유도하여 환원성 분위기가 유지되어 NOx의 발생을 억제한다. 그러나 연소온도 저하 등으로 출력이 떨어지고 연료소비율이 증가된다는 단점이 있다.

그림 7.23은 자동차 대기오염물 제어 기본구성도를 나타내고 있다. 산소(O_2) 센서로 배기가스 중의 산소농도를 감지하여 ECU(electric control unit)로 보내져 운전모드별 설정된 공연비에 따라 연료공급량을 통제하여 최적의 연소조건을 유지하도록 한다. 이로 인해 불완전 미연성분을 통제할 수 있다. 또한, 엔진연소 대기오염물 중 가장 문제가 되는 NOx 저감을 위해 EGR 장치 그리고 CO, HC, NO를 제어하기 위해 연소실 후단부에 삼원촉매 장치를 설치한다.

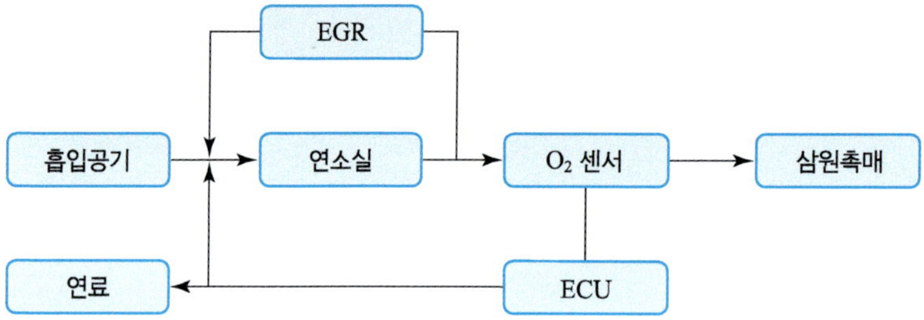

그림 7.23 자동차 대기오염물 제어 구성도

(3) 직접화염 후연소버너

직접화염 후염소버너 방식은 엔진 배기 후단부에 설치된 버너에서 미연된 배기가스가 완전연소되어 미연성분인 CO와 HC를 제거되는 방식이다. 이 장치의 연소반응은 비교적 높은 온도에서 이루어져야 하므로 열교환기와 보조연료의 공급으로 연소를 지속시킨다.

이 장치는 가능한 엔진에 근접시켜 설치하여 배기열을 이용할 수 있도록 하는 것이 유리하다. 장치의 각 부에서는 높은 온도가 발생하므로 양질의 내열재를 써야 한다. 보조연료를 사용하게 되므로 연료의 경제성이 떨어지고, 장치가 커지는 단점이 있다.

후연소 버너의 설계에는 기본적으로 다음과 같은 사항이 요구된다.

첫째, 자동차 엔진은 부하변동이 심한 특성이 있으므로 배기가스의 양, 배기온도, 배출가스 성분 및 농도 등 넓은 범위에서 전환율이 좋아야 한다.

둘째, 엔진 성능이 저하되지 않도록 배압을 적게 설계하여야 한다.

셋째, 충분한 내구성을 가져야 한다. 운전 시 차의 진동에 대한 내구성도 있어야 하고, 가열물질의 산화에 따른 과열을 방지하기 위한 보호장치가 있어야 한다.

넷째, 소음효과가 좋아야 한다. 후연소버너는 보통 소음기의 위치에 설치하게 되므로 소형이면서 소음작용에 영향을 주어서는 안 된다.

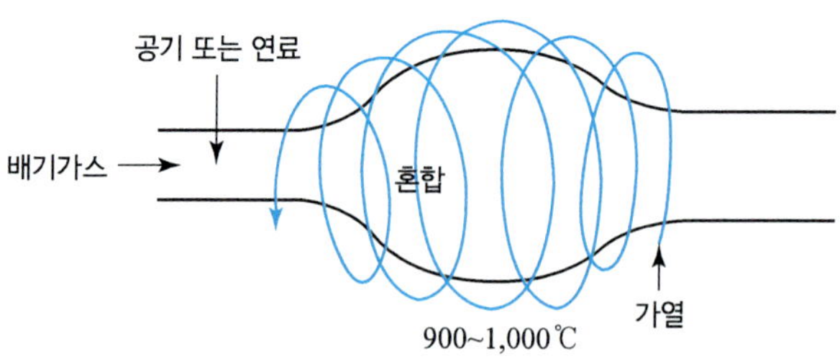

그림 7.24 직접화염 후연소버너

표 7.3 후연소버너 통과 전후의 CO, HC의 농도

후연소버너 통과 전·후 구분	아이들링		4 모드		7 모드	
	전	후	전	후	전	후
<배출농도>						
CO(%)	6.4	3.8	3.6	2.9	2.8	2.1
HC(ppm)	773	599	526	427	880	689
<전환율>						
CO(%)	37		19		25	
HC(ppm)	23		19		22	

표 7.3에 배출가스가 촉매변환기를 통과하기 전후의 농도를 표시하였다.

(4) 디젤분진필터

디젤기관에서 배출되는 입자상 물질의 크기는 그림 7.25에서 볼 수 있듯이 직경 0.01～10 μm 정도가 대부분이며, 평균질량의 입자크기는 직경 1 μm 이하로 아주 작다. 따라서 분리성능이 아주 우수한 미립자-필터를 필요로 한다.

미립자-필터 시스템의 효율은 퇴적률의 영향을 크게 받는다. 퇴적률이 상승함에 따라 가교형성에 의해 미세세공의 포집이 가능하여 효율이 상승되며 90% 이상으로 높일 수 있다.

디젤기관은 항상 공기과잉 상태로 운전되기 때문에, 미립자-필터에 퇴적된 매연(soot)을 자체 내에서 연소시킬 수 있는, 충분한 양의 산소가 배기가스에 포함되어 있다. 매연을 연소시켜 필터를 재생하기 위해서는, 미립자필터를 최소 550℃ 이상으로 가열시켜야 한다. 그러나 항상 이 온도에 도달할 수 있는 운전조건이 아니기 때문에 여러 가지 재생 시스템들을 사용한다.

또 매연입자들이 연소될 때, 필터의 온도는 부분적으로 최고 약 1,200℃까지 상승하므로 특히 내열성의 재질이 요구된다. 촉매기의 담체로 널리 알려진 세라믹 모노리스(monolith) 외에도, 소

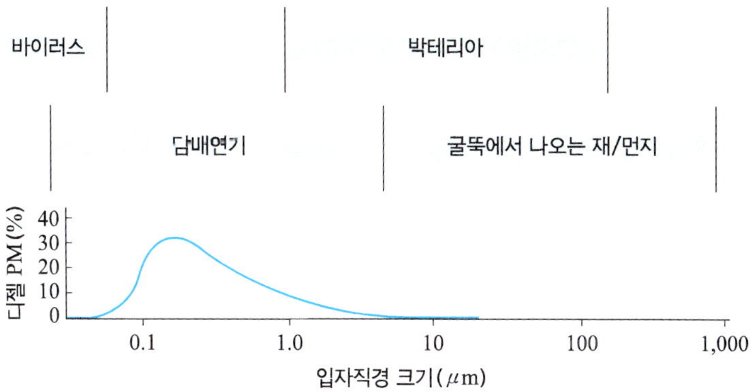

그림 7.25 자동차 배기가스 중의 미립자분포

결금속이 사용되고 있다. 미립자 필터는 그 재질의 종류에 상관없이, 미립자 전체의 약 95%를 포집할 수 있는 수준에 도달해 있다.

1) 디젤 미립자-필터의 종류

① 세라믹 미립자-필터

세라믹 필터는 대부분 벌집형상으로 가솔린기관의 촉매기 담체와 재질과 형상이 비슷하다. 그러나 벌집형상의 통로양단을 하나 건너 교대로 세라믹 플러그로 막아 놓았다. 따라서 열린 통로로 들어온 배기가스는 세라믹 벽에 뚫린 기공(porous)을 통과, 이웃 통로를 거쳐 배기된다. 세라믹 담체의 벽두께는 약 300～400 μm 정도이다. 통로의 크기는 셀(cell) 밀도로 나타내는데, 100～300 cpsi(channels per square inch)가 대부분이다.

벌집형(honeycomb) 여과기의 대체여과기로 소위 저상 필터(deep-bed filter)가 개발되었다. 이 형식의 필터는 기공(porous)의 크기는 훨씬 크나, 대신에 세라믹 담체의 벽 두께를 두껍게 하여 여과효과를 증대시킨 형식이다. 필터 담체의 재료로는 세라믹 섬유(ceramic fiber)가 사용된다.

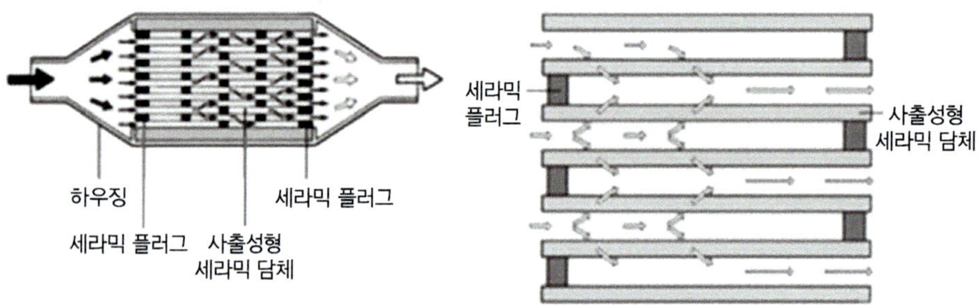

그림 7.26 **세라믹 미립자-필터(벌집형)**

② 소결금속 미립자-필터

소결금속 필터의 경우, 필터 표면이 금속담체이며, 담체의 그물망은 소결금속 가루로 채워져 있다. 필터 표면은 동심(concentric)으로 배열되어 있으며, 배기가스가 통과하는 필터의 판(slat)은 앞쪽이 뾰쪽한 쐐기형이다. 필터-판(slat)의 뒤쪽이 막혀 있어, 배기가스는 반드시 필터 주머니의 벽을 통과해야 하도록 설계되어 있다. 이때 매연입자는 세라믹 필터에서와 비슷한 원리로 기공의 벽에 퇴적되게 된다.

2) 디젤 미립자-필터의 재생방법

미립자-필터는 배압이 지나치게 상승하는 것을 방지하고, 또 필터가 막히는 위험을 방지하기 위해, 필터의 재질(세라믹 또는 소결금속)에 상관없이 가끔 재생시켜야 한다. 재생주기는 매연입자의 크기와 필터의 크기에 따라 주행거리 300~800 km의 범위가 대부분이다.

재생은 약 10~15분 동안 진행된다. 첨가제 시스템을 사용하는 경우는 재생시간이 약간 더 단축되지만, 이 역시 기관의 작동상태에 따라 달라진다. 필터에 퇴적된 미립자(주로 매연)를 연소시켜 제거하면, 필터는 재생된다. 미립자-필터를 통과하는 배기가스 온도가 약 600℃ 이상이 되면, 배가가스에 들어 있는 산소를 이용하여 매연입자들을 CO_2로 산화시킬 수 있다. 그러나 이와 같이 높은 온도는 단지 정격출력 상태에서나 가능하다. 일반적으로 정격출력 상태로 운전하는 경우는 아주 드물기 때문에 매연입자의 연소온도를 낮추거나, 또는 배기가스온도를 높여야 한다.

NO_2를 산화제로 사용할 경우, 매연은 300~450℃의 낮은 온도에서도 산화한다. 이 방식은 산업용으로, 지속적인 재생-방출(CRT : Continuously Regenerating Trap) 시스템에 사용되고 있다.

소결금속-필터는 세라믹-필터에 비해 열전도율이 더 높다는 장점을 가지고 있다. 소결금속-필터는 필터의 한 부분에서 매연의 연소가 시작되면 생성된 반응열은 인접한 부분으로 쉽게 전달된다. 따라서 매연층은 고르게 연소, 제거된다. 세라믹-필터에서는 최악의 경우에 부분적으로 재생이 되지 않는 부분이 있을 수 있다.

2.3 연료의 개선

자동차기관의 개량과 더불어 기존에 사용되고 있는 화석연료의 개선도 대기오염을 감소시키는데 효과가 있다. 그것은 연료의 성분인 탄화수소의 종류, 첨가물의 함유량 등을 바꾸는 것으로, 우선 탄화수소의 종류에 따라 화학적 반응성이 달라진다. 일반적 경향으로는 메탄과 프로판과 같은 파라핀(paraffin)계(C_nH_{2n+2}) 탄화수소와 아세틸렌과 같은 아세틸렌(acetylene)계(C_2H_2) 탄화수소는 반응성이 낮아 대체연료로 좋다. 에틸렌(C_2H_4)과 같은 올레핀(olefine)계(C_nH_{2n}) 탄화수소는 반응성이 높다. 반응성이란 탄화수소가 자외선의 영향으로 대기 중의 NOx와 광화학적 산화물(Oxidant)을 생성하는 정도를 뜻한다.

연료 측면에서 오염 배출가스를 저감하는 데는 연료첨가제가 고려된다.

휘발유의 경우 메탄올(methanol)을 첨가함으로써 TEL(tetraethyl lead)의 첨가 없이 높은 옥단가(octane) 연료를 얻어, 노킹(knocking)을 줄일 수 있다. 따라서 이상연소에 의해 발생되는 CO, HC의 배출을 억제할 수 있다.

또한, 휘발유에 에탄올(ethanol)의 첨가로 압축비를 10.5~13까지 올려서 열효율을 향상시켜 출력을 향상시키고, 연료소비율을 낮출 수 있다. 그리고 CO, NO가 거의 차이가 없으나, HC는 감소된다. 순수한 에탄올을 사용했을 때는 CO, HC는 휘발유에 비해 약간 감소하고 NOx는 크게 감소하였으나 알데히드(aldehyde)는 약 2배 정도가 증가하였다.

디젤엔진에서 배출되는 것으로 중요한 것은 검은 매연인데, 매연배출의 방지로는 바륨(Ba) 화합물을 쓰는 경우가 있다. 0.5% 첨가로 매연은 10~30% 감소효과가 있다.

2.4 블로우바이가스 방지

크랭크 케이스(Crank case)에서 배출하는 블로우바이(blow-by)가스를 흡기관의 부압을 이용하여 연소실로 보내서 연소시킴과 동시에 크랭크 케이스 안의 환기도 겸하는 방법이 개발되었다.

통기관(breather)을 통해 배출되며 이 방법은 PCV(=positive crank case ventilation)라 한다. 이 장치로 크랭크 케이스 내 가스의 방출은 방지되나 경우에 따라서 크랭크 케이스의 미립 윤활유를 흡인하므로서 흡기계를 더럽혀 다른 고장을 유발할 가능성이 있다.

블로우바이가스 처리장치의 요건은 엔진 또는 자동차의 성능에 해로운 작용이 없어야 하고, 충분한 내구성이 있고, 보수와 점검이 간단해야 한다. 과도한 열과 소음, 냄새가 발생하지 않아야 하고, 가격이 저렴해야 한다. 다른 유해가스의 배출 또는 배출량이 증가되지 않아야 하고, 교환부품의 손질이 간단해야 한다.

2.5 증발가스 방지

증발가스의 배출의 배출원은 연료탱크와 연료분사기인데, 그 증발량은 온도상승에 비례하므로 연료탱크와 연료분사기의 방열을 고려하는 것이 중요하다.

증발손실 방지장치로서는 그림 7.27의 ESSO사에서 개발된 ELCD(Evaporative Loss Control Device)가 있다. 이 방법은 활성탄에 의한 연료증기의 흡착 및 탈착성을 이용한 것이다. 장치는 캐니스터(canister), 압력제어밸브(pressure control valve) 및 퍼지제어밸브(purge control valve)로 구성되고 있다. 엔진 정지 시 기화기 및 연료탱크는 닫히고 연료증기는 캐니스터에 모아지면 대기로는 방출되지 않는다.

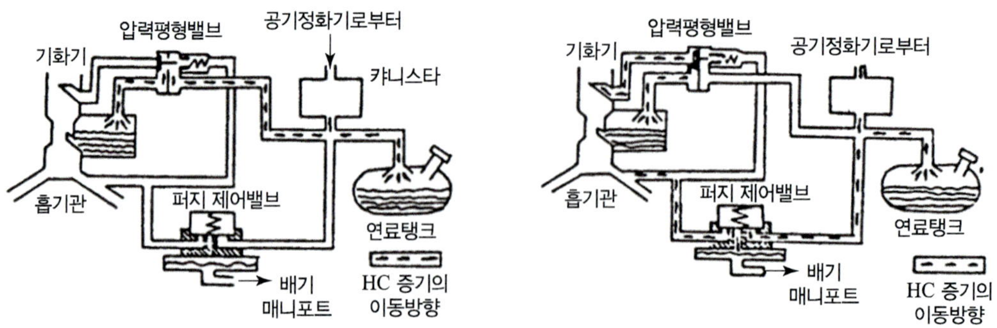

(a) 기관정지 시 (b) 기관운전 시

그림 7.27 증발가스 방지장치

ELCD의 특징으로는 HC 증발에 대한 거의 완전한 대책이며, 감속 시 및 48 km/h 이하일 때 퍼지제어밸브가 닫히게 되어 배출가스 중의 HC를 증가시키지 않는다.

2.6 새로운 엔진의 개발

종래의 피스톤엔진의 개량, 후처리설비의 적용, 연료의 개선 등을 이용하여 배출가스를 정화하여도 그 기능상 한계가 있어 충분한 오염물을 제거하기는 곤란하다. 따라서 여러 가지의 새로운 엔진의 개발이 촉진되고 있다

(1) 로타리엔진

로타리엔진(Rotary engine)은 반켈(F. Wankel)이 1957년에 만든 것으로 발명자의 이름을 붙여 반켈 로타리엔진(Wankel rotary engine)이라고 한다. 독일, 미국, 일본에서 이미 실용화가 되었고, 로타리엔진을 장착한 자동차가 미국에서 점유하는 비율은 1972년에 0.2%였다고 한다.

로타리엔진은 크기가 작고, 회전운동에 의한 에너지손실이 적고, 구조가 간단하여 무게를 40%를 줄일 수 있지만, 엔진 연소효율이 낮아 일반엔진에 비해 HC가 2배 이상 발생하는 문제점이 발생한다. 해결방안으로 열반응기 또는 후연소버너(after burner)를 사용하여 엔진성능을 향상시켜 CO, HC를 낮 출 수 있다.

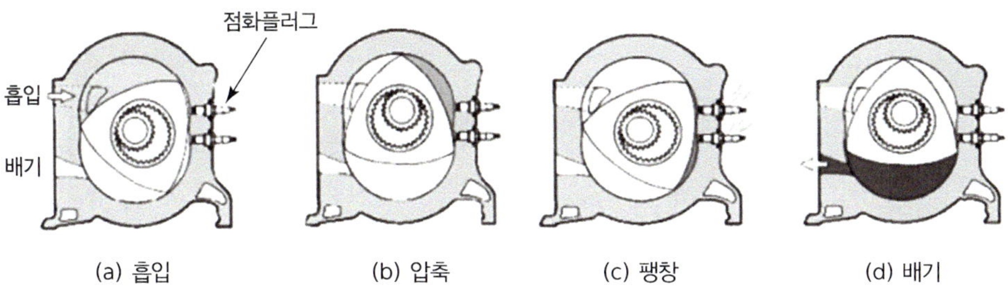

그림 7.28 로타리엔진

(2) 전기자동차

자동차의 휘발유 대신에 전지와 모터를 사용하면 연소에 의한 공해물질이 없어 무공해(zero emission)의 구현이 가능하다. 하지만, 갈바니(galvani) 전지는 무겁고 고가이며 충전시간이 긴 단점이 있어 어려움이 있다.

따라서 아직까지는 하이브리드 엔진(hybrid engine)을 이용하여 도심지 단거리운전에는 전기를, 교외 장거리운전에는 가솔린을 이용하는 경우가 많다.

(3) 스터링엔진

스터링엔진(stirling engine)은 스코틀랜드의 목사인 로버트 스터링(robret stirling)에 의해서 발명된 것이다. 이 엔진에서는 연료가 엔진의 내부에서 연소하는 것이 아니고 외부에서 소위 작동유체라고 하는 헬륨(He)가스를 가열하는 외연기관이다.

작동유체인 헬륨가스는 미리 실린더 안에 들어가 있어서 외부로 새어나가지 않게 한다. 실린더에는 두 개의 피스톤이 있고, 그 피스톤은 연결장치에 의해서 기계적으로 연결되어 있다. 연결장치는 능형 구동으로 두 개의 피스톤이 정확한 주기로 움직이고 있어서 두 개의 피스톤의 전동심은 동일장소에 있도록 한다.

외부에서 헬륨가스를 가열하면 팽창하여 피스톤을 민다. 제2의 피스톤인 디스플레이서(displacer)는 재열기를 통하여 뜨거운 헬륨가스를 밀어낸다. 재열기와 냉각기를 통해 교대로 열을 흡수하고 방출하는 과정을 거치면서 가열과 냉각을 반복함으로써 피스톤과 대스플레이서가 왕복운동을 하여 추력을 얻게 된다.

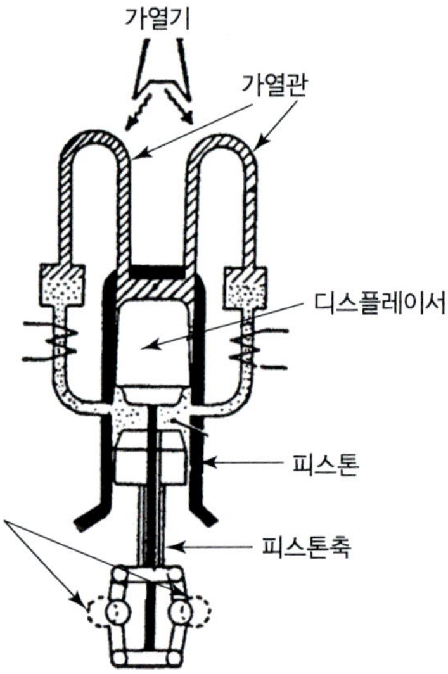

그림 7.29 스터링엔진

보통의 내연기관과 같은 압축, 점화, 폭발 등의 과정이 일어나지 않고 외부가열에 의하여 작동매체인 헬륨가스를 가열하면, 엔진 실린더 속에 두 개의 피스톤이 역학적으로 평형을 유지하고 있으므로 스터링엔진은 본질적으로 내연기관보다 소음이 작다. 그리고 연료가 연속적으로 연소되므로 외연기관이므로 내연기관보다 매우 깨끗해서 대기오염 성분이 적고, 석유, 가스, 태양열 등 열원으로 모든 연료사용이 가능하다.

2.7 주행 사이클

자동차에 의한 대기오염 방지를 위하여 규제를 하게 되는데 실제 자동차의 주행상태는 아이들링, 가속, 정속, 감속 등의 과정으로서 배출가스 농도가 달라지고 있다. 따라서 주행 사이클을 정해야 되는데 우리나라는 6 모드와 10 모드의 규정이 있다.

6 모드 사이클은 뉴욕시(NYC) 주행 사이클로 알려져 있으며 "New York시의 운전자의 습성 및 자동차에서의 배출가스에 대한 고찰"로 유명한 스콧 연구(Scott Resesrch)에서 보고된 것으로, 각종 주행조건을 정리한 17 모드 중에서 간단히 한 것이 6 모드이다.

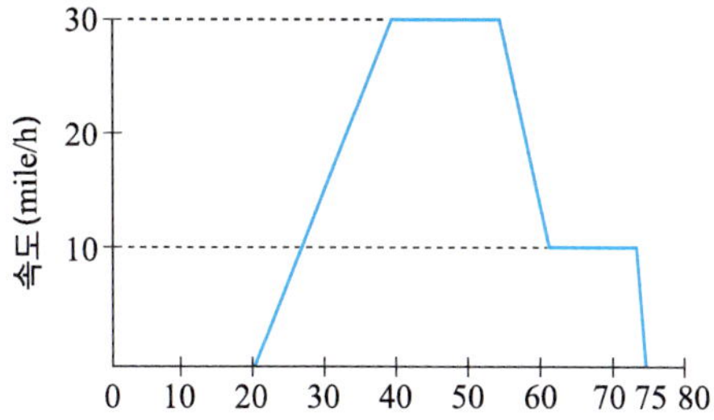

mode(mile/h)	주행시간(초)	가속도(mile/초)
아이들링	22.5	0.0
0~30	15	2.0
30	15	–
30~10	11.25	1.8
10	7.50	–
10~0	3.75	2.0

그림 7.30 **주행 사이클**

10 모드 사이클은 USPHS 주행 사이클이라고도 하며, 미 공중보건소(Public Health Service)의 로즈(A. H. Rose)가 제안한 것으로 그림 7.31과 같다.

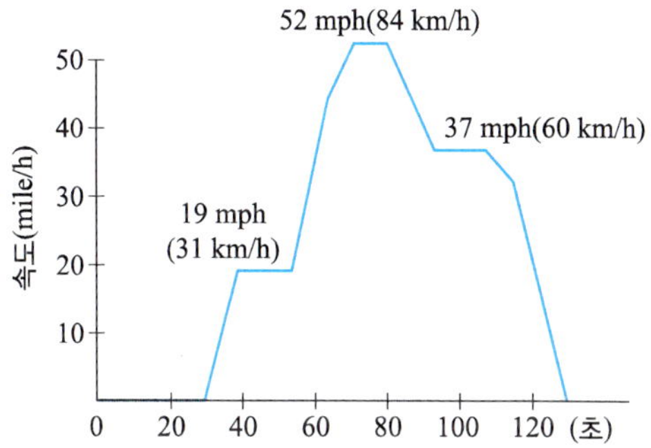

mode(mile/h)	주행시간(초)	가속도(mile/초)
0	30	–
0~9	8	+2.38
19	15	–
19~44	12	+2.08
44~52	7	+1.44
52	9	–
52~37	12	1.25
37	16	–
37~31	5	−1.20
31~0	13	−2.37

그림 7.31 **10 모드 사이클**

찾아보기 | Index

ㅈ

저자 소개

전영남

도쿄공업대학교 환경과학기술학과 공학박사

일리노이대학교 기계공학과 박사후과정

맥매스터대학 공학물리학과 객원교수

한국가스공사 연구개발원 연구원

현재 조선대학교 환경공학과 교수

대기오염방지기술

2014년 8월 10일 1판 1쇄 펴냄 | 2022년 2월 1일 1판 2쇄 펴냄
지은이 전영남
펴낸이 류원식 | **펴낸곳 교문사**

편집팀장 김경수 | **표지디자인** 네임북스 | **본문편집** 디자인이투이

주소 (10881) 경기도 파주시 문발로 116(문발동 536-2)
전화 031-955-6111~4 | **팩스** 031-955-0955
등록 1968. 10. 28. 제406-2006-000035호
홈페이지 www.gyomoon.com | E-mail genie@gyomoon.com
ISBN 978-89-6364-207-9 (93500)
값 20,000원